博弈论导论

魏光兴 编著

GAME THEORY
AN INTRODUCTION

图书在版编目(CIP)数据

博弈论导论 / 魏光兴编著. -- 西安：西安交通大学出版社，2024.6. -- ISBN 978-7-5693-3876-8

Ⅰ.O225

中国国家版本馆CIP数据核字第20248FZ243号

书　　名	博弈论导论 BOYILUN DAOLUN
编　　著	魏光兴
责任编辑	魏照民　李逢国
责任校对	雒海宁
封面设计	任加盟
出版发行	西安交通大学出版社 (西安市兴庆南路1号　邮政编码 710048)
网　　址	http://www.xjtupress.com
电　　话	(029)82668357　82667874(市场营销中心) (029)82668315(总编办)
传　　真	(029)82668280
印　　刷	陕西奇彩印务有限责任公司
开　　本	787mm×1092mm　1/16　印张 23.25　字数 562千字
版次印次	2024年6月第1版　2024年6月第1次印刷
书　　号	ISBN 978-7-5693-3876-8
定　　价	59.90元

如发现印装质量问题，请与本社市场营销中心联系。

订购热线：(029)82665248　(029)82667874
投稿热线：(029)82664954
读者信箱：897899804@qq.com

版权所有　侵权必究

前　言

本书讲解完全信息静态博弈、完全信息动态博弈、不完全信息静态博弈和不完全信息动态博弈等博弈论常规四大模块的基本内容,也包括相对独立的合作博弈和演化博弈模块。全书采取讲义结构,各模块的构成和各讲之间的逻辑关系如下图所示:

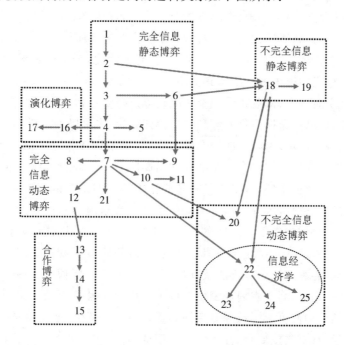

完全信息静态博弈模块包括第1讲囚徒困境、第2讲智猪博弈、第3讲纳什均衡、第4讲混合均衡、第5讲混合视野和第6讲市场竞争。该模块分别讲解:囚徒困境的内涵、求解及其应用,智猪博弈的占优均衡、理性层次、共同知识及其应用,纳什均衡的含义、性质、求解方法、多重均衡消除方法及其应用,混合战略纳什均衡的含义、求解方法及其应用,市场产量竞争、价格竞争和品质竞争的含义、模型、均衡求解及其应用。

完全信息动态博弈模块包括第7讲序贯博弈、第8讲威胁承诺、第9讲主从博弈、第10讲有限重复、第11讲无限重复、第12讲讨价还价和第21讲失忆博弈。该模块分别讲解:序贯博弈的求解方法及其应用,空头威胁、空头承诺和承诺行动的含义及其应用,斯塔克博格博弈的求解方法及应用,有限重复的奖惩机制、自我实施和轮转策略,无限重复的冷酷战略、针锋相对战略、多维关系合作的原理及其应用,有限和无限讨价还价的求解方法及其应用,失忆博弈也就是完全但不完美信息博弈的求解方法及其应用。

不完全信息静态博弈模块包括第18讲单边无知和第19讲双边无知。该模块分别讲解:单边信息不对称的含义、模型刻画、均衡求解以及单边信息不对称条件下智猪博弈和古诺竞争的求解方法及其应用,双边信息不对称的含义、模型刻画、均衡求解以及双边信息不对称条件

1

下智猪博弈和古诺竞争的求解方法及其应用。

不完全信息动态博弈模块包括第20讲声誉机制、第22讲逆向选择、第23讲信息甄别、第24讲信号传递和第25讲道德风险。该模块分别讲解：不完全信息条件下的重复博弈求解方法、KMRW(Kreps,Milgrom,Roberts,Wilson)定理及其应用，逆向选择的内涵及其在柠檬市场、保险市场和信贷市场中的应用，信息甄别的内涵、模型刻画以及差别定价、拍卖招标、GCV机制等应用，信号博弈的含义、模型刻画、求解方法及其应用，道德风险的含义、模型刻画、求解方法及其应用。其中，逆向选择、信息甄别、信号传递和道德风险构成信息经济学的基本内容。

合作博弈模块包括第13讲纳什谈判、第14讲联盟博弈和第15讲夏普利值。该模块分别讲解：纳什谈判解的含义、模型刻画、求解方法及其应用，联盟博弈的特征函数值、核心和核仁求解方法及其应用，夏普利值的含义、模型刻画、求解方法及其应用。

演化博弈模块包括第16讲同群演化和第17讲异群演化，分别讲解对称演化博弈和不对称演化博弈的演化稳定均衡求解方法及其应用。

读者可以根据学时多少、专业背景和个人兴趣等选择学习相关内容。首先，可以不选择部分博弈模块。比如，可以不选择演化博弈和合作博弈模块，也可以不选择不完全信息静态博弈和不完全信息动态博弈模块。其次，在博弈模块内，可以不选择部分讲次。比如：在完全信息静态博弈模块，可以不选择讲解混合战略纳什均衡高阶应用和高阶求解方法的第5讲混合视野，也可以不选择讲解产量竞争、价格竞争和品质竞争博弈的第6讲市场竞争；在不完全信息静态博弈模块，可以不选择讲解双边信息不对称条件下智猪博弈和古诺竞争均衡求解方法及其应用的第19讲双边无知；在不完全信息动态博弈模块，可以不选择讲解信息不完全条件下重复博弈均衡求解方法、KMRW定理及其应用的第20讲声誉机制；在合作博弈模块，可以不选择讲解联盟博弈核心和核仁求解方法及其应用的第14讲联盟博弈。最后，在每一讲内，可以不选择部分要点。比如，第1讲囚徒困境可以不选择设局困境，第2讲智猪博弈可以不选择生死真情，第3讲纳什均衡可以不选择鹿兔博弈等。由于各模块、讲次和要点之间是相对独立的，因此跳过部分模块、讲次或要点，并不影响可读性。

本书具有以下特点：

第一，结构采用讲义形式。本书打破传统章节编排，遵循教学进程的节奏，以讲义形式组织内容。全书分25讲，每讲有明确的主题，以问题为导向，采用纲要式布局，分若干要点，各个要点又分若干小点，包含概念、模型、方法、原理、案例、习题、启示、应用等内容，并附习题参考答案，每讲构成一个完整的独立单元。每一讲都可以单独阅读，尽管知识有前后承接关系，但不影响各讲的相对独立性。这种安排便于教学组织，每次教学内容就是相对独立完整的一讲，克服了传统章节结构在开展教学时要断章断节的缺点。

第二，数学降门槛加阶梯。博弈论要用数学模型，获得经济学诺贝尔奖的博弈论大师很多是数学家。数学是学习博弈论的门槛和拦路虎，为了减少学习阻力，在数学表达上实施降门槛加阶梯。降门槛，就是尽量用简易的数学方法讲解推演分析过程，删除纯理论的概念定义、命题证明等；加阶梯，就是尽量详细地讲清楚数学方法和演变步骤，增加数学推导的中间过程。遵循数学方法有标准流程和唯一正确答案的特点，细化操作方法和具体步骤，落实每个环节，在讲解分析方法后而不是每讲后设置对应的练习题，确保掌握博弈方法，学会计算分析。

第三，内容遵循两个结合。响应"同中国具体实际相结合、同中华优秀传统文化相结合"的要求,丰富教材内容。在结合中国具体实际上,大量引用实际生活中的经济社会现象,用博弈方法和思维去分析、解读、解决实际问题,力图讲好中国故事,宣传好中国方案。在结合中华优秀传统文化上,大量引用人文典故和篇章名句中的博弈事例,分析其中的博弈思想,赏析品鉴先贤智慧。在两个结合过程中,潜移默化地培养用博弈方法和思维分析解决实际问题的能力,润物无声地增强民族自豪感和经世济民的家国情怀。

第四,原理阐释开放包容。概括性陈述博弈事例,读者可以自主查阅人物事迹、历史典故、新闻报道、诗词语句等的详细情况,留下动手空间。启发性阐释博弈原理,没有标准答案,没有固定模式,甚至没有明确题目,具有抛砖引玉特征,少而精是启发,多而全是桎梏,留下思考空间。点拨性展现博弈思维,虽然原理、启示、应用是发散性的,但是不同现象背后具有共同原理,可以从不同角度、不同层次、不同时空、不同视域去分析,这需要在问与答、体会和顿悟之间去个性化吸收,留下升华空间。

本书虽然只是讲解博弈论的基本理论,但也有一些创造性工作。创造性工作主要包括:其一,融入当前实际和传统文化,引入实际生活事例,改编近期国内外期刊论文作为案例和习题,赏析人文典故和篇章名句中的博弈智慧;其二,补充完善现有著作鲜有阐述的理论知识和分析方法,比如纳什均衡的支撑战略求解方法、合作博弈核仁具体求解过程、三方演化和三型演化的建模及求解、信号博弈的杂合均衡求解等;其三,梳理澄清了一些存在混用的概念名词内涵及其关系,比如信息不对称、信息不完全、信息不完美以及委托代理理论、机制设计理论、激励理论和信息经济学等的内涵及相互之间的关系。

本书适用经济管理、社会学、行政学、法学、数学、计算机等专业的高年级本科生和研究生,也可供相关教学研究工作者参考。

本书在过去20年教学过程中反复试用,不断修改完善,吸收了很多意见和建议,也得到了很多学生的帮助。在此表示感谢,学生的成长是老师的快乐。

本书习题均附有答案或解析,可通过封底"学习卡号"获取。

作者亲笔撰写全书,对每一个文字和符号负责。限于时间精力和个人认知,书中难免存在疏漏或谬误之处。各位同仁、读者若对本书有疑问、意见和建议,请联系 wgx777@126.com,以便修正完善。

2024年春

目 录

起讲 博弈人生 …………… (1)
 一、论语阳货 …………… (1)
 二、何为博弈 …………… (1)
 三、博弈故事 …………… (2)
 四、先贤智慧 …………… (3)
 五、博弈学者 …………… (3)
 六、科学问题 …………… (6)
 七、博弈特点 …………… (9)

第 1 讲 囚徒困境 …………… (11)
 一、塔克故事 …………… (11)
 二、博弈模型 …………… (11)
 三、均衡结果 …………… (12)
 四、困境何在 …………… (12)
 五、现实困境 …………… (14)
 六、走出困境 …………… (17)
 七、设局困境 …………… (18)

第 2 讲 智猪博弈 …………… (19)
 一、猪间江湖 …………… (19)
 二、智猪哲理 …………… (19)
 三、生活应用 …………… (23)
 四、理性层次 …………… (23)
 五、共同知识 …………… (25)
 六、庄子秋水 …………… (26)
 七、生死真情 …………… (27)
 八、本讲附录 …………… (27)

第 3 讲 纳什均衡 …………… (30)
 一、交通博弈 …………… (30)
 二、稳定状态 …………… (30)
 三、最优反应 …………… (31)
 四、美丽心灵 …………… (34)

 五、多重均衡 …………… (34)
 六、鹿兔博弈 …………… (36)
 七、本讲附录 …………… (38)

第 4 讲 混合均衡 …………… (39)
 一、混合战略 …………… (39)
 二、再谈占优 …………… (45)
 三、零和博弈 …………… (48)
 四、两个定理 …………… (49)
 五、攻防博弈 …………… (49)
 六、随机多元 …………… (51)

第 5 讲 混合视野 …………… (57)
 一、激励悖论 …………… (57)
 二、群体冷漠 …………… (60)
 三、赛马谋略 …………… (62)
 四、划拳博弈 …………… (64)
 五、均衡支撑 …………… (68)
 六、算法博弈 …………… (72)

第 6 讲 市场竞争 …………… (73)
 一、无限博弈 …………… (73)
 二、产量竞争 …………… (73)
 三、价格竞争 …………… (78)
 四、品质竞争 …………… (83)
 五、彼此寻优 …………… (86)

第 7 讲 序贯博弈 …………… (89)
 一、序贯之义 …………… (89)
 二、博弈之树 …………… (90)
 三、逆向推理 …………… (95)
 四、海盗分赃 …………… (98)
 五、理性操纵 …………… (99)

六、超级理性 …………………… (100)
　　七、本讲附录 …………………… (102)

第8讲　威胁承诺 ……………… (106)
　　一、空头威胁 …………………… (106)
　　二、空头承诺 …………………… (107)
　　三、动态困境 …………………… (108)
　　四、承诺行动 …………………… (111)
　　五、承诺代价 …………………… (115)
　　六、爱的承诺 …………………… (118)
　　七、本讲附录 …………………… (119)

第9讲　主从博弈 ……………… (121)
　　一、抢占位置 …………………… (121)
　　二、主导先行 …………………… (123)
　　三、混合时序 …………………… (125)
　　四、权力结构 …………………… (127)
　　五、谁主沉浮 …………………… (130)
　　六、博弈真经 …………………… (131)

第10讲　有限重复 ……………… (132)
　　一、昨日重现 …………………… (132)
　　二、奖惩机制 …………………… (134)
　　三、自我实施 …………………… (139)
　　四、轮转策略 …………………… (141)
　　五、民间定理 …………………… (142)

第11讲　无限重复 ……………… (144)
　　一、耐心价值 …………………… (144)
　　二、冷酷战略 …………………… (146)
　　三、针锋相对 …………………… (148)
　　四、极限飞跃 …………………… (152)
　　五、多维关系 …………………… (154)
　　六、和尚与庙 …………………… (155)
　　七、效率工资 …………………… (157)

第12讲　讨价还价 ……………… (159)
　　一、议价博弈 …………………… (159)
　　二、有限谈判 …………………… (159)

　　三、无限谈判 …………………… (163)
　　四、吕氏春秋 …………………… (166)
　　五、最后通牒 …………………… (167)

第13讲　纳什谈判 ……………… (168)
　　一、合作分配 …………………… (168)
　　二、分配机制 …………………… (168)
　　三、边际贡献 …………………… (171)
　　四、获取优势 …………………… (174)
　　五、超越物质 …………………… (176)
　　六、多人谈判 …………………… (177)

第14讲　联盟博弈 ……………… (180)
　　一、蛋糕博弈 …………………… (180)
　　二、特征函数 …………………… (181)
　　三、合作博弈 …………………… (182)
　　四、优超瓦解 …………………… (185)
　　五、博弈核心 …………………… (186)
　　六、博弈核仁 …………………… (187)

第15讲　夏普利值 ……………… (191)
　　一、来拔萝卜 …………………… (191)
　　二、个体价值 …………………… (192)
　　三、公平分配 …………………… (194)
　　四、分配公理 …………………… (198)
　　五、投票选举 …………………… (199)
　　六、成本分摊 …………………… (201)

第16讲　同群演化 ……………… (204)
　　一、演化博弈 …………………… (204)
　　二、困境何成 …………………… (205)
　　三、相位图示 …………………… (206)
　　四、雅可比式 …………………… (211)
　　五、婚姻博弈 …………………… (211)
　　六、交通规则 …………………… (214)
　　七、三型演化 …………………… (216)

第17讲　异群演化 ……………… (220)
　　一、市场进出 …………………… (220)

二、拳击往来……………………(223)
三、相位图集……………………(227)
四、雅可比阵……………………(230)
五、三方演化……………………(232)
六、监管博弈……………………(237)
七、异质三型……………………(238)

第18讲　单边无知……………………(241)
一、私有信息……………………(241)
二、进入博弈……………………(242)
三、无知智猪……………………(244)
四、无知古诺……………………(248)

第19讲　双边无知……………………(252)
一、彼此无知……………………(252)
二、迷茫智猪……………………(253)
三、迷茫古诺……………………(257)
四、无知亦知……………………(261)

第20讲　声誉机制……………………(262)
一、连锁悖论……………………(262)
二、声誉模型……………………(263)
三、解开悖论……………………(270)
四、声誉积累……………………(272)
五、声誉损毁……………………(274)

第21讲　失忆博弈……………………(275)
一、完美记忆……………………(275)
二、不再完美……………………(275)
三、忘记动作……………………(278)
四、忘记来路……………………(282)
五、知亦无知……………………(285)

第22讲　逆向选择……………………(293)
一、有所不知……………………(293)
二、柠檬市场……………………(294)
三、保险市场……………………(297)
四、信贷市场……………………(300)
五、施舍博弈……………………(302)

六、本讲附录……………………(303)

第23讲　信息甄别……………………(305)
一、真假难辨……………………(305)
二、机制设计……………………(305)
三、汽车保险……………………(308)
四、差别定价……………………(310)
五、拍卖招标……………………(310)
六、GCV机制……………………(312)
七、优化模型……………………(315)
八、信息价值……………………(319)

第24讲　信号传递……………………(322)
一、广而告之……………………(322)
二、有效传递……………………(323)
三、信号博弈……………………(324)
四、均衡类别……………………(325)
五、均衡求解……………………(328)

第25讲　道德风险……………………(335)
一、代理冲突……………………(335)
二、信息无知……………………(337)
三、HM模型……………………(341)
四、代理成本……………………(343)
五、充分信息……………………(345)
六、模型假设……………………(346)
七、多代理人……………………(349)

收讲　博弈谱系……………………(353)
一、合作与否……………………(353)
二、理性与否……………………(353)
三、完美与否……………………(353)
四、完全与否……………………(354)
五、总体架构……………………(355)
六、走向路径……………………(355)
七、未来已来……………………(356)

参考文献……………………(358)

起讲　博弈人生

一、论语阳货

1. 孔子说

饱食终日,无所用心,难矣哉!不有博弈者乎?为之犹贤乎已。

这里的博弈是一种棋,与博弈论中的博弈不同,但是二者都是智力活动。

2. 医学博士说

大脑就像胳膊、大腿上的肌肉,越锻炼越发达,不锻炼会萎缩。

所以,要勤用脑。那就学习博弈论吧。

二、何为博弈

1. 互动局势

一方行为会影响对方收益的格局态势,而且是相互影响的。比如打麻将、下象棋、朝核谈判、中美贸易战等。

2. 竞争关系

竞争是一种非常重要的互动局势形式,也是经常必须面对的格局。小到休闲游戏,大到人生发展,概莫能外,比如考试、评优、求职、加薪、晋升等。

(1)决定竞争成败的因素

决定竞争成败的因素包括以下三类:

①运气,如赌博、买彩票等。

②体能,如百米赛跑、山城棒棒军等。

③智能,如田忌赛马、国家关系、游戏、棋局等。

(2)如何提高在竞争中获胜的可能性?

①好运气。除非传说中的魔法,运气是不能改变的。

②提高体能。虽然后天锻炼可以改进,但是改进程度有限。

③提高智能。绝大多数人可以通过学习,提高在竞争中策略性地选择自己行为的技能。

3. 博弈之义

博弈论是互动局势中的决策理论(interactive decision theory)。这是 2005 年经济学诺贝尔奖获得者奥曼(Aumann)对博弈论的定义。学习博弈论,就是训练谋略思维,提高在互动环境中的谋略技巧。虽然这不能保证一定会在竞争中获胜,但是可以极大提高获胜的可能性,至少可以对结果有一个足够理性的预期。

4. 博弈思维

换位思考,考虑别人会怎么做,然后再决定自己该怎么做。为别人着想,决策的行动才容易被采纳实施。其中,考虑别人会怎么做,不仅要猜别人会怎么做,还要猜别人会怎么想,而且还要猜别人怎么猜我会怎么做和怎么想……

《辞海》对"猜"的解释:一种极精细的心理活动。

换位思考,猜,就是谋略思维,也是博弈论的精髓。

5. 学习博弈论的意义

学习博弈论具有下列意义:

①学习一种思维方式,加深对社会现象的认识程度。

②学习一种交流语言,扩大交流圈子。

③学习一种研究方法,提高学术研究水平。

④学习一种谋略技巧,提高人生成功的可能性。

三、博弈故事

1. 为什么要 1 元而不要 10 元?

曾经有一个乞丐小孩,面对他人施舍,他只要 1 元,而不会要 10 元。由此,因"傻"而出名,结果不断有人闻讯前来试验,每次都发现小孩真的"傻"。

笨小孩猜到了别人会怎么想怎么做。

2. 别人的红包更诱人

地主在年终给长工张三和李四每人一个红包,他们都知道自己红包里有 1000 元,但是不知道对方红包里有多少钱。地主说:"红包里可能有 1000 元,也可能有 3000 元,我是随机拿来给你们的。如果你们都愿意和对方换的话,那么我来做公证人,收取每人公证费 100 元。你们愿不愿和对方交换?"张三和李四异口同声地说:"愿意。"地主又问:"真的?"张三和李四又异口同声地说:"真的!"

地主猜到了张三和李四会怎么想怎么做。张三和李四没有猜到对方的红包有多少钱,没有猜到对方为什么同意换,没有猜到地主为什么这么做。

3. 博弈解三国

(1) 隆中对

"若跨有荆、益,……,外结好孙权,……,则霸业可成,汉室可兴矣。"

诸葛亮猜到了孙权会同意孙刘联盟。

(2) 华容道

前有赵云和张飞烧杀掠夺,曹军已无力再战,但关羽思"过五关、斩六将"之恩,放走曹操。

诸葛亮猜到了曹操会走华容道,还猜到了关羽会放走曹操。

(3) 失荆州

关羽单刀赴会,意气风发,又擒杀庞德,更豪气云天。然吕蒙白衣渡江,一将难守襄阳、樊城两地,终失荆州。

吕蒙猜到了骄傲的关羽会守不过来。

(4) 走麦城

周仓提醒小路定有埋伏,关羽仍走小路,被吕蒙所擒,斩后献首曹操,成身首异处之悲。

吕蒙猜到了骄傲的关羽会轻敌选择走小路。

(5) 空城计

诸葛亮一生谨慎,只用过一次险招,那就是空城计。司马懿大军赶到,而城中无一兵一卒,诸葛亮大开城门,令人洒扫门前,自己抚琴城上,吓退司马懿。

司马懿猜到了城中无兵马。

诸葛亮猜到了司马懿即使猜到了城中无兵马也不会进攻。

※**习题1** 分析以上事例中的谋略思维。

四、先贤智慧

1.《孙子兵法》

《孙子兵法》是中国现存最早的兵书,也是世界上最早的军事著作,早于克劳塞维茨《战争论》约2300年,被誉为"兵学圣典"。现存共有六千字左右,包括十三篇。作者为春秋吴国将军孙武。

核心思想是,"知己知彼,百战不殆"。

《计篇》:"多算胜,少算不胜,而况于无算乎!"

这里的"算",就是猜,就是谋略,就是博弈决策。

2.《三十六计》

三十六计也称三十六策,是指中国古代三十六个兵法策略,语源于南北朝,成书于明清。它是根据中国古代军事思想和丰富的斗争经验总结而成的兵书,分为六套,每套六计。作者不详。

3.《三国志》

《魏书·钟会传》:"谋无遗策,举无废功。"

这里的"谋",就是猜,就是谋略,就是博弈决策。

4. 戚继光

《纪效新书》:在东南沿海平倭期间总结练兵和治军经验的兵书,包括18卷,卷首1卷。

《练兵实纪》:在蓟镇练兵时撰写的兵书,包括正集9卷,附杂集6卷。

※**习题2** 列举两个蕴含谋略思维的先贤智慧事例。

五、博弈学者

1. 获经济学诺贝尔奖的博弈学者

经济学诺贝尔奖,指瑞典银行经济学奖。1969年瑞典国家银行成立300周年庆典时,颁发第一届。先后9个年度颁发给研究博弈论及其相关领域的20位经济学家/数学家:

(1)1994 年 3 位

纳什(Nash,1928—2015),海萨尼(Harsanyi,1920—2000),泽尔滕(Selten,1930—2016)。

(2)1996 年 2 位

米里斯(Mirrlees,1936—2018),维克瑞(Vickrey,1914—1996)。

(3)2001 年 3 位

斯宾塞(Spence,1943—),阿克诺夫(Akerlof,1940—),斯蒂格勒茨(Stiglitz,1943—)。

(4)2005 年 2 位

奥曼(Aumann,1930—),谢林(Schelling,1921—2016)。

(5)2007 年 3 位

梅耶森(Myerson,1951—),马斯汀(Maskin,1950—),赫维兹(Hurwicz,1917—2008)。

(6)2012 年 2 位

罗斯(Roth,1951—),夏普利(Shapley,1923—2016)。

(7)2014 年 1 位

梯若尔(Tirole,1953—)。

(8)2016 年 2 位

哈特(Hart,1948—),霍姆斯特姆(Holmstrom,1949—)。

(9)2020 年 2 位

米尔格罗姆(Milgrom,1948—),威尔逊(Wilson,1949—)。

2.经济学诺贝尔奖之最

(1)第一届

1969 年:弗里施(Frisch,1895—1973),丁伯根(Tinbergen,1903—1994)。

(2)女性

2 位女性:2009,奥斯特姆(Ostrom,1933—2012);2019,迪弗洛(Duflo,1972—)。

(3)最年轻

男:阿罗(Arrow,1921—2017),1972 年获奖时 51 岁,是海萨尼、斯宾塞、马斯汀、梅耶森的老师。

女:迪弗洛(Duflo,1972—),2019 年获奖时 47 岁。

(4)最年长

赫维兹(Hurwicz,1917—2008),2007 年获奖时 90 岁。

(5)夫妻

跨界组合:经济学奖+和平奖

　　老公:嘎纳·米达尔(Gunnar Myrdal,1898—1987),1974 年经济学奖。

　　老婆:阿尼娃·米尔(Alva Myrdal,1902—1986),1982 年和平奖。

同行组合:经济学奖+经济学奖

老公:巴纳吉(Banerjee,1961—),2019年经济学奖。
老婆:迪弗洛(Duflo,1972—),2019年经济学奖。
　　同年获奖的还有克雷默(Kremer,1964—)。
※习题3　查阅了解以上学者的生平事迹和主要理论贡献。
※习题4　提炼以上经济学诺贝尔奖获得者的共性特点。有什么启示?

3. 名人名言

萨缪尔森(Samuelson,1915—2009):要在现代社会做一个有文化的人,必须对博弈论有大致的了解。

萨缪尔森1970年获经济学诺贝尔奖,被誉为经济学最后一个通才。

4. 诺贝尔奖有多远?

(1)与化学奖的擦肩而过

1965年,我国科研人员独立合成牛胰岛素。

1979年,该成果获得诺贝尔化学奖,获奖人是:赫伯特·布朗(Herbert C. Brown,1912—2004),美国科学家;格奥尔格·维蒂希(Georg Wittig,1897—1987),德国科学家。

(2)数学没有诺贝尔奖

华罗庚(1910—1985),《堆垒素数论》。

陈景润(1933—1996),"1+2"。

(3)文学奖

莫言(1955—),2012获诺贝尔文学奖。

《红高粱》→张艺谋。

村上春树(《挪威的森林》),著名诺贝尔文学奖提名"陪跑健将"。

(4)医学奖

屠呦呦(1930—),2015获诺贝尔医学奖;研究中药青蒿素,拯救了数百万人的生命。

2011年获美国拉斯克医学奖(Lasker Medical Research Awards)时曾引起争议:集体工作为啥只奖励一人?屠呦呦能获得大奖,是一个团队努力多年、经过190次失败的结果。

理念:不会把奖颁给一个具体做事的人,而颁给告诉你做这件事的人。

三个第一:把青蒿素带到项目组,提取出有100%抑制力的青蒿素,临床实验成功。

(5)那些年那些奖

1938年文学奖:赛珍珠(Pearl S. Buck,1892—1973,在中国生活40年)。

1957年物理学奖:李政道(1926—),杨振宁(1922—)。

1976年物理学奖:丁肇中(1936—)。

1986年化学奖:李远哲(1936—)。

1997年物理学奖:朱棣文(1948—)。

1998年物理学奖:崔琦(1939—)。

2008年化学奖:钱永健(1952—2016)。

2009年物理学奖:高锟(1933—2018)。

5. 开篇之作

约翰·冯·诺伊曼(John von Neumann,1903—1957)和奥斯卡·摩根斯坦恩(Oskar Morgenstern,1902—1977)著《博弈论与经济行为》(Theory of Game and Economic Behavior),1944年出版。冯·诺伊曼就是计算机科学奠基人的那个冯·诺伊曼,在生物学、化学等领域也有重大贡献。

6. 中国学者

早期经济学界有南蒲北张之说,对博弈论在中国的引入、传播、推广和应用做出了重大贡献。

蒲勇健,重庆大学教授,代表作《大话张五常》。

张维迎,北京大学教授,代表作《博弈论与信息经济学》。

六、科学问题

1. 翻牌游戏

三张盖着的扑克牌中有一张是红桃K,你选择了其中的一张但并没有翻开看,主持人翻开剩下的两张中的不是红桃K的那张,因为至少有一张不是红桃K。之后,你可以把你选择的但还没有翻开的那张与你没有选择也还没有翻开的那张交换。无论是否交换,一旦你选定,就翻开看,如果是红桃K,将获得一笔丰厚的奖金。你是否愿意交换?

这是一个概率问题,分析过程如下:

可以用全概率和条件概率公式分别计算出交换和不换的中奖概率,再比较大小,决定是否交换,具体参考概率论知识。这里介绍一种直观的简单方法。把三张牌分为两组,第一组包括选中的那张,第二组包括没有被选择的那两张。显然,红桃K要么在第一组,要么在第二组,概率分别为三分之一和三分之二。注意到是否交换其实等价于是否在两个组之间进行交换。由于红桃K在第一组的概率三分之一小于在第二组的概率三分之二,所以应该交换。

2. 追女孩

(1)问题

假如你一生中会先后遇到20位适合结婚的女孩,并且这20位女孩可以按照一定标准排序,但是只有事后你才知道每一位女孩的排名。如果出手追就能追到,那么你应该追第几位女孩呢?

这里没有性别歧视的意思,追男孩也可以。

这不是调侃,也不是博眼球,只是用来说清楚一种具有普遍性的格局,与道德、行为、观念等无关。类似问题有逛街、找工作等,具有相同的内在结构。因为逛到这家店的时候不知道后面店里的情况,面对这份工作也不知道后面工作机会的情况。

※**习题5** 列举两个与追女孩具有类似结构的实际生活事例。

(2)特点

由于不知未来,不能回头,都存在两种担心:就选眼前的,担心后面的会更好;不选眼前的,又担心后面的还不如眼前的。其实,人生都不知未来,人生都不能回头!

(3) 目标

追到最好的女孩。

(4) 策略

策略一:一见钟情

追到最好女孩的概率是 0.05。

策略二:随机原则

追到最好女孩的概率还是 0.05。

策略三:先看看

比如,前面 10 位女孩只看不追,确定标准;后 10 位女孩中一旦出现比前 10 位中最好的还好的,就出手追。追到最好女孩的概率是多少? 0.3593857。计算过程如下:

分情况讨论,对最好女孩出现位置的每一种情况进行分析。比如,最好女孩出现在第 1 个位置上,就追不到最好女孩。同理,最好女孩出现在第 2—10 个位置上,也追不到最好女孩,因为前 10 位女孩只看不追。最好女孩出现在第 11 个位置上,就一定能追到最好女孩。最好女孩出现在第 12 个位置上:如果最好女孩出现前的最好女孩在第 1—10 个位置上,就一定能追到最好女孩;如果最好女孩出现前的最好女孩在第 11 个位置上,就一定不能追到最好女孩。最好女孩出现在第 13 个位置上:如果最好女孩出现前的最好女孩在第 1—10 个位置上,就一定能追到最好女孩;如果最好女孩出现前的最好女孩在第 11—12 个位置上,就一定不能追到最好女孩。

以此类推。汇总如表 0-1 所示:

表 0-1 最好女孩在不同位置时追到最好女孩的条件概率

最好女孩所在位置 i 及其概率	最好女孩出现前的最好女孩所处位置及其概率	追到最好女孩的条件概率
1—10 的任意值,0.05	1—i 的任意值,1	0
11,0.05	1—10 的任意值,1	1
12,0.05	1—10 的任意值,10/11	1
	11,1/11	0
13,0.05	1—10 的任意值,10/12	1
	11—12 的任意值,2/12	0
14,0.05	1—10 的任意值,10/13	1
	11—13 的任意值,3/13	0
15,0.05	1—10 的任意值,10/14	1
	11—14 的任意值,4/14	0
16,0.05	1—10 的任意值,10/15	1
	11—15 的任意值,5/15	0
17,0.05	1—10 的任意值,10/16	1
	11—16 的任意值,6/16	0

最好女孩所在位置 i 及其概率	最好女孩出现前的最好女孩所处位置及其概率	追到最好女孩的条件概率
18, 0.05	1—10 的任意值, 10/17	1
	11—17 的任意值, 7/17	0
19, 0.05	1—10 的任意值, 10/18	1
	11—18 的任意值, 8/18	0
20, 0.05	1—10 的任意值, 10/19	1
	11—19 的任意值, 9/19	0

汇总得 $\frac{1}{20}\left[\sum_{i=1}^{10} 0 + \sum_{i=11}^{20}\left(\frac{10}{i-1}\times 1 + \frac{i-11}{i-1}\times 0\right)\right] = \frac{1}{20}\sum_{i=11}^{20}\frac{10}{i-1} = 0.3593857$。

(5) 转化

看 10 位再追能追到最好女孩的概率为 0.3593857。看 11 位呢？看 9 位呢？看多少位后再出手为好？

看 k 位再追能追到最好女孩的概率计算公式为 $\frac{1}{N}\sum_{i=k+1}^{N}\frac{k}{i-1}$。其中，$N$ 为总的女孩数，k 为前面 k 位只看不出手，i 为最好的女孩所在的位置，$\frac{k}{i-1}$ 表示最好女孩出现之前的最好女孩在前面 $i-1$ 个位置中位于前 k 位的概率，$\frac{1}{N}$ 表示最好的女孩出现在每个位置上的概率。

遵循原则：最好女孩出现之前的最好女孩一定要在前 k 位中出现，否则追到的是最好女孩出现之前的最好女孩。

计算结果保留五位小数如表 0-2 所示，其中的黑体表示最优值。

表 0-2 看不同位数再出手追到最好女孩的概率

4	5	6	7	8	9	10
0.34288	0.36610	0.37932	**0.38421**	0.38195	0.37345	0.35939

逐一比较，发现最优值是 7 位！因为 7 对应的概率值最大。

同理，当 N 为 10、20、30 和 50 时，最优值分别为 3、7、11 和 18，分别对应前 3、7、11 和 18 位只看不出手，用以确定标准。计算过程保留五位小数如表 0-3 所示，其中的黑体表示最优值。

表 0-3 不同总人数下看不同位再出手能追到最好女孩的概率

k	$N=20$	$N=10$	$N=30$	$N=50$
0	0.05000	0.10000	0.03333	0.02000
1	0.17739	0.28290	0.13206	0.08958
2	0.25477	0.36579	0.19744	0.13917
3	0.30716	**0.39869**	0.24617	0.17875

续表

k	N=20	N=10	N=30	N=50
4	0.34288	0.39825	0.28378	0.21167
5	0.36610	0.37282	0.31305	0.23959
6	0.37932	0.32738	0.33566	0.26350
7	**0.38421**	0.26528	0.35272	0.28409
8	0.38195		0.36501	0.30182
9	0.37345		0.37314	0.31704
10	0.35939		0.37756	0.33005
11	0.34032		**0.37865**	0.34105
12	0.31672		0.37671	0.35024
13	0.28894		0.37199	0.35776
14	0.25732		0.36471	0.36374
15	0.22213		0.35505	0.36829
16	0.18361			0.37151
17	0.14196			0.37348
18	0.09737			**0.37428**
19	0.05000			0.37396

3. 618 黄金分割

观察发现,最优值大约是总数的三分之一。剩余的大约三分之二,准确值是 0.618,称为黄金数,更具有一般性。

4. 科学问题的普遍性

万事万物背后的共同规律就是科学。科学问题是诸多现象中的共性问题,要去除表象,抓住共同的、核心的、本质的因素。抓住共性特点,就具有普遍性,可以指导众多不同领域的不同具体问题。

以上追女孩问题的三分之一或 0.618 就是这类问题的共性特点,体现就是共同规律。

七、博弈特点

1. 思想性——分析模式

换位思考:猜他人的行为和想法。

寻求共赢:在尊重他人利益的前提下追求自身利益。

2. 科学性——数学方法

寻求规律:提炼众多不同现象背后的共同特征。万事万物背后的共同规律才是科学。

严密推理:过程步步为营,结果具有唯一正确值。数学是描述科学规律的有力工具。

3. 实践性——经世济民

改善生活:使个人、家庭、社会、国家更美好。

缓解冲突:使经济、社会、情感等关系更和谐。

因此,学习好博弈论的要诀,其实也是好好学习的普遍性要诀,就是"死去活来",包括以下两个方面:

①掌握牢固:领悟模式,学会方法,记死背牢,但不是死记硬背,而是领悟了、学会了、理解了,再记准确、记牢固、记久远。

②灵活应用:结合具体场景,正确地用、科学地用、艺术地用。

第 1 讲　囚徒困境

一、塔克故事

1. 来源

囚徒困境(prisoners' dilemma),源于普林斯顿大学的塔克(Tunker)教授杜撰的故事,用来说明这种博弈格局。

2. 故事梗概

两个小偷行窃未果被抓,隔离审讯。"坦白从宽,抗拒从严":如果两人都坦白则各判拘留8天;如果一人坦白另一人不坦白,坦白的放出去,不坦白的拘留10天;如果都不坦白则因证据不足各拘留1天。坦白否?

二、博弈模型

1. 博弈矩阵

博弈矩阵也称支付矩阵或收益矩阵(payoff matrix)。以上囚徒困境的博弈矩阵表示如下:

		囚徒 B	
		坦白	抵赖
囚徒 A	坦白	−8,−8	0,−10
	抵赖	−10,0	−1,−1

2. 博弈要素

(1) 参与人

参与人(player)也称为局中人,是博弈当中决策的主体,也是指什么人参与博弈。比如,囚徒困境中是囚徒 A 和囚徒 B 在博弈。

(2) 行动

行动(action)也称行为,指参与人有些什么样的行动可以选择。比如,囚徒困境中,囚徒 A 有坦白和抵赖两个行动选择,囚徒 B 也是。它经常与战略或策略(strategy)混用,但有时又有重大不同。

(3) 收益

收益(payoff)也称损益或得益,有的直接翻译成支付,指参与人在给定行动组合下的得失。正表示得,负就表示失。其中,行动组合是所有参与人所选择行动构成的集合。比如,在囚徒困境中,对囚徒 A 选择坦白和囚徒 B 选择坦白的行动组合,囚徒 A 得到−8,囚徒 B 也得

到 -8；而对囚徒 A 选择坦白和囚徒 B 选择抵赖的行动组合，囚徒 A 得到 0，囚徒 B 得到 -10。

(4) 均衡

均衡(equilibrium)，指所有参与人都不会单方面改变的稳定状态。

(5) 结果

结果(outcome)，指均衡状态的某个方面，可能是收益或行动等。

三、均衡结果

1. 求解方法

分情况讨论：当对方坦白时，我会坦白，因为 $-8>-10$；当对方抵赖时，我还是会坦白，因为 $0>-1$。因此，无论对方是坦白还是抵赖，我都会坦白。

2. 均衡

无论对方如何选择，每个人的最优选择都是坦白。所以，均衡是(坦白，坦白)。其中，每个人都不会单方面改变，因为改变只会降低自己收益。

3. 结果

行为：双方都选择坦白。

收益：双方都得 -8。

※**习题 1**　求解吹牛博弈的均衡结果；列举吹牛博弈事例并做简要分析。

		B 吹牛	B 实话
A	吹牛	6,6	15,3
A	实话	3,15	12,12

四、困境何在

1. 攻守同盟

攻守同盟是否可行？

没改变问题实质，仍然是囚徒困境。其实，违背同盟约定相当于坦白，而遵守同盟约定相当于抵赖。

		囚徒 B 违背同盟约定,坦白	囚徒 B 遵守同盟约定,抵赖
囚徒 A	违背同盟约定,坦白	$-8,-8$	$0,-10$
囚徒 A	遵守同盟约定,抵赖	$-10,0$	$-1,-1$

2. 蕴含哲理

个人利益与集体利益之间的关系：从个人利益出发，追求个人利益，不利于集体利益，其实也不利于个人利益；从集体利益出发，追求集体利益，有利于集体利益，其实也有利于个人利益。追求集体利益才能实现个人利益，追求个人利益不但不能实现个人利益，也不能实现集体利益。所以,集体主义和爱国主义教育,集体主义和爱国主义信念,都是非常重要的。

剑桥大学教授、院士、社会人类学家、《现代世界的诞生》作者艾伦·麦克法兰(Alan Macfarlane,1941—)认为,世界上第一个现代化国家英国的社会文明建立在个人主义基础上,但中国自古以来都立足于集体主义。

3. 不同形式

(1) 合作问题

合作指双方协商合作,比如共享信息、取消门槛限制等。但是双方都处在囚徒困境中,合作难以实现。

		B	
		不合作/背叛	合作
A	不合作/背叛	1,1	9,−2
	合作	−2,9	7,7

(2) 守约问题

守约指双方签订并遵守协议,比如不再降价、共享信息等。但是双方都处在囚徒困境中,遵守协议难以实现。

		B	
		违约	守约
A	违约	1,1	9,−2
	守约	−2,9	7,7

(3) 撒谎问题

面对上级以汇报的业绩作为考核提拔的依据时,可能会竞相撒谎,因为处于囚徒困境中。

		B	
		撒谎	实话
A	撒谎	1,1	9,−2
	实话	−2,9	7,7

4. 套路

当……时,会……;当不……时,还是会……;无论……,总是会……;结果,大家都会……。

比如,在基本的囚徒困境中:当对方坦白时,我方会坦白;当对方不坦白时,我方还是会坦白;无论对方是否坦白,我方总是会坦白;结果,大家都会坦白。

※习题 2 分析以下现象中的囚徒困境:

屡见不鲜的价格战。

铺天盖地的广告战。

备受批评却难以遏制的应试教育。

影视剧中常见的微妙三角关系。

CET 四级之上还有六级。

考研越演越烈，越来越卷。

五、现实困境

1."内卷"

世界"内卷"严重，人人都在拼命，都感觉疲惫，都觉得没法解脱，因为都陷在囚徒困境中。

当他人拼命、充电时，你在努力与否之间会选择努力；当他人没有拼命、充电时，你在努力与否之间还是会选择努力；无论他人是否拼命、充电，你总是会努力。

结果，人人都会努力，人人都在拼命，形成内卷。

而且，由于大家都努力，每个人的拼命、充电行为在很大程度上其实是无效的。

关键是，明知没用，还不得不去做。

只要卷不死，就往死里卷。

2."鸡娃"

打鸡血式地养娃，各种兴趣班、补习班排满日常，不断转场，吃饭都是匆忙地填。

当他人"鸡娃"时，你在"鸡与不鸡"之间会选择"鸡"；当他人没有"鸡娃"时，你在"鸡与不鸡"之间还是会选择"鸡"；无论他人是否"鸡娃"，你总是会"鸡娃"。

结果，人人都会"鸡娃"。

而且，由于大家都"鸡娃"，每个人的"鸡娃"在很大程度上其实是无效的。

关键是，明知没用，还不得不去做。

只要鸡不死，就往死里鸡。

3. 综艺

电视台的综艺节目雷同，因为其中也存在囚徒困境。

※习题 3　列举现实中的囚徒困境事例并做简要分析。

4. 公共物品

(1) 特点

公共物品（public goods）的特点是：提供中的成本，自己承担；提供后的收益，大家共享。

(2) 模型

不妨假设提供公共物品的总成本为 6，享用公共物品的收益是 5。

双方都提供：各付出成本 3，都享用得 5，净收益都为 2。

双方都不提供：都没成本，都不享用，收益都为 0。

一方提供另一方不提供：大家都享用，收益 5；提供者付出成本 6，净收益 −1；不提供者没成本，净收益为 5。

		B	
		提供	不提供
A	提供	2,2	−1,5
	不提供	5,−1	0,0

(3)均衡

无论对方如何选择,每个人的最优选择都会是不提供。所以可以预测,结果是(不提供,不提供)。

(4)解决办法

政府统一提供公共物品,统一管理。

(5)启示

见义勇为行为具有公共物品的属性,其成本也是个人承担而收益也是大家共享。因此,见义勇为行为在很大程度上是稀缺的。对此:

其一,不应该站在道德的高度来绑架冷漠的态度和行为,那样会很冷;

其二,弘扬正能量,提高见义勇为的直接和间接收益。

※**习题 4**　列举现实中的公共物品事例并做简要分析。

5. 公共资源

(1)哈丁悲剧的故事

一群牧民面对向他们开放的草地,每一个牧民都想多养一只羊,因为多养一只羊所增加的收益大于其购养成本,是合算的,但是因平均草量下降,可能使整个牧区羊的单位收益下降。每个牧民都可能多增加一只羊,草地将可能被过度放牧,从而不能满足羊的食量,致使所有牧民的羊都被饿死。

(2)模型

博弈各方在面对公共资源时,可以占用也可以不占用。

只有一方占用:收益是 7,总成本是 8;占用者收益 7,要承担成本 4,净收益 3;不占用者收益 0,也要承担成本 4,净收益 −4。双方都占用:各自收益是 4,总成本是 10,分别承担成本 5,每方的净收益都为 −1。双方都不占用:都没收益,也没成本,净收益为 0。

		B	
		占用	不占用
A	占用	−1, −1	3, −4
	不占用	−4, 3	0, 0

(3)均衡

大家都会占用公共资源,公共资源会逐渐枯竭。

如果不管,小区会停满车,结果难以通行。

如果不管,街边路边会摆满摊位,结果环境很差。

如果不管,江河鱼会被捕捞完,结果野生鱼类会消失。

(4)解决办法

把大家共担的成本转化为由当事人自己个人承担。成本大于收益,就阻止了占用公共资源的行为。

6. OPEC 与石油价格

OPEC(Organization of the Petroleum Exporting Countries,石油输出国组织)成立初衷是维护石油价格。但是长期来看作用有限。原因在于各成员国处于囚徒困境之中,都有降价的冲动。

7. 英国脱欧与欧盟

单从囚徒困境的博弈结构讲,欧盟是多个国家之间的合作,也存在囚徒困境的合作难题,英国脱欧在一定程度上说明了这一点。但是与俄罗斯、美国等之间的竞争压力又会促进合作,缓解囚徒困境的不合作。而且还有社会文化、长期关系、文明发展等多种因素的作用。所以欧盟现在总体上能够较平稳地运行。

哲学讲主要矛盾和矛盾的主要方面会转移变化。现实是复杂的,取决于各种力量的相对大小。

8. 交通建设

在高速公路、高铁、机场等交通基础设施建设问题上,各地之间存在囚徒困境。对某一城市来说:如果其他城市建,在建与不建之间会选择建;如果其他城市不建,在建与不建之间还是会选择建。无论其他城市是否建设,总是会在政策、条件允许范围内争取建。

(1)西渝高铁

西安到重庆高铁的西线方案和东线方案之争。

西线:西安→安康→万源→达州→广安→重庆。其中,万源、达州和广安都在四川境内。

东线:西安→安康→城口→开州→万州→重庆。其中,城口、开州和万州都在重庆境内。

四川和重庆两方就具体走向曾经激烈博弈,都具有陈述自己线路的优势、陈述对方线路的劣势、辩解自己线路的劣势等行为特点。

(2)高铁滑浚站

一座高铁站,拥有两座站房,跨越两个县城。郑济高铁濮阳至郑州段的滑浚站,位于河南省安阳市滑县和鹤壁市浚县交界处,南站房位于安阳市滑县境内,北站房位于鹤壁市浚县境内。

滑县隶属河南省安阳市,常住人口 117 万,是河南省的直管县;浚县隶属鹤壁市,常住人口 63 万。滑浚高铁站距离两个县城均在 3~4 公里。

站台开口分别属于两县:南站台由滑县运营,滑县的乘客由南站台进站;北站台由浚县运营,浚县的乘客由北站台进站。

南站房约 8100 平方米,突出夏商周风格,采用白麻石材、木本色斗拱,引入青铜器特有的元素符号。北站房约 7800 平方米,突出汉唐风格,选用传统的宫殿建筑样式,斗拱为红色,外幕墙采用了竖纹石材。

9. 旅游开发

(1)开发雷同

遍地开花:高空玻璃廊道,蹦极等冒险项目,花海,民宿……

(2)雷同困境

对某地来说:如果其他景区建设高空玻璃廊道,在建与不建之间会选择建;如果其他景区不建高空玻璃廊道,在建与不建之间还是会选择建。无论其他景区是否建设,总是会在政策、条件允许范围内争取建。

10. 各种"城"建

(1)"城"出不穷

家具城,商业中心,大学城,科学城,好吃街……

(2)"城"入困境

对某地来说:如果其他地方建设商业中心,在建与不建之间会选择建;如果其他地方不建商业中心,在建与不建之间还是会选择建。无论其他地方是否建设,总是会在政策、条件允许范围内争取建。

※**习题5** 在知网上下载并研读采用囚徒困境模型研究实际问题的论文。

注:知网上可以下载中英文期刊论文、学位论文、会议论文等。

六、走出困境

1. 问题

如何走出困境,从而实现合作?遵守约定,不再撒谎,不会背叛……

2. 何以走出

长期关系,对未来的关注,可以实现当下的合作、守约、坦诚等,解决困境问题。比如:

(1)报复

对方有报复的能力和机会,害怕将来被报复,现在就不会坦白而会抵赖。历史上的"人质"方案就是通过使报复成为可能来促进合作。

(2)报答

历史上的"通婚"方案,延续至今的门当户对、企业集团之间的相互持股,都使关系持久化,预期在将来会得到报答。

(3)未来

制度、合同和婚姻等都是缔结和压实长期关系的途径,确保对未来的关注,促进当下的合作。

(4)文化

关羽的忠义、军队的忠诚,都是促进合作的力量。培养类似的忠义和忠诚是企业文化建设的重要内容,通过改变背叛时的效用促进合作。

3. 何需走出

(1)社会进步动力源

为了追逐利益,企业和个体不断研发革新技术,大家都处在囚徒困境中。给定其他主体进行技术研发革新,每个主体在是否研发革新之间会选择研发革新;给定其他主体不进行技术研发革新,每个主体在是否研发革新之间还是会选择研发革新;无论其他主体是否进行技术研发革新,每个主体都会进行技术研发革新。

如此,人类发展才有动力,社会才会不断进步。

(2) 乐陷其中

从这个角度讲,不需要走出困境,就陷在其中好了,陷得越深,动力越足。

(3) "看不见的手"

亚当·斯密《国富论》"看不见的手"在市场竞争的囚徒困境中有无穷力量:

我们的晚餐不是来自屠夫、酿酒的商人或面包师傅的仁慈之心,而是因为他们对自己的利益特别关注……每个人都会尽其所能,运用自己的资本争取最大的利益。一般而言,他不会有意图为公众服务,也不自知对社会有什么贡献,他关心的仅仅是自己的安全、自己的利益,但如此一来,他就好像被一只无形的手引领,在不知不觉中对社会改进尽力而为……

七、设局困境

1. 双头审计

设计囚徒困境,预防审计合谋。

经理与注册会计师之间可能合谋,隐瞒不良信息。股东采取双头审计,请两位注册会计师进行审计,扣发给隐瞒者的部分报酬,而给坚持如实报告问题的注册会计师以更多的报酬。通过设计,可以得到与以下博弈类似的结果。

		注册会计师 B	
		隐瞒	实报
注册会计师 A	隐瞒	5,5	−1,6
	实报	6,−1	0,0

分析可以发现:每个注册会计师都处于囚徒困境中,都会实报信息。

2. 采购讲价

设计囚徒困境,压低供应商价格。

假设:两个供应商成本都为 6 元/件,报价都为 10 元/件。

策略:如果二者报价都为 10 元/件或 8.5 元/件,则从每家订购 50 件;若一家报价 10 元/件而另一家报价 8.5 元/件,则从价低者订购 100 件。由此,供应商之间的博弈矩阵为:

		供应商 B	
		8.5	10
供应商 A	8.5	125,125	250,0
	10	0,250	200,200

分析可以发现:每个供应商都处于囚徒困境中,都会降价到 8.5。

3. 锦标竞赛

一种广泛应用的以排名为基础的激励机制。

比如:奥运会等体育比赛按照排名决出金、银、铜牌;候选人中综合测评排第一者获得晋升;学生按成绩排名决定奖学金;决定高考录取的是成绩的相对排名而不是成绩的绝对分数;等等。

通过分析可以发现:各方都处于囚徒困境中,都会努力提高自己的排名。

※**习题 6** 博弈分析某公司对销售部年度业绩最高者奖励销售明星奖 10 万元的做法。

第2讲 智猪博弈

一、猪间江湖

1. 猪的传说

Boxed pigs game,智猪博弈。

有人间,就有猪间。人间有江湖,猪间也有江湖:

一头大猪和一只小猪生活在同一猪圈里,共用一个食槽。食槽的一端有一个开关,猪用脚一按,食槽的另一端会掉下包子。假定按一下开关就会掉下12个包子,而跑去按开关会耗费2个包子的能量。如果大猪去按开关,小猪先吃,而大猪按完开关再跑过来吃,大猪会吃到9个包子,小猪吃到3个;如果小猪先按开关,按完后再跑过来吃,小猪会吃到1个包子,大猪会吃到11个;如果都不去按开关,就都吃不到包子;如果大猪和小猪一起去按开关,再一起回来同时开始吃,大猪会吃到10个包子,小猪会吃到2个包子。

请问谁是懒猪?或者说,谁会去按开关?

2. 博弈矩阵

		小猪	
		按	不按
大猪	按	8,0	7,3
	不按	11,-1	0,0

二、智猪哲理

1. 占优战略

占优战略(dominant strategy)也称优势策略或上策,指无论其他局中人如何行动,总是优于其他战略的战略。比如,对小猪而言:当大猪选择"按"时,小猪选"按"得0选"不按"得3,3>0,小猪会选"不按";当大猪选择"不按"时,小猪选"按"得-1选"不按"得0,0>-1,小猪也会选"不按"。无论大猪选"按"还是选"不按",小猪都会选"不按"。"不按"是小猪相对于"按"的占优战略。

如果其中的不等式比如3>0和0>-1都是严格不等式,那么就是严格占优战略。如果其中的不等式有些是不严格的也就是包括取等号的情形,那么就只是占优战略。

2. 劣战略

劣战略(dominated strategy)是与占优战略相对的战略,指无论其他局中人如何行动,总是不如其他战略的战略。

同样,有严格劣战略的定义。

3. 行为准则

局中人一定会选择占优战略,一定不会选择严格劣战略。而且所有人都知道,严格劣战略一定不会被选择。

4. 重复剔除严格劣战略(iterated elimination of strictly dominated strategy)

因为严格劣战略一定不会被选择,而且大家都知道,所以可以剔除。比如,剔除小猪的严格劣战略"按"。

		小猪	
		按	不按
大猪	按	~~8,0~~	7,3
	不按	~~11,-1~~	0,0

进一步,在剩下的博弈中:

对大猪而言,"不按"是相对于"按"的严格劣战略,应该剔除。

		小猪	
		~~按~~	不按
大猪	按	~~8,0~~	7,3
	不按	~~11,-1~~	~~0,0~~

5. 占优均衡

占优均衡(dominant strategy equilibrium,DSE)是占优战略均衡的简称。如果反复剔除劣战略后,只有一个战略组合,那就是占优均衡,它描述了博弈的结果和局中人的行为选择。比如,智猪博弈的占优均衡为(按,不按),其中大猪选择"按"得到 7 而小猪选择"不按"得到 3。

※习题 1 求占优均衡。

		B	
		L	R
A	U	3,5	7,6
	D	7,8	11,2

※习题 2 求占优均衡。

		B	
		L	R
A	U	1,3	2,5
	D	4,1	6,2

6. 背后哲理

(1) 小猪角度

小猪不做事,搭便车,坐享大猪劳动成果。

小猪不是没有能力做事,而是不愿意做事,因为即使努力做事的成果会被大猪侵占,还不够补偿自己做事的成本。由于没有做事只是搭便车,在利益分配中没有话语权,只能得到很小的份额。但是,这也不错,毕竟没有劳动,几乎是不劳而获。

(2)大猪角度

大猪必须做事,要容忍小猪的搭便车行为,还不得不让小猪分享部分劳动成果。

大猪不是喜欢做事,也不是乐于助人和大公无私,而是知道小猪不会做事,自己再不做事,大家都得饿死。当然,在利益分配中具有主导权,能够获得大部分。这种主导权是以让渡部分劳动成果给小猪换来的。

7. 如何解决?

(1)基本思路是界定产权

界定产权,就是明确各方的责任、权力和利益,可以防止搭便车。建立和完善法律或制度的一个重要目的就是界定产权。我国改革始于农村自发的家庭承包责任制,也就是对产权的界定。

(2)名人名言

莫勒尔说:尽管大家同乘一条船,可一些人划船,另一些人只是坐船。

引申讨论:如果发现你一直在划船,怎么办?

8. 橄榄球博弈

		防守方		
		反冲击	反过人	闪击对方四分卫
进攻方	冲击	3,-3	7,-7	15,-15
	过人	9,-9	8,-8	10,-10

(1)进攻方

虽然 9>3 和 8>7,但是 10<15,不存在占优战略和劣战略。

(2)防守方

因为 -3>-15 并且 -9>-10,所以闪击对方四分卫是相对于反冲击的严格劣战略,应当剔除。

		防守方		
		反冲击	反过人	~~闪击对方四分卫~~
进攻方	冲击	3,-3	7,-7	~~15,-15~~
	过人	9,-9	8,-8	~~10,-10~~

(3)在剩下的博弈中

对进攻方而言,因为 9>3 并且 8>7,冲击是相对于过人的严格劣战略,应当剔除。

		防守方		
		反冲击	反过人	闪击对方四分卫
进攻方	~~冲击~~	~~3, -3~~	~~7, -7~~	~~15, -15~~
	过人	9, -9	8, -8	~~10, -10~~

(4) 在剩下的博弈中

对防守方而言,因为-8>-9,反冲击是相对于反过人的严格劣战略,应当剔除。

		防守方		
		反冲击	反过人	闪击对方四分卫
进攻方	~~冲击~~	~~3, -3~~	~~7, -7~~	~~15, -15~~
	过人	~~9, -9~~	8, -8	~~10, -10~~

于是,占优均衡为(过人,反过人),其中进攻方选择过人得到8,防守方选择反过人得到-8。

※**习题3** 求占优均衡。

(1) 简单方位博弈

		局中人2		
		L	M	R
	U	4, 3	5, 1	6, 2
局中人1	M	2, 1	8, 4	3, 6
	D	3, 0	9, 6	2, 8

(2) 复杂方位博弈

		局中人2		
		L	M	R
	U	73, 25	57, 42	66, 32
局中人1	M	80, 26	35, 12	32, 54
	D	28, 27	63, 31	54, 29

9. 博弈化简

如果反复剔除严格劣战略后,存在多个战略组合,说明该博弈不存在占优均衡。此时,虽然没有找到均衡,但是化简了博弈。

对任何博弈,都可以用重复剔除严格劣战略法化简。

※**习题4** 用重复剔除严格劣战略方法化简以下博弈:

		局中人2		
		L	M	R
	U	2, 0	0, 1	4, 2
局中人1	M	3, 4	1, 2	3, 3
	D	1, 3	0, 2	2, 0

三、生活应用

1. 现象解读

（1）公司治理

大股东是大猪，小股东是小猪。大股东负责监督和管理决策，付出成本，在利益分配中处于主导地位，同时会让渡部分利润给小股东。小股东啥也不做，不是不愿意做，而是因为即使做也不能改变结果，在利益分配中处于从属地位。

（2）广告溢出

大公司做广告，介绍新产品的功能特点。小公司没有做广告，但是消费者通过大公司的广告也知道了同类产品的功能特点。其中，小公司在做广告这件事上搭了大公司的便车。

大公司是大猪，小公司是小猪。大公司做广告，让消费者了解新产品，付出成本做广告，占据较多市场份额，获取更多利润。小公司不做广告，不用承担成本，大公司的广告让消费者了解了产品，小公司也会有一定的市场份额，赚取一定的利润。

（3）能者多劳

能者是大猪，弱者是小猪。能者：善于做事，业绩好，工资高，奖励多，什么事都找他，同时什么评优评先也是他，收入高，但是也累。弱者：做事一般，业绩一般，基本什么事不找他，同时什么评优评先也与他无关，收入一般，但是也相对清闲。

※**习题 5** 分析以下现象中的智猪博弈：聚餐 AA 制，技术创新搭便车，新官上任三把火。

2. 启示应用

（1）制造大国

制造大国更多地充当小猪角色，通过让对方获取大部分利益吸引合作，在合作过程中学习积累成长，占据市场份额，但是处于微笑曲线的底部。

（2）智造强国

智造强国向大猪角色转变，自己投入研发推动技术创新，突破卡脖子技术瓶颈，实现从 0 到 1 的原始创新。虽然成本很高，但是能够获得更多利益，向微笑曲线顶部进军。

※**习题 6** 列举现实中的智猪博弈事例并做简要分析。

四、理性层次

1. 一阶理性

根据对对方惯常特点的认知做相应的行为安排。比如，预期小长假第一天早上会堵车，就不出门，宅家里，睡美容觉。又如，东京奥运会，日本乒乓球运动员伊藤美诚的教练表示，赛前根据中国队孙颖莎的打法做了大量针对性训练。

2. 二阶理性

根据对对方行为安排的认知安排相应行为。比如，预期很多人认为小长假第一天早上会堵车就不出门，小长假第一天早上开车出门远游。又如，东京奥运会，日本乒乓球运动员伊藤美诚的教练表示,赛前针对中国队孙颖莎打法的训练都白做了,因为孙颖莎没按原有套路打。这就体现了中国教练的二阶理性:猜到了伊藤美诚破解孙颖莎的打法,然后研究训练了对伊藤美诚破解孙颖莎打法的破解打法。

3. 华容道

《三国演义》中曹操败走华容道:前有赵云和张飞阻击拦截,曹军已无力再战,但关羽思"过五关,斩六将"之恩,放走曹操。

(1)诸葛亮与曹操的博弈关系

一阶理性:诸葛亮知道曹操会走华容道。

二阶理性:曹操不知道诸葛亮知道曹操会走华容道。

三阶理性:诸葛亮知道曹操不知道诸葛亮知道曹操会走华容道。

(2)诸葛亮与关羽的博弈关系

一阶理性:诸葛亮知道关羽讲义气会放走曹操。

二阶理性:关羽不知道诸葛亮知道关羽会放走曹操。

三阶理性:诸葛亮知道关羽不知道诸葛亮知道关羽会放走曹操。

问题:诸葛亮明明知道关羽会放走曹操为什么还派关羽去?

可能的答案:赤壁之战后曹操不能死,否则北方大乱,天下孙权独大,刘备难以立足,所以要把曹操放走。但是又不能太明显,因为还要维护和孙权表面上的联盟。于是,很严肃地走程序,还要立军令状;很严谨地把曹操放走,只有派关羽去才能把曹操放走。

4. 包公断案

两位妇女都哭喊着说自己是一个婴儿的母亲。包公命令展昭,拿剑把婴儿劈成两半。一位妇女扑到婴儿身上,认罪说自己是冒充的。包公下令把另一位妇女关进大牢。

一阶理性:包公知道真母亲会舍我护子而假母亲不会,因此命令展昭拿剑把孩子劈成两半。

二阶理性:假母亲不知道包公为什么命令展昭拿剑把孩子劈成两半。

三阶理性:包公知道假母亲不知道包公为什么命令展昭拿剑把孩子劈成两半。

※**习题 7** 分析空城计中的理性层次。

简史:司马懿大军赶到,而城中无一兵一卒,诸葛亮大开城门,令人洒扫门前,自己抚琴城上,吓退司马懿。

5. 推理极限

大量心理学实验研究表明,普通人的推理层次不超过七层。

6. 选美博弈

假如你和很多人一起参加一项游戏:要求每个人独立地选择 1 到 100 之间的任意一个整数,选择了与大家选择的数的平均数的一半最接近的那个人将获得一笔丰厚的奖金。面对奖金的诱惑,你会选择哪个数?为什么?

分析见本讲附录。

五、共同知识

1. 含义

共同知识(common knowledge)是指大家都知道的知识,而且是大家都知道大家都知道的知识,满足无穷阶理性层次的知识。

第一层:你知道的知识;第二层:我知道你知道的知识;第三层:你知道我知道你知道的知识;第四层:我知道你知道我知道你知道的知识……如此至无穷的知识称为共同知识。

※**习题8** 分析智猪博弈中的共同知识。

2. 赛马重现

在流传的田忌赛马故事中,田忌改变出场顺序,用下等马对齐威王的上等马、中等马对齐威王的下等马、上等马对齐威王的中等马,而齐威王保持出场顺序不变。

双方存在理性差异。齐威王不太聪明,田忌知道齐威王不太聪明,齐威王不知道田忌知道齐威王不太聪明。或者,更具体的:齐威王不太聪明,没想到田忌会改变出场顺序,从而不会改变齐威王的出场顺序;田忌知道齐威王没想到田忌会改变出场顺序而不改变齐威王的出场顺序,田忌就改变自己的出场顺序;齐威王不知道田忌知道齐威王不会改变而田忌会改变出场顺序;田忌知道齐威王不知道田忌知道齐威王不会改变而田忌会改变出场顺序。

如果齐威王和田忌都很聪明,那么结果如何?

双方都有 6 种出场顺序,而且知道对方也有 6 种顺序,还知道对方也知道我方也有 6 种顺序,都不能确定对方会选择哪一种顺序,自然也不会固定自己的出场顺序,6 种顺序都有可能。

由此,博弈矩阵就变为

		田忌					
		上中下	上下中	中上下	中下上	下上中	下中上
齐威王	上中下	1,−1	1,−1	1,−1	1,−1	−1,1	1,−1
	上下中	1,−1	1,−1	1,−1	1,−1	1,−1	−1,1
	中上下	1,−1	−1,1	1,−1	1,−1	1,−1	1,−1
	中下上	−1,1	1,−1	1,−1	1,−1	1,−1	1,−1
	下上中	1,−1	1,−1	1,−1	−1,1	1,−1	1,−1
	下中上	1,−1	1,−1	−1,1	1,−1	1,−1	1,−1

3. 泥巴孩童之谜(muddy boy puzzle)

10 个小孩一起玩耍。其中,2 个小孩额头上有泥巴,自己不知道,而可以看到别人的额头上有泥巴,但是不知道一共有多少个小孩额头上有泥巴。老师:"你们中有人额头上有泥巴,现在额头上有泥巴的举手?"有人举手吗?过了一会儿,老师再问同样的问题,有人举手吗?

扩展 1:如果是 3 个小孩额头上有泥巴,老师问几次后有人举手?有多少人举手?5 个呢?m 个呢?

扩展 2:如果所有小孩都知道有多少个小孩额头上有泥巴,老师问几次后有人举手?有多少人举手?

分析见本讲附录。

4. 帽子谜题(puzzle of hats)

10个小孩一起玩耍,大家都戴着帽子。帽子的颜色是黑色的或白色的,每个人可以看到别人帽子的颜色但是看不到自己的。其中,有3顶白帽子,但是所有小孩都不知道有多少顶白帽子。老师:"我现在开始是数白帽子的个数,1、2、3……,当知道自己帽子的颜色时就举手。"问:老师数到几时有人举手?有多少人举手?

分析见本讲附录。

5. 信封谜题

父亲交给两个儿子各一个信封,并说一个信封有10^n元,另一个有10^{n+1}元,其中$n=1$、2、3、4和5的概率是相同的。父亲问两兄弟是否愿意和对方交换。第一次问时,两人都同意。第二次问时,两人也都同意。第三次问时,两人还是都同意。第四次问时,大儿子依然同意,但是小儿子不同意了。请问小儿子的信封里有多少钱?

分析见本讲附录。

6. 对非常聪明的怀疑与抗辩

完全理性(complete rationality)的两个假设:一是非常自私,二是非常聪明。其中,各方都非常聪明,意味着共同知识。对这两个假设都存在不少怀疑,认为不符合现实。

(1)对非常聪明的怀疑

人们不是那么聪明,更谈不上非常聪明。

(2)对怀疑非常聪明的抗辩

个体角度:通过学习,不断趋近非常聪明。

群体角度:通过进化,不断趋近非常聪明。

科学研究范式角度:物理学中常假设摩擦力为0、匀速直线运动等极限的理想状态,做假设是一种普遍的研究范式。

(3)启示

即使研究假设与现实不符,并不意味着研究结论不能指导现实。

六、庄子秋水

1. 节选

庄子与惠子游于濠梁之上。

庄子曰:"鲦鱼出游从容,是鱼之乐也。"

惠子曰:"子非鱼,安知鱼之乐?"

庄子曰:"子非我,安知我不知鱼之乐?"

惠子曰:"我非子,固不知子矣;子固非鱼也,子之不知鱼之乐,全矣!"

庄子曰:"请循其本。子曰'汝安知鱼乐'云者,既已知吾知之而问我。我知之濠上也。"

2.译文

庄子和惠子一道在濠水的桥上游玩。

庄子说:"白鲦鱼游得多么悠闲自在,这就是鱼儿的快乐。"

惠子说:"你不是鱼,怎么知道鱼的快乐?"

庄子说:"你不是我,怎么知道我不知道鱼儿的快乐?"

惠子说:"我不是你,固然不知道你是否知道鱼儿的快乐;你也不是鱼,一定也不知道鱼的快乐,这是完全可以肯定的。"

庄子说:"还是让我们顺着先前的话来说。你刚才所说'你怎么知道鱼的快乐'的话,其实就是已经知道了我知道鱼儿的快乐而问我,而我则是在濠水的桥上知道这一点的。"

※ 习题9 分析庄子秋水对话中的理性层次和共同知识。

七、生死真情

1.爱的考验

一对情侣遇到杀人狂魔,用剪刀石头布决定生死:胜者生,败者死,平皆死。他们约定一起出石头以长相依。结果,男孩出了剪刀,女孩出了布。谁想自己活?谁想对方活?

分析见本讲附录。

2.烧脑神剧

推理每进一层,剧情反转一次。比如电影《看不见的客人》《消失的她》等。

3.启示

一念天堂,一念地狱。

心存善念,眼有阳光。

※ 习题10 在知网上下载并研读用智猪博弈模型研究实际问题的论文。

八、本讲附录

附录1:选美博弈

第一层:1到100的每个数的概率是相等的,平均数是50,一半是25,应该写25。

第二层:很多人都能想到25,平均数趋近于25,一半12,应该写12。

第三层:很多人都能想到12,平均数趋近于12,一半6,应该写6。

第四层:很多人都能想到6,平均数趋近于6,一半3,应该写3。

第五层:很多人都能想到3,平均数趋近于3,一半1,应该写1。

所以,如果大家都很聪明,应该写1。

但是,事实表明,写1不能胜出,因为大家都很聪明的前提并不成立。即使大家确实在智力上都很聪明,但是可能有人没有认真参与,或者有一点小疏忽结果想错了。

所以,关键是猜到有多少人想到1这一层又有多少人想到25那一层等等,再确定自己写多多少。也就是说,对其他人有多聪明,猜得越准确越可能胜出。

附录2:泥巴孩童之谜

老师第一次问时,没有人举手。老师第二次问时,两位额头上有泥巴的小孩都会举手。

老师第一次问时。额头上有泥巴的小孩：看到有一位小孩额头上有泥巴，由于已经有小孩额头上有泥巴并且不知道一共有多少小孩额头上有泥巴，他认为有不少于一位小孩额头上有泥巴但是不能肯定自己额头上是否有泥巴，就不会举手。额头上没有泥巴的小孩：看到有两位小孩额头上有泥巴，由于已经有小孩额头上有泥巴并且不知道一共有多少小孩额头上有泥巴，他认为有不少于两位小孩额头上有泥巴但是不能肯定自己额头上是否有泥巴，就不会举手。

老师第二次问时。额头上有泥巴的小孩：看到那位额头上有泥巴的小孩在第一次没有举手，就知道那位额头上有泥巴的小孩的眼里也有额头上有泥巴的小孩，而且又看到其他小孩额头上都没有泥巴，就知道自己额头上有泥巴，于是就会举手。额头上没有泥巴的小孩：看到有两位额头上有泥巴的小孩在第一次没有举手，虽然知道他们的眼里也有额头上有泥巴的小孩，但是不知道有几位，这是因为两位额头上有泥巴的小孩在相互看见之外还可能看见其他小孩额头上有泥巴，也就不能确定自己额头上是否有泥巴，于是就不会举手。

扩展1：如果是3个小孩额头上有泥巴。

老师第一次问时，没有人举手。老师第二次问时，也没有人举手。老师第三次问时，三位额头上有泥巴的小孩都会举手。

老师第一次问时。额头上有泥巴的小孩：看到有两位小孩额头上有泥巴，由于已经有小孩额头上有泥巴并且不知道一共有多少小孩额头上有泥巴，他认为有不少于两位小孩额头上有泥巴但是不能肯定自己额头上是否有泥巴，就不会举手。额头上没有泥巴的小孩：看到有三位小孩额头上有泥巴，由于已经有小孩额头上有泥巴并且不知道一共有多少小孩额头上有泥巴，他认为有不少于三位小孩额头上有泥巴但是不能肯定自己额头上是否有泥巴，就不会举手。

老师第二次问时。额头上有泥巴的小孩：看到那两位额头上有泥巴的小孩在第一次没有举手，虽然知道那两位额头上有泥巴的小孩的眼里也有额头上有泥巴的小孩，但是不知道有几位，这是因为这两位额头上有泥巴的小孩在相互看见之外还可能看见其他小孩额头上有泥巴，也就不能确定自己额头上是否有泥巴，于是就不会举手。额头上没有泥巴的小孩：看到有三位额头上有泥巴的小孩在第一次没有举手，虽然知道他们的眼里也有额头上有泥巴的小孩，但是不知道有几位，这是因为这三位额头上有泥巴的小孩在相互看见之外还可能看见其他小孩额头上有泥巴，也就不能确定自己额头上是否有泥巴，于是就不会举手。

老师第三次问时。额头上有泥巴的小孩：看到那两位额头上有泥巴的小孩在第一次和第二次都没有举手，就知道他们在相互看见之外还看见其他小孩额头上有泥巴，也就能确定自己额头上有泥巴，于是就会举手。额头上没有泥巴的小孩：看到有三位额头上有泥巴的小孩在第一次和第二次都没有举手，虽然知道他们的眼里也有额头上有泥巴的小孩，但是不知道有几位，这是因为这三位额头上有泥巴的小孩在相互看见之外还可能看见其他小孩额头上有泥巴，也就不能确定自己额头上是否有泥巴，于是就不会举手。

类似地，如果是5个小孩额头上有泥巴，那么老师问第五次时，5个额头上有泥巴的小孩会同时举手。一般的，如果是 m 个小孩额头上有泥巴，那么老师问第 m 次时，m 个额头上有泥巴的小孩会同时举手。

扩展2：如果所有小孩都知道有多少个小孩额头上有泥巴，老师问1次，所有额头上有泥巴的小孩就会都举手，因为他们眼里额头上有泥巴的小孩数比已知数小1。

附录3：帽子谜题

老师数到3时有人举手，有3人举手。

老师数到 1 时。黑帽子小孩看到 3 顶白帽子,白帽子小孩看到 2 顶白帽子,都比老师数的 1 大,因此都不能确定自己帽子的颜色。

老师数到 2 时。黑帽子小孩,看到 3 顶白帽子,比老师数的 2 大,还是不能确定自己帽子的颜色。白帽子小孩,看到两位白帽子小孩在老师数 1 时没有举手,但是不知道他们在相互看到对方外是否看到了其他白帽子,仍然不能确定自己帽子的颜色。

老师数到 3 时。黑帽子小孩,看到 3 顶白帽子,与老师数的 3 相等,还是不能确定自己帽子的颜色。白帽子小孩,看到两位白帽子小孩在老师数 1 和 2 时都没有举手,说明他们也看到了 2 顶白帽子,那就可以确定自己是白帽子。所以,老师数到 3 时,3 位戴白色帽子的小孩都会举手。

附录 4:信封谜题

第一次,双方同意,说明都不是 100 万,其他值都有可能,平均来说,对方信封中金额的期望值就是 $\frac{10+100+1000+10000+100000}{5}=22222$(元)。

第二次,双方也同意,说明也都不是 10 万。因为是 10 万的话,就不会同意与期望值为 22222 元的信封交换。那么,期望值为 $\frac{10+100+1000+10000}{4}=2777.5$(元)。

第三次,双方还同意,说明也都不是 1 万。因为是 1 万的话,就不会同意与期望值为 2777.5 元的信封交换。那么,期望值为 $\frac{10+100+1000}{3}=370$(元)。

第四次,小儿子不同意,说明其信封里是 1000 元。

附录 5:爱的考验

女孩想自己活:女孩认为男孩会遵守约定出石头,她出布就是为了战胜男孩,让自己活下来。

男孩想自己活:男孩想到了以上女孩所想,认为女孩将出布,他出剪刀就是为了战胜女孩,让自己活下来。

男孩想对方活:男孩认为女孩会遵守约定出石头,他出剪刀就是为了输给女孩,让对方活下来。

女孩想对方活:女孩想到了以上男孩所想,认为男孩将出剪刀,她出布就是为了输给男孩,让对方活下来。

第 3 讲　纳什均衡

一、交通博弈

1. 相向而行

靠左还是靠右？

		乙	
		靠左	靠右
甲	靠左	1,1	−1,−1
	靠右	−1,−1	1,1

分析可知，双方都没有占优战略。

2. 存在问题

没有严格劣战略，需要新的求解方法。

二、稳定状态

1. 纳什均衡的含义

纳什均衡(Nash equilibrium, NE)，指博弈中每个局中人在给定其他局中人行为不变的前提下，都实现了最大收益，从而不再改变自己行为的稳定状态。其中，前提是其他局中人的行为不变，条件是实现了最大收益，结果是不再改变自己行为，状态是每个局中人都不会变化。

简言之，纳什均衡就是这样一种状态：给定你不变，我不变；并且，给定我不变，你也不变。

比如，在以上交通博弈中：

(靠左,靠左)是纳什均衡，甲乙都不会改变。一方面，给定甲保持靠左不变，乙由靠左变为靠右，其收益会由 1 下降到 −1，乙不会变。另一方面，给定乙保持靠左不变，甲由靠左变为靠右，其收益会由 1 下降到 −1，甲不会变。两方面同时成立，是纳什均衡。

(靠左,靠右)不是纳什均衡，不满足甲乙都不会改变。一方面，给定甲保持靠左不变，乙由靠右变为靠左，其收益会由 −1 提高到 1，乙会变。另一方面，乙保持靠右不变，甲由靠左变为靠右，其收益会由 −1 提高到 1，甲会变。两方面都不成立，不是纳什均衡。其实，只要有一方面不成立，就不是纳什均衡。必须两方面同时成立，才是纳什均衡。

同理，分析可知：(靠右,靠右)是纳什均衡；(靠右,靠左)不是纳什均衡。

占优均衡是纳什均衡的特例。占优均衡一定是纳什均衡，纳什均衡不一定是占优均衡。

2. 纳什均衡的性质

纳什均衡具有稳定性，即使偏离了，也会自动回归。

对纳什均衡(靠左,靠左):如果甲偏离到靠右,由靠右回到靠左,收益由-1提高到1,会自动回归;如果乙偏离到靠右,由靠右回到靠左,收益由-1提高到1,会自动回归。

对纳什均衡(靠右,靠右):如果甲偏离到靠左,由靠左回到靠右,收益由-1提高到1,会自动回归;如果乙偏离到靠左,由靠左回到靠右,收益由-1提高到1,会自动回归。

※**习题1** 分析囚徒困境和智猪博弈纳什均衡的稳定性。

三、最优反应

1. 网络名句

我尊重你是因为你尊重我,你尊重我是因为我尊重你

我喜欢你是因为你喜欢我,你喜欢我是因为我喜欢你

我爱你是因为你爱我,你爱我是因为我爱你

我,你

2. 麦琪的礼物

(1)小说故事

妻子麦琪有一头长发,却没有梳子。丈夫有一只怀表,却没有表链。麦琪生日那天,麦琪卖掉了长发为丈夫买了一条表链,吉姆卖掉怀表为妻子买了一把梳子。

※**习题2** 对比麦琪礼物的小说故事,分析周润发等主演的香港电影《秋天的童话》有何创新,有何启示?

(2)博弈矩阵

		麦琪	
		剪发	不剪
吉姆	卖表	0.5,0.5	1,2
	不卖	2,1	0,0

其中:吉姆卖表为麦琪买了梳子,麦琪卖头发为吉姆买了表链,虽然都用不上,但是都感觉到对方的爱,收益都为0.5;吉姆卖表为麦琪买了梳子,礼物可以用,收益为1;麦琪收到礼物很开心,没有剪发,礼物很实用,更开心,收益为2;麦琪卖头发为吉姆买了表链,礼物可以用,收益为1;吉姆收到礼物很开心,没卖表,礼物很实用,更开心,收益为2;吉姆没卖表,麦琪没剪发,生活没有变化,双方收益都为0。

(3)最优反应

最优反应(optimal reaction),指给定对方的战略选择,我方的最优战略。

吉姆:对麦琪剪发的最优反应是不卖,因为2>0.5;对麦琪不剪的最优反应是卖表,因为1>0。

麦琪:对吉姆卖表的最优反应是不剪,因为2>0.5;对吉姆不卖的最优反应是剪发,因为1>0。

3. 划线法

在最优反应战略对应的数字上画线。

		麦琪	
		剪发	不剪
吉姆	卖表	0.5,0.5	<u>1</u>,<u>2</u>
	不卖	<u>2</u>,<u>1</u>	0,0

4. 寻求均衡

最优反应组合就是均衡。如果某战略组合的所有数字都画上了线,那就是纳什均衡。此时,各方的行为选择都是给定对方战略下的最优选择,每一方都不能通过单方面的改变行为选择来提高自己的收益。

※**习题 3**　用划线法求囚徒困境和智猪博弈的纳什均衡。

5. 方位博弈

		局中人2		
		L 左	M 中	R 右
	T 上	4,3	5,2	6,1
局中人1	M 中	1,3	8,5	3,6
	D 下	2,5	9,7	4,9

(1) 局中人 1

对局中人 2 选 L 的最优反应是 T,因为 $4=\max\{4,1,2\}$,划线 4;
对局中人 2 选 M 的最优反应是 D,因为 $9=\max\{5,8,9\}$,划线 9;
对局中人 2 选 R 的最优反应是 T,因为 $6=\max\{6,3,4\}$,划线 6。

(2) 局中人 2

对局中人 1 选 T 的最优反应是 L,因为 $3=\max\{3,2,1\}$,划线 3;
对局中人 1 选 M 的最优反应是 R,因为 $6=\max\{3,5,6\}$,划线 6;
对局中人 1 选 D 的最优反应是 R,因为 $9=\max\{5,7,9\}$,划线 9。

		局中人2		
		L 左	M 中	R 右
	T 上	<u>4</u>,<u>3</u>	5,2	<u>6</u>,1
局中人1	M 中	1,3	8,5	3,<u>6</u>
	D 下	2,5	<u>9</u>,7	4,<u>9</u>

纳什均衡是(T,L),因为其战略组合对应的 4 和 3 都划了线。

6. 大家好就是真的好?

均衡结果(4,3)对所有局中人来说,都没有(8,5)好,也没有(9,7)好。注意,虽然(8,5)和(9,7)对大家都好,但是不会出现,因为不是纳什均衡。

7. 对常识的挑战

常识:如果方案对大家都有好处,能够同时提高所有人的收益,那么容易达成能够实现。

博弈模型显示:对大家都好的方案如果不是纳什均衡,其实并不能实现。此外,因徒困境也说明了这点。

启示:不能只看利益分配的结果,还得看其中利益生成的结构。

8. 性别战博弈

妻子喜欢看韩剧,丈夫喜欢看足球,看自己喜欢的得到收益2。当然,与爱人一起看对方喜欢的也是一种幸福,会得到收益1。如果双方不能达成一致,就什么也看不成,收益就是0。

		丈夫	
		足球	韩剧
妻子	足球	1,2	0,0
	韩剧	0,0	2,1

用划线法可求得有两个纳什均衡:(足球,足球)和(韩剧,韩剧)。

※**习题 4** 用划线法求以下博弈的纳什均衡。

(1) 斗鸡博弈也称拳击博弈

		局中人2	
		进攻	后退
局中人1	进攻	−4,−4	2,−2
	后退	−2,2	0,0

(2) 协调博弈

		女子	
		左	右
男子	左	20,20	0,0
	右	0,0	5,5

(3) 暗恋博弈

		女孩	
		暗恋	表白
男孩	暗恋	5,5	6,0
	表白	0,6	10,10

(4) 上下左右博弈

		局中人2		
		L	M	R
局中人1	T	4,3	5,1	6,2
	M	2,1	8,4	3,6
	D	3,0	9,6	2,8

四、美丽心灵

1. 奥斯卡大奖电影

在电影《美丽心灵》(A Beautiful Mind)中,纳什和3个同学在酒吧里遇到一个困难抉择:可以去和4位黑发女生或1位金发女生搭讪。其中,小伙子们更希望与金发女生搭讪,因为金发女性更有魅力。但是他们每个人只能接近1位女生并吸引她的注意。如果两个或多个小伙子同时走向金发女生,那么他们都会被金发女生拒绝,并且也会被黑发女生拒绝,因为没有人愿做备胎。当然,不会有两位小伙子同时走向同一位黑发女生,因为黑发女生多而且小伙子们都有自己的偏好。

电影中所有小伙子都选择黑发女生是真实的纳什均衡吗?如果不是,请给出真实的纳什均衡。如果是,请说明理由。

分析见本讲附录。

2. 相爱相杀

(1) 相爱夫妻

		妻子	
		活着	死了
丈夫	活着	2,2	−6,0
	死了	0,−6	0,0

分析可知,有两个纳什均衡,分别为:(活着,活着),(死了,死了)。同生共死!

(2) 相恨夫妻

		妻子	
		活着	死了
丈夫	活着	−1,−1	6,0
	死了	0,6	0,0

分析可知,有两个纳什均衡,分别为:(活着,死了),(死了,活着)。你死我活!

※ **习题 5** 用划线法求纳什均衡。

		局中人2		
		L	M	R
局中人1	U	4,6	2,3	9,1
	M	6,4	3,7	6,4
	D	9,1	1,3	4,6

五、多重均衡

1. 多重均衡的含义

多重均衡即有多个均衡结果,比如交通博弈、性别战博弈、相爱夫妻、相杀夫妻等都有多个纳什均衡。那么,就不能确定到底哪一个会出现。

2. 更多例子

(1)约会博弈

		乙	
		城镇	乡村
甲	城镇	1,2	−1,−1
	乡村	−1,−1	2,1

(2)暗恋博弈

		乙	
		暗恋	表白
甲	暗恋	1,1	0,−1
	表白	−1,0	2,2

(3)鹰鸽博弈

		乙	
		鹰	鸽
甲	鹰	−8,−8	10,0
	鸽	0,10	5,5

※**习题 6** 用划线法求纳什均衡。

		局中人2		
		L	M	R
局中人1	U	2,0	0,2	4,2
	M	3,4	1,2	2,3
	D	1,3	0,2	3,0

3. 问题

不能确定哪一个均衡结果会出现,难以预测结果。博弈理论没有很好解决。

4. 如何消除均衡的多重性?

(1)权威方

比如,性别战博弈中,许多家庭习惯于听从某一方的安排,形成了事实上的权威方。

(2)树立非理性形象

比如,在斗鸡博弈或性别战博弈中,以非理性闻名的一方往往会获得胜利。

(3)协商

比如,吉姆可以事先给麦琪发条短信,告诉她卖了表给她买了梳子。

(4) 相关均衡

比如,性别战博弈中可以通过抛硬币来决定,现实中交通管制广泛实施的单双号通行。

(5) 聚点均衡

这是谢林的贡献。习惯就是聚点,人们会选择习惯了的。

比如,两个人独立地从安阳、绵阳、广元、北京中选择一个,如果相同就将得到奖金。虽然同时选安阳、绵阳、广元、北京中的任意一个都会得到奖金,但是同时选北京更可能出现,因为北京是首都,在心里的印象更深刻,就是聚点。

又如,两个人独立上报一个数字表明如何分配上天掉下来的100元,如果相加等于100就按所写数字分配,否则上天就收回。虽然任意两个相加等于100的数字都可以,但是都写50更可能出现,因为100元是上天掉下来的,与任何人的劳动付出无关,就应该平均分配,这是社会心理形成的聚点。

(6) 帕累托占优均衡

比如,协调博弈

		女子 左	女子 右
男子	左	20,20	0,0
	右	0,0	5,5

对博弈双方都有:同时选左各得20,比同时选右各得5,要好。

所以,(左,左)帕累托占优(右,右)。相比之下,(左,左)更可能出现,而(右,右)不太可能出现。

(7) 社会规范

社会规范(social norm)是大多数人遵守的行为规则,可以快速高效消除多重均衡。比如,交通规则、尊师重教、女士优先、抓阄等规范规则都有消除多重均衡快速达成结果的作用。

可以用一个规则取代另一个。比如,入乡随俗、改革等就用一个规则取代另一个,在新规则上实现均衡结果。但是存在锁定效应、路径依赖等制约因素,阻碍现存规则被取代的进程。

也可以建立全新规则。比如,移民国家或城市、灾后重建、谈判、争吵、离婚、战争等都有建立全新规则的作用。

六、鹿兔博弈

1. 风险占优均衡

两个猎人共同猎鹿,如果有人不参与就会失败。因而,猎鹿的成功取决于每个人的共同参与。

		猎人2 猎鹿	猎人2 抓兔
猎人1	猎鹿	20,20	0,5
	抓兔	5,0	5,5

对博弈双方都有：选择抓兔，无论对方选什么，都能抓到兔，确保一定能够得到5,没有风险；选择猎鹿，当对方也选猎鹿时会得到20,当对方选择抓兔时什么也得不到。要么得到20要么得到0,存在风险。

从风险角度，抓兔优于猎鹿，(兔,兔)更可能出现，称(兔,兔)风险占优(鹿,鹿)。

2. 陈志武之问

为什么中国人勤劳而不富有？

制度解释：制度成本较高，风险规避度较高，创新积极性较低。

博弈解释：

		B	
		冒险行为	稳健行为
A	冒险行为	20,20	0,5
	稳健行为	5,0	5,5

财富不多，风险规避程度较高，导致(稳健行为,稳健行为)出现。

这会引起财富积累和增长非常缓慢，使风险规避度在很长时间内都很高……进入循环，均衡结果始终是(稳健行为,稳健行为)。结果就是：一直很勤劳，就是不富有。

实际生活中，打工人辛苦劳作一年，扣除各种开支后所剩无几，关键是第二年依然有各种开支，比如家里的老人、小孩、房贷等，就又不得不继续辛苦劳作，年复一年，一直很勤劳，就是不富有。

3. 李约瑟之问

李约瑟之问也称李约瑟难题，由英国学者李约瑟(Joseph Needham,1900—1995)提出，在其编著的15卷《中国科学技术史》中正式提出问题："尽管中国古代对人类科技发展做出了很多重要贡献，但为什么科学和工业革命没有在近代的中国发生？"有很多学者从不同角度给出了各种解释。

这里借用鹿兔博弈给出一种源于封建制度小农经济的博弈解释：在封建制度下，特权阶层没有动力创新，因为其物质经济源于制度赋予的地位而不是个人努力；小农也没有创新积极性，因为缺乏必要的经济基础，不能承担创新失败的后果，而创新失败的可能性是很大的。结果大家都不会创新。这里的底层逻辑在一定程度上就是鹿兔博弈的风险占优均衡。

4. 卢梭之问

卢梭在《论人类不平等的起源和基础》中描述的博弈：

两个猎人一起合作才会成功猎鹿，一只鹿的总价值为4,平分后每个猎人得到的收益为2；而猎兔是可以独立完成的任务，捕获一只兔子给猎人带来的收益为1。

		猎人2	
		鹿	兔
猎人1	鹿	2,2	0,1
	兔	1,0	1,1

请问：(1)有几个纳什均衡？哪一个均衡更可能实现？为什么？

(2)扩展:假设有 N 个人一起参与猎鹿,并且需要 N 个人一起合作,才能完成这一任务。如果猎鹿成功,一只鹿的总价值为 D,平分后每个猎人得到收益 D/N(假设>1);而任何一人都可以单独抓兔,必能得到收益1。求此时的纳什均衡。

求解:(1)用划线法求解,有两个纳什均衡:要么一起打鹿,要么各自抓兔。

		猎人2	
		鹿	兔
猎人1	鹿	<u>2</u>,<u>2</u>	0,<u>1</u>
	兔	<u>1</u>,0	<u>1</u>,<u>1</u>

其中,一起打鹿更可能出现,因为帕累托占优各自抓兔,对双方都有(2,2)与(1,1)更好。或者,各自抓兔更可能出现,因为各自抓兔风险占优一起打鹿,抓兔总能得到1就没有风险,而打鹿要么得到2要么得到0,就存在风险。

(2)首先,一起打鹿是纳什均衡。

对任意一人,给定其他人都打鹿:他选择打鹿,可成功捕获鹿,收益为 D/N;他选择抓兔,可抓到兔,收益为1。因为 $D/N>1$,所以他会选择打鹿。于是,对任意一人,给定其他人都打鹿,他会选择打鹿。因此,一起打鹿是纳什均衡。

其次,各自抓兔是纳什均衡。

对任意一人,给定其他人都抓兔:他选择打鹿,不能捕获鹿,收益为0;他选择抓兔,可抓到兔,收益为1。因为 $0<1$,所以他会选择抓兔。于是,对任意一人,给定其他人都抓兔,他会选择抓兔。因此,各自抓兔是纳什均衡。

最后,一些人打鹿另一些人抓兔不是纳什均衡。

对打鹿的任意一人:坚持打鹿,不能捕获鹿,收益为0;改为抓兔,可抓到兔,收益为1。因为 $0<1$,所以他会改为抓兔。这不符合纳什均衡中所有人都不再改变自己行为的属性。

综上所述,有两个纳什均衡:要么一起猎鹿,要么各自抓兔。

七、本讲附录

附录:美丽心灵

所有小伙子都选择黑发女生不是纳什均衡。

对任意一位小伙子来说:如果其他小伙子保持不变选择黑发女生,他不会保持选择黑发女生不变,而会变为去选择金发女生。因此,所有小伙子都选择黑发女生不稳定,不是纳什均衡。这是奥斯卡大奖电影的一个错误。

真实的纳什均衡是:有一位任意的小伙子选择金发女生,其他小伙子都选择黑发女生。

对选择金发女生的小伙子来说:如果其他小伙子保持不变选择黑发女生,他会保持选择金发女生不变;对选择黑发女生的小伙子来说:如果其他小伙子保持不变特别是那位选择金发女生的小伙子保持不变,他也会保持选择黑发女生不变。因此,没有人会单方面改变,从而是真实的纳什均衡。由于选择金发女生的那位小伙子是任意的,纳什均衡有多个。

第4讲 混合均衡

一、混合战略

1. 用划线法求解纳什均衡

局中人2

		L	C	R
局中人1	T	2,2	2,1	4,2
	M	3,4	1,2	2,3
	D	1,3	1,2	3,2

有两个纳什均衡(M,L)和(T,R)。

2. 纯战略

战略(strategy)就是如何选择行动的方案。纯战略(pure strategy)就是选择单一行动的方案。比如,上例中,选择T是局中人1的纯战略;同样,选择M和选择D都是局中人1的纯战略。如果只是单纯讨论纯战略,很多时候并不区分战略和行动。

3. 纯战略纳什均衡

由纯战略构成的纳什均衡称为纯战略纳什均衡,其中各个局中人选择的都是纯战略。比如,以上的(M,L)和(T,R)都是纯战略纳什均衡。在纯战略纳什均衡(M,L)中,局中人1一定选择M,局中人2则一定选择L。在纯战略纳什均衡(T,R)中,局中人1一定选择T,局中人2则一定选择R。因此,第3讲中的纳什均衡其实是纯战略纳什均衡。在一个纯战略纳什均衡中,各方肯定都会选择实施某个特定的行动,用概率语言讲,就是以100%的概率选择该行动。比如,在纯战略纳什均衡(M,L)中,局中人1就100%选择M,而局中人2则100%选择L。

4. 猜硬币博弈

两人玩游戏,一人A盖住硬币,另一人B猜哪一面朝上,输赢一块钱。

局中人B猜

		荷花	数字
局中人A盖	荷花	−1,1	1,−1
	数字	1,−1	−1,1

类似的例子还有划拳、敲棒棒、剪刀·石头·布、田忌赛马、乒乓球团体赛等。

(1) 直觉

不能实施纯战略,否则输定了!

(2) 划线法

没有一个战略组合的两个数字都划线了,不存在纯战略纳什均衡。

		局中人 B 猜	
		荷花	数字
局中人 A 盖	荷花	−1, $\underline{1}$	$\underline{1}$, −1
	数字	$\underline{1}$, −1	−1, $\underline{1}$

因此,需要新的理论和方法。

5. 混合战略

混合战略(mixed strategy),就是以一定的概率分布随机选择多个行动的方案。注意,这里要区分行动和战略。混合战略具有以下 3 个原则:

(1) 严格劣战略肯定不会被选择实施

而且,大家都知道这一点。

(2) 选择实施非严格劣战略具有随机性

否则,会肯定地选某一个战略,就回到了纯战略。

(3) 选择任意一个不是严格劣战略的纯战略会得到相同的期望收益

否则,必然有大有小,就一定选期望收益最大的战略,又回到了纯战略。

6. 混合战略纳什均衡

至少有一个局中人选择混合战略的纳什均衡就是混合战略纳什均衡。显然,纯战略纳什均衡是混合战略纳什均衡的特例。混合战略纳什均衡需满足以下条件:

(1) 期望收益相等

所有局中人选择各个非严格劣战略的纯战略所得的期望收益相等,其中期望收益由其他局中人混合战略的概率分布决定。

(2) 概率归一

概率分布的各概率相加之和等于 1。

7. 具体求解方法

求解分为三步:剔除严格劣战略;设各局中人概率分布的未知数;根据以上两条件列方程解未知数得到概率分布。

(1) 字母博弈

		局中人 2	
		C	D
局中人 1	A	2, 3	5, 2
	B	3, 1	1, 5

首先,没有严格劣战略,不能化简。

其次，设局中人 1 选择 A 的概率为 q，选择 B 的概率为 $1-q$。局中人 2 选择 C 和 D 的期望收益相等，即

$3q+(1-q)=2q+5(1-q)$，解得 $q=0.8$。

再设局中人 2 选择 C 的概率为 p，选择 D 的概率为 $1-p$。局中人 1 选择 A 和 B 的期望收益相等，即

$2p+5(1-p)=3p+(1-p)$，解得 $p=0.8$。

所以，混合战略纳什均衡为 $[(0.8,0.2),(0.8,0.2)]$。

这里，$[(0.8,0.2),(0.8,0.2)]$ 表示：局中人 1 选 A 的概率为 0.8，选 B 的概率为 0.2；局中人 2 选 C 的概率为 0.8，选 D 的概率为 0.2。

此外，可求得 (A, D) 对应的 (5, 2) 出现的概率为 $0.8 \times 0.2 = 0.16$；同理，(B, D) 对应的 (1, 5) 出现的概率为 $0.2 \times 0.2 = 0.04$。于是，局中人 1 的期望收益为 $2 \times 0.8 \times 0.8 + 5 \times 0.8 \times 0.2 + 3 \times 0.2 \times 0.8 + 1 \times 0.2 \times 0.2 = 2.6$。其实，这也是局中人 1 选 A 或 B 可以获得的期望收益。同理，可求局中人 2 的期望收益。

注意，由上例可见，是对方混合战略的概率分布决定了我方选择某个特定行动的期望收益，这具有一般性。

※**习题 1** 求解麦琪的礼物、性别战、斗鸡博弈、协调博弈的混合战略纳什均衡。

(2) 方位博弈

		局中人 2		
		L	C	R
局中人 1	T	3,4	5,2	1,3
	M	6,5	4,1	2,4
	D	2,3	3,6	7,8

第一步，化简博弈。

对局中人 2，C 是相对于 R 的严格劣战略，可以剔除。

		局中人 2		
		L	~~C~~	R
局中人 1	T	3,4	~~5,2~~	1,3
	M	6,5	~~4,1~~	2,4
	D	2,3	~~3,6~~	7,8

在剩下的博弈中，对局中人 1，T 是相对于 M 的严格劣战略，可以剔除。

		局中人 2		
		L	~~C~~	R
局中人 1	~~T~~	~~3,4~~	~~5,2~~	~~1,3~~
	M	6,5	~~4,1~~	2,4
	D	2,3	~~3,6~~	7,8

于是,博弈化简为

局中人 2

		L	R
局中人 1	M	6,5	2,4
	D	2,3	7,8

第二步,求解混合战略纳什均衡。

设局中人 1 选择 M 的概率为 q,选择 D 的概率为 $1-q$。局中人 2 选择 L 和 R 的期望收益相等,即

$$5q+3(1-q)=4q+8(1-q),解得 q=\frac{5}{6}。$$

设局中人 2 选择 L 的概率为 p,选择 R 的概率为 $1-p$。局中人 1 选择 M 和 D 的期望收益相等,即

$$6p+2(1-p)=2p+7(1-p),解得 p=\frac{5}{9}。$$

所以,混合战略纳什均衡为 $\left[\left(0,\frac{5}{6},\frac{1}{6}\right),\left(\frac{5}{9},0,\frac{4}{9}\right)\right]$。其中,严格劣战略的概率为 0,要占位置,不能省略。

由此可见,在混合战略纳什均衡中,选择任意一个纯战略会得到相同期望收益,其中不包括严格劣战略,只有那些对应概率大于 0 的纯战略的期望收益才相等。

注意,应该先剔除严格劣战略化简博弈,否则可能会出现概率大于 1 或小于 0 的不合理结果。当然,只是有可能出现不合理的结果,并不是必然。而且,什么时候会出现不合理的结果也没有一般性的结论。举例:

局中人 2

		L	C	R
	T	3,4	5,2	1,3
局中人 1	M	6,5	4,1	2,4
	D	2,5	3,6	7,8

设局中人 1 选择 T 和 M 的概率为 q 和 k,选择 D 的概率为 $1-q-k$。局中人 2 选择 L、C 和 R 的期望收益相等,即

$$4q+5k+5(1-q-k)=2q+k+6(1-q-k)=3q+4k+8(1-q-k),解得 q=\frac{11}{8}>1,k=-\frac{5}{8}<0。$$

由于没有首先剔除严格劣战略,导致出现概率大于 1 即 $q=\frac{11}{8}>1$ 的情形和小于 0 即 $k=-\frac{5}{8}<0$ 的情形,不合理的原因就是没有剔除严格劣战略。

※**习题 2** 求纳什均衡。

		局中人2		
		L	C	R
	T	2,0	1,1	4,2
局中人1	M	3,4	1,2	2,3
	D	1,3	0,2	3,0

8. 纳什均衡求解方法总结

一个博弈可能只有纯战略纳什均衡或只有混合战略纳什均衡，也可能既有纯战略纳什均衡也有混合战略纳什均衡。其求解步骤如下：

第一步，化简博弈。重复剔除严格劣战略。

第二步，求纯战略纳什均衡。运用划线法。

第三步，求混合战略纳什均衡。设概率，根据选择纯战略的期望收益相等列方程，求解。

※**习题3** 求纳什均衡。

(1)博弈 A

		B	
		L	R
A	U	5,6	2,5
	D	4,1	6,2

(2)博弈 B

		局中人2		
		L	C	R
	T	2,1.5	2,1	4,2
局中人1	M	3,4	1,2	2,3
	D	1,3	1,2	3,2

9. 图形求解法

对 2×2 的博弈，可以用图解法求纳什均衡。考察约会博弈

		女	
		看球赛	看电影
男	看球赛	2,1	0,0
	看电影	0,0	1,2

设男女选择看球赛的概率分别为 x 和 y，男方的期望收益为 $\pi_{\text{man}}=2xy+(1-x)(1-y)$。

男方通过选择 x 追求最大收益，一阶条件 $\dfrac{\partial \pi_{\text{man}}}{\partial x}=2y-(1-y)=3y-1\begin{cases}>0,\ \dfrac{1}{3}<y\leqslant 1\\ =0,\ y=\dfrac{1}{3}\\ <0,\ 0\leqslant y<\dfrac{1}{3}\end{cases}$。那

么，男方选择的 x 应满足 $x=\begin{cases}1, \dfrac{1}{3}<y\leqslant 1\\ [0,1], y=\dfrac{1}{3}\\ 0, 0\leqslant y<\dfrac{1}{3}\end{cases}$，因为：当 $\dfrac{1}{3}<y\leqslant 1$ 时，$\dfrac{\partial \pi_{\text{man}}}{\partial x}>0$，要追求最大收益，$x$ 应尽量大，就取 1；当 $y=\dfrac{1}{3}$ 时，$\dfrac{\partial \pi_{\text{man}}}{\partial x}=0$，收益与 x 的取值无关，x 就在 0 和 1 之间随意取值；当 $0\leqslant y<\dfrac{1}{3}$ 时，$\dfrac{\partial \pi_{\text{man}}}{\partial x}<0$，要追求最大收益，$x$ 应尽量小，就取 0。于是，就有 $x=\begin{cases}1, \dfrac{1}{3}<y\leqslant 1\\ [0,1], y=\dfrac{1}{3}\\ 0, 0\leqslant y<\dfrac{1}{3}\end{cases}$，表示为图 4-1 坐标系中的一条折线 L_1。

类似地，女方的期望收益为 $\pi_{\text{woman}}=xy+2(1-x)(1-y)$。女方通过选择 y 追求最大收益，一阶条件，$\dfrac{\partial \pi_{\text{woman}}}{\partial y}=x-2(1-x)=3x-2\begin{cases}>0, \dfrac{2}{3}<x\leqslant 1\\ =0, x=\dfrac{2}{3}\\ <0, 0\leqslant x<\dfrac{2}{3}\end{cases}$。那么，类似的可得，女方选择的 y 满足 $y=\begin{cases}1, \dfrac{2}{3}<x\leqslant 1\\ [0,1], x=\dfrac{2}{3}\\ 0, 0\leqslant x<\dfrac{2}{3}\end{cases}$，表示为 4-1 坐标系中的一条折线 L_2。

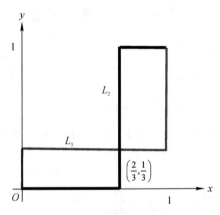

图 4-1 图形求解法的纳什均衡示意

两条折线相交之处就是纳什均衡。由此,混合战略纳什均衡为 $\left[\left(\dfrac{2}{3},\dfrac{1}{3}\right),\left(\dfrac{1}{3},\dfrac{2}{3}\right)\right]$。

二、再谈占优

1. 混合战略上的占优关系

扩展到混合战略之后,依然可以按既有原则判断混合战略和纯战略之间是否存在占优关系。比如,在以下博弈中

		局中人2		
		L	M	R
	U	4, 6	7, 3	9, 1
局中人1	M	6, 4	3, 7	6, 4
	D	9, 1	7, 3	4, 6

对局中人1:

(0.5U+0.5D)占优 M,因为 0.5×4+0.5×9>6、0.5×7+0.5×7>3 并且 0.5×9+0.5×4>6,由此剔除局中人1的 M。其中,(0.5U+0.5D)表示:以 0.5 的概率选 U 以 0.5 的概率选 D 的混合战略。

		局中人2		
		L	M	R
	U	4, 6	7, 3	9, 1
局中人1	~~M~~	~~6, 4~~	~~3, 7~~	~~6, 4~~
	D	9, 1	7, 3	4, 6

在剩下的博弈中,对局中人2:

(0.5L+0.5R)占优 M,因为 0.5×6+0.5×1>3 并且 0.5×1+0.5×6>3。由此,就可以剔除局中人2的 M。其中,(0.5L+0.5R)表示:以 0.5 的概率选 L 以 0.5 的概率选 R 的混合战略。

		局中人2		
		L	~~M~~	R
	U	4, 6	~~7, 3~~	9, 1
局中人1	~~M~~	~~6, 4~~	~~3, 7~~	~~6, 4~~
	D	9, 1	~~7, 3~~	4, 6

2. 如何推广?

(1) (0.5U+0.5D)中的 0.5 是怎么来的?

对局中人1:如果 $[xU+(1-x)D]$ 占优 M,那么要求同时有:$4x+9(1-x)>6$,即 $x<0.6$;$7x+7(1-x)>3$,这对任意 $0<x<1$ 都成立;$9x+4(1-x)>6$,即 $x>0.4$。

如果三者同时成立,即存在 x 同时满足三个条件,或者三个要求有交集,那么混合战略就占优纯战略。在这里,当 $0.4<x<0.6$ 时,$[xU+(1-x)D]$ 占优 M。

相反,如果没有交集,就不存在这样的占优关系。

(2)为什么只比较 U 和 D 构成的混合战略与纯战略 M?

考虑 U 和 M 构成的混合战略与纯战略 D:4 和 6 的组合一定比 9 小,7 和 3 的组合一定比 7 小,但是 9 和 6 的组合一定比 4 大。则,不存在占优关系。

考虑 M 和 D 构成的混合战略与纯战略 U:6 和 9 的组合一定比 4 大,但是 3 和 7 的组合一定比 7 小,6 和 4 的组合一定比 9 小。则,也不存在占优关系。

考虑 U 和 D 构成的混合战略与纯战略 M:4 和 9 的组合有可能比 6 大,7 和 7 的组合一定比 3 大,而且 9 和 4 的组合有可能比 6 大。则,有可能存在占优关系。

3. 坚持到底

通过以上方法剔除以上博弈的劣战略后,继续求解纳什均衡。

用划线法可以发现没有纯战略纳什均衡,再求混合战略纳什均衡。

设局中人 1 选择 U 的概率为 q,选择 D 的概率为 $1-q$。局中人 2 选择 L 和 R 的期望收益相等,即 $6q+(1-q)=q+6(1-q)$,解得 $q=0.5$。

设局中人 2 选择 L 的概率为 p,选择 R 的概率为 $1-p$。局中人 1 选择 U 和 D 的期望收益相等,即 $4p+9(1-p)=9p+4(1-p)$,解得 $p=0.5$。

所以,混合战略纳什均衡为 $[(0.5,0,0.5),(0.5,0,0.5)]$。这就是该博弈的唯一纳什均衡,是个混合的。

※**习题 4**　求纳什均衡。

		B		
		L	M	R
A	U	1, 3	3, 0	5, 1
	D	6, 3	2, 4	3, 1

4. 寻求方位

再考察本讲前述方位博弈中剔除严格劣战略化简博弈的过程:

		局中人 2		
		L	C	R
	T	3, 4	5, 2	1, 3
局中人 1	M	6, 5	4, 1	2, 4
	D	2, 3	3, 6	7, 8

首先,对局中人 2,C 是相对于 R 的严格劣战略,也可以表示为混合战略 $(1 \cdot R+0 \cdot L)$ 占优 C,从而剔除 C;然后,对局中人 1,T 是相对于 M 的严格劣战略,也可以表示为混合战略 $(1 \cdot M+0 \cdot D)$ 占优 T,从而剔除 T。

把严格占优关系推广到混合战略上后,就有:首先,对局中人 2,有混合战略 $(1 \cdot R+0 \cdot L)$、$(0.9R+0.1L)$、$(0.8R+0.2L)$ 等都占优 C,基于其中任何一个都可以剔除战略 C;然后,对局中人 1,有混合战略 $(1 \cdot M+0 \cdot D)$、$(0.7M+0.3D)$、$(0.6M+0.4D)$ 等占优 T,同样基于其中任何一个都可以剔除战略 T。

5. 新的发现

在上例的混合战略纳什均衡 $[(0.5,0,0.5),(0.5,0,0.5)]$ 中，对局中人 1 确实有 $(0.5U+0.5D)$ 占优 M，但是对局中人 2 却没有 $(0.5L+0.5R)$ 占优 M。其实，不是没有，而是在局中人 1 的 $(0.5U+0.5D)$ 占优 M 的前提下才有局中人 2 的 $(0.5L+0.5R)$ 占优 M。在这个前提下，局中人 1 的 M 已经被剔除了。而在剔除局中人 1 的 M 后，对局中人 2，就有 $(0.5L+0.5R)$ 占优 M 了。

在本讲前述方位博弈的混合战略纳什均衡 $\left[\left(0,\frac{5}{6},\frac{1}{6}\right),\left(\frac{5}{9},0,\frac{4}{9}\right)\right]$ 结果中，对局中人 1 并没有 $\left(\frac{5}{6}M+\frac{1}{6}D\right)$ 占优 T，对局中人 2 也没有 $\left(\frac{5}{9}L+\frac{4}{9}R\right)$ 占优 C。但是，对局中人 2 来说，C 确实是相对于 R 的严格劣战略，或者说，存在混合战略 $(1\cdot R+0\cdot L)$ 占优 C；并且，在此基础上，对局中人 1 来说，T 也是相对于 M 的严格劣战略，或者，存在混合战略 $(1\cdot M+0\cdot D)$ 占优 T。

综合以上两个博弈的求解过程，可以发现：

第一，严格占优某纯战略的混合战略可能不止一个。由于该纯战略是相对于其中任何一个的严格劣战略，只要找到任意一个，就可以剔除该纯战略。比如，在上例中，对局中人 1 来说，就有 $(0.45U+0.55D)$、$(0.55U+0.45D)$ 等混合战略占优 M；在本讲前述方位博弈中，对局中人 2 来说，就有 $(1\cdot R+0\cdot L)$、$(0.9R+0.1L)$、$(0.8R+0.2L)$ 等混合战略占优 C。

第二，最终求解得到的混合战略纳什均衡中某局中人采取的混合战略，很可能与求解之初用来剔除严格劣战略的混合战略不一致。比如，在上例中，最终求解得到的混合战略纳什均衡中局中人 1 的混合战略 $(0.5U+0\cdot M+0.5D)$ 与求解之初可以用来剔除严格劣战略 M 的混合战略 $(0.45U+0.55D)$ 并不一致；类似地，在本讲前述方位博弈中，最终求解得到的混合战略纳什均衡中局中人 2 的混合战略 $\left(\frac{5}{9}L+0\cdot C+\frac{4}{9}R\right)$ 与求解之初可以用来剔除严格劣战略 C 的混合战略 $(0.9R+0\cdot C+0.1L)$ 也不一致。由于可以用来剔除严格劣战略的混合战略往往不止一个，这几乎是肯定的。

第三，最终求解得到的混合战略纳什均衡中某局中人采取的混合战略，有可能并不满足求解之初的严格占优关系。比如，在上例中，最终求解得到的混合战略纳什均衡中局中人 1 的混合战略 $(0.5U+0\cdot M+0.5D)$ 确实严格占优 M，与求解之处严格占优关系一致；但是，在本讲前述方位博弈中，最终得到的混合战略纳什均衡中局中人 2 的混合战略 $\left(\frac{5}{9}L+0\cdot C+\frac{4}{9}R\right)$ 并不严格占优 C，与求解之处的严格占优关系并不一致。

※**习题 5** 求纳什均衡。

(1) 博弈 C

		局中人2		
		H	M	L
局中人1	H	5,5	0,6	0,2
	M	6,0	3,3	0,2
	L	2,0	2,0	0.5,0.5

(2)博弈 D

		局中人 2		
		H	M	L
局中人 1	H	5,5	0,6	0.1,2
	M	6,0	3,3	0,2
	L	2,0.1	2,0	0.5,0.5

三、零和博弈

各方收益之和为零的博弈就是零和博弈。类似地,各方收益之和为常数的博弈称为常和博弈。常和博弈和零和博弈没有本质区别,因为常和博弈中所有数字都减去相同的数值就变成零和博弈。在零和博弈和常和博弈中,各方都一定会实施混合战略。

1. 二元零和博弈

		局中人 2	
		C	D
局中人 1	A	5,−5	−8,8
	B	−9,9	2,−2

设局中人 1 选择 A 的概率为 p,局中人 2 选择 C 的概率为 q,列方程如下:
$-5p+9(1-p)=8p-2(1-p)$,则 $p=\frac{11}{24}$;$5q-8(1-q)=-9q+2(1-q)$,则 $q=\frac{5}{12}$。

于是,混合战略纳什均衡为 $\left[\left(\frac{11}{24},\frac{13}{24}\right),\left(\frac{5}{12},\frac{7}{12}\right)\right]$。其中,计算可得,局中人 1 的期望收益为 $-\frac{31}{12}$,局中人 2 的期望收益为 $\frac{31}{12}$。这体现了零和特性。

2. 三元常和博弈

		局中人 2		
		L	C	R
局中人 1	T	9,11	18,2	18,2
	M	17,3	0,20	17,3
	D	19,1	19,1	12,8

这其实也是零和博弈,因为所有数字同时加减相同数,不会改变博弈结构。
因此,同时减去 10,博弈等价于

		局中人 2		
		L	C	R
局中人 1	T	−1,1	8,−8	8,−8
	M	7,−7	−10,10	7,−7
	D	9,−9	9,−9	2,−2

设局中人 1 选择 T 的概率为 x、选择 M 的概率为 y，则
$$x-7y-9(1-x-y)=-8x+10y-9(1-x-y)=-8x-7y-2(1-x-y)$$
解得，$x=\dfrac{119}{335}, y=\dfrac{63}{335}$。

设局中人 2 选择 L 的概率为 a、选择 C 的概率为 b，则
$$-a+8b+8(1-a-b)=7a-10b+7(1-a-b)=9a+9b+2(1-a-b)$$
解得，$a=\dfrac{109}{335}, b=\dfrac{38}{335}$。

于是，混合战略纳什均衡为 $\left[\left(\dfrac{119}{335},\dfrac{63}{335},\dfrac{153}{335}\right),\left(\dfrac{109}{335},\dfrac{38}{335},\dfrac{188}{335}\right)\right]$。其中，局中人 1 的期望收益为 $\dfrac{1699}{335}$，局中人 2 的期望收益为 $-\dfrac{1699}{335}$，也体现了零和特性。

3. 性质

对博弈各方的收益同时做相同的线性变换，即同时加减相同的数或乘除相同的正数，不会改变博弈结构，也不会改变均衡结果。

※ **习题 6** 求纳什均衡。

		局中人 2		
		L	C	R
局中人 1	T	45,55	90,10	90,10
	M	70,30	0,100	70,30
	D	90,10	95,5	60,40

四、两个定理

1. 存在性定理

纳什证明：任何博弈都至少存在一个纳什均衡，只不过可能是混合战略纳什均衡。

2. 奇数定理

威尔逊证明：几乎所有博弈都有奇数个纳什均衡。

如果找到了偶数个比如两个纳什均衡，那么很可能还有一个纳什均衡，别忘了。

但是，存在例外，有的博弈只有偶数个。而什么时候有例外，又是不确定的。

五、攻防博弈

1. 游戏节目

电视台开发了攻防城市游戏节目：

女士扮演守方司令，拥有三个师的兵力，防守一座城市。男士扮演攻方司令，拥有两个师的兵力，想要攻克该城市。城市有东门和西门两个城门，要攻克城市只能从城门进入。双方兵力都只能整师调动。当两军交战时，如果攻方兵力大于守方，攻方胜利；如果守方兵力大于攻方，守方胜利；如果攻方兵力等于守方，守方胜利。根据游戏攻防胜败结果，奖励新马泰旅游。

显然,在攻防城市游戏中,女士拥有更多的兵力,并且拥有城防优势,因为当攻防双方兵力相等时获胜的一定是守方。这个游戏公平吗?为什么?

2. 博弈结构

首先,分析男士攻打方和女士防守方可能的行为。

男士攻打方有 3 种布兵方式:

东 0 西 2,东 1 西 1,东 2 西 0。其中,东 0 西 2 表示,东门 0 个师,西门 2 个师,下同。

女士防守方有 4 种布兵方式:

东 0 西 3,东 1 西 2,东 2 西 1,东 3 西 0。

其次,分析每种行为组合对应的各方胜负。

以 1 表示胜,以 −1 表示负,构成博弈矩阵:

		女士防守方			
		东 0 西 3	东 1 西 2	东 2 西 1	东 3 西 0
男士攻打方	东 0 西 2	−1,1	−1,1	1,−1	1,−1
	东 1 西 1	1,−1	−1,1	−1,1	1,−1
	东 2 西 0	1,−1	1,−1	−1,1	−1,1

然后,粗略估计。

总共 12 种可能中,男女双方各有 6 种情形获胜,输赢概率相同,游戏是公平的。

3. 纳什均衡

第一步,剔除劣战略。

一方面,对防守方:

东 1 西 2 比东 0 西 3 好至少不比东 0 西 3 差,剔除东 0 西 3,即使不是严格劣战略;

东 2 西 1 比东 3 西 0 好至少不比东 3 西 0 差,剔除东 3 西 0,即使不是严格劣战略。

		女士防守方			
		~~东 0 西 3~~	东 1 西 2	东 2 西 1	~~东 3 西 0~~
男士攻打方	东 0 西 2	~~−1,1~~	−1,1	1,−1	~~1,−1~~
	东 1 西 1	~~1,−1~~	−1,1	−1,1	~~1,−1~~
	东 2 西 0	~~1,−1~~	1,−1	−1,1	~~−1,1~~

注意,这里剔除的只是劣战略而不是严格劣战略。

另一方面,对攻打方:

东 0 西 2 比东 1 西 1 好至少不比东 1 西 1 差,剔除东 1 西 1,即使不是严格劣战略。

综合两方面,简化后的博弈为

		女士防守方			
		~~东 0 西 3~~	东 1 西 2	东 2 西 1	~~东 3 西 0~~
男士攻打方	东 0 西 2	~~−1,1~~	−1,1	1,−1	~~1,−1~~
	~~东 1 西 1~~	~~1,−1~~	~~−1,1~~	~~−1,1~~	~~1,−1~~
	东 2 西 0	~~1,−1~~	1,−1	−1,1	~~−1,1~~

第二步,求纯战略纳什均衡。

用划线法,可以发现没有纯战略纳什均衡。

<table>
<tr><td colspan="2" rowspan="2"></td><td colspan="4">女士防守方</td></tr>
<tr><td>东0西3</td><td>东1西2</td><td>东2西1</td><td>东3西0</td></tr>
<tr><td rowspan="3">男士
攻打方</td><td>东0西2</td><td>−1,1</td><td>−1,1</td><td>1,−1</td><td>1,−1</td></tr>
<tr><td>东1西1</td><td>1,−1</td><td>−1,1</td><td>−1,1</td><td>1,−1</td></tr>
<tr><td>东2西0</td><td>1,−1</td><td>1,−1</td><td>−1,1</td><td>−1,1</td></tr>
</table>

第三步,求混合战略纳什均衡。

简化后的博弈,实质上与猜硬币博弈是等价的。

可求得混合战略纳什均衡为$[(0.5,0,0.5),(0,0.5,0.5,0)]$。其中,女士防守方获胜的概率为0.5,期望收益为0;男士攻打方获胜的概率为0.5,期望收益为0。所以,游戏是公平的。

4. 启示

(1)财富决定行为方式

资源多,兼顾东西;资源少,赌一边,成王败寇。

女士兵多,东西两个城门都要部署兵力。男士兵少,只集中攻打东门和西门中的一个。

(2)成败并不完全取决于贫富

即使存在贫富差异,还是人人都有机会。

资源多,又有先天优势——防守城池的优势,获胜的概率为0.5。

资源少,又有先天劣势——攻打城池的劣势,获胜的概率为0.5。

(3)随机性很重要

双方都会采取随机策略。放弃随机策略,必输无疑。

(4)情报很重要

知道了对方的兵力部署,再出动,必胜。

(5)策略很重要

散布兵力部署的假消息,故意泄露但是给人感觉是很想隐藏只是不小心泄露了消息。隐藏兵力部署的真消息,知道的人越少越好。保持机动,可以快速改变。

《红楼梦》:假作真时真亦假,真作假时假亦真。

辩证法:假即是真,真即是假。

※**习题 7** 看电影《刘昌毅决战宿县》:①分析随机性;②分析情报策略;③建立博弈模型,求解均衡结果。

注:宿县,今安徽省宿州市,在1912年到1992年为宿县。

六、随机多元

1. 混合战略的随机性解释

对特定的博弈关系,每种结果在一段时间内出现的频率,也就是某次博弈中各种结果出现的可能性,表现为混合战略的概率分布。

比如,性别战博弈中

		丈夫	
		足球	韩剧
妻子	足球	1,2	0,0
	韩剧	0,0	2,1

可求得混合战略纳什均衡为 $\left[\left(\dfrac{1}{3},\dfrac{2}{3}\right),\left(\dfrac{2}{3},\dfrac{1}{3}\right)\right]$。

下面给出混合战略纳什均衡的随机性解释。

纵向看,很多天考察同一对夫妻看电视,有 4 种结果。有些天,妻子主导,夫妻二人都打算看韩剧,就一起看韩剧;有些天,丈夫主导,夫妻二人都打算看足球,就一起看足球;有些天,在冷战,妻子坚持要看自己喜欢的韩剧,而丈夫坚持要看自己喜欢的足球,结果啥都没看成;有些天,在谦让,妻子坚持推让要看丈夫喜欢的足球,而丈夫也坚持推让要看妻子喜欢的韩剧,结果也是啥都没看成。

		丈夫	
		足球	韩剧
妻子	足球	1,2 丈夫主导	0,0 谦让
	韩剧	0,0 冷战	2,1 妻子主导

统计可以得到一段时间内每种结果所占的比例,也就是特定的某天每种情况出现的可能,分别为:a 一起看韩剧的比例、b 一起看足球的比例、c 因为冷战啥也没看成的比例和 d 因为谦让啥也没看成的比例。再把妻子看足球的概率表示为 x,而丈夫看足球的概率表示为 y。

		丈夫	
		足球 y	韩剧 $1-y$
妻子	足球 x	1,2 丈夫主导 b	0,0 谦让 d
	韩剧 $1-x$	0,0 冷战 c	2,1 妻子主导 a

那么,必有

$(1-x)(1-y)=a, xy=b, (1-x)y=c, x(1-y)=d$。

根据 $xy=b$ 和 $(1-x)y=c$,得 $y=b+c$。根据 $(1-x)(1-y)=a$ 和 $(1-x)y=c$,得 $x=1-(a+c)$。这就是具体如何得到混合战略概率分布 $[(x,1-x),(y,1-y)]$ 的过程。

对妻子而言,妻子主导时一起看韩剧和冷战时妻子坚持要看韩剧的天数在一段时间内所占的比例,就是妻子混合战略 $\left(\dfrac{1}{3},\dfrac{2}{3}\right)$ 中打算看韩剧的概率 $\dfrac{2}{3}$ 的含义,同理可得概率 $\dfrac{1}{3}$ 的含义。

对丈夫而言，丈夫主导时一起看足球和冷战时丈夫坚持要看足球的天数所占的比例，就是丈夫混合战略$\left(\frac{2}{3},\frac{1}{3}\right)$中打算看足球的概率$\frac{2}{3}$的含义，同理可得概率$\frac{1}{3}$的含义。

		丈夫	
		足球 $\frac{2}{3}$	韩剧 $\frac{1}{3}$
妻子	足球 $\frac{1}{3}$	1,2 丈夫主导 b	0,0 谦让 d
	韩剧 $\frac{2}{3}$	0,0 冷战 c	2,1 妻子主导 a

对博弈关系而言，双方的行为决定了 4 种结果出现的概率。一起看韩剧：妻子实际看到韩剧的概率是妻子打算看韩剧的概率$\frac{2}{3}$与丈夫打算看韩剧的概率$\frac{1}{3}$的乘积$\frac{2}{9}$；一起看足球：丈夫实际看到足球的概率是妻子打算看足球的概率$\frac{1}{3}$与丈夫打算看足球的概率$\frac{2}{3}$的乘积$\frac{2}{9}$；在冷战：妻子要看韩剧而丈夫要看足球结果啥都没看成的概率是妻子打算看韩剧的概率$\frac{2}{3}$与丈夫打算看足球的概率$\frac{2}{3}$的乘积$\frac{4}{9}$；在谦让：妻子要看足球而丈夫要看韩剧结果啥都没看成的概率是妻子打算看足球的概率$\frac{1}{3}$与丈夫打算看韩剧的概率$\frac{1}{3}$的乘积$\frac{1}{9}$。

注意，妻子打算看韩剧的概率是$\frac{2}{3}$，而实际看到韩剧的概率是$\frac{2}{9}$，比$\frac{2}{3}$小很多，因为只有丈夫也打算看韩剧时才能实际看到韩剧。同样，丈夫打算看足球的概率是$\frac{2}{3}$，而实际看到足球的概率是$\frac{2}{9}$，比$\frac{2}{3}$小很多，因为只有妻子也打算看足球时才能实际看到足球。

倒过来说，如果混合战略纳什均衡为$\left[\left(\frac{1}{3},\frac{2}{3}\right),\left(\frac{2}{3},\frac{1}{3}\right)\right]$，那么双方一起看足球的概率为$\frac{2}{9}=\frac{1}{3}\times\frac{2}{3}$，双方一起看韩剧的概率为$\frac{2}{9}=\frac{2}{3}\times\frac{1}{3}$，双方冷战的概率为$\frac{4}{9}=\frac{2}{3}\times\frac{2}{3}$，双方谦让的概率为$\frac{1}{9}=\frac{1}{3}\times\frac{1}{3}$。从中可以发现：第一，一起看韩剧和一起看足球的概率是相同的，体现了夫妻二人是平等的，有相同机会满足自己的喜好；第二，冷战的概率最大，这很遗憾，由于每个人有不同的喜好，冲突反而是常态。

为了凸显第二点，再讨论混合战略纳什均衡为$[(0.5,0.5),(0.5,0.5)]$的情形。双方一起看足球的概率为 $0.25=0.5\times0.5$，双方一起看韩剧的概率为 $0.25=0.5\times0.5$，双方冷战的概率为 $0.25=0.5\times0.5$，双方谦让的概率为 $0.25=0.5\times0.5$。对比分析可以发现，除非每个人都没什么喜好，对看韩剧还是看足球都无所谓，冲突的可能性始终最大。也就是说，人与人相处，有矛盾，有冲突，是常态。为了缓解冲突，就要弱化个人喜好。但是，没个人喜好的生活又是可怕的。

2. 混合战略的多元化解释

在特定的时间点上,具有相同博弈关系但是不同主体构成的博弈会出现不同的结果,每种结果所占的比例,也就是某个博弈中各种结果出现的可能性,表现为混合战略的概率分布。

比如,性别战博弈中

		丈夫	
		足球	韩剧
妻子	足球	1,2	0,0
	韩剧	0,0	2,1

可求得混合战略纳什均衡为 $\left[\left(\frac{1}{3}, \frac{2}{3}\right), \left(\frac{2}{3}, \frac{1}{3}\right)\right]$。

下面给出混合战略纳什均衡的多元化解释。

横向看,考察同一天看电视的很多对夫妻。一些是妻子主导型夫妻,在一起看韩剧;一些是丈夫主导型夫妻,在一起看足球;一些是对抗型夫妻,妻子坚持要看自己喜欢的韩剧而丈夫坚持要看自己喜欢的足球,结果啥都没看成;一些是恩爱型夫妻,妻子坚持推让要看丈夫喜欢的足球而丈夫也坚持推让要看妻子喜欢的韩剧,结果啥都没看成。

注意,这里考察的是同一时间点上的很多对夫妻,而不是某对特定的夫妻,所以把博弈双方写成妻子方和丈夫方。

		丈夫方	
		足球	韩剧
妻子方	足球	1,2 丈夫主导型	0,0 恩爱型
	韩剧	0,0 对抗型	2,1 妻子主导型

统计可以得到每种夫妻类型所占的比例,分别为 a、b、c 和 d。把妻子看足球的概率表示为 x,而丈夫看足球的概率表示为 y。

		丈夫方	
		足球 y	韩剧 $1-y$
妻子方	足球 x	1,2 丈夫主导型 b	0,0 恩爱型 d
	韩剧 $1-x$	0,0 对抗型 c	2,1 妻子主导型 a

那么,必有

$(1-x)(1-y)=a, xy=b, (1-x)y=c, x(1-y)=d$。

根据 $xy=b$ 和 $(1-x)y=c$,得 $y=b+c$。根据 $(1-x)(1-y)=a$ 和 $(1-x)y=c$,得

$x=1-(a+c)$。这就是具体如何得到混合战略概率分布的过程。

		丈夫方	
		足球 $\frac{2}{3}$	韩剧 $\frac{1}{3}$
妻子方	足球 $\frac{1}{3}$	1,2 丈夫主导型	0,0 恩爱型
	韩剧 $\frac{2}{3}$	0,0 对抗型	2,1 妻子主导型

对妻子方而言,打算看韩剧的妻子所占比例就是妻子主导型和对抗型夫妻所占的比例,均衡时为 $\frac{2}{3}$;打算看足球的妻子所占比例就是丈夫主导型和恩爱型夫妻所占的比例,均衡时为 $\frac{1}{3}$,构成妻子的混合战略 $\left(\frac{1}{3}, \frac{2}{3}\right)$。

对丈夫方而言,打算看足球的丈夫所占比例就是丈夫主导型和对抗型夫妻所占的比例,均衡时为 $\frac{2}{3}$;打算看韩剧的丈夫所占比例就是妻子主导型和恩爱型夫妻所占的比例,均衡时为 $\frac{1}{3}$,构成丈夫的混合战略 $\left(\frac{2}{3}, \frac{1}{3}\right)$。

3. 生活中的随机性与多元化

(1)纵向看,是随机性

同一个人在每天的所遇所见不一样。但是,做统计的话,具有相对稳定的概率分布。比如,周一看到什么做什么,周二看到什么做什么……,周天看到什么做什么,在较长时间段内做统计的话,是相对稳定的。但是具体到特定的某一天,看到什么做什么又是随机的。

虽然我们很多时候讨厌随机性,但是正因为随机性的广泛存在,我们的生活才丰富多彩。

(2)横向看,是多元化

每个人在同一天的所遇所见不一样。但是做统计的话,具有相对稳定的概率分布。比如,在特定的某一天,有的在上班,有的在上课,有的在旅游,有的在摆烂,有的宅着不出门……在较大范围内做统计的话,各种所占比例也是相对稳定的。但是,具体到特定的某个人,那一天在做什么又是不确定的。

多元化是稳定发展的一个重要前提条件,古今中外的无数事实证明了这一点。从多元化有助于持续稳定发展的角度讲,国家全方位对外开放,宅男宅女会慢慢颓废,唐僧取经到处走走,都是必然的。

4.《孙子兵法》中的混合战略与随机性

虚实篇:

虚虚实实,避实就虚,因敌制胜。

行千里而不劳者,行于无人之地也。

攻而必取者,攻其所不守也。守而必固者,守其所必攻也。

故善攻者,敌不知其所守。善守者,敌不知其所攻。

微乎微乎,至于无形。神乎神乎,至于无声。

故能为敌之司命。

5. 物理学中的混合战略与随机性

(1) 吕艾勒

如果你与他人合作,通常还是让行为有规律可循会比较好一些。但在有竞争的情况下,最佳策略通常都涉及随机的不可预测的行为。

(2) 玻尔

从"聪明的驴"到量子论,认为世界是随机的。

(3) 爱因斯坦

从"我在哪里"到相对论,反对认为世界是随机的。

(4) 争论

上帝会不会掷骰子?玻尔和爱因斯坦争论了一辈子,没有结果。

(5) 霍金

上帝不仅掷骰子,还会把骰子投到人看不到的地方。

(6)《流浪地球》

故事开始于哪一年?危急时刻嘟囔了哪些物理学家?第二部中提到物理学家了吗?

(7)《独行月球》

有物理学家吗?

※**习题 8**　用现实事例说明混合战略的随机性和多元化含义。

第5讲　混合视野

一、激励悖论

1. 故事

泽尔滕讲的故事：

小偷欲偷窃守卫看守的仓库。如果守卫睡觉而小偷来偷：小偷可偷得价值为 V 的财物，守卫将被罚款 D。如果守卫没有睡觉而小偷来偷：小偷会被抓住，将被判罚金 P；守卫收益为 0，不给奖惩，因为是分内之事。如果守卫睡觉而小偷没来偷：守卫的不作为将产生满足感 S，小偷收益为 0。如果守卫没有睡觉而小偷没有来偷：双方收益都是 0。

2. 博弈模型

		守卫	
		睡觉	不睡
小偷	偷	$V, -D$	$-P, 0$
	不偷	$0, S$	$0, 0$

3. 均衡结果

(1) 剔除严格劣战略

分析可知，双方都没有严格劣战略。

(2) 求纯战略纳什均衡

用划线法，标出各方的最优反应。

		守卫	
		睡觉	不睡
小偷	偷	$\underline{V}, -D$	$-P, \underline{0}$
	不偷	$0, \underline{S}$	$\underline{0}, 0$

可以发现，没有纯战略纳什均衡，因为没有哪一个战略组合的收益值都划线了。这与直观认识一致。对小偷来说：不会一直偷，否则肯定会被抓住；也不会一直不偷，否则就失业了。对守卫来说：不会一直睡觉，否则肯定会被偷，然后被开除；也不会一直不睡，否则小偷一定不来，也会失业。

(3) 求混合战略纳什均衡

设小偷偷的概率为 s，守卫睡觉的概率为 t，则

$$-Ds+S(1-s)=0 \cdot s+0(1-s)=0,$$
$$Vt-P(1-t)=0 \cdot t+0(1-t)=0。$$

解得,小偷偷的概率为 $s=\dfrac{S}{D+S}$,守卫睡觉的概率为 $t=\dfrac{P}{V+P}$。

4. 博弈关系推广

(1)小偷

被监管者,如混混、下级、员工等。

(2)守卫

监管者,如警察、上级、领导等。

(3)盗窃行为

被监管者的违法犯罪、违规违纪行为等。

(4)睡觉行为

监管者的玩忽职守、失职、不作为、不履职行为等。

(5)罚款 D

对监管者如守卫、警察、上级、领导等失职行为不作为的处罚。

(6)满足感 S

监管者如守卫、警察、上级、领导等玩忽职守的收益。注意,这里讨论的是在其位不谋其政也就是在位子上却不做事的收益,而不是以权谋私、贪污腐败等的收益。

(7)罚金 P

对被监管者如小偷、混混、下级、员工等违法违规的处罚。

5. 减少违法违规的悖论

目标是降低辖区、社会犯罪率,减少员工、下属等的违法、违规、违纪行为等。

(1)常规认识

加重对偷盗、违法、违规、违纪行为等的处罚。

(2)博弈发现

偷的概率也就是违法违规等行为的概率为 $s=\dfrac{S}{D+S}$,睡觉的概率也就是失职不作为等行为的概率为 $t=\dfrac{P}{V+P}$。

加重对违法违规行为的处罚即增大 P,并不能减少违法违规行为,因为 $s=\dfrac{S}{D+S}$ 与 P 无关;而且会使监管者玩忽职守,因为变大 P 会增大 $t=\dfrac{P}{V+P}$。

(3)纠正常规认识

加重刑罚,加重对犯错违法行为人的处罚,不但不能减少违法违规行为,还会助长玩忽职守,使监管者不作为不履责。

(4)博弈认知

偷的概率也就是违法违规等行为的概率为 $s=\dfrac{S}{D+S}$,那么要改变 s,只能从 D 和 S 两方面入手。

措施1:加重对监管者失职行为的处罚,因为变大 D 会减小 $s=\dfrac{S}{D+S}$。

启示:监督管理者对被监督管理者负责,领导对下属负责。

应用:发生重大事件"一把手直接下课",如多位官员因为疫情防控不力被处理。

措施2:降低在其位而不谋其政的收益,因为变小 S 会减小 $s=\dfrac{S}{D+S}$。

启示:减少监督、管理、领导等职位的光环,加强岗位职责。

应用:"不忘初心,牢记使命"就是强化为人民服务的职责。

(5)更新认识

是加重对监管者失职行为的处罚,而不是加重对被监管者错误行为的处罚,才可以促使被监督者遵纪守法。

6. 减少失职不作为的悖论

(1)常规认识

加重对失职、不作为、不履职、玩忽职守的处罚。

(2)博弈发现

偷的概率也就是违法违规等行为的概率为 $s=\dfrac{S}{D+S}$,睡觉的概率也就是失职不作为等行为的概率为 $t=\dfrac{P}{V+P}$。

加重对失职不作为的处罚即增大 D,并不能减少失职不作为行为,因为 $t=\dfrac{P}{V+P}$ 与 D 无关;但是会减少违法违规行为,因为变大 D 会减小 $s=\dfrac{S}{D+S}$。

(3)纠正常规认识

重罚失职不作为,其实并不能够促使监管者更加恪尽职守,但是可以减少被监管者的违法违规行为。

(4)博弈认知

睡觉的概率也就是失职不作为等行为的概率为 $t=\dfrac{P}{V+P}$,那么要改变 t,只能从 V 和 P 两方面入手。其中,关于 V,有 V 越大 t 越小,就是说看管的财物越贵重守卫就会越尽职尽责,涉及的利益越重大当事人就会越认真履责。而关于 P,有 P 越小 t 越小,就是说对小偷的处罚越轻守卫就会越尽职尽责。

措施:减轻对被监管者的处罚,可以减少监管者的失职不作为,因为减小 P 就一定会减小

$$t = \frac{P}{V+P}$$。

启示：拓展容错空间，可以提高管理效率。

应用：项目管理、企业管理、组织管理中充分授权，有利于创新，可提升效益。

(5) 更新认识

减轻对被监管者违法违纪行为的处罚，而不是加重对监管者失职不作为的处罚，才可以促使监管者恪尽职守。

※**习题1** 列举现实中的激励悖论事例，并做简要分析。

※**习题2** 考察小偷与守卫之间的博弈，小偷欲偷窃守卫看守的仓库。如果守卫睡觉而小偷来偷：小偷可偷得价值为400的财物，守卫将被罚款200。如果守卫没有睡觉而小偷来偷：小偷会被抓住，将被判罚金300；守卫收益为0，不给奖惩，因为是分内之事。如果守卫睡觉而小偷没来偷：守卫的不作为将产生满足感100，小偷收益为0。如果守卫没有睡觉而小偷没有来偷：双方收益都是0。求小偷来偷的概率和守卫睡觉的概率。在此基础上，分别考虑如下扩展：①如果对被抓住的小偷的罚金提高到350，小偷来偷的概率和守卫睡觉的概率会变为多少？②如果财物失窃后对守卫的罚款提高到250，小偷来偷的概率和守卫睡觉的概率会变为多少？③如果财物价值提高到500，小偷来偷的概率和守卫睡觉的概率会变为多少？

二、群体冷漠

1. 纽约的38位目击者

1964年3月13日夜3时20分在纽约昆士镇的克尤公园发生的一起谋杀案很快成为《纽约时报》的头版新闻。

在这个月黑风高的夜晚，美艳的格罗维斯依旧像往常一样停好自己的车子后，就朝着她住的公寓走去。与往常不同的是，她发现身后有一个可疑的男子正紧紧地跟着她。格罗维斯不由地加快了步伐，因为不远处就是她的独身住处。然而就在她拿出钥匙准备开门的时候，男子蹿上来开始侵犯，出于自我保护的本能，格罗维斯大叫："救命啊！救命啊！"

莫斯雷想捂住格罗维斯的嘴，但她却拼命挣扎着，情急之下莫斯雷将随身带的刀子插进了格罗维斯的身体里。同时，他发现这栋公寓里很多住户的窗口都有了灯光，并且有一个人还对着他大声喊："放开她！"莫斯雷丢下格罗维斯向停车场的方向跑去……

几分钟过后，那些开灯的窗户又恢复了漆黑，受伤倒地的格罗维斯吃力地爬向大门。突然，莫斯雷再次出现在她的面前，他拽下了她那长长的围巾，惊恐的格罗维斯再次向公寓里的住户发出了求救："救救我，救救我！"灯光再一次亮起，凶手再一次逃走……当公寓大楼再次漆黑下来，莫斯雷第三次返回凶案现场，在格罗维斯微弱的呼救声中，对其实施了强暴。

令人不可思议的是，整个行凶过程超过了35分钟，并且在这个过程中至少有38位居民曾经到窗前观看。尽管女死者曾大声呼救，但没有任何人来救她，甚至没有一个人打电话报警。这38个居民有的人甚至打开灯从窗户向下张望，他们看到凶手被大家亮起的灯吓跑了，就又回去睡觉了。后来他们又听到了求救声，但以为刚才那么多人看热闹，这次也一样会有很多人打开灯的，所以就继续睡觉了。

《纽约时报》首先以《38名目击者：格罗维斯谋杀案》为题报道了整个事件，随后很多新闻评论人和学者都认为这38名无动于衷的证人是现代城市人道德沦丧的代表,顿时讨伐声四起,这38名证人受到了舆论的强烈谴责。

就在这个全美哗然的时刻,两位年轻的心理学家——纽约大学的巴利和哥伦比亚大学的拉塔内——却并不同意将这种旁观者的无动于衷和见死不救归咎于道德沦丧的问题……

博弈学者也不同意!

2. 博弈模型分析

(1)纯战略纳什均衡

任意一个人报警都是纯战略纳什均衡。不妨设A报警,而其他人都没有报警。

对A:如果由报警改为不报警,其收益将从$v-c>0$减少到0。其中,v表示看到受害者获救感受到的收益,c为报警的成本。由于报警成本很低,必有$v-c>0$。所以,A不会改变行为。

对任意的其他人:如果由不报警改为报警,其收益将从v下降到$v-c$,所以也不会改变行为。

综合两方面,所有人都不会改变,构成纳什均衡。

(2)混合战略纳什均衡

设一共有n个人,根据对称性,其中每一个人报警的概率都为p,没报警的概率就是$1-p$。

那么,对于任意的当事人D,计算可得,D之外的其他人都没有报警的概率为$(1-p)^{n-1}$,其他人中至少有一个人报警的概率为$1-(1-p)^{n-1}$。于是,

D报警:无论其他人是否报警,无论有多少其他人报警,收益都为$v-c$。

不报警:其他人都没有报警,收益为0;其他人中至少有一个人报警,收益为v。那么,D不报警的期望收益为$0\cdot(1-p)^{n-1}+v[1-(1-p)^{n-1}]=v[1-(1-p)^{n-1}]$。

根据混合战略的含义,D选择报警和不报警的期望收益相等,必有$v-c=v[1-(1-p)^{n-1}]$,即$p=1-\left(\frac{c}{v}\right)^{\frac{1}{n-1}}$。据此,所有人都没有报警的概率为$(1-p)^n=\left(\frac{c}{v}\right)^{\frac{n}{n-1}}$。显然,$n$越大该值越大,也就是说,所有人都不报警的可能性越大。所以,人越多越冷漠!

3. 启示

类似的事件有一定普遍性。比如,2018年10月28日10时08分,重庆市万州区一辆22路公交车在万州长江二桥坠入江中,原因是乘客与司机激烈争执互殴致车辆失控,而车上其他15位乘客没有一个人站出来阻止干扰殴打司机的行为。

其实,冷漠与道德无关,而与人数有关。而且,人越多,越冷漠。既然人很多,就会认为其他人中的任意一人报警的可能性越大,自己报警的可能性就降低。结果,反而是人越多没人报警的可能性越大。

4. 扩展

也可以用公共物品的博弈理论来解释群体冷漠。

在纽约的38位目击者例子中,报警行为尽管成本很低,却是一种公共物品。报警的成本由个人承担,收益也就是看到受害人得到解救的心理愉悦,却是大家共享的。在公交车坠江例子中,阻止干扰司机言行的行为就是公共物品,成本由个人承担,而避免事故发生的收益却是大家共享。

5. 引申

同一事例可以用不同理论来分析解释,是常见的,也是重要的。常见是因为不同理论有不同角度、不同切入点和不同侧重点等,重要是因为不同理论的分析解释可以相互补充,从而加深对事例的认识。

※**习题 3** 卢梭《论人类不平等的起源和基础》中的博弈:

只有当两个猎人一起合作,猎鹿才会成功。一只鹿的总价值为 4,平分后每个猎人得到的收益为 2;而猎兔是可以独立完成的任务,捕获一只兔子对猎人带来的收益为 1。

		猎人 2	
		鹿	兔
猎人 1	鹿	2,2	0,1
	兔	1,0	1,1

现在扩展为:

有 N 个人一起参与猎鹿,并且需要 N 个人一起合作,才能完成这一任务。如果猎鹿成功,一只鹿的总价值为 D,平分后每个猎人得到收益 D/N(假设 >1);而任何一人都可以单独抓兔,必能得到收益 1。求此时的纳什均衡。

三、赛马谋略

1. 博弈矩阵

根据共同知识的分析,如果双方都很聪明,赛马的博弈矩阵将变为

		田忌					
		上中下	上下中	中上下	中下上	下上中	下中上
齐威王	上中下	1,−1	1,−1	1,−1	1,−1	−1,1	1,−1
	上下中	1,−1	1,−1	1,−1	1,−1	1,−1	−1,1
	中上下	1,−1	−1,1	1,−1	1,−1	1,−1	1,−1
	中下上	−1,1	1,−1	1,−1	1,−1	1,−1	1,−1
	下上中	1,−1	1,−1	1,−1	−1,1	1,−1	1,−1
	下中上	1,−1	1,−1	−1,1	1,−1	1,−1	1,−1

2. 纳什均衡

第一步,剔除严格劣战略。

没有严格劣战略。

第二步,求纯战略纳什均衡。

用划线法可知,没有纯战略纳什均衡。

第三步,求混合战略纳什均衡。

根据存在性定理,必然有且只有混合战略纳什均衡。

一方面,分析齐威王的混合战略。

设齐威王选择各战略的概率依次为 x、y、z、r、s 和 t，则田忌选择各战略的期望收益相等，即

$$\begin{aligned}
-x-y-z+r-s-t &= -x-y+z-r-s-t = -x-y-z-r-s+t \\
&= -x-y-z-r+s-t = x-y-z-r-s-t \\
&= -x+y-z-r-s-t,
\end{aligned}$$

又，$x+y+z+r+s+t=1$。

解六元一次方程组得，$x=y=z=r=s=t=\dfrac{1}{6}$。

另一方面，分析田忌的混合战略。

设田忌选择各战略的概率依次为 a、b、c、d、e 和 f，则齐威王选择各战略的期望收益相等，即

$$\begin{aligned}
a+b+c+d-e+f &= a+b+c+d+e-f = a-b+c+d+e+f \\
&= -a+b+c+d+e+f = a+b+c-d+e+f \\
&= a+b-c+d+e+f,
\end{aligned}$$

又，$a+b+c+d+e+f=1$。

解六元一次方程组得，$a=b=c=d=e=f=\dfrac{1}{6}$。

综上所述，混合战略纳什均衡为 $\left[\left(\dfrac{1}{6},\dfrac{1}{6},\dfrac{1}{6},\dfrac{1}{6},\dfrac{1}{6},\dfrac{1}{6}\right),\left(\dfrac{1}{6},\dfrac{1}{6},\dfrac{1}{6},\dfrac{1}{6},\dfrac{1}{6},\dfrac{1}{6}\right)\right]$。其中，齐威王的期望收益为 $\dfrac{2}{3}$，田忌的期望收益为 $-\dfrac{2}{3}$，体现了博弈的零和特性。齐威王赢的概率为 $\dfrac{5}{6}$，田忌赢的概率为 $\dfrac{1}{6}$，与期望收益 $\dfrac{2}{3}>-\dfrac{2}{3}$ 一起体现了齐威王的优势。

3. 启示

（1）实力很重要

齐威王的马有优势，实力更强，所以

齐威王赢的概率为 $\dfrac{5}{6}$，期望收益为 $\dfrac{2}{3}$；田忌赢的概率为 $\dfrac{1}{6}$，期望收益为 $-\dfrac{2}{3}$。

（2）谋略也重要

实力再强，也可能翻车。齐威王有 $\dfrac{1}{6}$ 的概率输。

实力较弱，也可能翻身。田忌有 $\dfrac{1}{6}$ 的概率赢。

（3）情报更重要

如果知道对方如何做，必赢！如果情报泄密，必输！

（4）随机性原则

实力强者，保持随机性，才能确保较大的赢面。实力弱者，保持随机性，才能争取一定的赢面。

※**习题 4** 求纳什均衡。

		局中人2		
		上	中	下
	上	5,5	7,8	2,1
局中人1	中	8,7	6,6	5,8
	下	1,2	8,5	4,4

四、划拳博弈

1. 划拳游戏

风靡全球的剪刀石头布,各地独到的划拳方式,都是零和博弈。

2. 剪刀石头布

		乙		
		剪刀	石头	布
	剪刀	0,0	−1,1	1,−1
甲	石头	1,−1	0,0	−1,1
	布	−1,1	1,−1	0,0

(1)规则

剪刀胜布,布胜石头,石头胜剪刀。

(2)纳什均衡

第一步,剔除严格劣战略。

没有严格劣战略。

第二步,求纯战略纳什均衡。

没有纯战略纳什均衡。

第三步,求混合战略纳什均衡。

必然有且只有混合战略纳什均衡。

根据对称性,设局中人选择剪刀、石头、布的概率为 x、y 和 z,则
$$-y+z=x-z=-x+y, x+y+z=1。$$

解三元一次方程组得,$x=\dfrac{1}{3}, y=\dfrac{1}{3}, z=\dfrac{1}{3}$,即混合战略纳什均衡为 $\left[\left(\dfrac{1}{3},\dfrac{1}{3},\dfrac{1}{3}\right),\left(\dfrac{1}{3},\dfrac{1}{3},\dfrac{1}{3}\right)\right]$。

综上所述,该博弈唯一的纳什均衡为混合战略纳什均衡 $\left[\left(\dfrac{1}{3},\dfrac{1}{3},\dfrac{1}{3}\right),\left(\dfrac{1}{3},\dfrac{1}{3},\dfrac{1}{3}\right)\right]$。其中,双方的期望收益都为0,体现了博弈的零和特性;双方赢的概率都为0.5,体现了博弈的对称特征。

(3)启示

其一,随机性很重要。

放弃随机性,必输无疑。

其二,直觉很重要。

$\left[\left(\frac{1}{3},\frac{1}{3},\frac{1}{3}\right),\left(\frac{1}{3},\frac{1}{3},\frac{1}{3}\right)\right]$,期望收益为 0,赢和输的概率都为 0.5,都符合直观认识。

3. 敲棒棒

		B			
		棒	虎	虫	鸡
	棒	0,0	1,−1	−1,1	0,0
A	虎	−1,1	0,0	0,0	1,−1
	虫	1,−1	0,0	0,0	−1,1
	鸡	0,0	−1,1	1,−1	0,0

(1) 规则

川渝地区流行的划拳游戏:棒胜虎,虎胜鸡,鸡胜虫,虫胜棒,棒与鸡是平局,虎与虫是平局。

(2) 纳什均衡

第一步,剔除严格劣战略。

没有严格劣战略。

第二步,求纯战略纳什均衡。

没有纯战略纳什均衡。

第三步,求混合战略纳什均衡。

必然有且只有混合战略纳什均衡。

由于博弈是对称的,不妨设选择棒、虎、虫和鸡的概率分别为 x、y、z 和 t,则
$y-z=-x+t=x-t=-y+z$,$x+y+z+t=1$。

分析可知 $x=t$ 和 $y=z$,结合 $x+y+z+t=1$,求解四元一次方程组得
$x=k$、$y=\frac{1}{2}-k$、$z=\frac{1}{2}-k$ 和 $t=k$,其中 $0\leqslant k\leqslant\frac{1}{2}$。

因此,有无数个混合战略纳什均衡 $\left[\left(k,\frac{1}{2}-k,\frac{1}{2}-k,k\right),\left(k,\frac{1}{2}-k,\frac{1}{2}-k,k\right)\right]$,其中 $0\leqslant k\leqslant\frac{1}{2}$。双方的期望收益都为 0,双方赢的概率都为 0.5,体现了博弈的零和特性与对称特征。

特别地,$\left[\left(\frac{1}{4},\frac{1}{4},\frac{1}{4},\frac{1}{4}\right),\left(\frac{1}{4},\frac{1}{4},\frac{1}{4},\frac{1}{4}\right)\right]$ 是混合战略纳什均衡,在棒、虎、虫和鸡 4 种策略之间随机选择,与直观认识一致。

而且,$\left[\left(0,\frac{1}{2},\frac{1}{2},0\right),\left(0,\frac{1}{2},\frac{1}{2},0\right)\right]$ 和 $\left[\left(\frac{1}{2},0,0,\frac{1}{2}\right),\left(\frac{1}{2},0,0,\frac{1}{2}\right)\right]$ 也是混合战略纳什均衡,但是都不符合直观认识。其中,$\left[\left(0,\frac{1}{2},\frac{1}{2},0\right),\left(0,\frac{1}{2},\frac{1}{2},0\right)\right]$ 要求只选虎和虫两种策

略,而虎和虫始终是平局;$\left[\left(\frac{1}{2},0,0,\frac{1}{2}\right),\left(\frac{1}{2},0,0,\frac{1}{2}\right)\right]$要求只选棒和鸡两种策略,而棒和鸡也始终是平局。

(3)启示

其一,随机性很重要。

放弃随机性,必输无疑。

其二,直觉更重要。

$\left[\left(\frac{1}{4},\frac{1}{4},\frac{1}{4},\frac{1}{4}\right),\left(\frac{1}{4},\frac{1}{4},\frac{1}{4},\frac{1}{4}\right)\right]$符合直观认识和实际。划拳者确实是在四者之间等概率地随机选择。

其三,直觉可能不准确。

$\left[\left(k,\frac{1}{2}-k,\frac{1}{2}-k,k\right),\left(k,\frac{1}{2}-k,\frac{1}{2}-k,k\right)\right]$表明,并不要求完全等概率地随机选择,只要求虎和虫的概率相等、棒和鸡的概率相等,与直觉不符。

其四,理论可能不完美。

$\left[\left(0,\frac{1}{2},\frac{1}{2},0\right),\left(0,\frac{1}{2},\frac{1}{2},0\right)\right]$和$\left[\left(\frac{1}{2},0,0,\frac{1}{2}\right),\left(\frac{1}{2},0,0,\frac{1}{2}\right)\right]$只有理论意义,因为前者要求只选择虎和虫,后者要求只选择棒和鸡,无论怎样永远都是平局。

其五,游戏设计可能不完美。

引起直觉可能不准确和理论可能不完美的原因,可能在于敲棒棒的游戏设计本身不完美,比如其中棒和鸡、虎和虫是平局。也许,这是敲棒棒没有剪刀石头布流行的原因。

4. 无数均衡

敲棒棒的例子表明,博弈可能存在无数多个混合战略纳什均衡。这可能具有一定的普遍性,再举一例如下。

注意,本讲接下来的内容不是常规内容,可选择性学习。

求解以下博弈的纳什均衡。

		B		
		L	M	R
A	U	1, 3	2, 0	5, 1
	D	6, 3	2, 4	3, 1

第一步,剔除严格劣战略。

对局中人 B,战略 R 是相对于 L 的严格劣战略,剔除。博弈简化为

		B		
		L	M	~~R~~
A	U	1, 3	2, 0	~~5, 1~~
	D	6, 3	2, 4	~~3, 1~~

第二步，求纯战略纳什均衡。

用划线法求得纯战略纳什均衡为(D, M)。

		B		
		L	M	~~R~~
A	U	1, $\underline{3}$	$\underline{2}$, 0	~~5, 1~~
	D	$\underline{6}$, 3	$\underline{2}$, $\underline{4}$	~~3, 1~~

第三步，求混合战略纳什均衡。

设局中人 A 选择 U 的概率为 p，考虑 B 的期望收益，列方程如下

$3p+3(1-p)=0 \cdot p+4(1-p)$，解得 $p=\dfrac{1}{4}$。

设局中人 B 选择 L 的概率为 q，考虑 A 的期望收益，列方程如下

$q+2(1-q)=6q+2(1-q)$，解得 $q=0$。

因此，有一个纯战略纳什均衡(D, M)和一个混合战略纳什均衡 $\left[\left(\dfrac{1}{4}, \dfrac{3}{4}\right), (0, 1, 0)\right]$。

但是，这是错的！

因为 $q=0$ 意味着 B 不会选择 L 而一定只选择 M，也就是 B 选 M 的期望收益一定高于选 L 的，方程 $3p+3(1-p)=0 \cdot p+4(1-p)$ 就应该改为不等式 $3p+3(1-p)<0 \cdot p+4(1-p)$。

那么，正确的混合战略纳什均衡求解如下：

设局中人 B 选择 L 的概率为 q，考虑 A 的期望收益，列方程如下

$q+2(1-q)=6q+2(1-q)$，解得 $q=0$。

设局中人 A 选择 U 的概率为 p，考虑 B 的期望收益，由于 $q=0$，必有

$3p+3(1-p)<0 \cdot p+4(1-p)$，解得 $0<p<\dfrac{1}{4}$。

因此，有一个纯战略纳什均衡(D, M)和无数多个混合战略纳什均衡 $[(k, 1-k), (0, 1, 0)]$，其中 $0<k<\dfrac{1}{4}$。

或者，直接写成：有无数个纳什均衡 $[(k, 1-k), (0, 1, 0)]$，其中 $0 \leqslant k<\dfrac{1}{4}$。这包含了纯战略纳什均衡和混合战略纳什均衡，而且前者是后者的特殊情况。

※**习题 5**　求纳什均衡。

		B		
		L	M	R
A	U	1, 3	5, 2	4, 7
	D	6, 1	0, 1	3, 1

五、均衡支撑

1. 混合战略的支撑

混合战略的支撑(support of mixed strategy)指局中人 i 的混合战略 σ_i 中概率大于 0 的纯战略,也称为支撑战略,构成的集合,而那些概率等于 0 的纯战略是非支撑战略。混合战略的支撑是由所有支撑战略所构成的集合,表示为 $\delta(\sigma_i)=\{s_i\in S_i,\tau_i(s_i)>0\}$。其中, s_i 和 S_i 分别表示局中人 i 的纯战略及其构成的集合, $\tau_i(s_i)$ 表示局中人 i 选择纯战略 s_i 的概率。显然,在支撑中的纯战略就是支撑战略,不在支撑中的纯战略就是非支撑战略。博弈各方的支撑构成的组合称为支撑组合。

比如,在以上敲棒棒博弈的混合战略纳什均衡 $\left[\left(0,\frac{1}{2},\frac{1}{2},0\right),\left(0,\frac{1}{2},\frac{1}{2},0\right)\right]$ 中:局中人 1 和 2 都有支撑战略虎和虫,表示为支撑{虎,虫},非支撑战略为棒和鸡;双方的支撑组合是{虎,虫}×{虎,虫},支撑组合中用乘号连接各局中人的支撑。

2. 纳什均衡要求的条件

混合战略组合 $(\sigma_1,\sigma_2,\cdots,\sigma_n)$ 构成纳什均衡,要求对各博弈方,都同时有:

条件 1:每一个支撑战略的期望收益相等;

条件 2:支撑战略的期望收益大于每一个非支撑战略的期望收益。

3. 求解纳什均衡的支撑战略法

		2		
		L	M	R
1	T	7,2	2,7	3,6
	B	2,7	7,2	4,5

首先,考虑局中人。

1,2。

其次,考虑纯战略。

$S_1=\{T,B\}, S_2=\{L,M,R\}$。

最后,考虑支撑组合。

共 21 个:

第一组,局中人 1 只选纯战略 T,共 7 个:

{T}×{L},{T}×{M},{T}×{R},{T}×{L,M},{T}×{L,R},{T}×{M,R},{T}×{L,M,R}。

第二组,局中人 1 只选纯战略 B,共 7 个:

{B}×{L},{B}×{M},{B}×{R},{B}×{L,M},{B}×{L,R},{B}×{M,R},{B}×{L,M,R}。

第三组,局中人 1 同时选择纯战略 T 和 B,共 7 个:

{T,B}×{L},{T,B}×{M},{T,B}×{R},{T,B}×{L,M},{T,B}×{L,R},{T,B}×{M,R},{T,B}×{L,M,R}。

考虑第一组:如果局中人1只选择T,那么局中人2必然会选择M,否则不满足局中人2的条件2,因为此时只有M是支撑战略而L和R是非支撑战略时局中人2的条件2才成立。这样,第一组7个支撑组合中就只剩{T}×{M}。而当局中人2选择M时,局中人1选择T的收益2小于选择B的收益7,不满足局中人1的条件2。所以,第一组全部排除。

考虑第二组:如果局中人1只选择B,那么局中人2必然会选择L,否则不满足局中人2的条件2,因为此时只有L是支撑战略而M和R是非支撑战略时局中人2的条件2才成立。这样,第二组7个支撑组合就只剩{B}×{L}。而当局中人2选择L时,局中人1选择B的收益2小于选择T的收益7,不满足局中人1的条件2。所以,第二组全部排除。

综合以上两方面,局中人1会同时选择T和B,对应支撑为{T,B},都在第三组中。

考虑第三组:如果局中人2只选择L,那么局中人1只会选择T,否则不满足局中人1的条件2,与局中人1会同时选择T和B相矛盾,排除{T,B}×{L}。如果局中人2只选择M,那么局中人1只会选择B,否则不满足局中人1的条件2,与局中人1会同时选择T和B相矛盾,排除{T,B}×{M}。如果局中人2只选择R,那么局中人1只会选择B,否则不满足局中人1的条件2,与局中人1会同时选择T和B相矛盾,排除{T,B}×{R}。

于是,纳什均衡对应的支撑组合只可能在{T,B}×{L,M}、{T,B}×{L,R}、{T,B}×{M,R}和{T,B}×{L,M,R}中,逐一讨论如下:

(1){T,B}×{L,M}

根据条件1,有

对局中人1:$7\tau_2(L)+2\tau_2(M)=2\tau_2(L)+7\tau_2(M)$,且 $\tau_2(L)+\tau_2(M)=1$,则 $\tau_2(L)=\tau_2(M)=0.5$。

其中,$\tau_2(L)$ 和 $\tau_2(M)$ 分别表示局中人2在支撑{L,M}中选择L和M的概率,下同。

对局中人2:$2\tau_1(T)+7\tau_1(B)=7\tau_1(T)+2\tau_1(B)$,且 $\tau_1(T)+\tau_1(B)=1$,则 $\tau_1(T)=\tau_1(B)=0.5$。

局中人2的条件2要求,非支撑战略R的收益更低,即 $6\tau_1(T)+5\tau_1(B)<2\tau_1(T)+7\tau_1(B)$。但是,由满足条件1的概率计算可得 $6\tau_1(T)+5\tau_1(B)=5.5$ 和 $2\tau_1(T)+7\tau_1(B)=4.5$,条件2不成立。

因此,支撑组合{T,B}×{L,M}不构成纳什均衡。

(2){T,B}×{L,R}

根据条件1,有

对局中人1:$7\tau_2(L)+3\tau_2(R)=2\tau_2(L)+4\tau_2(R)$,且 $\tau_2(L)+\tau_2(R)=1$,则 $\tau_2(L)=\frac{1}{6}$ 和 $\tau_2(R)=\frac{5}{6}$。

对局中人2:$2\tau_1(T)+7\tau_1(B)=6\tau_1(T)+5\tau_1(B)$,且 $\tau_1(T)+\tau_1(B)=1$,则 $\tau_1(T)=\frac{1}{3}$ 和 $\tau_1(B)=\frac{2}{3}$。

局中人2的条件2要求,非支撑战略M的收益更低,即 $7\tau_1(T)+2\tau_1(B)<2\tau_1(T)+7\tau_1(B)$。由满足条件1的概率计算可得 $7\tau_1(T)+2\tau_1(B)=\frac{11}{3}$ 和 $2\tau_1(T)+7\tau_1(B)=\frac{16}{3}$,条件2成立。

因此,支撑组合$\{T,B\}\times\{L,R\}$构成纳什均衡,即$\left[\left(\frac{1}{3},\frac{2}{3}\right),\left(\frac{1}{6},0,\frac{5}{6}\right)\right]$。

(3) $\{T,B\}\times\{M,R\}$

根据条件1,有

对局中人1:$2\tau_2(M)+3\tau_2(R)=7\tau_2(M)+4\tau_2(R)$,且$\tau_2(M)+\tau_2(R)=1$,无解。条件1不成立。

因此,支撑组合$\{T,B\}\times\{M,R\}$不构成纳什均衡。

(4) $\{T,B\}\times\{L,M,R\}$

根据条件1,有

对局中人1:$7\tau_2(L)+2\tau_2(M)+3\tau_2(R)=2\tau_2(L)+7\tau_2(M)+4\tau_2(R)$,即$5\tau_2(L)=5\tau_2(M)+\tau_2(R)$。且$\tau_2(L)+\tau_2(M)+\tau_2(R)=1$,即$\tau_2(R)=1-\tau_2(L)-\tau_2(M)$,代入上式得$6\tau_2(L)=4\tau_2(M)+1$,有很多解。

对局中人2:$2\tau_1(T)+7\tau_1(B)=7\tau_1(T)+2\tau_1(B)=6\tau_1(T)+5\tau_1(B)$,且$\tau_1(T)+\tau_1(B)=1$,无解。条件1不成立。

因此,支撑组合$\{T,B\}\times\{L,M,R\}$不构成纳什均衡。

综合以上四个方面,只有一个混合战略纳什均衡$\left[\left(\frac{1}{3},\frac{2}{3}\right),\left(\frac{1}{6},0,\frac{5}{6}\right)\right]$。

4. 发现

局中人2肯定不会选择M,但是M并不是劣战略。

非支撑战略,即不在支撑中的纯战略,并不局限于劣战略,还有并不是劣战略的战略。即使不是劣战略,也可能不会被选择。这并不与严格劣战略一定不会被选择相矛盾。严格劣战略一定不会被选择,一定不会被选择的不一定是严格劣战略。

5. 启示

如果显著比别人差,肯定会被淘汰。即使并不比别人差,也可能被放弃。但是,被放弃的唯一理由是还不够优秀。这在羽毛球、乒乓球等中国传统优势项目选择哪些运动员参加奥运会时偶有发生。贵在坚持,不忘初心,成长为最优秀的自己。每个人都有属于自己的机会。

6. 反思

这才是求解纳什均衡的完整方法。过程比较复杂,也比较烦琐冗长。

但是,这是必需的,否则可能出错。比如,在上例中

		L	M	R
1	T	7,2	2,7	3,6
	B	2,7	7,2	4,5

不采取支撑战略法的求解过程如下:

第一步,剔除严格劣战略。

分析可知,没有严格劣战略。

第二步,求纯战略纳什均衡。

用划线法可知,没有纯战略纳什均衡。

		2		
		L	M	R
1	T	7,2	2,7	3,6
	B	2,7	7,2	4,5

第三步,求混合战略纳什均衡。

设局中人1选T的概率为x,则局中人2选择L、M和R的期望收益相等,即
$2x+7(1-x)=7x+2(1-x)=6x+5(1-x)$。

但是,方程无解。由此得到该博弈没有纳什均衡的错误结论。

※**习题 6**　用支撑战略方法求纳什均衡。

		局中人2		
		上 T	中 M	下 L
	上 T	5,5	7,8	2,1
局中人1	中 M	8,7	6,6	5,8
	下 L	1,2	8,5	4,4

注:这就是习题4,但是知识背景不同,求解方法、过程和结果就可能不同。

※**习题 7**　用支撑战略方法求纳什均衡。

		B		
		L	M	R
A	U	1,3	5,2	4,7
	D	6,1	0,1	3,1

注:这就是习题5,但是知识背景不同,求解方法、过程和结果就可能不同。

※**习题 8**　用支撑战略方法求"敲棒棒"划拳博弈的纳什均衡。

注:这就是划拳博弈部分的例题,但是知识背景不同,求解方法、过程和结果就不同。

7. 总结

结合支撑战略法,再总结纳什均衡的求解步骤如下:

第一步,剔除严格劣战略。

为了方便,只剔除纯战略上的严格劣战略。

第二步,求纯战略纳什均衡。

用划线法。

第三步,求混合战略纳什均衡。

用支撑战略法。由于第二步已经用划线法求解了纯战略纳什均衡,就不需要再讨论博弈双方都只选择纯战略的支撑组合。

※**习题 9**　用支撑战略方法求纳什均衡。

	B		
A	L	M	R
U	1, 3	2, 0	5, 1
D	6, 3	2, 4	3, 1

注:这是划拳博弈部分的例题,但是知识背景不同,求解方法、过程和结果就可能不同。

六、算法博弈

求解纳什均衡,就要判断每一个可能的支撑组合是否合理。而判断每一个支撑组合是否合理,实质上就是求解线性方程组的解。方程和约束条件包括:

第1类:每一个支撑战略的期望收益相等。

第2类:支撑战略的期望收益大于每一个非支撑战略的期望收益。

第3类:每一个支撑战略的概率大于0。

第4类:每一个非支撑战略的概率等于0。

第5类:所有支撑战略的概率之和等于1。

求解过程复杂,尤其是有较多局中人或者有较多纯战略时。

而且,即使只有两个局中人,也存在线性互补问题(linear complementary problem,LCP);在局中人大于两人时,就存在非线性互补问题(nonlinear complementary problem,NLCP)。

这需要算法来提高判断每一个支撑组合是否合理的效率。

对此,博弈论有一个专门研究此类问题的分支,算法博弈论(algorithmic game theory),是博弈论与计算机科学、大数据科学等相结合形成的最新发展趋势。

与之相关,更前沿的是,算法机制设计(algorithmic mechanism design)。

再往下走,就通往人工智能。

第6讲 市场竞争

一、无限博弈

1. 多个选择

无限博弈(infinite game)指在经济分析中,通常假设变量是连续的,从而有无数多个行为选择的博弈。

2. 经典经济模型

古诺模型(Cournot,1838)、伯特兰德模型(Bertrand,1883)、霍特林模型(Hotelling,1929)。

3. 反应函数

(1)反应函数的含义

反应函数(reaction function)指对方的战略 X 与我方与之对应的最优战略 Y 之间的映射对应关系,也就是最优反应的推广。

回顾:最优反应,就是给定对方的战略选择,我方的最优战略。

(2)反应函数的形式

博弈方的收益同时是自己战略选择 Y 和对方战略选择 X 的函数,反应函数就是对自己收益关于自己战略选择 Y 求偏导数再根据一阶条件整理得到的我方战略选择 Y 关于对方战略选择 X 的表达式。其中,对收益关于自己战略选择 Y 求偏导数是因为,尽管收益同时是自己战略选择 Y 和对方战略选择 X 的函数,但是自己能够控制改变的只有自己的战略 Y,通过选择最优的战略 Y 寻求最大收益。

二、产量竞争

1. 古诺模型

古诺 Cournot(1801—1877)是真正第一位研究经济学的数学家,是数学大师拉普拉斯(Laplace)和泊松(Poisson)的学生。古诺产量竞争模型出自 1838 年《财富理论的数学原理研究》。

2. 模型假设

(1)产品相同

企业生产相同产品,展开产量竞争。注意,竞争手段是产量而不是价格,意味着产品定价相同。价格相同自然就隐含了产品质量相同。把产量而不是价格作为竞争手段有不少现实例子。比如,日常用的水电气、通信服务、农产品等,产品质量非常相近,定价基本相同,竞争手段主要是扩大产量提高市场份额。

(2) 竞争模式

手段：各企业同时决定各自产量，争夺市场份额。

目标：给定对方产量的前提下，把对方产量当作常数，通过决策自身产量追求自身利润最大。

利润：由自身产量、市场价格和自身成本决定，而市场价格又取决于自身产量和对方产量，那么利润就是自身产量和对方产量的函数，其中假设产量等于销量。

3. 总体思路

(1) 单方的产量决策

求利润对自身产量的偏导数，根据一阶条件，令偏导数等于 0，得到自身产量关于对方产量的表达式，就是反应函数。反应函数的图像显示就是反应曲线，表现为在对方产量为横轴和自身产量为纵轴构成的坐标系中自身产量随对方产量的变化轨迹。

反应函数与最优反应类似，是对最优反应的推广。最优反应是给定对方战略下我方的最优战略，是离散的一一对应关系，用划线法求解；反应函数是给定对方产量下我方的最优产量，是连续的一一对应关系，用一阶条件求解。

(2) 各方的同时决策

我方：在给定对方产量前提下，通过决策产量追求我的利润最大，求我方利润关于我方产量的偏导数，由一阶条件，得到其反应函数。

对方：在给定我方产量前提下，通过决策产量追求他的利润最大，求他的利润关于他产量的偏导数，由一阶条件，得到其反应函数。

(3) 纳什均衡

联立各方反应函数得到方程组，求解得到的各方最优产量，就构成纳什均衡。其中，联立各方反应函数求解，就意味着各方在给定对方的产量前提下都实现了自身利润最大。

(4) 具体步骤

第一步，求利润函数。

每个企业的利润都是自身产量和对方产量的函数。

第二步，求反应函数。

对每个企业的利润关于自身产量求偏导数，根据一阶条件，令偏导数等于 0，得到自身产量关于对方产量的表达式。

第三步，求最优产量。

联立各企业的反应函数得方程组，求解方程组得到每个企业的最优产量。

第四步，求市场价格和企业利润。

把每个企业的最优产量代入逆市场需求函数得到市场价格，再一起分别代入各企业的利润函数得到其最优利润。

4. 通用模型

(1) 基本假设

q_i：企业 $i(=1,2)$ 的产量，通过选择产量来追求最大利润，假设市场上只有两家企业。

$C_i(q_i)$：成本函数。

$P=P(q_1+q_2)$：逆市场需求函数，价格是两个企业产量的函数。

$\pi_i=q_iP(q_1+q_2)-C_i(q_i)$：企业 i 的利润函数，第一项是销售收入等于产量乘以价格，第二项是成本，其中假设产量等于销量。

(2) 决策变量与目标函数

通过选择最优的产量 q_i 追求最大的利润 π_i，决策变量是产量 q_i，目标是利润 π_i 最大，表示为

企业 1：$q_1^* \in \arg\max\limits_{q_1}\pi_1(q_1,q_2)=q_1P(q_1+q_2)-C_1(q_1)$。

企业 2：$q_2^* \in \arg\max\limits_{q_2}\pi_2(q_1,q_2)=q_2P(q_1+q_2)-C_2(q_2)$。

其中，q_1^* 就是使 $\pi_1(q_1,q_2)=q_1P(q_1+q_2)-C_1(q_1)$ 最大的 q_1。$\max\limits_{q_1}\pi_1(q_1,q_2)$ 表示目标是追求 $\pi_1(q_1,q_2)$ 最大，而决策变量是 q_1。arg 表示使 $\pi_1(q_1,q_2)$ 最大的变量 q_1，而不是最大的 $\pi_1(q_1,q_2)$ 本身。$\in$ 是属于符号，表示使 $\pi_1(q_1,q_2)$ 最大的变量 q_1 可能不止一个，而是有多个，构成一个集合；当使 $\pi_1(q_1,q_2)$ 最大的变量 q_1 确实只有一个时，$\in$ 不太严格地也可以写成 $=$。

(3) 反应函数

由一阶条件 $\dfrac{\partial\pi_1(q_1,q_2)}{\partial q_1}=P(q_1+q_2)+q_1P'(q_1+q_2)-C'_1(q_1)=0$，把 q_1 表示为 q_2 的函数，写作反应函数 $\bar{q}_1(q_2)=R_1(q_2)$，在图 6-1 中是一条曲线，称为企业 1 的反应曲线。

由一阶条件 $\dfrac{\partial\pi_2(q_1,q_2)}{\partial q_2}=P(q_1+q_2)+q_2P'(q_1+q_2)-C'_2(q_2)=0$，把 q_2 表示为 q_1 的函数，写作反应函数 $\bar{q}_2(q_1)=R_2(q_1)$，就是企业 2 的反应曲线。

可见，每个企业的最优产量取决于另一个企业的产量。均衡时，每个企业的产量都是给定对方产量下的最优产量，即两条反应曲线的交点就是均衡点。

(4) 纳什均衡

首先，最优产量。

在图 6-1 中，最优产量就是两条反应函数曲线的交点，联立反应函数，可求得均衡时各自的最优产量。

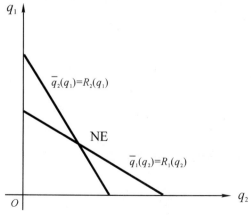

图 6-1 反应曲线相交构成纳什均衡

其次,市场价格。

假设产量就是市场需求量,把企业 1 和 2 的最优产量代入逆市场需求函数 $P=P(q_1+q_2)$ 得,均衡时的市场价格,也就是企业 1 和 2 产品的销售价格。

最后,企业利润。

把企业 1 和 2 的最优产量代入利润函数得,均衡时企业 1 和 2 的最优利润。

5. 简化模型

(1)具体化假设

成本函数:$C_i(q_i)=q_ic$,忽略了固定成本,但是并不会影响结果,因为求导时就消去了固定成本。

逆市场需求函数:$P=a-(q_1+q_2)$。其中,a 为市场潜在最大需求,为了确保有实际意义,假设 $a>c$。

(2)目标函数

企业 1:$q_1^* \in \arg\max\limits_{q_1}\pi_1(q_1,q_2)=q_1[a-(q_1+q_2)]-q_1c$。

企业 2:$q_2^* \in \arg\max\limits_{q_2}\pi_2(q_1,q_2)=q_2[a-(q_1+q_2)]-q_2c$。

其中,$a-(q_1+q_2)$ 是市场价格,这里假设市场销量等于企业产量 q_1+q_2;$q_1[a-(q_1+q_2)]$ 是销售收入,q_1c 是成本,销售收入减去成本就是企业利润。

(3)反应函数

一阶条件,$\dfrac{\partial\pi_1(q_1,q_2)}{\partial q_1}=a-(q_1+q_2)-q_1-c=0$,则 $\bar{q}_1(q_2)=\dfrac{1}{2}(a-c-q_2)$。

一阶条件,$\dfrac{\partial\pi_2(q_1,q_2)}{\partial q_2}=a-(q_1+q_2)-q_2-c=0$,则 $\bar{q}_2(q_1)=\dfrac{1}{2}(a-c-q_1)$。

(4)纳什均衡

首先,最优产量。

联立反应函数 $\begin{cases}\bar{q}_1(q_2)=\dfrac{1}{2}(a-c-q_2)\\ \bar{q}_2(q_1)=\dfrac{1}{2}(a-c-q_1)\end{cases}$,其中把 $\bar{q}_1(q_2)$ 和 $\bar{q}_2(q_1)$ 写成 q_1 和 q_2,再求解

$\begin{cases}q_1=\dfrac{1}{2}(a-c-q_2)\\ q_2=\dfrac{1}{2}(a-c-q_1)\end{cases}$,得到每个企业的最优产量为 $q_1^*=q_2^*=\dfrac{1}{3}(a-c)$。

其次,市场价格。

把 $q_1^*=q_2^*=\dfrac{1}{3}(a-c)$ 代入逆市场需求函数 $P=a-(q_1+q_2)$ 得,市场价格为 $P^*=\dfrac{1}{3}a+\dfrac{2}{3}c$。

最后,企业利润。

把 $q_1^* = q_2^* = \frac{1}{3}(a-c)$ 代入利润函数，企业利润为 $\pi_1^*(q_1^*, q_2^*) = \pi_2^*(q_1^*, q_2^*) = \frac{1}{9}(a-c)^2$。

6. 古诺竞争能实现合作吗？

(1) 合作垄断时的产量决策

如果两个企业合作垄断市场，表示为 m，再平分利润，垄断决策就是当作整体追求整体利润最大，那么最优问题为

$$\max_Q \pi^m(Q) = Q(a - Q - c)$$

解得，合作垄断的最优总产量为 $Q^m = \frac{1}{2}(a-c)$。

每个企业的产量为 $q_1^m = q_2^m = \frac{1}{2}Q^m = \frac{1}{4}(a-c) < \frac{1}{3}(a-c)$，低于古诺竞争时的产量。

(2) 合作垄断时的市场价格

把 $Q^m = \frac{1}{2}(a-c)$ 代入逆市场需求函数 $P = a - (q_1 + q_2)$ 得，市场价格为 $P_m^* = \frac{1}{2}a + \frac{1}{2}c$，比古诺竞争时的市场价格 $P^* = \frac{1}{3}a + \frac{2}{3}c$ 高，因为 $a > c$。

(3) 合作垄断时的企业利润

把 $Q^m = \frac{1}{2}(a-c)$ 代入整体利润 $\pi^m(Q) = Q(a - Q - c)$，得到合作垄断时两家企业的总利润为 $\pi^m = \frac{1}{4}(a-c)^2$，每个企业的利润为 $\pi_1^m = \pi_2^m = \frac{1}{2}\pi^m = \frac{1}{8}(a-c)^2 > \frac{1}{9}(a-c)^2$，都高于古诺竞争时的利润。

也就是说，如果两家企业合作一起垄断市场再平分利润，每家企业会降低产量，市场价格会上升，每家企业都会得到更多利润。

(4) 囚徒困境

但是，即使合作垄断市场然后平分可以获得更多利润，两家企业却不会合作去垄断市场，仍然会古诺竞争，因为都处于囚徒困境中，博弈模型如下：

		厂商2的产量决策	
		合作垄断 $\frac{1}{4}(a-c)$	古诺竞争 $\frac{1}{3}(a-c)$
厂商1的产量决策	合作垄断 $\frac{1}{4}(a-c)$	$\frac{1}{8}(a-c)^2, \frac{1}{8}(a-c)^2$	$\frac{5}{48}(a-c)^2, \frac{5}{36}(a-c)^2$
	古诺竞争 $\frac{1}{3}(a-c)$	$\frac{5}{36}(a-c)^2, \frac{5}{48}(a-c)^2$	$\frac{1}{9}(a-c)^2, \frac{1}{9}(a-c)^2$

其中，$\frac{5}{48}(a-c)^2 = q_1[a - (q_1 + q_2)] - q_1 c = \frac{1}{4}(a-c)\left\{a - \left[\frac{1}{4}(a-c) + \frac{1}{3}(a-c)\right]\right\} -$

$\frac{1}{4}(a-c)c$, $\frac{5}{36}(a-c)^2 = q_2[a-(q_1+q_2)] - q_2 c = \frac{1}{3}(a-c)\left\{a - \left[\frac{1}{3}(a-c) + \frac{1}{4}(a-c)\right]\right\} - \frac{1}{3}(a-c)c$。

分析可知：古诺竞争是各方的占优战略！虽然合作垄断可以获得更多利润，但是双方都会选择古诺竞争而不是合作垄断。

※**习题 1** 假定有 n 个古诺寡头企业生产一种完全同质商品，每个企业具有相同的不变单位成本 c。逆市场需求函数 $P = a - Q$，其中 P 是市场价格，$Q = \sum_{j=1}^{n} q_j$ 是总供给量，a 是大于 0 的常数。企业选择产量 q_i 最大化其利润。求：纳什均衡；均衡产量和价格如何随 n 的变化而变化。

※**习题 2** 某市场上只有 A 和 B 两厂商，生产一种完全同质商品，逆市场需求函数为 $P = 90 - Q$，其中 Q 为总产量，两厂商的成本函数都为 $C(q) = 3q + 20$，且它们相互知道对方的成本函数。

(1) 两厂商同时进行产量决策展开竞争，求均衡时各自的产量和利润。

(2) 若增加一个相同的厂商 C，三者同时进行产量决策展开竞争，求均衡时各自的产量和利润。

※**习题 3** 某市场上只有 A 和 B 两厂商，生产一种完全同质商品，逆市场需求函数为 $P = 100 - Q$，其中 Q 为总产量，两厂商的成本函数分别为 $C_1(q) = 3q + 10$ 和 $C_2(q) = 2q + 30$，且它们相互知道对方的成本函数。

(1) 两厂商通过同时进行产量决策展开竞争，求均衡时各自的产量和利润。

(2) 若增加一个生产一种完全同质商品的厂商 C，其成本函数为 $C_3(q) = q + 40$，三者通过同时进行产量决策展开竞争，求均衡时各自的产量和利润。

三、价格竞争

1. 伯特兰德模型

伯特兰德 Bertrand(1822—1900)创立了伯特兰德模型，假设企业生产相同产品，展开价格竞争。看上去很熟悉，但其实是不太好理解的理论模型。

2. 模型假设

(1) 产品相同

质量：没有差别，可以完全替代。

市场：完全取决于价格，各企业售价可以不同。如果企业售价相同，大家平分市场；如果企业售价不同，价低者占领全部市场，价高者退出市场。

(2) 竞争模式

竞争手段：同时决定各自价格，但是不一定要比对方低。

竞争目标：给定对方价格，把对方价格当作常数，通过决策自身价格追求自身利润最大，其中假设产量等于销量。

3. 总体思路

(1) 单方的价格决策

有三种定价方式:①低价,比对方低,独占市场;②跟价,与对方等,平分市场;③高价,比对方高,退出市场。

企业利润是自身价格关于对方价格的分段函数:定价低于对方价格,独占市场,企业利润就是市场利润;定价等于对方价格,平分市场,企业利润等于市场利润的一半;定价高于对方价格,退出市场,企业利润就是零。这使价格竞争看上去很熟悉,但其实不太好理解。

价格反应函数:根据分段的利润函数,分情况讨论,分析得到自身价格关于对方价格的表达式,就是价格反应函数。为了与古诺产量竞争区分,这里称为价格反应函数,同时把古诺产量竞争中的反应函数称为产量反应函数。价格反应函数也是分段的,因为利润函数是分段的。

(2) 各方的同时决策

联立各方价格反应函数,求解得到各方最优价格。注意,由于各方价格反应函数都是分段函数,这并不容易求解,往往不是直接解方程组,而是讨论分析求解。

(3) 纳什均衡

联立各方价格反应函数讨论分析求解得到的各方最优价格,就构成纳什均衡。其中,联立各方价格反应函数讨论分析求解,就意味着各方都在给定对方价格的前提下实现了自身利润最大。

(4) 具体步骤

第一步,求利润函数。

每个企业的利润都是自身价格和对方价格的函数,是分段的。

第二步,求价格反应函数。

根据分段的利润函数,分情况讨论,分析得到自身价格关于对方价格的表达式,也是分段的。

第三步,求市场价格。

联立价格反应函数,讨论分析得到每个企业的最优定价,进而得到市场价格。注意,如果企业的定价相同,市场价格与企业的最优定价相等;如果企业的定价不同,市场价格就是较低的企业定价,此时市场上只有该企业,定价较高者退出市场。

第四步,求企业产量和企业利润。

把市场价格代入逆市场需求函数得总产量,因为这里假设产量等于销量。再根据各方定价,分析判断各企业的产量和利润。

4. 通用模型

(1) 基本假设

p_i:企业 $i(=1,2)$ 的价格,通过选择价格来追求最大利润,同样假设只有两家企业。

$C_i(q_i)=q_i c$:成本函数,同样忽略固定成本。

$P=a-(q_1+q_2)$:逆市场需求函数,价格是两个企业产量的函数。

两家企业的产品没有差异:如果两家企业价格相同,二者平分市场;如果两家企业价格不同,价格低者占领全部市场,价格高者没有市场份额。

(2) 目标函数

企业 i 的利润为

$$\pi_i(p_i, p_j) = \begin{cases} (p_i - c)(a - p_i), & p_i < p_j \\ \dfrac{1}{2}(p_i - c)(a - p_i), & p_i = p_j \\ 0, & p_i > p_j \end{cases}$$

这是分段函数。其中,定价低于竞争对手即 $p_i < p_j$ 时,就垄断市场,市场上只有企业 i,逆市场需求函数变为 $p_i = a - q_i$,那么 $a - p_i$ 就是企业 i 的需求量,这里假设需求量等于产量和销量;定价等于竞争对手即 $p_i = p_j$ 时,就平分市场;定价高于竞争对手即 $p_i > p_j$ 时,就没有市场。

(3) 反应函数

根据企业 i 的利润函数可求得其反应函数为

$$\bar{p}_i(p_j) = \begin{cases} \{p_i \mid p_i > p_j\}, & p_j < c \\ \{p_i \mid p_i \geqslant p_j\}, & p_j = c \\ \phi, & c < p_j \leqslant p^m \\ \{p^m\}, & p^m < p_j \end{cases}$$

这也是分段函数。其中,p^m 为垄断最优定价,即企业处于垄断地位时使利润最大的定价。对每一种情形解释如下:

情形 1:$p_j < c$,竞争对手低于成本的定价。

我方有高于、等于、低于对手定价三种选择。高于对手,没有市场,利润为 0。等于对手,平分市场,由于定价比成本低,利润为负。低于对手,垄断市场,由于定价比成本低,利润为负。相比之下,高于对手是最好选择。也就是说,此时的最优定价有无数多个,只要高于对手都可以,任意高于对方的定价可以获得相同的利润 0。比如,对满足 $p_j < c$ 的对手定价 p_{j1},我方的最优定价是 $p_i^* > p_{j1}$,在图 6-2 中表现为竖向的射线 AB,但是并不包括射线的原点 A。这对应反应函数的第一种情况 $\bar{p}_i(p_j) = \{p_i \mid p_i > p_j\}$, $p_j < c$。

情形 2:$p_j = c$,竞争对手等于成本的定价。

我方有高于、等于、低于对手定价三种选择。高于对手,没有市场,利润为 0。等于对手,平分市场,由于定价和成本相等,利润为 0。低于对手,垄断市场,由于定价低于成本,利润为负。相比之下,等于和高于对手都可以,在图 6-2 中也表现为竖向的射线 DG,只不过包含其原点 D。这对应反应函数的第二种情况 $\bar{p}_i(p_j) = \{p_i \mid p_i \geqslant p_j\}$, $p_j = c$。

情形 3:$c < p_j \leqslant p^m$,竞争对手在成本与垄断最优定价之间的定价。

我方有高于、等于、低于对手定价三种选择。高于对手,没有市场,利润为 0。等于对手,平分市场,由于定价在成本与垄断最优定价之间,利润为正。低于对手,垄断市场,由于对手定价在成本与垄断最优定价之间,不能太低,至少要比成本高,以保证利润为正。而且,要很接近对手定价,因为在低于对手定价的前提下再提高定价并不影响垄断地位,而且由于定价还比垄断最优定价低,还会进一步提高利润。因此,只要还没有达到对手定价,就会继续向对手定价靠拢,利润就会继续上升。但是,绝不能等于对手定价,因为一旦相等就平分市场,利润就只有市场的一半。这是两难：一方面要无限接近对手定价，另一方面又不能靠拢相等。事实上，这是做不到的，因为对任意一个很接近对手定价的定价都存在一个更接近从而使利润更高的定价。结果，定价只能是空集。也就是说，定价没有办法同时满足以上两个方面。由于是空集，就没有图示。这对应反应函数的第三种情况 $\bar{p}_i(p_j)=\phi, c<p_j\leqslant p^m$。

情形 4：$p^m<p_j$，竞争对手高于垄断最优定价的定价。

我方有高于、等于、低于对手定价三种选择。高于对手，没有市场，利润为 0。等于对手，平分市场，由于定价比成本高，利润为正，但是小于垄断利润的一半，因为此时的定价高于垄断最优定价。低于对手，垄断市场，由于竞争对手定价高于垄断最优定价，就定在垄断最优定价上，获得垄断利润。相比之下，垄断最优定价是最好选择。在图 6-2 中，表现为横向的射线 EF，但不包括射线的原点 E。这对应反应函数的第四种情况 $\bar{p}_i(p_j)=\{p^m\}, p^m<p_j$。

(4) 反应曲线

根据企业 i 的反应函数，可得其反应曲线，如图 6-2 所示。

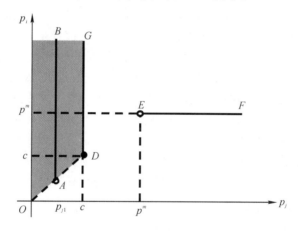

图 6-2 价格竞争的反应曲线

情形 1：$0<p_j<c$。

任意 p_{j1} 对应的反应曲线是射线 AB，不包括原点 A。由于 p_{j1} 是任意的，无数条与射线 AB 平行的射线形成的反应曲线就是图中的阴影区域，其上部是没有边界的，下部的边界 OD 是虚的，因为每一条射线的原点都不包括其中。

情形 2：$p_j=c$。

反应曲线是射线 DG，而且包括原点 D。

情形 3：$c<p_j\leqslant p^m$。

反应函数是空集，就没有反应曲线。

情形 4：$p^m<p_j$。

反应曲线是射线 EF，但并不包括原点 E。

综上所述，反应曲线很特殊，是阴影区域 ODG 加上射线 EF，但是不包括 OD 除 D 以外的点和点 E。

类似地，根据对称性，企业 j 的反应曲线就是上图对 45 度线的翻折。

(5)纳什均衡

两条反应曲线只有一个交点,即 $p_1^* = p_2^* = c$,表明定价都等于成本。代入利润函数得,利润都是 $\pi_1^* = \pi_2^* = 0$。代入逆市场需求函数得,各自的产量都为 $q_1^* = q_2^* = \frac{1}{2}(a-c)$。

※**习题 4** 某市场上只有 A 和 B 两厂商,生产一种完全同质商品,逆市场需求函数为 $P = 89 - Q$,其中 Q 为总产量,两厂商的成本函数都为 $C(q) = 3q$,且它们相互知道对方的成本函数。两厂商通过同时进行价格决策展开竞争,求均衡时各自的定价、产量和利润。

5. 按成本定价

定价等于成本是传统经济学完全竞争市场才有的结论。而以上博弈分析表明,要使企业按成本定价,只需两家企业竞争就可以了,不需传统经济学完全竞争市场要求的无数多家。

当然,也可以用囚徒困境来分析价格竞争中按成本定价的必然性。对成本相同的任意企业比如伽马,其他企业定价有等于和高于成本的两种可能,因为低于成本定价一定会亏损。当其他企业按成本定价时,可以认为伽马在按成本定价和高于成本定价之间会选择按成本定价,因为按成本定价的零利润并不比高于成本定价的零利润低,前者是因为大家都定价在成本上平分市场,后者是因为由于定价高于对手就退出了市场;当其他企业高于成本定价时,可以认为伽马在按成本定价和高于成本定价之间还是会选择按成本定价,因为按成本定价为正的利润一定比高于成本定价为负的利润大,前者是因为定价等于成本并独占市场,后者是因为定价高于成本并和对手平分市场。因此,无论其他企业是按成本定价还是高于成本定价,可以认为伽马都会按成本定价。由于企业伽马是任意的,那么所有企业都会按成本定价。然而,这并不能肯定伽马在其他企业按成本定价时也会按成本定价,因为并不是占优战略,也就是说只能确保存在性不能保证唯一性,相比之下用囚徒困境的博弈分析有欠缺。

6. 移动通信市场改革解读

起初,只有中国移动一家经营移动通信服务。有人说,一家是垄断,是不好的。于是,组建了中国联通。还是有人说,两家也是垄断,还是不好,建议继续改革。于是,伴随着移动通信的发展,中国电信也开展移动业务,形成了三足鼎立态势。

如今,还有人说,三家也是垄断,建议拆分。这就违背博弈原理了。事实上,以上理论分析表明,两家竞争就够了,就能实现按成本定价,而定价在成本上是市场完全竞争的结果。

下一步,面对百年未有之大变局,为了提高国际竞争力,似乎更应该合并。因为拆分不但不能提高市场竞争性,还会降低国际竞争力。而从以上博弈分析的角度来看,合并不但不会损害市场竞争性,并且能够提高国际竞争力。

7. 与产量竞争的比较

(1)企业角度

价格竞争时,把 $p_1^* = p_2^* = c$ 代入 $\pi_i(p_i, p_j) = \begin{cases} (p_i - c)(a - p_i), & p_i < p_j \\ \frac{1}{2}(p_i - c)(a - p_i), & p_i = p_j \\ 0, & p_i > p_j \end{cases}$ 得,企业利润为 0。而产量竞争时,企业利润 $\pi_1^*(q_1^*, q_2^*) = \pi_2^*(q_1^*, q_2^*) = \frac{1}{9}(a-c)^2$ 大于 0。因此,企业

更偏好产量竞争。

(2)消费者角度

首先,消费价格上。

价格竞争时的市场价格为 $p_1^* = p_2^* = c$,产量竞争时为 $P^* = \frac{1}{3}a + \frac{2}{3}c$。对比可得,价格竞争时的消费价格更低,因为 $\frac{1}{3}a + \frac{2}{3}c - c = \frac{1}{3}(a-c) > 0$。

其次,消费数量上。

价格竞争时,把 $p_1^* = p_2^* = c$ 代入逆市场需求函数 $P = a - (q_1 + q_2)$ 可得,市场均衡时的消费数量为 $Q_b^* = a - c$。产量竞争时,根据 $q_1^* = q_2^* = \frac{1}{3}(a-c)$ 得,消费数量为 $q_1^* + q_2^* = \frac{2}{3}(a-c)$。这里假设市场需求量等于企业生产量,企业生产量又等于企业销售量,而企业销售量就是消费者的消费数量。因为 $a - c - \frac{2}{3}(a-c) = \frac{1}{3}(a-c) > 0$,价格竞争时的消费数量更多。

因此,消费者更偏好价格竞争,因为能够以更低的价格消费更多的商品。

综合以上两个角度,企业和消费者在竞争手段的偏好上存在冲突。企业偏好产量竞争,而消费者偏好价格竞争。

8. 存在成本差异的价格竞争

如果两家企业的成本不相等,那么反应曲线就没有交点,均衡结果是低成本企业按高成本企业的成本定价,高成本企业退出市场。

设企业 A 的成本较低,为 L;企业 B 的成本较高,为 H。价格竞争的均衡结果是:企业 A 定价为 H,企业 B 退出市场。其中,假设 H 比垄断最优定价低。这是合理的,因为企业的成本再高,也不会比垄断最优定价还高,否则即使处于垄断地位也会亏损,行业会消失。

一方面,对企业 A,当 B 退出市场时,A 的最优定价必为 H。如果定价比 H 低,那么提高定价可以增大利润,就会提高定价趋近 H;如果定价比 H 高,那么企业 B 会进入市场分走一半市场,就会降低定价至 H;因此,无论 A 的定价是高于还是低于 H,都会调整向 H 靠拢,最终定价在 H 上。

另一方面,对企业 B,当 A 定价为 H 时,B 的最优选择是退出市场。否则,定价就要么比 A 低,要么与 A 相等。如果定价低于 A,必亏损,不如退出市场。如果定价与 A 相等,也为 H,利润为 0,由于退出市场的利润也为 0,可以认为 B 会退出。因此,B 会退出市场。

综合两方面,均衡结果是:企业 A 定价为 H,企业 B 退出市场。为了确保这一点,实践中 A 的定价比 B 的成本 H 略低。

四、品质竞争

1. 霍特林模型

霍特林(Hotelling,1895—1973)1929 年提出应该考虑产品的差异。这里介绍的品质竞争是考虑产品差异的价格竞争,也可以认为是更具一般性的价格竞争。

2. 模型假设

(1) 产品差异

品质：存在差别，部分替代。

市场：自己价格的减函数，对方价格的增函数。注意，由于产品品质有差异，每个企业有自己的需求函数。

(2) 竞争模式

竞争手段：企业产品有品质差异，可以部分替代，价格和质量都是竞争手段，在现实中很普遍。在模型中，把低价格和高质量两种手段统一到价格上。

竞争目标：给定对方价格，通过决策自身价格追求自身利润最大。

2. 总体思路

(1) 单方的价格决策

求利润对自身价格的偏导数，根据一阶条件，令偏导数等于0，得到自身价格关于对方价格的表达式，就是价格反应函数。

(2) 各方的同时决策

联立各方价格反应函数得方程组，求解得到各方最优价格。

(3) 纳什均衡

联立各方价格反应函数求解得到的各方最优价格，就构成纳什均衡。其中，联立各方价格反应函数求解，就意味着各方都在给定对方价格的前提下实现了自身利润最大。

(4) 求解步骤

第一步，求利润函数。

每个企业的利润都是自身价格和对手价格的函数。

第二步，求价格反应函数。

对利润关于自身价格求偏导数，根据一阶条件，令偏导数等于0，得到自身价格关于对方价格的表达式。

第三步，求最优价格。

联立价格反应函数得方程组，求解得到每个企业的最优价格。

第四步，求最优产量和最优利润。

把最优价格代入各自需求函数，得最优产量。把最优价格代入每个企业的利润函数，得最优利润。

3. 通用模型

(1) 成本函数

企业1生产产品1，成本为 $C_1(q_1) = q_1 c_1$。

企业2生产产品2，成本为 $C_2(q_2) = q_2 c_2$。

(2) 需求函数

市场对产品1的需求为 $q_1(p_1, p_2) = a_1 - b_1 p_1 + d_1 p_2$，为企业1的需求函数。

市场对产品 2 的需求为 $q_2(p_2,p_1)=a_2-b_2p_2+d_2p_1$，为企业 2 的需求函数。

其中，b 是价格敏感系数，d 是产品替代系数，后者体现两种产品之间的替代关系。如果 $d=0$，说明是两种完全不同的产品，根本不可替代。

(3) 利润函数

企业 1 生产产品 1，利润为 $\pi_1(p_1,p_2)=(p_1-c_1)q_1(p_1,p_2)=(p_1-c_1)(a_1-b_1p_1+d_1p_2)$。

企业 2 生产产品 2，利润为 $\pi_2(p_2,p_1)=(p_2-c_2)q_2(p_2,p_1)=(p_2-c_2)(a_2-b_2p_2+d_2p_1)$。

(4) 反应函数

一方面，企业 1 追求利润 π_1 最大，表示为

$$p_1^* \in \max_{p_1}\pi_1(p_1,p_2)=(p_1-c_1)q_1(p_1,p_2)=(p_1-c_1)(a_1-b_1p_1+d_1p_2)$$

其中，虽然企业 1 的利润同时受产品 1 的价格 p_1 和产品 2 的价格 p_2 的影响，但是只有产品 1 的价格 p_1 是企业 1 的决策变量，企业 1 通过选择产品 1 的价格 p_1 追求最大利润。此外，虽然价格和质量都是竞争手段，但是只把价格作为决策变量，而没有考虑质量，因为质量的影响通过需求函数中的产品替代系数最终还是会体现在价格上。一阶条件，为

$$\frac{\partial \pi_1(p_1,p_2)}{\partial p_1}=(a_1-b_1p_1+d_1p_2)-b_1(p_1-c_1)=0$$

另一方面，企业 2 追求利润 π_2 最大，表示为

$$p_2^* \in \max_{p_2}\pi_2(p_2,p_1)=(p_2-c_2)q_2(p_2,p_1)=(p_2-c_2)(a_2-b_2p_2+d_2p_1)$$

其中，企业 2 的决策变量同样只有产品 2 的价格 p_2。一阶条件，为

$$\frac{\partial \pi_2(p_2,p_1)}{\partial p_2}=(a_2-b_2p_2+d_2p_1)-b_2(p_2-c_2)=0$$

于是，根据一阶条件，可以求得企业 1 和 2 的价格反应函数分别为

$$\bar{p}_1(p_2)=\frac{1}{2b_1}(a_1+b_1c_1+d_1p_2),$$

$$\bar{p}_2(p_1)=\frac{1}{2b_2}(a_2+b_2c_2+d_2p_1).$$

(5) 纳什均衡

首先，最优价格。

联立价格反应函数，求得企业 1 和 2 的最优定价分别为

$$p_1^*=\frac{2a_1b_2+2b_1b_2c_1+a_2d_1+b_2c_2d_1}{4b_1b_2-d_1d_2},$$

$$p_2^*=\frac{2a_2b_1+2b_1b_2c_2+a_1d_2+b_1c_1d_2}{4b_1b_2-d_1d_2}.$$

其次，最优产量。

把企业 1 和 2 的最优定价代入需求函数，得企业 1 和 2 的最优产量分别为

$$q_1^*=\frac{b_1(a_2d_1+2a_1b_2+c_1d_1d_2+c_2b_2d_1-2c_1b_1b_2)}{4b_1b_2-d_1d_2},$$

$$q_2^* = \frac{b_2(a_1d_2+2a_2b_1+c_2d_1d_2+c_1b_1d_2-2c_2b_1b_2)}{4b_1b_2-d_1d_2}。$$

其中,由于需求函数是确定型的,认为产量等于需求量。在以上产量竞争、价格竞争和品质竞争理论模型中都有这样的假设。

最后,最优利润。

把企业 1 和 2 的最优定价代入利润函数,得企业 1 和 2 的最优利润分别为

$$\pi_1^* = \frac{b_1(a_2d_1+2a_1b_2+c_1d_1d_2+c_2b_2d_1-2c_1b_1b_2)^2}{(4b_1b_2-d_1d_2)^2},$$

$$\pi_2^* = \frac{b_2(a_1d_2+2a_2b_1+c_2d_1d_2+c_1b_1d_2-2c_2b_1b_2)^2}{(4b_1b_2-d_1d_2)^2}。$$

※**习题 5** 企业 1 和 2 生产两种相似产品,成本函数都为 $C(q)=q+2$,展开价格竞争,同时决定各自价格 p_1 和 p_2。如果需求函数分别为 $q_1(p_1,p_2)=19-2p_1+p_2$ 和 $q_2(p_2,p_1)=19-2p_2+p_1$,求均衡时企业 1 和 2 的产量、定价和利润。

五、彼此寻优

1. 分析思路

(1)准则

在寻求自己最优时,一定要考虑对方,只有大家可以同时达最优时才可以实现个人最优。

(2)步骤

第一步,明确目标函数。

把各方的目标表示成函数,比如利润是价格、产量、成本等的函数,效用是收入、投入努力等的函数。

第二步,明确决策变量。

各方自己能够控制能够改变的变量是什么。

第三步,求反应函数。

各方都通过选择决策变量追求目标最大,对目标函数关于决策变量求偏导,根据一阶条件,得到各方的反应函数。

第四步,求均衡结果。

联立各方反应函数解方程组,求解相应结果;等价于联立各一阶条件,解方程组。

2. 奖金竞争

改变自《基于异质能力的分类与混同锦标竞赛比较研究》的博弈模型:

甲乙两人为了奖金展开竞争,业绩产出高者获得奖金 S,产出低者什么也没有。甲投入努力 $x \geq 0$ 需要付出成本 $\frac{1}{2}bx^2$,乙投入努力 $y \geq 0$ 需要付出成本 $\frac{1}{2}by^2$。甲的业绩产出高于乙的概率为 $\frac{x}{x+y}$。求甲乙各自投入的努力程度。

甲的期望收益为 $\pi_1 = \frac{xS}{x+y} - \frac{1}{2}bx^2$,第一项是预期拿到奖金的期望收益,第二项是付出的努

力成本。对其努力程度 x 求偏导数得,一阶条件,$\frac{\partial \pi_1}{\partial x}=\frac{Sy}{(x+y)^2}-bx=0$,即 $\frac{Sy}{(x+y)^2}=bx$。

类似地,乙的期望收益为 $\pi_2=\frac{yS}{x+y}-\frac{1}{2}by^2$,对其努力程度 y 求偏导数得,一阶条件,$\frac{\partial \pi_2}{\partial y}=\frac{Sx}{(x+y)^2}-by=0$,即 $\frac{Sx}{(x+y)^2}=by$。

联立两式解得,$x^*=y^*=\frac{1}{2}\sqrt{\frac{S}{b}}$,就是甲乙各自投入的努力程度。

3. 犯罪治理

选自《博弈与社会讲义》的博弈模型:

考虑政府(G)和罪犯(C)之间的博弈,双方同时决策。对于政府来说,可以选择执法力度 $x\geq 0$ 来控制罪案的发生,而罪犯则可以选择犯罪频率 $y\geq 0$。政府的效用函数是 $u_G=-cx-\frac{y^2}{x}$,其中 c 是执法成本系数,而 $\frac{y^2}{x}$ 刻画犯罪对社会的危害程度。罪犯的效用函数是 $u_C=\frac{y^{\frac{1}{2}}}{1+xy}$,其中 $y^{\frac{1}{2}}$ 刻画当犯罪而未被逮捕时的收益,而 $\frac{1}{1+xy}$ 表示犯罪而没被抓到的概率。纳什均衡是什么? 执法力度和犯罪频率会随着参数 c 如何变化?

对政府的效用函数 $u_G=-cx-\frac{y^2}{x}$ 关于其决策变量 x 求偏导数,一阶条件,$\frac{\partial u_G}{\partial x}=-c+\frac{y^2}{x^2}=0$,即 $y^2=cx^2$。对罪犯的效用函数 $u_C=\frac{y^{\frac{1}{2}}}{1+xy}$ 关于其决策变量 y 求偏导数,一阶条件,$\frac{\partial u_C}{\partial y}=\frac{\frac{1}{2}y^{-\frac{1}{2}}(1+xy)-xy^{\frac{1}{2}}}{(1+xy)^2}=0$,即 $xy=1$。联立两式求解得,$x^*=c^{-\frac{1}{4}},y^*=c^{\frac{1}{4}}$。

分析可知,执法力度随着参数 c 的增大而递减,犯罪频率会随着参数 c 的增大而递增。

4. 巨人肩上

(1)效用为负

问题:政府效用函数 $u_G=-cx-\frac{y^2}{x}$ 为负,是否合理?

合理,因为并不影响结果。为了避免效用函数为负,可以加上一个足够大的正数 A,效用就变为正的 $u_G=A-cx-\frac{y^2}{x}$,但在求导时会消去 A,不会改变结果。

启示:可以引用现有文献中的效用函数,即使为负。

(2) 2 和 $\frac{1}{2}$

问题:为什么在 $u_G=-cx-\frac{y^2}{x}$ 中 y 是 2 次方而在 $u_C=\frac{y^{\frac{1}{2}}}{1+xy}$ 中是 $\frac{1}{2}$ 次方?

也许作者尝试过 3、$\frac{1}{3}$ 等,只是反复试过之后发现 2 和 $\frac{1}{2}$ 时模型更好处理。

再问：那怎么确定是 2 和 $\frac{1}{2}$ 还是 3 和 $\frac{1}{3}$ 或者其他？

参考现有文献的做法。如果没有可以参考的，就自己尝试构建。

启示：可以引用现有文献中的效用函数，站在巨人之肩。

5. 方法总结

以上市场竞争、奖金竞争和犯罪治理等蕴含的普遍适用的博弈分析总结为 WHWW：

第一步，What 要干什么？

要实现怎样的目标？

博弈语言：确立目标函数。

第二步，How 要怎么做？

影响目标的因素有哪些？哪些是自己能够控制改变的决策变量？

博弈语言：对目标函数关于决策变量求偏导，再求一阶条件。

第三步，Who 别人会怎么做？

别人会如何影响我？我又如何影响别人？

博弈语言：各自的反应函数。

第四步，Way 寻求共赢。

尊重彼此利益的前提下追求最优。

博弈语言：联立反应函数求解。

※**习题 6** 张三和李四合伙创业开公司，各自选择努力程度 x 和 y，努力成本分别 $\frac{1}{2}bx^2$ 和 $\frac{1}{2}by^2$，其中 b 是边际成本系数。公司利润为 $R=x+y+\delta xy$，其中参数 δ 刻画了协同效应，满足 $0<\delta<2b$。他们约定，在利润实现后，对其平分。求张三和李四的努力程度。

第 7 讲　序贯博弈

一、序贯之义

1. 时间先后

事情进展的先后，博弈各方采取行动的顺序。

（1）网络诗歌

我站在未来的山坡上回头看，过去和现在如同不再有悬念的平静湖面，所有发生的一切都是如此清晰和必然。

（2）突发事件

比如，曾经的 5.12 汶川大地震，事前看难以预测，事后看却是必然。

（3）股价

事后判断什么时候买进什么时候卖出很容易。

2. 信息先后

看到博弈对方的行动后再决定自己怎么做。

（1）棋局

对弈规则，对方走一步，我方走一步，对方再走一步，如此双方轮流走。

（2）政策

政府制定实施政策，大众根据政策调整自己的行为，政策效果取决于大众的反应。

3. 二者关系

可能一致，有信息先后就一定有时间先后。比如，下棋，你走一步，我看到你怎么走的再决定要怎么走。

可能不一致，有时间先后则不一定有信息先后。比如，囚徒困境的隔离审讯，时间上隔壁已经坦白了，而信息上不知道隔壁已经坦白了。

4. 静态博弈

静态博弈（static game），是没有信息先后的博弈，所有局中人在作行为决策时不知道其他人行动的博弈。强调没有信息先后，但是可能有时间先后。

囚徒困境是静态博弈：两个囚徒在决定如何做时，都不知道对方是否坦白了。

智猪博弈也是静态博弈：无论是大猪还是小猪，在决定如何做时都不知道对方是否按了开关。那个故事说大猪小猪在同一个猪圈里，只是为了说清楚智猪博弈的格局。不要去想在同一个猪圈里可以相互看到。可以假设它们即使在同一个猪圈里，也看不到对方，可能高度近视。或者，更正式地，博弈分析的是它们行动之前考虑如何做的心理活动。

5. 动态博弈

动态博弈(dynamic game),是存在信息先后的博弈,有人在作行为决策时已经知道其他人行动的博弈。强调信息先后,自然也有时间先后。局中人分为先行者和后行者,其中后行者在决定如何做时已经看到知道先行者的行动。注意,尽管有先后,但是一切都还没有发生。所谓先行者会怎么做,然后后行者再怎么做,都只是一种行为预测。

在很大程度上,可以认为动态博弈与序贯博弈(sequential game)是同义词。

二、博弈之树

1. 扩展式博弈

扩展式博弈(extensive game),是用树形依次描述各局中人行为选择的博弈,其中的树形常称为博弈树(game tree)。

2. 市场进入博弈

市场进入博弈表示为图 7-1。

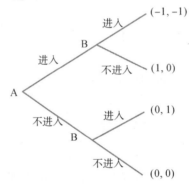

图 7-1　市场进入的博弈树

(1)局中人

厂商 A 和 B。

(2)先后

A 先行,B 后行。

(3)行动

A 有进入和不进入两个行动。A 先决定是进入还是不进入。

B 也有进入和不进入两个行动。B 看到了 A 的行动之后再决定自己的行动:看到 A 进入了可以选择进入或不进入,看到 A 不进入也可以选择进入或不进入。

(4)路径

从博弈开始到博弈结束各局中人选择的行动构成的通路。

路径 1:A 选进入,B 选进入。

路径 2:A 选进入,B 选不进入。

路径 3:A 选不进入,B 选进入。

路径4：A选不进入，B选不进入。

(5)收益

每条路径中，博弈双方的损益。比如，在A选了进入然后B也选进入的路径中，双方收益表示为(-1,-1)，表示A得-1、B得-1。注意，前面的数字表示先行者的，后面的数字表示后行者的。

(6)节点

做行动选择的点。A有一个节点，决定是进入还是不进入。B有两个节点：在上面的节点，B看到A进入再决定自己是进入还是不进入；在下面的节点，B看到A不进入再决定自己是进入还是不进入。

3. 转化为战略式博弈

战略式博弈(strategic game)也称矩阵博弈。

(1)先行者A的行动

有两个：进入，不进入。

(2)后行者B的战略

在静态博弈中，战略和行动没有差别。

在动态博弈中，战略是一个完整的行动方案，要描述每一种情形下的行为选择。

对B而言：有两种情形，一是看到A进入，二是看到A不进入；在每一种情形下有两个行为选择，一是进入，二是不进入。因此，B有4个行动方案，也就是4个战略。

战略1：如果看到A进入，那么选择进入；如果看到A不进入，那么选择进入。
　　　　简记为(进入，进入)。
战略2：如果看到A进入，那么选择不进入；如果看到A不进入，那么选择进入。
　　　　简记为(不进入，进入)。
战略3：如果看到A进入，那么选择进入；如果看到A不进入，那么选择不进入。
　　　　简记为(进入，不进入)。
战略4：如果看到A进入，那么选择不进入；如果看到A不进入，那么选择不进入。
　　　　简记为(不进入，不进入)。

(3)矩阵结构

A有两个行动，B有4个战略，由此形成2×4的博弈矩阵。

		后行者B			
		(进入,进入)	(不进入,进入)	(进入,不进入)	(不进入,不进入)
先行者A	进入	-1,-1	1,0	-1,-1	1,0
	不进入	0,1	0,1	0,0	0,0

其中，A的行动和B的战略构成的每一组组合对应的收益取决于双方的行动，注意B的战略是行动方案。比如，在组合[进入,(进入,不进入)]中，A选择进入，B也选择进入，因为B的战略(进入,不进入)规定B看到A进入后选择进入，双方都进入在博弈树中对应的收益是(-1,

—1)。简单说,B 的战略规定,B 的行动由 A 的行动决定。当 A 选择进入时,对应第一种情形,B 的行动就是 B 战略的前半;当 A 选择不进入时,对应第二种情形,B 的行动就是 B 战略的后半。比如,在[进入,(不进入,不进入)]中,A 的行动是进入,B 的行动就看战略的前半是不进入,在博弈树中对应的收益是(1,0);在[不进入,(不进入,进入)]中,A 的行动是不进入,B 的行动就看战略的后半是进入,在博弈树中对应的收益是(0,1)。

(4)纳什均衡

在以上博弈矩阵中,用划线法,可以求得有 3 个纳什均衡:[不进入,(进入,进入)],[进入,(不进入,进入)]和[进入,(不进入,不进入)]。

※**习题 1** 中美战略博弈,如图 7-2 所示。新中国成立之初,美国总是寻找各种机会来侵犯我国。对此,毛主席提出了"人不犯我、我不犯人,人若犯我、我必犯人"的战略方针。列出美国的行动、中国的战略和博弈的战略式表达,求解纳什均衡。

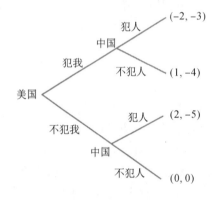

图 7-2 中美战略博弈

(5)存在问题

其一,转化过程冗长。

由扩展式博弈转化为战略式博弈,需要分析后行者的战略,过程较长。

其二,存在多重均衡。

难以预测结果,不能确定到底哪一个结果会出现。

其三,存在不可置信的行动。

所谓不可置信的行动,就是由于不符合自己的利益因而不会被实施的行动。

比如,B 的战略 1:如果看到 A 进入,那么选择进入;如果看到 A 不进入,那么选择进入。其中,前半部分是不可置信的。因为如果 A 真的进入了市场,B 进入会得到-1,不进入会得到 0,而 $0>-1$,此时 B 其实会选择不进入。B 的战略 4:如果看到 A 进入,那么选择不进入;如果看到 A 不进入,那么选择不进入。其中,后半部分是不可置信的。因为如果 A 真的不进入市场,B 进入会得到 1,不进入会得到 0,而 $1>0$,此时 B 其实会选择进入。

其四,存在不合理的纳什均衡。

3 个纳什均衡[不进入,(进入,进入)]、[进入,(不进入,进入)]和[进入,(不进入,不进入)]中:[不进入,(进入,进入)]中,B 的战略的前半不可置信,因而是不合理的;[进入,(不进入,不进入)]中,B 的战略的后半不可置信,因而是不合理的。

4. 信息集

局中人在每一个节点所知道的信息。比如,在图 7-3 所示市场进入博弈中:

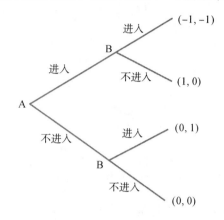

图 7-3　市场进入博弈

A 在起始节点知道 A 是先行者,也知道无论自己是选择进入还是选不进入,之后 B 都有进入和不进入两个选择。

B 在上面节点知道 A 选择了进入,B 在下面节点知道 A 选择了不进入,在上下两个节点都知道自己做出行为选择后双方的收益是多少。

5. 子博弈

一个节点及其之后的所有博弈进程构成的博弈,称为原博弈的子博弈。一般都有多个子博弈,其中包括原博弈,即自己是自己的子博弈。比如,对图 7-4 所示中美战略博弈。

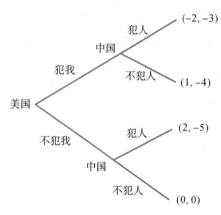

图 7-4　中美战略博弈

包括如下子博弈:

(1) 原博弈的一部分是子博弈

其一,上面节点之后的所有博弈进程是子博弈,即图 7-5 的圈内部分是子博弈。

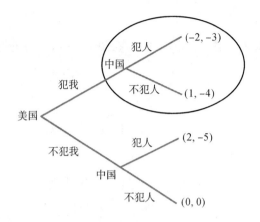

图 7-5　中美战略博弈的一个子博弈

其二,下面节点之后的所有博弈进程是子博弈,即图 7-6 的圈内部分是子博弈。

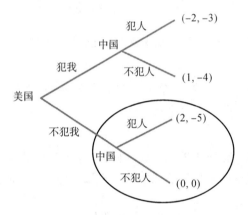

图 7-6　中美战略博弈的又一个子博弈

(2)原博弈自身是子博弈

图 7-7 的大圈内就是原博弈,也是子博弈。

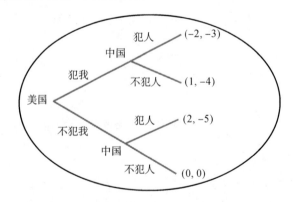

图 7-7　中美战略博弈的另一个子博弈

因此,原博弈包含如上所示的 3 个子博弈。

注意,一个节点及其之后所有博弈进程构成的整体才是子博弈。如果不包括节点,就不是子博弈;如果不是完整的,也不是子博弈;把两个或多个节点拼凑在一起,也不是子博弈。比如,图 7-8 的圈内都不是子博弈。

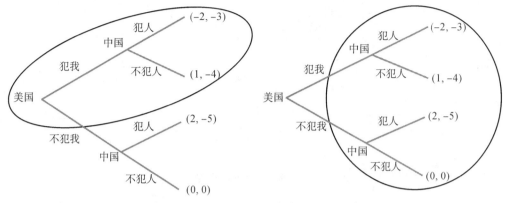

图 7-8　中美战略博弈的非子博弈示意

三、逆向推理

1. 序贯理性

序贯理性(sequential rationality),指依次在每一个节点上都选择最优行为。序贯是依次的意思。

2. 逆向求解

逆向求解(reasoning backward),指遵循序贯理性原则,依次从后往前推理,求解得到均衡结果。

3. 子博弈精炼纳什均衡

(1)含义

子博弈精炼纳什均衡(sub-game perfect Nash equilibrium),指每个局中人在每个子博弈上都实现了最大收益的稳定状态。这要求按从上到下从左到右的顺序依次给出每个局中人在每个节点中的行动选择。

其中,子博弈(sub-game)强调每一个节点之后的博弈进程中每个节点上都寻求最优;精炼(perfect),也有的翻译成完美,但精炼的说法在一定程度上更准确,强调剔除动态关系中的所有不可置信的行动;纳什均衡,强调每个局中人都实现了收益最大,形成了相对稳定状态。用逆向推理求出的均衡一定是子博弈精炼纳什均衡,包括两种方法。

(2)打钩法

在图 7-9 所示博弈中:

首先,B 在上部节点,选择进入得-1,选不进入得 0;0 更大,应该选不进入,打钩。

其次,B 在下部节点,选择进入得 1,选不进入得 0;1 更大,应该选进入,打钩。

最后,A 的节点,选择进入得 1,选择不进入得 0,因为 A 知道如果 A 进入的话 B 会不进入而如果 A 不进入的话 B 会进入;1 更大,应该选择进入,打钩。

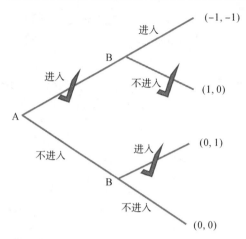

图 7-9　市场进入博弈的打钩法求解

对应的子博弈精炼纳什均衡表示为(进入;不进入,进入),其中依次给出每个局中人在每个节点上的行为选择。分号隔开各个局中人,逗号隔开各个节点上的行为选择。

(3)打叉法

在图 7-10 所示博弈中,逆向依次把那些不会被选择的枝打叉,再排除打叉的,剩下的就构成子博弈精炼纳什均衡。

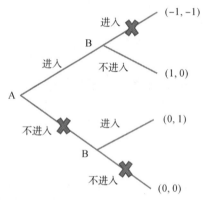

图 7-10　市场进入博弈的打叉法求解

※习题 2　求图 7-11 所示博弈的子博弈精炼纳什均衡。

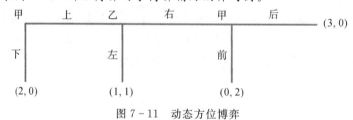

图 7-11　动态方位博弈

4. 均衡路径与非均衡路径

(1)二者相互依存

最终会被选择实施的行动构成从博弈开始到博弈结束的通路,也就是从博弈开始到结束中所有打钩的行动链条,称为均衡路径;其他的都是非均衡路径。在子博弈精炼纳什均衡中,各局中人依次选择的行动形成的从博弈开始到博弈结束的通路是均衡路径。在打钩法中,贯穿了博弈进程的所有打钩的枝就形成均衡路径。

比如,在上述博弈中,贯穿博弈进程的打了钩的枝有:A 选进入,B 选不进入。由此,得到均衡路径为:A 选进入→B 选不进入。其他都是非均衡路径。注意,某些打钩的枝,虽然属于子博弈精炼纳什均衡,但是不在均衡路径中,比如打钩的 B 选进入。

均衡路径与非均衡路径相互依存,没有非均衡路径就没有均衡路径。

※**习题 3** 求图 7-12 所示博弈的子博弈精炼纳什均衡和均衡路径。

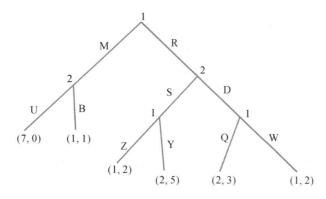

图 7-12 单边二次序贯博弈

(2)表现手法

均衡路径与非均衡路径相互衬托是影视文学作品的常用表现手法。实际生活也是如此。比如,为了达成预期目标,拟定了两个方案甲和乙。经过研究讨论,最终决定采用甲方案。那么,甲方案就是均衡路径,而乙方案就是非均衡路径,因为没有甲和乙的对比,就不存在选择甲方案而放弃乙方案之说。

※**习题 4** 从博弈论均衡路径与非均衡路径的角度分析电影《英雄》的艺术表现手法。

注:《英雄》是 2002 年上映的电影,由张艺谋导演,李连杰、梁朝伟、张曼玉等主演。

※**习题 5** 求图 7-13 所示博弈的子博弈精炼纳什均衡和均衡路径。

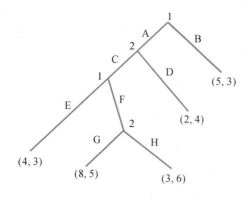

图 7-13 双边二次序贯博弈

5. 动态一致与动态不一致

序贯理性确保不但在均衡路径上寻求最优,而且在非均衡路径上也寻求最优。现在说好了会怎样做,真到了那个时候确实会那样做,就是动态一致。序贯理性确保动态一致。

现在说好了会怎样做,真到了那个时候却不会那样做,就是动态不一致。这与前文不可置信的行动类似。序贯理性排除了动态不一致。

恋爱和婚姻的差别之一就是动态不一致。恋爱时,总是甜言蜜语,"只要嫁给我""以后家务包了""工资都上交";婚姻中,可能就不做家务也不上交工资了。

6. 理性悖论

理性与非理性的胶着:理性人不会到达非均衡路径上,但是又要分析非均衡路径上的行为选择才能得到均衡路径。而一旦分析非均衡路径上的行为选择,就意味着非理性。

四、海盗分赃

1. 逆向思维

以上求解子博弈精炼纳什均衡的逆向推理方式是一种重要的思维模式。

很多公司在招聘面试时就用一些看上去是游戏的题目来考查逆向思维。

2. 火柴游戏

桌子上有100根火柴,两个人轮流拿火柴,每次可以拿一根或两根,拿到最后一根者胜出,可以享受一次港澳游。

如果你是先行者,应该如何行动?

逆向推理:如果只剩一根,全拿走,赢了;如果还剩两根,全拿走,赢了;如果还剩三根,拿1根对方再拿剩下的两根,拿两根对方再拿剩下的1根,输定了。

因此,先拿1根,剩下99根,是3的倍数。然后,当对方拿1根时拿2根,当对方拿2根时拿1根,总是让对方面临3的倍数。最后,只剩3根时,如果对方拿2根就拿走最后1根,如果对方拿1根就拿走最后2根,无论怎样总能拿到最后那根,稳赢。

3. 海盗游戏

甲乙丙丁戊5个加勒比海盗抢来100个金币,大家决定如下分配规则:先由甲提议,若获半数通过即大于等于50%,就分;反之,把甲扔进海里,再由乙提议,达到半数,就分;反之,把乙扔进海里,又由丙提议……其中,提议者自己也有表决权。

如果甲乙丙丁戊都非常聪明,甲该如何提议?

逆向推理:首先,考虑到丁提议的情形。共有2个人,丁有表决权,无论丁怎么提议,丁自己同意就能通过,因此丁的提议是:丁100个,戊0个。其次,倒推一轮考虑到丙提议的情形。共有3个人,丙必须得到丁和戊中1个人的同意,由于如果丙的提议没有通过那么进入下一轮戊就什么也得不到,丙只需要给戊1个金币戊就会同意,因此丙的提议是:丙99个,丁0个,戊1个。再次,继续倒推一轮考虑到乙提议的情形。共有4个人,乙必须得到丙、丁和戊中1个人的同意,由于如果乙的提议没有通过那么进入下一轮丁就什么也得不到,乙只需要给丁1个金币丁就会同意,因此乙的提议是:乙99个,丙0个,丁1个,戊0个。最后,考虑第一轮甲提议的情形。共有5个人,甲必须得到乙、丙、丁和戊中2个人的同意,由于如果甲的提议没有通过那么进入下一轮丙和戊就什么也得不到,甲只需要给丙和戊各1个金币丙和戊就会同意,因此甲的提议是:甲98个,乙0个,丙1个,丁0个,戊1个。

答案反思:标准答案是甲98个,乙0个、丙1个、丁0个而戊1个?离不开背后的假设,包括追求个人利益的非常自利,以及时刻知道如何追求个人利益的非常聪明。难以想到这个答案是因为没有逆向思维,而通过学习训练可以逐渐形成。难以理解这个答案的原因在于挑战了非常聪明的假设,人们并不是什么场景都知道如何追求个人利益最大,如果乙丙丁戊中有人没想明白,甲就会被扔到海里了;而且,非常自利的假设也被质疑,人们并不只关注个人利益,还关注利益分配的公平程度。两方面的挑战和质疑逐渐形成行为经济学,考虑经济因素之外的各种行为心理因素。

五、理性操纵

1. 大智若愚

理性操纵(controlled rationality)经常表现为大智若愚,利用对方的理性缺点,引诱对方上钩,获取利益。比如,考察图7-14所示博弈。

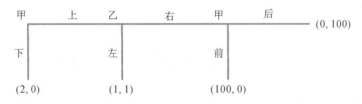

图7-14 改变的动态方位博弈

(1)理性结果

用逆向推理容易得到子博弈精炼纳什均衡为:(下,前;左)。

对应的均衡路径为:甲选下。

(2)甲可能的偏离

甲有可能偏离均衡路径的下而选择上。

甲选择上,乙就可能认为其不够聪明,既然不够聪明,就可能在下一个节点犯错选择后。那么,乙就会选择右。一旦乙选择右,甲就会选择前。

甲选择上是故意显示自己傻。如果乙被骗到,甲可以得到额外的100-2=98;即使没有骗到乙,后者还是选择了左,也只损失了2-1=1。因为98远大于1,所以只要骗到乙的可能性不是特别小,甲就会选择上来骗乙。

(3)乙可能的偏离

面对甲没有选择均衡路径上的下而选择非均衡路径上的上,乙可能认为甲不够聪明。

如果甲确实傻,会接着犯错,那么乙选右,甲选后,乙得到100,得到额外的100-1=99。

如果甲是装傻,那么乙选右,甲选前,乙得到0,损失1-0=1。

由于99远大于1,只要乙认为甲真傻的可能性不是特别低,乙也会偏离,去选右。

2. 心理博弈

心理博弈(psychological game),指考虑心理活动和心理状态的博弈论,是博弈论的一个重要分支。此时,对对方心理的揣摩以及对对方揣摩我方心理的干扰是博弈的关键。复杂的是人心。

生活中,既有大智若愚,也有大愚若智。大智若愚的故事很多。

※**习题 6**　列举大智若愚和大愚若智事例并做简要分析。

3. 假痴不癫

出自《三十六计》第二十七计:"当其机未发时,静屯似痴;若假癫,则不但露机,且乱动而群疑;故假痴者胜,假癫者败。"

简洁白话文:装傻,假装糊涂,而且要装得像。

简洁英文:Feigning madness without becoming insane.

※**习题 7**　列举假痴不癫事例并做简要分析。

六、超级理性

1. 蜈蚣博弈

(1)原版

蜈蚣博弈(centipede game)由罗森塔尔(Rosenthal)1981 年提出,因形似蜈蚣而得名,表示为图 7-15。

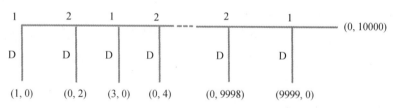

图 7-15　原版蜈蚣博弈

用逆向推理的打钩法可求得,均衡路径是:1 选 D。

(2)改进版

改进版的蜈蚣博弈表示为图 7-16。

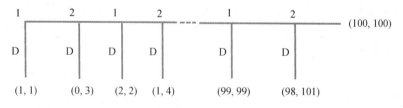

图 7-16　改进版蜈蚣博弈

用逆向推理的打叉法可求得,均衡路径是:1 选 D。

(3)启示

其一,过于聪明,似乎不是好事。

其二,博弈关系越持久,利益越大。

其三,公平的利益分配有利于博弈往后推进。

※**习题 8**　求图 7-17 所示博弈的子博弈精炼纳什均衡和均衡路径。

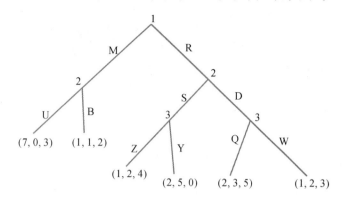

图 7-17　三方序贯博弈

2. 瓷器博弈

(1) 原版

瓷器博弈(porcelain game)由巴苏(Basu)1994 年提出,也称旅行者困境(traveler's dilemma)。

甲乙两人到景德镇旅游,各自买了一件相同的瓷器,托运回家。但是,运输公司把瓷器打碎了。运输公司提出的赔偿方案如下:甲乙各拿一张纸写出瓷器的价格,规定只能为 10 到 100 之间的整数,因为运输公司虽然不知道瓷器的真实价格,但是能够判断肯定不会低于 10 元也不会超过 100 元。如果写出的价格相同,说明是真实的,照价赔偿;如果写出的价格不相同,那么认为低价是真实价格,对写低价者按真实价格奖励 2 元,对写高价者按真实价格惩罚 2 元。比如,如果甲写了 80 元,乙写了 70 元,就认为真实价格是 70 元,那么支付给乙 70+2=72(元),支付给甲 70-2=68(元),其中的 2 元就是奖惩。

假如瓷器价值 20 元,甲乙会写多少?

答案是大家都会写 10 元。

分析见本讲附录。

(2) 阴差阳错版

甲乙两人到景德镇旅游,各自买了一件相同的瓷器,托运回家。但是,运输公司把瓷器打碎了。运输公司提出的赔偿方案如下:甲乙各拿一张纸写出瓷器的价格,规定只能为 10 到 100 之间的整数,因为运输公司虽然不知道瓷器的真实价格,但是能够判断肯定不会低于 10 元也不会超过 100 元。如果写出的价格相同,说明是真实的,照价赔偿;如果写出的价格不相同,那么认为价低者是真实的,而价高者在撒谎,对价低者按其报价奖励 2 元,对价高者按其报价惩罚 2 元。比如,如果甲写了 80 元,乙写了 70 元,那么支付给乙 70+2=72(元),支付给甲 80-2=78(元),其中的 2 元就是奖惩。

假如瓷器价值 20 元,甲乙会写多少?

此时的答案要复杂得多。

分析见本讲附录。

3. 信鸽博弈

(1)信鸽传书

3个国家A,B和C,其中A最强,C最弱。单独交战,B不是A的对手,C不是B的对手,但是B和C联盟可以战胜A。某天B写了一封信给C,约定某日一起去攻打A,信鸽送信去了。其中,由于中间是火焰山,B永远不会攻打C。问:约定之日,B会出兵吗?

续:C收到B的来信,回信同意,飞鸽传信。问:约定之日,C会出兵吗?

再续:B收到C的回信,很高兴。再问:约定之日,B会出兵吗?

(2)放鸽子

答案是:B不会出兵;C不会出兵;B不会出兵。

传说这就是放鸽子的来历。

分析见本讲附录。

(3)启示

面对面沟通是最高效的,对信息延误的顾虑会降低效率。

4. 回顾总结

(1)逆向推理

逆向推理是重要的思维模式,当常规思维难以破解时,可以提供启发,比如火柴游戏和海盗分赃。

(2)个体理性

误判目标和聪慧,可能会产生风险,比如海盗分赃。装傻,有助于延续关系,增加收益,比如蜈蚣博弈。

(3)理性策略

装傻,示弱,蒙蔽欺骗对方,是一种策略。高级装傻,假装被对方骗到了,是一种更高级的策略,比如理性操纵。

七、本讲附录

附录1:原版瓷器博弈

甲报100:乙报100得100,报99得101,报98得100,报97得99,报96得98,……
　　因此,乙会报99。

乙报99:甲报100得97,报99得99,报98得100,报97得99,报96得98,……
　　因此,甲会报98。

甲报98:乙报100得96,报99得96,报98得98,报97得99,报96得98,……
　　因此,乙会报97。

如此循环,双方报价会一直下降,直到双方都报最低价格10。而且,都报10是稳定的。

甲报10:乙报10得10,报11得8,报12得8,……,报100得8
　　因此,乙会报10。

乙报 10：甲报 10 得 10，报 11 得 8，报 12 得 8，……，报 100 得 8

因此，甲会报 10。

所以，双方一定都会报 10。尽管真实价格是 20，双方却都会报 10，体现了旅行者面临的困境，所以称为旅行者困境。

或者，列出博弈矩阵。局中人都可以选 10 到 100 之间的任意整数，有 91 个选择，构成一个 91×91 的博弈矩阵。分析可以发现，选 10 是各方的占优战略，比选其他任何数都要好。选其他数都是劣战略，可以剔除。反复剔除后，博弈只剩下双方都选 10 的行动组合，构成占优均衡，自然也是纳什均衡。

附录 2：阴差阳错瓷器博弈

分析可知，旅行者都不会选小于 97 的数。因为：对方写 100，我方最优写 99；对方写 99，我方最优写 98；对方写 98，我方最优写 97；对方写 97，我方最优写 100；对方写 96 及其以下，我方最优写 100。因此，每个旅行者可能选 100、99、98、97 等四个数，即有四个行为选择。于是，建立如下 4×4 的博弈矩阵。

		B			
		100	99	98	97
	100	100,100	98,101	98,100	98,99
A	99	101,98	99,99	97,100	97,99
	98	100,98	100,97	98,98	96,99
	97	99,98	99,97	99,96	97,97

其中，所有数字同时减去 95，化简得

		B			
		100T	99N	98E	97S
	100T	5,5	3,6	3,5	3,4
A	99N	6,3	4,4	2,5	2,4
	98E	5,3	5,2	3,3	1,4
	97S	4,3	4,2	4,1	2,2

没有严格劣战略。不可再简化。

由于博弈是对称的，可能的支撑组合有

第一组：{T}×{T}，{N}×{N}，{E}×{E}，{S}×{S}

分析可知，都不构成纳什均衡，全部排除。

第二组：{T,N}×{T,N}，{T,E}×{T,E}，{T,S}×{T,S}，{N,E}×{N,E}，{N,S}×{N,S}，{E,S}×{E,S}

逐个讨论如下：

对 {T,N}×{T,N}

条件 1 要求 $5\tau(T)+3\tau(N)=6\tau(T)+4\tau(N)$ 且 $\tau(T)+\tau(N)=1$，无解，排除。

对 {T,E}×{T,E}

条件 2 要求 $5\tau(T)+3\tau(E)>6\tau(T)+2\tau(E)$，即 $\tau(E)>\tau(T)$；$5\tau(T)+3\tau(E)>4\tau(T)+4\tau(E)$，即 $\tau(T)>\tau(E)$。二者相矛盾，排除。

对 $\{T,S\}\times\{T,S\}$

条件 1 要求 $5\tau(T)+3\tau(S)=4\tau(T)+2\tau(S)$ 且 $\tau(T)+\tau(S)=1$，无解，排除。

对 $\{N,E\}\times\{N,E\}$

条件 1 要求 $4\tau(N)+2\tau(E)=5\tau(N)+3\tau(E)$ 且 $\tau(N)+\tau(E)=1$，无解，排除。

对 $\{N,S\}\times\{N,S\}$

条件 2 要求 $4\tau(N)+2\tau(S)>3\tau(N)+3\tau(S)$，即 $\tau(N)>\tau(S)$；$4\tau(N)+2\tau(S)>5\tau(N)+\tau(S)$，即 $\tau(S)>\tau(N)$。二者相矛盾，排除。

对 $\{E,S\}\times\{E,S\}$

条件 1 要求 $3\tau(E)+\tau(S)=4\tau(E)+2\tau(S)$ 且 $\tau(E)+\tau(S)=1$，无解，排除。

第三组：$\{N,E,S\}\times\{N,E,S\}$，$\{T,E,S\}\times\{T,E,S\}$，$\{T,N,S\}\times\{T,N,S\}$，$\{T,N,E\}\times\{T,N,E\}$

逐个讨论如下：

对 $\{N,E,S\}\times\{N,E,S\}$

条件 1 要求 $4\tau(N)+2\tau(E)+2\tau(S)=5\tau(N)+3\tau(E)+\tau(S)=4\tau(N)+4\tau(E)+2\tau(S)$，并且应该有 $\tau(N)+\tau(E)+\tau(S)=1$，解得 $\tau(N)=\tau(S)=0.5,\tau(E)=0$。其中，$\tau(E)=0$ 与支撑战略的概率大于 0 相矛盾。排除。

对 $\{T,E,S\}\times\{T,E,S\}$

条件 1 要求 $5\tau(T)+3\tau(E)+3\tau(S)=5\tau(T)+3\tau(E)+\tau(S)=4\tau(T)+4\tau(E)+2\tau(S)$，并且应该有 $\tau(T)+\tau(E)+\tau(S)=1$，解得 $\tau(T)=\tau(E)=0.5,\tau(S)=0$。其中，$\tau(S)=0$ 与支撑战略的概率大于 0 相矛盾。排除。

对 $\{T,N,S\}\times\{T,N,S\}$

条件 1 要求 $5\tau(T)+3\tau(N)+3\tau(S)=6\tau(T)+4\tau(N)+2\tau(S)=4\tau(T)+4\tau(N)+2\tau(S)$，并且应该有 $\tau(T)+\tau(N)+\tau(S)=1$，解得 $\tau(N)=\tau(S)=0.5,\tau(T)=0$。其中，$\tau(T)=0$ 与支撑战略的概率大于 0 相矛盾。排除。

对 $\{T,N,E\}\times\{T,N,E\}$

条件 1 要求 $5\tau(T)+3\tau(N)+3\tau(E)=6\tau(T)+4\tau(N)+2\tau(E)=5\tau(T)+5\tau(N)+3\tau(E)$，并且应该有 $\tau(T)+\tau(N)+\tau(E)=1$，解得 $\tau(T)=\tau(E)=0.5,\tau(N)=0$。其中，$\tau(N)=0$ 与支撑战略的概率大于 0 相矛盾。排除。

第四组：$\{T,N,E,S\}\times\{T,N,E,S\}$

条件 1 要求选择四个纯战略的预期收益相等，即

$5\tau(T)+3\tau(N)+3\tau(E)+3\tau(S)=6\tau(T)+4\tau(N)+2\tau(E)+2\tau(S)=5\tau(T)+5\tau(N)+3\tau(E)+\tau(S)=4\tau(T)+4\tau(N)+4\tau(E)+2\tau(S)$，并且 $\tau(T)+\tau(N)+\tau(E)+\tau(S)=1$。求解四元一次方程组，得到混合战略纳什均衡 $[(k,0.5-k,k,0.5-k),(k,0.5-k,k,0.5-k)]$，其中 $0<k<0.5$。

由于此时没有非支撑战略，条件 2 自然成立。

综上所述，没有纯战略纳什均衡，但是有无数多个混合战略纳什均衡 $[(k,0.5-k,k,0.5-k),(k,0.5-k,k,0.5-k)]$，其中 $0<k<0.5$。

附录3：信鸽博弈

B不会出兵。因为B不知道C是否已经收到了B写给C的信，毕竟送信的鸽子可能被人打来吃了，或者碰到恶劣天气延误了，或者劳累感冒了，或者约会耽误了。如果C没有收到B写给C的信，那么C就不会出兵。既然C没收到信就不会出兵，只要B不能肯定C已经收到信，B就不会出兵。

C不会出兵。因为C不知道B是否已经收到C写给B的回信，毕竟鸽子在送回信过程中也可能延迟。如果B没有收到C写给B的回信，正如以上分析的那样，B就不会出兵。既然B没收到C写给B的回信就不会出兵，只要C不能肯定B已经收到回信，C就不会出兵。

B不会出兵。因为B不知道C是否已经收到B写给C的第二封信，毕竟鸽子跑了个来回累了，在送第二封信的过程中也可能延迟。如果C没有收到B写给C的第二封信，那么C就不能肯定B已经收到了C写给B的回信，正如以上分析的那样，C就不会出兵。既然C没收到B写给C的第二封信就不会出兵，只要B不能肯定C已收到第二封信，B就不会出兵。

第8讲 威胁承诺

一、空头威胁

1. 含义

空头威胁(empty threat),指因为会损害威胁者自己的利益从而根本不会实施的威胁。比如,在子女教育中,父母生气时可能会说"打死你""不要你了"等。注意,空头威胁强调为什么不实施威胁,重心是不实施威胁的原因,而不是不实施威胁的事实。

2. 司马文君

(1)历史故事

青年作家司马相如与寡妇卓文君相恋,遭到父亲反对。于是,私奔,后得到认可。

司马相如《凤求凰》:有一美人兮,见之不忘。

卓文君《白头吟》:愿得一人心,白首不相离。

(2)影视桥段

比如,电视剧《儿科医生》的情节和台词,如图8-1所示。

图8-1 电视剧《儿科医生》的台词举例

可能也是现实情节。

(3)博弈模型

司马相如与卓文君的故事,用博弈论表示为图8-2。

图8-2 卓文君与其父亲的博弈

(4) 均衡结果

用打钩法逆向推理求解得子博弈精炼纳什均衡为(私奔结婚;默认)。

(5) 空头威胁

威胁是什么？父亲对卓文君说,你要和司马相如在一起,我就没你这个女儿。

可信吗？不可信,因为真兑现威胁断绝父女关系,父亲也伤心。

3. 市场进入博弈

市场进入博弈表示为图8-3。这与第7讲的市场进入博弈不同。在第7讲中,双方都还没有进入市场。而在这里,一方已进入市场,称为在位者;另一方考虑是否也进入市场,称为潜在者。

图8-3 市场进入博弈

在位者声称将降价打击潜在者进入行为的威胁是空头的,不可置信的。

均衡路径为:潜在者选择进入→在位者选择保持现价。

※**习题1** 列举生活中的空头威胁事例并做简要分析。

二、空头承诺

1. 爱的承诺

(1) 笑话故事

山盟海誓,爱你一万年,你是我的唯一。太动听的承诺往往是空头的。

有一位小伙子给心爱的姑娘写了一份情书:亲爱的,我爱你爱得如此之深,甚至愿意为你赴汤蹈火,上刀山、下火海在所不惜。我非常想见到你,任凭艰难险阻也挡不住我的脚步。

本周六如果不下雨,我就来接你。

(2) 真情传说

但是,也应该相信真爱。比如,来自5.12汶川大地震中的感人故事:

其一,"先救他"。

一对情侣被压废墟中,相互鼓励,一起坚持。当救援人员来时,都争着喊:"先救他。"

其二,"以后我会做你的左手"。

一位女孩在地震中左手被压断,不得不截肢。虽然没了左手,但是毕竟保住了性命,也算劫后余生。但是,女孩特别不开心,不是因为失去左手,而是担心男朋友不要她了。男朋友听说后,赶过来,当众表白:"以后我会做你的左手。"从此,女孩过上了快乐生活。

2. 学生的承诺

考得不好,就说:老师,这回让我过吧,以后我会好好学习的。

这个承诺很难让人相信,往往是空头的。既然没有通过考试,说明不是很爱学习,甚至学习对他来说是件痛苦的事。如果老师让他通过了,他在履行诺言和爽约之间会选择爽约,因为履行诺言会让他痛苦,不符合他自己的利益。

3. 包过包会

好多地方比如驾校有广告语"不过免费再学",可信吗?

只看单个关系,是不可信的空头承诺。如果学员真没有通过,驾校在履约和爽约之间会选择爽约,因为履约会付出成本,不符合自己利益。

为什么现实中真有"不过免费再学"呢?

那是因为长期关系的作用占主导。从长期来看,"不过免费再学"的事例其实具有广告作用,能够宣传驾校,提高驾校知名度,吸引生源。这种长期关系的履约力量比个体关系的爽约力量大,所以现实中普遍有不过免费再学的现象。极端的,设想没有其他学员了,长期关系的履约力量就会消失,驾校可能就会爽约。

※**习题 2** 列举生活中的空头承诺事例并做简要分析。

三、动态困境

1. 博弈时序

就是局中人的行动顺序,包括同时行动和先后行动。在很大程度上,同时行动就是静态博弈,先后行动就是动态博弈。

2. 动态囚徒困境

(1)在静态博弈中

双方同时决定自己的行动。

		囚徒 B	
		坦白	抵赖
囚徒 A	坦白	−8,−8	0,−10
	抵赖	−10,0	−1,−1

双方都会坦白,称为难以摆脱的困境。

(2)在动态博弈中

动态囚徒困境表示为图 8-4。其中,一方先行动,另一方后行动。

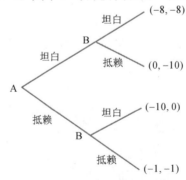

图 8-4 动态囚徒困境博弈

一方看到另一方的行动后再决定自己的行动,此时后行者可能有两种行动:威胁,你要坦白的话,我肯定也坦白;承诺,只要你抵赖,我肯定也抵赖。分析可知,威胁是可信的,承诺是空头的。那么,均衡路径为:A 选择坦白→B 选择坦白。

(3) 对比

与静态博弈的囚徒困境对比发现:行动有先后的动态囚徒困境并没有改变结果。

(4) 启示

从这个角度讲,审讯时其实没有必要隔离。

3. 动态性别战

	丈夫	
妻子	足球	韩剧
足球	1,2	0,0
韩剧	0,0	2,1

(1) 承诺

你看韩剧我就看韩剧,你看足球我就看足球,就要甜蜜宠溺。

(2) 威胁

你看韩剧我就看足球,你看足球我就看韩剧,总是强硬对抗。

(3) 妻子先行

妻子先行的性别战博弈表示为图 8-5。

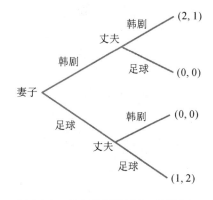

图 8-5 动态性别战博弈:妻子先行

分析可知,均衡路径为:妻子选择韩剧→丈夫选择韩剧。其中,丈夫的承诺是可信的,威胁是空头的。

(4) 丈夫先行

丈夫先行的性别战博弈表示为图 8-6。

分析可知,均衡路径为:丈夫选择足球→妻子选择足球。其中,妻子的承诺是可信的,威胁是空头的。

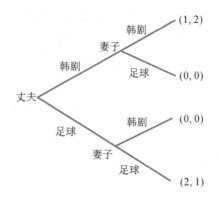

图 8-6 动态性别战博弈:丈夫先行

(5)对比

其一,动态博弈中不再存在多重均衡问题。

其二,有先行优势,先行者会看到自己喜欢的节目。

4. 动态智猪博弈

		小猪	
		按	不按
大猪	按	8,0	7,3
	不按	11,-1	0,0

(1)大猪先行

此时,小猪看到大猪的行动后再决定自己的行动,表示为图 8-7。

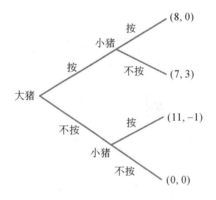

图 8-7 动态智猪博弈:大猪先行

均衡路径为:大猪选择按→小猪选择不按。与静态博弈对比发现,结果没有变化。

(2)小猪先行

此时,大猪看到小猪的行动后再决定自己的行动,表示为图 8-8。

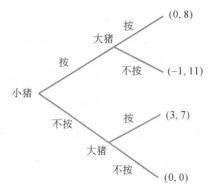

图 8-8　动态智猪博弈：小猪先行

均衡路径为：小猪选择不按→大猪选择按。与静态博弈对比发现，结果没有变化。与大猪先行对比发现，结果也没有变化。

总结动态囚徒困境、动态性别战和动态智猪博弈可以发现，博弈时序对博弈结果的影响是不确定的，有可能改变也有可能不会改变结果，什么情形下会改变也没有普遍结论。

※**习题 3**　对暗恋博弈分别建男孩和女孩先行的博弈树，求均衡结果，分析博弈时序的影响。

		女孩	
		暗恋	表白
男孩	暗恋	5，7	6，0
	表白	0，8	12，10

四、承诺行动

1. 含义

承诺行动（committed actions），指使空头威胁或承诺变得可信的行动。采取承诺行动过后，实施威胁或承诺符合威胁者或承诺者的利益。广义地讲，也包括使承诺或威胁变得更可信的行动。注意，不是兑现承诺的行动，而是使空头威胁变得可信或更可信的行动。

2. 市场进入博弈中的承诺行动

（1）模型示例

没有承诺行动时，市场进入博弈如图 8-9 所示，求解可得均衡路径为：潜在者选择进入→在位者选择保持现价。

图 8-9　市场进入博弈：没有承诺行动

采取承诺行动后:

如果在潜在者进入之前,在位者扩大生产能力,形成闲置生产能力,增加固定成本30,减少利润30。各种情形下在位者的收益由100降为70,50降为20,30降为25。其中,30只降到25是因为,降价引起需求急剧增加之后,扩大产量并不需要增加固定成本,这正是闲置生产能力的价值。那么,采取承诺行动后,博弈就变为图8-10。

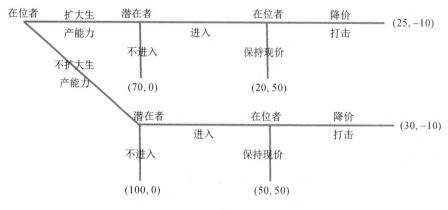

图8-10 市场进入博弈:采取承诺行动

注意,此时在位者变为先行者。

如图8-11所示,用打钩法,分析可得均衡路径为:在位者扩大生产能力→潜在者不进入。

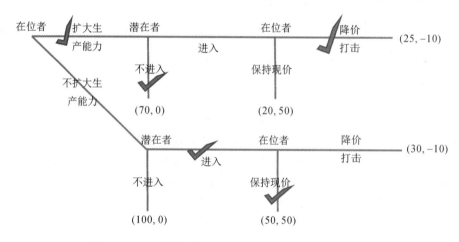

图8-11 用打钩法求解采取承诺行动的市场进入博弈

通过事先扩大生产能力,把潜在者挡在市场之外。每期少赚钱,因为70<100,但是可以持久的赚钱,因为潜在者不会进入。

注意,是实实在在的扩大投资,而不是说说而已。行胜于言!做了才有用,只说不做是没有用的。一旦对方相信我方所说的,我方就不愿意做了,因为做会增加成本。对方知道,一旦相信我方会做,我方就不会做,结果对方就不会相信,除非我方真的做了。只做不说可以,只说不做不行。

这对现实中不少垄断企业存在闲置生产能力的现象给出了一种理论解释。这也是现实新兴产业中,各企业都会极力烧钱铺开的一种原因。

(2) 现实事例

关于这一点,有如下新闻链接:

2022 年 3 月 25 日,中国电动汽车百人会论坛,原国家发展和改革委员会副主任林念修重点提及了新能源汽车产能的问题。

2022 年 4 月 1 日,在潍柴动力 2021 年度业绩发布会上,潍柴集团董事长兼 CEO 谭旭光称新能源车将会出现一次灾难性的产能过剩。

全国乘用车市场信息联席会提出预警,汽车行业在解决传统汽车产能过剩问题的同时,还要防止新能源汽车产能过剩。

全国人大代表长城汽车总裁王凤英 2022 年提案:建议盘活闲置产能资源,推动汽车产业高质量发展。

中国汽车工业协会数据显示,2021 年统计的 98 家汽车生产企业生产情况中,月生产不足千辆的企业达 50 多家,其中近 20 家处于停摆状态,而汽车销量排名前 10 位的企业集团销量合计约占汽车销售总量的 9 成。

全国乘用车市场信息联席会统计数据显示,全国乘用车产能合计 4089 万辆,产能利用率仅 52.47%,其中 36 家车企的产能利用率不到 20%。

国际汽车制造商协会(OICA)数据显示,2020 年,中国汽车工厂(轻型车)产能 4804.93 万辆,产能利用率为 52%,远低于韩国 75%、美国 73%、日本 68%、欧洲 62% 的产能利用率,产能过剩相对严重。

※**习题 4** 甲向乙借钱去投资项目,承诺赚钱后平分利润。乙在考虑是否借钱时说,到时不分的话就将甲告到法院打官司。为使图 8-12 所示博弈中的威胁和承诺是可信的,参数 a 和 b 应满足什么条件?

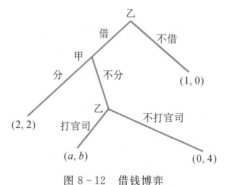

图 8-12 借钱博弈

3. 历史中的承诺行动

(1) 人质

通过人质使和平共处的承诺变得可信。比如,秦始皇的父亲秦庄襄王,是秦国在远交近攻策略下与赵国达成停战协议的人质。

(2) 通婚

通过通婚使和平共处的承诺变得可信。比如,四大美女之一的王昭君,外嫁匈奴是大汉和匈奴停战协议的政治通婚;康熙皇帝的女儿蓝齐儿,是康熙使噶尔丹相信和平共处的政治牺牲品。

(3) 自断后路

通过断绝后路使将士们英勇杀敌的承诺变得可信。比如,巨鹿之战,项羽渡过黄河,破釜沉舟,只带三天干粮,大破秦军;洮西大捷,三国姜维,一伐中原,布阵洮水边,大败王经;黄天荡之战,南宋韩世忠水师迎战完颜宗弼金军,妻梁红玉亲自擂鼓。

4. 工作中的承诺行动

已经成长为部门骨干,想要加薪,如何和老板谈?

要表达的意思是不加薪就跳槽。这是一种威胁,老板是不能接受的。一是因为老板不喜欢被直接威胁,其实很多人都不喜欢被威胁。二是因为老板不能助长这种风气,如果威胁就加薪,那会不断有人来威胁,就乱了。

合理的表达方式应该要委婉、间接、无声,才有效。比如,不断接到猎头公司的电话,受到竞争对手的邀请,使不加薪就跳槽的威胁变得可信。其实,猎头公司的电话,竞争对手的邀请,可能都是你自己联系的,但是别让老板发现这一点。面对猎头公司和竞争对手的邀约,老板如果真看重你,会主动找你谈话,说给你加薪。最好抑制狂喜,假装谦虚,推辞拒绝。这样既可以避免让老板发现你主动联系了猎头公司和竞争对手,又可以让老板再考虑考虑给你更大幅度的加薪。拒绝一次就够了,否则老板面上挂不住,就喊你走人了。

5. 商业中的承诺行动

(1) 质量承诺

三包条款:通过强制的法律条款使质量不错的承诺变得可信。

"假一赔十":买到假货就赔10万的营销用语,通过公开宣传使保证真品的承诺变得可信。注意,是赔10万而不是10倍。

(2) 定金与抵押

聚餐定金:通过预付部分不可退还的钱使要来消费的承诺变得可信。

按揭购房:通过抵押,使贷款人会按期还款的承诺和发生违约银行会变卖房的威胁变得可信。

(3) 价格承诺

赔5倍差价:在一定时空范围内,如果有其他商家同样商品卖的价格更低,那么将赔偿消费者5倍的差价,通过赔5倍差价使最低价的承诺变得可信。

(4) 最惠国待遇

客户总担心销售商给别人的价格更低。销售商就与每个客户都签合同,规定如果给别人的价格更低,就数倍补差价。在国际贸易中,就是最惠国待遇。注意,最惠国待遇条款旨在保护客户的利益。但是,事实上却保护了销售商的利益。因为知道有最惠国待遇的合同条款,销售商从一开始就会定高价,而且由于有最惠国待遇的合同条款,其实对每个客户都是高价销售。

※习题5 列举生活中的承诺行动事例并做简要分析。

6. 拒绝谈判

(1) 含义

不讨价还价,没有商量的余地,通过拒绝谈判使规章、提案、报价等变得可信。

(2)现象

其一,不接受讲价。

无论是网上还是实体店,多数情形不能讲价。有明确标价,接受就买,不接受就不买。

其二,用制度管人。

企事业单位事先拟定各种规章制度,形成官方文件,公开宣传,避免出现事情发生后再来讨价还价的各种扯皮。这也是从人治到法治的理由。

其三,领导不在。

说领导不在,交出控制权,是一种承诺行动。比如,三五好友聚餐,结算时是518元,要求免去零头18元;服务员回复:我做不了主,能做主的领导不在,别为难小小的服务员。

※习题6 列举生活中的拒绝谈判事例并做简要分析。

五、承诺代价

1. 含义

承诺行动要发挥使承诺和威胁变得可信的作用,必须付出成本。付出的成本越高,威胁或承诺越可信。为了使承诺和威胁可信而付出的成本,就是承诺代价。

2. 风险投资

创业者自己出资越多,越能吸引到风险投资。比如,燃爆全国的《战狼2》,传说拍摄时吴京就抵押了房子。

3. 自我承诺

对自己的承诺,很多时候其实是不可信的,因为没有那么强大的毅力。比如,常下决心再也不抽烟、不熬夜、不玩手机了,实际却很难做到。

(1)打卡

在朋友圈打卡,跑步第21天,晨读第18天,节食第11天……

为什么要告诉别人这些?

获得一种无形的外在的监督,使自己对自己的锻炼、学习、减肥等承诺变得可信。

(2)《史记》

司马迁被判宫刑后编写出史学巨著《史记》。为什么?

除了坚韧、顽强、钻研、刻苦等精神力量外,在一定程度上还有宫刑发挥的承诺行动力量。被判宫刑使潜心治学的自我承诺变得更可信,少管其他事情,心无杂念,沉浸编撰,而关注其他事比如为李陵辩护正是司马迁被判宫刑的原因。

这与祸兮福所倚相似。

(3)手指

有某人为了表明再也不打麻将了拿菜刀剁了食指的新闻报道。为什么?

剁掉手指是承诺行动,使自己对自己对家人再也不打麻将的承诺变得可信。

4. 绝版

名画到画家死了之后才值钱。为什么?

名画的价值取决于数量,只有画家死了才会真正不再画。画家常为无法坚守不再画的承诺而苦恼。谁相信他不会再画呢?除非他死了。

类似的但是更具广泛性的例子是各种各样的限量版。

5. 工匠精神

(1)专注专业

公开承诺,对自己承诺,不做其他,专注一件事,才专业,才能成就工匠精神。

(2)烦恼来自选择太多

有多个选项,难以割舍,难以抉择,就烦恼,就不够专注,就不够专业,就不够专长。

(3)幸福是什么

简单纯粹就是幸福:做一事,伴一人,居一城,过一生。

6. 合同

(1)签合同

签合同的行为本身就是承诺行动,通过正式形式使双方的合作关系更可信。在签合同之前,双方其实已经达成一致,彼此承诺按照约定操作。但是,这种承诺的可信度不高。为了提高这种承诺的可信度,双方就签合同。签合同的行为本身是承诺行动,使履约的承诺变得更可信。

(2)违约条款

合同中的违约条款在签合同时就明确相关责任,避免事后推诿扯皮,更具有承诺行动的作用。

(3)双边性

合同中的违约条款往往是双边的,规定每一方出现违约应该承担的责任,强化彼此对履行合同的承诺。

7. 套牢

(1)机会主义行为

投资者来之前,地方政府承诺减税、降费、配套服务等。一旦投资者建厂,地方政府更倾向于征税收费。投资者不能快速撤走,就会被套牢其中。但是,投资者会预期到地方政府的机会主义行为,知道很可能会被套牢,所以不愿意进入投资,表现为招商引资难。

(2)营商环境

单纯的税费优惠,照顾性的流程简化,难以吸引投资。法律规章等制度性营商环境更有吸引力,制度规章的承诺行动作用更强。

8. 法律

法律条款事先规定违法责任,并确定权威地位,避免事后讨价还价,具有承诺行动的作用。如果不上升到法律地位,可能就不会自我实施。比如,侵害人可能会提出经济赔偿,受害人也可能会接受,而且对同样事情的赔偿金额可能差别很大。作为法律条款规定后,就不能事后商议赔偿,违背法律必须依法惩处。特别是刑法不能协商,必须判刑,必须坐牢,必须死刑,这样才能充分发挥法律条款阻止违法犯罪行为的作用。

9. 礼仪习俗

(1) 元首会面

国家元首会访问会面,企事业单位主要领导也会访问交流,其作用不是洽谈具体事项,而是使双方友好相处共谋发展的承诺变得更可信。

(2) 开会

在形成决议传达精神之外,开会还有使各方高度重视会议事项、认真履行会议安排的承诺变得更可信的承诺行动作用。开会是有成本的,而且有时成本还比较高,正是较高甚至很高的成本使高度重视、认真落实的承诺更可信。

(3) 习俗

很多传统习俗要求特定时空,特定人员,特定服装,特定言行,特定流程,一脸严肃,一丝不苟。

很多习俗会花费不少成本,却没有明显的产出。正是较高的成本,包括有形的和无形的、直接的和间接的成本,使遵守社会规则的承诺变得可信,使虔诚敬畏自然的承诺变得可信。既然可以遵守习俗,自然可以相信会遵守社会规则、公司制度等。

(4) 正装

很多场合要求穿正装。为什么?

在表达尊重、重视之外,还有承诺行动的作用。比如,使恪尽职守完成工作安排的承诺变得更可信,使重视对方会按约履行的承诺变得可信,等等。如果连穿正装都做不到,又怎能相信会遵守规则和约定。

10. 千里送鹅毛

礼轻情意重的真实含义,花很高的成本送一个低廉的礼物,可以显示深厚的情意。其中的关键是送礼的过程有很高的成本,而礼物本身不怎么值钱。比如,千里送鹅毛,推掉应酬,放下工作,不远千里,亲自送来鹅毛这么不起眼的东西,你看我是多么在乎你! 相反,如果送礼过程的成本很低,即使礼物很贵重,情意也未必重,甚至礼重情意轻。比如,网上下单,快递上门,虽然礼物贵重,也不能表达深厚情意,因为只是花了钱,没有花精力,没有花时间,没有花心血。当然,如果是随便送一个很便宜的东西,那就只是场面性的情意。

※**习题 7** 列举现实生活中的礼轻情意重和礼重情意轻事例并做简要分析。

11. 不思蜀

后主刘禅"此中乐不思蜀",被封安乐公,安享八载晚年生活,子女多被册封。多年来被后世批评和耻笑。

其实,此中乐不思蜀具有承诺行动作用。作为亡国之君,最让人放心不下的是造反复国。刘禅的乐不思蜀享受安逸行为,使其对司马昭放下曾经安于现状不思进取的承诺变得可信。

12. 绝命词

同是亡国之君的南唐后主李煜写了词《虞美人》,就被宋太宗赵光义下令毒杀。《虞美人》为什么成为绝命词?

因为其中的往事、故国、朱颜、小楼昨夜又东风、恰是一江春水向东流等词句,使李煜对宋太宗放下曾经的承诺变得不可信。

原诗见本讲附录。

当然,这些只是本自博弈论的一种解读,并不是历史学、文学、社会学等的正式研究。

六、爱的承诺

1. 恋爱

(1) 为爱痴狂

陷入爱,便疯狂,更白痴,会做出一些大胆甚至出格的事情。比如,长恨歌中的唐玄宗,白蛇传中的白素贞。为什么爱会使人疯狂?

除了荷尔蒙的本能,还有痴狂行为的承诺行动作用,这种疯狂、痴迷、大胆、出格的行为使爱会至深至久的承诺变得更可信,也使自己更深信。越痴狂,越可信。

没疯过,没痴过,就没爱过。

※**习题 8** 列举为爱痴狂的事例并简要分析其承诺行动作用。

(2) 宣告脱单

公开宣布恋爱关系,也是一种承诺行动。

因为宣告脱单,就意味着放弃了其他机会,使只爱他/她的承诺变得更可信。见双方父母和双方朋友,是宣布关系的正式形式。对公众人物,就是对媒体承认恋情。从这个角度讲,地下恋情是很危险的。相比之下,隐婚,就没有这个问题,因为有法律认可,登记领证是更高级的承诺行动。

2. 订婚

(1) 厚重彩礼

订婚之时要求厚重的彩礼,为什么?

彩礼是承诺行动,使爱她的公开承诺变得更可信。越厚重,越可信。

这只是用博弈论分析彩礼的作用,并不是提倡彩礼要厚重。

(2) 婚前协议

影视中有现实中可能有的婚前协议,没有承诺行动作用,反而会使他或她的承诺变得不可信。

3. 结婚

婚礼要隆重,亲朋好友都要来。隆重婚礼具有强烈的承诺行动作用,通过正式、公开、高成本的方式使爱他或她的承诺变得更可信。

同样,这只是分析婚礼作为承诺行动的作用,并不是提倡婚礼要奢华。

4. "狗粮"

无论恋爱还是婚姻,秀恩爱无处不在,"狗粮"随时都可以吃饱。撒"狗粮",有承诺行动的作用,使爱会至深至久的承诺变得更可信。

5. 唐寅

江南四大才子之首,诗书画三绝,唐伯虎的《桃花庵歌》:

别人笑我太疯癫,我笑他人看不穿。

看不穿什么?又看穿了什么?其实,都是承诺行动在作怪。

原诗见本讲附录。

(1) 科场舞弊案中的承诺行动

进京赶考,偶遇徐经,包吃包住,代为答题。这只是相传,正史语焉不详。然后,下狱,罢黜,终生不得为官。这是唐伯虎的第一次人生重大转折。

徐经的承诺行动:包吃包住,使拿你当好朋友的承诺变得可信。

唐寅的承诺行动:代为答题,使拿你当好朋友的承诺变得可信。

启示:不忘本分。纵使真朋友,也不能免费吃喝。吃喝朋友不是朋友,君子之交淡如水。吃别人的喝别人的,终究是要还的。

(2) 对沈九娘的承诺行动

唐伯虎的父母、妻儿、妹妹先后去世,罢黜后再婚的老婆也跑了。但是,至暗时遇到了有共同语言的沈九娘,秀不完的恩爱,享不完的幸福。又但是,沈九娘也很快去世了。从此,唐伯虎买醉疯癫,如游魂飘荡。这是唐伯虎的第二次人生重大转折。

唐伯虎对沈九娘的承诺行动:买醉疯癫,寄情诗书画,表达哀思。

启示:不忘真情。纵使伊人远去,真情永远在。

由此,看穿了情场。

所以,才有《桃花庵歌》最后一句:

不见五陵豪杰墓,无花无酒锄作田。

(3) 宁王聘请放还中的承诺行动

失意之时,宁王聘请,发现宁王邀其造反,装疯,被放还。这是唐伯虎的第三次人生重大转折。

宁王的承诺行动:聘请入府,使尊敬人才重用人才的承诺变得可信。

唐寅的承诺行动:装疯卖傻,使变疯或不愿意辅佐造反的承诺变得可信。

启示:不忘初心。纵使遭遇不公平,也不反社会。

经此转折,也看穿了官场。

※ 习题9　看电影《唐伯虎点秋香》,写出台词中的对联并做简要解释,评析历史题材剧的创作准则。

这也只是博弈论的一种解读,不是历史学、文学、社会学等的正式研究。

七、本讲附录

附录1:《虞美人》全文

虞美人
李煜

春花秋月何时了,往事知多少。小楼昨夜又东风,故国不堪回首月明中。

雕栏玉砌应犹在,只是朱颜改。问君能有几多愁?恰似一江春水向东流。

附录 2：《桃花庵歌》全文

桃花庵歌
唐寅

桃花坞里桃花庵，桃花庵里桃花仙。桃花仙人种桃树，又摘桃花卖酒钱。
酒醒只在花前坐，酒醉还来花下眠。半醒半醉日复日，花落花开年复年。
但愿老死花酒间，不愿鞠躬车马前。车尘马足富者趣，酒盏花枝贫者缘。
若将富贵比贫贱，一在平地一在天。若将贫贱比车马，他得驱驰我得闲。
别人笑我太疯癫，我笑他人看不穿。不见五陵豪杰墓，无花无酒锄作田。

第9讲 主从博弈

一、抢占位置

1. 海滩占位

(1) 现象

海滩上均匀分布若干游客,他们都需要买太阳镜,以享受海滩阳光生活。有两位商贩以相同价格售卖同样的太阳镜,游客到哪个商贩那里买太阳镜完全取决于他到商贩的距离。为了获取最大利润,两位商贩应该如何占位?即把商摊摆在何处?

(2) 抽象

用线段 AB 表示海滩,用线段 AB 上的点表示商摊,用线段长短表示市场份额。

比如,在图 9-1 中,一个摊位在 $D1$ 点,另一个在 $D2$ 处,C 是 $D1$ 和 $D2$ 的中点。那么,$AD1$ 上的游客都到 $D1$,$CD1$ 上的游客也都到 $D1$,因为距离更近。于是,$D1$ 的市场份额为线段 AC,$D2$ 的市场份额为线段 CB。

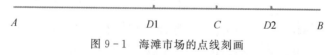

图 9-1 海滩市场的点线刻画

(3) 结果

两位商贩都会在正中摆放商摊。

如图 9-2 所示,动态地分析抢占位置的过程和结果:

首先,海滩上只有一个商贩甲。由于整个市场全是他的,可以随便摆,比如摆在 E 点。

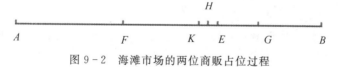

图 9-2 海滩市场的两位商贩占位过程

然后,又来了一个商贩乙。以 E 为参照物,乙可以把商摊摆在:左边,比如 F,然后会向 E 靠近,因为这样可以扩大市场份额;但是不会靠拢与 E 重合,因为不重合的话就很接近 AE,是大于二分之一的,而一旦重合就只有二分之一了;右边,比如 G,然后会向 E 靠近,并且会靠拢与 E 重合,因为不重合的话就很接近 BE,是小于二分之一的,而一旦重合就有二分之一了;重合,就是 E,市场的二分之一。于是,乙将摆摊在 E 的左边一点点儿,比如 H,占据 AH,也就是大约 AE,大于二分之一的市场。

再后,商贩甲会改变位置。当乙摆在 H 后,甲会挪动位置到 H 的左边,就是离 H 很近但是又不挨着的位置 K,因为这样可以占有的市场 AK 是大于二分之一的,而移动之前只有

BE,是小于二分之一的。

又后,商贩乙也会改变位置。当甲移动到 K 点后,乙也会移动到 K 的左边离 K 很近但是又不挨着的位置,因为这样可以扩大市场份额。

最后,如此反复,双方最终会挨着挤在 AB 的中点 C。这是一个静态稳定状态,甲乙都不会再移动,因为移动只会降低市场份额。

(4)三位商贩

三位商贩该如何占位?

还是会一起挤在中点 C。动态考虑:原两位都已经挤在中点 C 了,第三位的丙要么在 C 左边要么在 C 右边,无论在左边还是在右边,都会往 C 靠拢,因为每靠拢一点市场就扩大一分。但是,丙只是往中点 C 无限靠拢,而不会和甲乙一起挨着挤在中点 C。因为一旦挤在一起,丙就只能占有三分之一,而很近又保持一点距离就能占有几乎二分之一。然而,当丙靠近中点 C 时,甲乙都会迅速地靠拢挨着丙。因为如果不挨着丙,甲乙都只能占有约四分之一,而一旦挨着丙就能占有三分之一。这里有两种相互矛盾的力量。一方面,丙虽然努力往中点 C 靠拢,但是会留一点缝隙不愿意挨着甲乙,因为保持一点缝隙可以占有二分之一而一旦挨着就只有三分之一。另一方面,甲乙都会努力挨着很接近中点 C 的丙,因为不挨着只有四分之一而一旦挨着就有三分之一。由于甲乙丙三者是对称的,形成的结果是:甲乙丙三者挨着挤在中点 C,其中每一个都想偏离一点点,而这种微小偏离又会迅速消失,快速产生偏离又快速消失,如此不停震荡,形成挨着挤在中点 C 的动态稳定状态。

(5)多位商贩

海滩边的多位商贩该如何占位?

类似地,动态稳定地一起挤在中点 C。原商贩都挤在中点 C,新来的也会向中点无限靠拢,虽然不愿意挨着,但是原商贩会迅速拉拢,然后大家都挤在中点 C。

(6)应用

这正是现实中各种街、城的原因。例如,好吃街全是卖美食的,家居城全是卖家居的,都是所有商贩挤在一起。

2. 湖边占位

(1)问题

如果是湖边有两位卖太阳镜的商贩,如图 9-3 所示。他们应该如何占位?

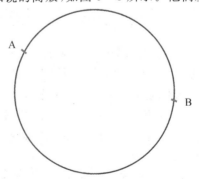

图 9-3 湖边市场的两位商贩占位过程

(2) 结果

用圆周表示湖边,用圆周上的点表示商摊,用圆弧长短表示市场份额。

分析可知,两位商贩会随意摆放商摊。比如,可以隔湖相望,在直径两端,也可以挨着一起。

※**习题1** 湖边的三位商贩该如何占位?

二、主导先行

1. 斯塔克伯格模型

该模型由斯塔克伯格(Stackelberg,1905—1946)创立。它与古诺模型类似,假设企业生产相同商品;与古诺模型不同,假设企业按先后顺序选择产量展开竞争。

2. 总体思路

第一步,求后行跟随者的反应函数。

列出后行跟随者的利润函数,是关于先行主导者产量和后行跟随者产量的表达式。根据一阶条件,得到后行跟随者产量关于先行主导者产量的表达式,就是后行跟随者的反应函数。其中,先行主导者的产量对后行跟随者而言是已知的,可观察的。

第二步,求先行主导者的最优产量和利润。

列出先行主导者的利润函数,也是关于先行主导者产量和后行跟随者产量的表达式。把后行跟随者的反应函数代入,消去后行跟随者的产量,因为先行主导者会预测到后行跟随者的产量决策。由此,先行主导者利润就只是先行主导者产量的函数。根据一阶条件,可以求得先行主导者的最优产量和利润。

第三步,求后行跟随者的最优产量和利润。

把先行主导者的最优产量代入后行跟随者的反应函数,求解得到后行跟随者的最优产量;再代入后行跟随者的利润函数,求解得到后行跟随者的利润。

3. 假设

成本函数:$C_i(q_i)=q_i c$,忽略固定成本,但是不会影响产量决策结果。

逆市场需求函数:$P=a-(q_1+q_2)$,假设市场上只有两家企业。

企业 1 为先行主导者,先行选择自己的产量。

企业 2 为后行跟随者,在企业 1 选择产量之后再选择自己的产量。

4. 逆向求解

首先,考虑第二阶段,企业 2 的决策问题为

$$q_2^* \in \mathop{\mathrm{argmax}}_{q_2} \pi_2(q_1,q_2)=q_2[a-(q_1+q_2)]-q_2 c$$

根据一阶条件,$\dfrac{\partial \pi_2(q_1,q_2)}{\partial q_2}=a-(q_1+q_2)-q_2-c=0$,企业 2 的反应函数为 $\bar{q}_2(q_1)=\dfrac{1}{2}(a-c-q_1)$。

其次,考虑第一阶段,企业 1 会预测到企业 2 的反应,其决策问题为

$$q_1^* \in \mathop{\mathrm{argmax}}_{q_1} \pi_1(q_1,\bar{q}_2)=q_1[a-(q_1+\bar{q}_2)]-q_1 c$$

把企业 2 的反应函数 $\bar{q}_2(q_1)=\frac{1}{2}(a-c-q_1)$ 代入上式,得

$$q_1^* \in \arg\max_{q_1}\pi_1(q_1)=q_1\left\{a-\left[q_1+\frac{1}{2}(a-c-q_1)\right]\right\}-q_1 c$$

根据一阶条件,$\frac{\mathrm{d}\pi_1(q_1)}{\mathrm{d}q_1}=a-\left[q_1+\frac{1}{2}(a-c-q_1)\right]-\frac{1}{2}q_1-c=0$,企业 1 的最优产量为 $q_1^*=\frac{1}{2}(a-c)$,企业 1 的最优利润为 $\pi_1^*=\frac{1}{8}(a-c)^2$。

最后,把企业 1 的最优产量代入企业 2 的反应函数 $\bar{q}_2(q_1)=\frac{1}{2}(a-c-q_1)$,即得企业 2 的最优产量为 $q_2^*=\frac{1}{4}(a-c)$,企业 2 的最优利润为 $\pi_2^*=\frac{1}{16}(a-c)^2$。

5. 求解思路比较

(1) 斯塔克伯格模型

首先,对后行跟随者的利润关于产量求偏导,得到后行跟随者的反应函数。其次,把后行跟随者的反应函数代入先行主导者的利润函数,关于产量求导,根据一阶条件,求解得到先行主导者的最优产量。最后,把先行主导者的最优产量代入后行跟随者的反应函数,得到跟随者的最优产量。

(2) 古诺模型

首先,对企业利润关于各自产量求偏导,根据一阶条件,求解同时得到各企业的反应函数。然后,联立各反应函数求解,得到各企业的最优产量。

6. 先行优势

先行主导者占据大部分市场份额,因为 $q_1^*=\frac{1}{2}(a-c)>q_2^*=\frac{1}{4}(a-c)$。

7. 效率优势

斯塔克伯格竞争的市场效率高于古诺竞争,因为总产量更高 $\frac{3}{4}(a-c)>\frac{2}{3}(a-c)$、市场价格更低 $\frac{1}{4}a+\frac{3}{4}c<\frac{1}{3}a+\frac{2}{3}c$。可见,让市场存在相对垄断主导者会提高市场效率。

8. 启示

行业存在龙头企业主导市场其实有利于提高行业市场效率。从这个角度讲,电信市场中的中国移动、中国联通、中国电信之间并不需要势均力敌,反而是有主导者更好。

※**习题 2** 有 A 和 B 两厂商生产一种完全同质商品,逆市场需求函数为 $P=90-Q$,其中 Q 为总产量,两厂商的成本函数都为 $C(q)=10q+90$,且它们相互知道对方的成本函数。

(1) 如果 A 先决策而 B 后决策自己的产量,求均衡时各自的产量和利润。

(2) 如果增加一家相同的厂家 C,而且决策各自产量的顺序是 A、B 和 C,求均衡时各自的产量和利润。

三、混合时序

1. 混合之意

古诺竞争是同时决策产量,斯塔克伯格竞争是先后决策产量。混合时序就是既有先后决策又有同时决策。目前,混合时序的说法还不普遍。

2. 一大两小

大者企业 1 主导,先行决策;两小者企业 2 和 3 跟随,同时决策。

(1) 假设

成本函数:$C_i(q_i)=q_ic$。

逆市场需求函数:$P=a-(q_1+q_2+q_3)$。

企业 1 为领头企业,首先选择自己的产量。

企业 2 和 3 为后行跟随者,根据企业 1 的产量同时选择各自的产量。

(2) 逆向求解

首先,考虑第二阶段,企业 2 和 3 的决策问题为

$$q_2^* \in \underset{q_2}{\mathrm{argmax}} \pi_2(q_1,q_2,q_3)=q_2[a-(q_1+q_2+q_3)]-q_2c,$$

$$q_3^* \in \underset{q_3}{\mathrm{argmax}} \pi_3(q_1,q_2,q_3)=q_3[a-(q_1+q_2+q_3)]-q_3c。$$

一阶条件,分别为

$$\frac{\partial \pi_2(q_1,q_2,q_3)}{\partial q_2}=a-(q_1+q_2+q_3)-q_2-c=0,$$

$$\frac{\partial \pi_3(q_1,q_2,q_3)}{\partial q_3}=a-(q_1+q_2+q_3)-q_3-c=0。$$

反应函数,分别为

$$\bar{q}_2(q_1,q_3)=\frac{1}{2}(a-c-q_1-q_3),$$

$$\bar{q}_3(q_1,q_2)=\frac{1}{2}(a-c-q_1-q_2)。$$

联立求解得,$\bar{q}_2(q_1)=\bar{q}_3(q_1)=\frac{1}{3}(a-c-q_1)$。

其次,考虑第一阶段,企业 1 会预测到企业 2 和 3 的反应,其优化问题为

$$q_1^* \in \underset{q_1}{\mathrm{argmax}} \pi_1(q_1,\bar{q}_2,\bar{q}_3)=q_1(a-(q_1+\bar{q}_2+\bar{q}_3))-q_1c$$

代入企业 2 和 3 的反应函数得

$$q_1^* \in \underset{q_1}{\mathrm{argmax}} \pi_1(q_1)=q_1\left\{a-\left[q_1+\frac{1}{3}(a-c-q_1)+\frac{1}{3}(a-c-q_1)\right]\right\}-q_1c$$

一阶条件,$\dfrac{\mathrm{d}\pi_1(q_1)}{\mathrm{d}q_1}=a-\left[q_1+\frac{1}{3}(a-c-q_1)+\frac{1}{3}(a-c-q_1)\right]-\frac{1}{3}q_1-c=0$,解得 $q_1^*=\frac{1}{2}(a-c)$。

最后,把企业 1 的最优产量代入企业 2 和 3 的反应函数,得企业 2 和 3 的最优产量为 $q_2^*=q_3^*=\frac{1}{6}(a-c)$。

总产量为 $Q=q_1+q_2+q_3=\frac{5}{6}(a-c)$，市场价格为 $P=a-Q=a-(q_1+q_2+q_3)=\frac{1}{6}a+\frac{5}{6}c$。

3. 两大一小

两大者企业 1 和 2 主导先行，同时决策；小者企业 3 跟随决策。

(1) 假设

成本函数：$C_i(q_i)=q_i c$。

逆市场需求函数：$P=a-(q_1+q_2+q_3)$。

企业 1 和 2 为先行主导者，主导先行，同时选择各自产量。

企业 3 为后行跟随者，根据企业 1 和 2 的产量选择自己的产量。

(2) 逆向求解

首先，考虑第二阶段，企业 3 的决策问题为

$$q_3^* \in \operatorname*{argmax}_{q_3} \pi_3(q_1,q_2,q_3)=q_3[a-(q_1+q_2+q_3)]-q_3 c$$

一阶条件，$\frac{\partial \pi_3(q_1,q_2,q_3)}{\partial q_3}=a-(q_1+q_2+q_3)-q_3-c=0$。由此可以解得，企业 3 的反应函数为 $\bar{q}_3(q_1,q_2)=\frac{1}{2}(a-c-q_1-q_2)$。

然后，考虑第一阶段，企业 1 和 2 会预测到企业 3 的反应函数，优化问题分别为

$$q_1^* \in \operatorname*{argmax}_{q_1} \pi_1(q_1,q_2,\bar{q}_3)=q_1[a-(q_1+q_2+\bar{q}_3)]-q_1 c,$$

$$q_2^* \in \operatorname*{argmax}_{q_2} \pi_2(q_1,q_2,\bar{q}_3)=q_2[a-(q_1+q_2+\bar{q}_3)]-q_2 c。$$

把企业 3 的反应函数 $\bar{q}_3(q_1,q_2)=\frac{1}{2}(a-c-q_1-q_2)$ 分别代入以上两式得

$$q_1^* \in \operatorname*{argmax}_{q_1} \pi_1(q_1,q_2)=q_1\left\{a-\left[q_1+q_2+\frac{1}{2}(a-c-q_1-q_2)\right]\right\}-q_1 c,$$

$$q_2^* \in \operatorname*{argmax}_{q_2} \pi_2(q_1,q_2)=q_2\left\{a-\left[q_1+q_2+\frac{1}{2}(a-c-q_1-q_2)\right]\right\}-q_2 c。$$

一阶条件，分别为

$$\frac{\partial \pi_1(q_1,q_2)}{\partial q_1}=a-\left[q_1+q_2+\frac{1}{2}(a-c-q_1-q_2)\right]-\frac{1}{2}q_1-c=\frac{1}{2}(a-c)-\frac{1}{2}(q_1+q_2)-\frac{1}{2}q_1=0,$$

$$\frac{\partial \pi_2(q_1,q_2)}{\partial q_2}=a-\left[q_1+q_2+\frac{1}{2}(a-c-q_1-q_2)\right]-\frac{1}{2}q_2-c=\frac{1}{2}(a-c)-\frac{1}{2}(q_1+q_2)-\frac{1}{2}q_2=0。$$

联立求解得 $q_1^*=q_2^*=\frac{1}{3}(a-c)$。

最后，把企业 1 和 2 的最优产量代入企业 3 的反应函数 $\bar{q}_3(q_1,q_2)=\frac{1}{2}(a-c-q_1-q_2)$，

得企业 3 的最优产量为 $q_3^*=\frac{1}{6}(a-c)$。

总产量为 $Q=q_1+q_2+q_3=\frac{5}{6}(a-c)$，市场价格为 $P=a-Q=a-(q_1+q_2+q_3)=\frac{1}{6}a+\frac{5}{6}c$。

4. 比较

混合时序,无论是一大两小的独家主导,还是两大一小的多家主导,具有相同的总产量 $\frac{5}{6}(a-c)$,都大于三者势均力敌古诺竞争时的总产量 $\frac{3}{4}(a-c)$,小于三者大小不同斯塔克伯格竞争时的总产量 $\frac{7}{8}(a-c)$。因此,有多少个主导者不重要,重要的是要存在主导者,形成主导先行格局可以提高市场效率。

※**习题3** 有 A 和 B 两厂商生产一种完全同质商品,逆市场需求函数为 $P=90-Q$,其中 Q 为总产量,两厂商的成本函数都为 $C(q)=10q+90$,且它们相互知道对方的成本函数。

(1)如果增加一家相同的厂家 C,A 先决策然后 B 和 C 再同时决策各自的产量,求均衡时各自的产量和利润。

(2)如果增加一家相同的厂家 C,先由 A 和 B 同时决策再由 C 决策各自的产量,求均衡时各自的产量和利润。

四、权力结构

1. 供应链的权力结构

考虑制造商 m 和零售商 r 构成的二级供应链,三种权力结构:制造商主导、零售商主导和权力对等。制造商主导,就是制造商先确定批发价格,零售商再确定零售价格。零售商主导,就是零售商先确定价格加成,制造商再确定批发价格。其中,价格加成为零售商在批发价格上的上涨幅度。权力对等,就是零售商和制造商同时分别确定价格加成和批发价格。

2. 制造商主导的供应链决策

(1)问题描述

制造商的单位生产成本是 c_m,以批发价 w 把产品卖给零售商。然后,零售商进行包装等加工处理,单位成本为 c_r,再以零售价格 p 卖给消费者,零售商面临的市场需求为 $q=a-bp$。其中,a 是最大市场潜在需求,b 是价格敏感系数。如果制造商主导,分别求制造商和零售商利润。

(2)博弈时序

制造商先确定批发价格,零售商再决定零售价格。

(3)逆向求解

首先,考虑零售商的决策问题。

零售商的利润为 $\pi_r=qp-q(w+c_r)=(a-bp)p-(a-bp)(w+c_r)$。其中,关于 p 的一阶条件,$\frac{\partial \pi_r}{\partial p}=a-2bp+b(w+c_r)=0$,解得反应函数为 $\bar{p}(w)=\frac{a+b(w+c_r)}{2b}$。

其次,考虑制造商的决策问题。

制造商的利润为 $\pi_m=(a-bp)(w-c_m)$。代入 $\bar{p}(w)=\frac{a+b(w+c_r)}{2b}$ 得

$$\pi_\mathrm{m} = \left[a - b\frac{a+b(w+c_\mathrm{r})}{2b}\right](w-c_\mathrm{m}) = \left[a - \frac{a+b(w+c_\mathrm{r})}{2}\right](w-c_\mathrm{m})$$
$$= \frac{1}{2}[a-b(w+c_\mathrm{r})](w-c_\mathrm{m})。$$

关于 w 的一阶条件,$\dfrac{\mathrm{d}\pi_\mathrm{m}}{\mathrm{d}w} = \dfrac{1}{2}[-b(w-c_\mathrm{m})+a-b(w+c_\mathrm{r})] = 0$,解得 $w^* = \dfrac{a+b(c_\mathrm{m}-c_\mathrm{r})}{2b}$。

再代入 $\bar{p}(w) = \dfrac{a+b(w+c_\mathrm{r})}{2b}$,得 $p^* = \dfrac{3a+b(c_\mathrm{m}+c_\mathrm{r})}{4b}$。

最后,计算利润。

把 $w^* = \dfrac{a+b(c_\mathrm{m}-c_\mathrm{r})}{2b}$ 和 $p^* = \dfrac{3a+b(c_\mathrm{m}+c_\mathrm{r})}{4b}$ 代入利润函数,计算可得:制造商利润为 $\pi_\mathrm{m}^* = \dfrac{[a-b(c_\mathrm{m}+c_\mathrm{r})]^2}{8b}$,零售商利润为 $\pi_\mathrm{r}^* = \dfrac{[a-b(c_\mathrm{m}+c_\mathrm{r})]^2}{16b}$。前者是后者的两倍。

※**习题 4** 由一个制造商和一个零售商构成的二元供应链。制造商的单位生产成本是 5 元,以批发价 w 把产品卖给零售商。然后,零售商进行包装等加工处理,单位成本为 1 元,再以零售价格 p 卖给消费者,零售商面临的市场需求为 $q=100-p$。如果制造商主导,分别求制造商和零售商利润。

3. 零售商主导的供应链决策

(1)问题描述

制造商的单位生产成本是 c_m,以批发价 w 把产品卖给零售商。然后,零售商进行包装等加工处理,单位成本为 c_r,再以零售价格 p 卖给消费者,零售商面临的市场需求为 $q=a-bp$。如果零售商主导,分别求制造商和零售商利润。

(2)博弈时序

零售商先决定价格加成 $\delta = p-w$,表示零售商在批发价格基础上加上价格加成后出售商品,制造商再决定批发价格。

(3)逆向求解

首先,考虑制造商的决策问题。

制造商的利润为 $\pi_\mathrm{m} = (a-bp)(w-c_\mathrm{m}) = [a-b(w+\delta)](w-c_\mathrm{m})$。对给定的价格加成,其最优批发价格必然满足一阶条件,$\dfrac{\partial \pi_\mathrm{m}}{\partial w} = -b\delta - 2bw + bc_\mathrm{m} + a = 0$,则解得反应函数为 $\bar{w}(\delta) = \dfrac{a+b(c_\mathrm{m}-\delta)}{2b}$。

其次,考虑零售商的决策问题。

零售商的利润为 $\pi_\mathrm{r} = qp - q(w+c_\mathrm{r}) = [a-b(w+\delta)](w+\delta) - [a-b(w+\delta)](w+c_\mathrm{r})$,代入 $\bar{w}(\delta) = \dfrac{a+b(c_\mathrm{m}-\delta)}{2b}$ 得,$\pi_\mathrm{r} = \dfrac{1}{2}[a-b(\delta+c_\mathrm{m})](\delta-c_\mathrm{r})$,其最优价格加成满足一阶条件,$\dfrac{\mathrm{d}\pi_\mathrm{r}}{\mathrm{d}\delta} = -\dfrac{1}{2}b(\delta-c_\mathrm{r}) - \dfrac{1}{2}b\delta - \dfrac{1}{2}bc_\mathrm{m} + \dfrac{1}{2}a = 0$,则 $\delta^* = \dfrac{a-b(c_\mathrm{m}-c_\mathrm{r})}{2b}$。再代入 $\bar{w}(\delta) = $

$\frac{a+b(c_\mathrm{m}-\delta)}{2b}$,即得 $w^* = \frac{a+b(3c_\mathrm{m}-c_\mathrm{r})}{4b}$。

最后,计算利润。

把 $w^* = \frac{a+b(3c_\mathrm{m}-c_\mathrm{r})}{4b}$ 和 $\delta^* = \frac{a-b(c_\mathrm{m}-c_\mathrm{r})}{2b}$ 代入利润函数,计算可得:制造商利润为 $\pi_\mathrm{m}^* = \frac{[a-b(c_\mathrm{m}+c_\mathrm{r})]^2}{16b}$,零售商利润为 $\pi_\mathrm{r}^* = \frac{[a-b(c_\mathrm{m}+c_\mathrm{r})]^2}{8b}$。后者是前者的两倍。

可见,谁主导,所得利润就更多。

※**习题5** 由一个制造商和一个零售商构成的二元供应链。制造商的单位生产成本是5元,以批发价 w 把产品卖给零售商。然后,零售商进行包装等加工处理,单位成本为1元,再以零售价格 p 卖给消费者,零售商面临的市场需求为 $q=100-p$。如果零售商主导,分别求制造商和零售商利润。

4. 权力对等的供应链决策

(1)问题描述

制造商的单位生产成本是 c_m,以批发价 w 把产品卖给零售商。然后,零售商进行包装等加工处理,单位成本为 c_r,再以零售价格 p 卖给消费者,零售商面临的市场需求为 $q=a-bp$。如果制造商和零售商权力对等,分别求制造商和零售商利润。

(2)博弈时序

制造商和零售商同时分别决定批发价格和价格加成。

(3)博弈求解

首先,考虑制造商的决策问题。

制造商的利润为 $\pi_\mathrm{m}=(a-bp)(w-c_\mathrm{m})=[a-b(w+\delta)](w-c_\mathrm{m})$。对给定的价格加成,其最优批发价格满足一阶条件,$\frac{\partial \pi_\mathrm{m}}{\partial w}=-b\delta-2bw+bc_\mathrm{m}+a=0$。

其次,考虑零售商的决策问题。

零售商的利润为 $\pi_\mathrm{r}=qp-q(w+c_\mathrm{r})=[a-b(w+\delta)](w+\delta)-[a-b(w+\delta)](w+c_\mathrm{r})$。对给定的批发价格,其最优价格加成满足一阶条件,$\frac{\partial \pi_\mathrm{r}}{\partial \delta}=-2b\delta-bw+bc_\mathrm{r}+a=0$。

联立求解得,$w^* = \frac{a+b(2c_\mathrm{m}-c_\mathrm{r})}{3b}$ 和 $\delta^* = \frac{a+b(2c_\mathrm{r}-c_\mathrm{m})}{3b}$。

最后,计算利润。

把 $w^* = \frac{a+b(2c_\mathrm{m}-c_\mathrm{r})}{3b}$ 和 $\delta^* = \frac{a+b(2c_\mathrm{r}-c_\mathrm{m})}{3b}$ 代入利润函数,计算可得:制造商利润为 $\pi_\mathrm{m}^* = \frac{[a-b(c_\mathrm{m}+c_\mathrm{r})]^2}{9b}$,零售商利润为 $\pi_\mathrm{r}^* = \frac{[a-b(c_\mathrm{m}+c_\mathrm{r})]^2}{9b}$。二者相等。

※**习题6** 由一个制造商和一个零售商构成的二元供应链。制造商的单位生产成本是5元,以批发价 w 把产品卖给零售商。然后,零售商进行包装等加工处理,单位成本为1元,再以零售价格 p 卖给消费者,零售商面临的市场需求为 $q=100-p$。如果制造商和零售商权力

对等,分别求制造商和零售商利润。

五、谁主沉浮

1. 权力结构如何形成?

(1)天然条件

比如,葡萄酒的葡萄产地,就形成葡萄种植厂商的主导权。

(2)市场竞争

由于竞争的优胜劣汰,强者愈强,形成主导权并逐渐扩大。所以,必要时需要政府干预。

(3)政策干预

比如,赋予独家经营权。

2. 市场力量

供应链中制造商和零售商,都可采取主导和跟随战略,或者称为强硬和温和战略等名称。那么,双方博弈如下:

		零售商			
		主导		跟随	
制造商	主导	$\dfrac{[a-b(c_m+c_r)]^2}{9b}$	$\dfrac{[a-b(c_m+c_r)]^2}{9b}$	$\dfrac{[a-b(c_m+c_r)]^2}{8b}$	$\dfrac{[a-b(c_m+c_r)]^2}{16b}$
	跟随	$\dfrac{[a-b(c_m+c_r)]^2}{16b}$	$\dfrac{[a-b(c_m+c_r)]^2}{8b}$	$\dfrac{[a-b(c_m+c_r)]^2}{9b}$	$\dfrac{[a-b(c_m+c_r)]^2}{9b}$

注意,其中的双方都主导和双方都跟随其实是相同的。

3. 均衡结果

分析可知,双方都会选择主导。也就是说,如果没有自然差异,在充分竞争的市场中,制造商和零售商都想主导供应链,表现为横向兼并。节点企业通过横向兼并扩大规模,提高与供应链上下游企业的讲价能力,由此获得供应链的主导权。

4. 主导比较

(1)零售价格

无论是制造商主导还是零售商主导,零售价格是相同的,都是 $p^* = \dfrac{3a+b(c_m+c_r)}{4b}$。因此,谁主导对消费者没有影响,因为消费者的成本也就是零售价格是相同的。

(2)系统利润

供应链系统利润等于制造商利润和零售商利润加总。无论是制造商主导还是零售商主导,供应链系统利润是相同的,都是 $\pi_s = \dfrac{3[a-b(c_m+c_r)]^2}{16b}$。因此,从整个供应链系统的角度来看,供应链的纵向兼并意义不大,并不会增加系统总利润。

(3)利润分配

主导者获得更多利润,在以上模型中,是跟随者利润的两倍。

六、博弈真经

1. 经济学家言

经济学诺贝尔奖获得者萨缪尔森(Samuelson):你可以将一只鹦鹉训练成一个经济学家,因为它只需要学习两个词供给和需求。

博弈论专家坎多瑞(Kandori):要成为现代经济学家,这只鹦鹉必须再多学一个词,就是"纳什均衡"。

2. 分析套路

世间最难走的路其实也是最容易走的路就是套路。研究也需要套路。这里是博弈分析的套路。以上斯塔克伯格竞争和古诺竞争的分析讨论并不局限于市场竞争和供应链决策,只要是先后决策就可以用斯塔克伯格竞争的思路,只要是同时决策就可以用古诺竞争的思路。

3. 思路方法

步骤1:理清博弈时序。

步骤2:确立各博弈方的决策变量、利润或效用函数。

步骤3:求反应函数,一方决策变量关于其他方决策变量的函数。

步骤4:解方程,求均衡最优解。

步骤5:在均衡解中进行比较静态分析,提出管理建议。

4. 普适性

这种讨论适用于工程招投标、人力资源激励、供应链协调、金融市场、宏观经济政策等众多不同领域。

※**习题7** 企业1和2展开价格竞争,成本都为c,定价分别为p_1和p_2,如果企业利润分别为$\pi_1=-(p_1-ap_2+c)^2+p_2$ 和 $\pi_2=-(p_2-bp_1+c)^2+p_1$,假设$ab>1$。求解:

(1)两个企业同时决策时的各企业定价和利润。

(2)企业1先做决策时的各企业定价和利润。

(3)企业2先做决策时的各企业定价和利润。

第10讲 有限重复

一、昨日重现

1. 时间维度的重复

Yesterday once more. 重复的延续：一周一周，一月一月，一年一年，一届一届……

My goal for 2024 is to accomplish the goal of 2023 which should been done in 2022 because of the promise in 2021 and the plan in 2020.

2. 空间维度的重复

样板复制：连锁店，分公司，肯德基，永辉超市，万达广场……

3. 有限的重复

经过一定次数的重复后会终止。

4. 无限的重复

会一直重复下去，不会停止。

5. 重复博弈的阶段博弈

每一个阶段的博弈，也就是将被重复的博弈。

6. 重复博弈的子博弈

某一阶段及其之后的全部博弈进程。

7. 重复博弈的特征

(1) 独立

各阶段的博弈之间没有物质上的联系，前一阶段的博弈不改变后一阶段的结构。

(2) 历史

所有参与人能够观察到博弈过去的进程。

(3) 贴现

各阶段的收益不能直接相加，经过贴现之后才能相加，总收益等于各阶段收益贴现值之和，贴现因子 $\delta = \dfrac{1}{1+r} < 1$，其中利率 r 表示时间价值。

比如，第一阶段收益为 10，第二阶段为 20，第三阶段为 30，总收益为 $10 + 20\delta + 30\delta^2$，相当于 $10 + \dfrac{20}{1+r} + \dfrac{30}{(1+r)^2}$。

又如,以下囚徒困境

		B	
		合作 C	不合作 D
A	合作 C	8,8	−2,10
	不合作 D	10,−2	1,1

重复两次:下文将证明每阶段都是不合作,局中人在每阶段都得到 1,两阶段的总收益为 $1+\delta$。

重复无数次:下文将证明可能还是每阶段都不合作,局中人在每阶段都得到 1,所有无数个阶段的总收益为 $1+\delta+\delta^2+\cdots=\dfrac{1}{1-\delta}$。

8. 重复博弈的战略

各阶段的行为安排,或各阶段的行为所构成的方案。比如,以上囚徒困境重复两次,博弈双方都有 4 个战略:

战略 1:第一阶段合作,第二阶段合作。

战略 2:第一阶段不合作,第二阶段不合作。

战略 3:第一阶段合作,第二阶段不合作。

战略 4:第一阶段不合作,第二阶段合作。

9. 重复博弈的战略组合

每个局中人的战略所构成的组合。比如,在囚徒困境重复两次的重复博弈中,双方各有 4 个战略,可构成的战略组合有 $4\times 4=16$(个)。

※**习题 1** 囚徒困境重复三次的重复博弈有多少个战略组合?

※**习题 2** 以下博弈重复两次构成的重复博弈有多少个战略组合?

		局中人 2		
		L	M	R
	T	4,3	5,1	6,2
局中人 1	M	2,1	8,4	3,6
	D	3,0	9,6	2,8

10. 均衡结果

均衡就是稳定的战略组合,给定对方保持既有战略不变,我方不再改变自身战略,因为改变只会降低至少不会提高自己收益。

对应的博弈各方在各阶段的行为选择和收益就是均衡的结果。

二、奖惩机制

1. 方位博弈

		局中人2		
		H	M	L
局中人1	H	5,5	0,6	0,2
	M	6,0	3,3	0,2
	L	2,0	2,0	1,1

(1) 行动选择

局中人1和2都有上H、中M、下L 3个行动。

(2) 纳什均衡

用划线法求得有(M,M)和(L,L)两个纯战略纳什均衡。双方都更喜欢(M,M),因为(M,M)帕累托占优(L,L)。虽然(H,H)比纳什均衡(M,M)和(L,L)都好,但(H,H)本身不是纳什均衡,在单次博弈中不能实现。

2. 重复两次

方位博弈重复两次在某个阶段可能实现(H,H)吗?

3. 均衡结果

(1) 最后一阶段

最后一阶段的均衡结果必然是纳什均衡中的一个,但是不能确定是哪一个。

(2) 第一阶段

在两次重复博弈中,就是倒着数的最后一阶段。第一阶段的均衡结果可能是纳什均衡中的一个,也可能不是。某个阶段的均衡结果可能不是纳什均衡正是重复博弈的显著特征。

(3) 第一类均衡

每个阶段的结果都是纳什均衡的均衡。

由于每一阶段都是纳什均衡,给定一方保持这样的战略不变,对方肯定也不会变。在上述重复两次的方位博弈中,有4个这样的均衡,分别是:

均衡1:第一阶段(M,M),第二阶段(M,M);

均衡2:第一阶段(M,M),第二阶段(L,L);

均衡3:第一阶段(L,L),第二阶段(M,M);

均衡4:第一阶段(L,L),第二阶段(L,L)。

注意,有多个均衡是重复博弈的重要特征。

(4) 第二类均衡

某些阶段的结果不是纳什均衡的均衡。

在方位博弈重复两次的重复博弈中,各方都实施如下战略:

第一阶段:选H。第二阶段:如果对方第一阶段选H,那么选M;如果对方第一阶段没有选 H,那么选 L。

给定对方保持这样的战略不变:

如果我方也保持这样的战略不变,那么均衡结果为第一阶段(H,H)和第二阶段(M,M)。于是,我方收益为 $5+3\delta$。

如果我方不保持这样的战略而改变,那么:第一阶段将选 M,得到 6,其中 6>5 是改变的动力;第二阶段将选 L,只能得到 1,其中 1<3 是改变的阻力。于是,我方收益为 $6+\delta$。

计算可得,只要 $\delta>0.5$,就有 $5+3\delta>6+\delta$。因此,当 $\delta>0.5$ 时,必有只要对方保持不变我方就也保持不变,上述战略组合就构成均衡。

显然,这样的均衡比每阶段都是纳什均衡的均衡更好,因为局中人得到的收益更多。

(5)比较

相同点:两次重复博弈的最后阶段也就是第二阶段的均衡结果一定是纳什均衡,也只能是纳什均衡,因为最后阶段就是静态博弈。

不同点:局中人在第二类均衡中获得的收益比第一类均衡中最高的还高,达成了帕累托改进,就是没有人的收益下降而且还有人甚至所有人的收益提高了。其中,在第一阶段实现了(H,H),而且(H,H)并不是第一阶段的纳什均衡。

(6)发现

其一,有限重复博弈的均衡在某些阶段可能并不在该阶段博弈的纳什均衡上。

其二,有限重复博弈在某些阶段并不构成该阶段博弈纳什均衡的均衡,可能占优在每个阶段都构成该阶段博弈纳什均衡的均衡。

※**习题3** 以下博弈重复两次,求第一阶段实现(H,H)的均衡结果。

局中人2

		H	M	L
	H	5,5	0,6	0,2
局中人1	M	6,0	3,3	0,2
	L	2,0	2,0	0.5,0.5

4. 触发奖惩

在方位博弈的以上战略中:当对方第一阶段选 H,就触发了奖励机制,通过在第二阶段选 M 来对对方第一阶段选 H 的合作行为进行奖励,因为第二阶段(M,M)对应的收益 3 大于(L,L)对应的收益 1;当对方第一阶段没有选 H,就触发了惩罚机制,通过在第二阶段选 L 来对对方第一阶段不选 H 的不合作行为进行惩罚,因为第二阶段(L,L)对应的收益 1 小于(M,M)对应的收益 3。这样的奖惩机制使:

其一,即使第一阶段不是纳什均衡,也构成均衡结果。

其二,双方都获得更高收益。

5. 奖惩可行

(1)奖励可行

第一阶段保持合作的 H,会损失假如偏离就可以得到的 6−5=1;但是,会在第二阶段被奖励,得到 3−1=2。由于 2 比 1 大,即使考虑贴现因子后也很可能有 2δ>1,所以奖励是可行的,能够鼓励维持合作的行为。

(2)惩罚可行

第一阶段偏离合作的 H,会得到额外的 6−5=1;但是,会在第二阶段被惩罚,损失 3−1=2。由于 2 比 1 大,即使考虑贴现因子后也很可能有 2δ>1,所以惩罚是可行的,能够阻止偏离合作的行为。

6. 重复三次

如果重复三次,猜想应该有类似的均衡,各方都实施如下战略:

第一阶段:选 H。第二阶段:选 H。第三阶段:如果对方第一阶段和第二阶段都选 H,那么选 M;否则,选 L。

给定对方保持这样的战略不变:

如果我方也保持不变,那么各阶段的均衡结果为(H,H)、(H,H)和(M,M)。于是,我方的总收益为 $5+5\delta+3\delta^2$;如果我方要改变,各阶段的均衡结果为(M,H)、(M,H)和(L,L)。于是,我方的总收益为 $6+6\delta+\delta^2$,其中第一和第二阶段都多得到了 1 但是在第三阶段就会少得 2。

计算可以发现,对任意的 $0<\delta<1$ 都有 $5+5\delta+3\delta^2 < 6+6\delta+\delta^2$,即一定不会保持不变。上述战略组合一定不是均衡结果,因为惩罚力度 3−1=2 不够大。

如果阶段博弈变为

		局中人 2		
		H	M	L
局中人 1	H	5,5	0,6	0,2
	M	6,0	3,3	0,2
	L	2,0	2,0	0.5,0.5

那么,考虑战略:

第一阶段:选 H。第二阶段:选 H。第三阶段:如果对方第一阶段和第二阶段都选 H,那么选 M;否则,选 L。

给定对方保持这样的战略不变:

如果我方也保持不变,那么各阶段的均衡结果为(H,H)、(H,H)和(M,M)。于是,我方的总收益为 $5+5\delta+3\delta^2$;如果我方要改变,各阶段的均衡结果为(M,H)、(M,H)和(L,L)。于是,我方的总收益为 $6+6\delta+0.5\delta^2$。

计算可知,当 $\delta > \frac{1+\sqrt{11}}{5} \approx 0.863$ 时,肯定有 $5+5\delta+3\delta^2 > 6+6\delta+0.5\delta^2$,即一定会保持不变。上述战略组合构成均衡结果,此时的惩罚力度 3−0.5=2.5 就足够大。

综上,决定惩罚力度的因素有偏离合作的损失、贴现因子和重复次数,前者是直接因素,后两者都是间接因素。

※**习题 4** 以下博弈重复两次,求第一阶段实现(L,L)的均衡结果。

		局中人2		
		H	M	L
	H	3,3	1,2	1,1
局中人1	M	2,1	8,8	12,0
	L	1,1	0,12	10,10

※**习题5** 以下博弈重复三次,求第一阶段实现(L, L)的均衡结果。

		局中人2		
		H	M	L
	H	3,3	1,2	1,1
局中人1	M	2,1	8,8	12,0
	L	1,1	0,12	10,10

7. 奖惩可信

(1) 再看方位博弈

重复两次,第一阶段实现(H, H)的均衡结果对应的战略为:

第一阶段:选 H。第二阶段:如果对方第一阶段选 H,那么选 M;如果对方第一阶段没有选 H,那么选 L。

		局中人2		
		H	M	L
	H	5,5	0,6	0,2
局中人1	M	6,0	3,3	0,2
	L	2,0	2,0	1,1

其中的奖惩机制是不可信的。即使对方第一阶段没有选 H,第二阶段双方也有一起选(M,M)的动机。如果坚持当初的设想选择(L,L),虽然确实惩罚了对方,但是同时也惩罚了自己。这样的惩罚机制是不可信的,因为在惩罚对方时也减少了自己收益。

(2) 奖励可信吗?

在奖励对方时,不会减少自己的收益,奖励就是可信的。在方位博弈中,奖励对方时自己得到 3,不奖励对方时自己得到 1,因为 3>1,所以奖励机制是可信的。

(3) 惩罚可信吗?

在惩罚对方时,不会减少自己的收益,惩罚就是可信的。在方位博弈中,惩罚对方时自己得到 1,不惩罚对方时自己得到 3,因为 3>1,所以惩罚机制是不可信的。

※**习题6** 以下博弈重复两次,第一阶段实现(H, H)的均衡中,惩罚机制可信吗?

		局中人2		
		H	M	L
	H	5,5	0,6	0,2
局中人1	M	6,0	3,3	0,2
	L	2,0	2,0	0.5,0.5

(4) 机会主义

不可信的惩罚会引起机会主义行为。

对方第一阶段没选 H，可能会在第二阶段建议说一起选（M,M）。我方不会拒绝这样的建议，因为：

拒绝，第二阶段（L,L），收益为 1；接受，第二阶段（M,M），收益为 3。3＞1。

既然知道不选 H 的行为不会被惩罚，那就不会选择 H 而选择 M。因为：

对方保持战略不变，我方也不变，选择 H，第一阶段（H,H），收益为 5；对方保持战略不变，我方改变，就选择 M，第一阶段（M,H），收益为 6。6＞5。

不可信的惩罚就不能形成均衡。

只有奖励和惩罚都可信的战略组合，才能形成均衡。

8. 奖惩机会

(1) 没有机会

阶段博弈只有一个纳什均衡，没有机会实施奖惩。如果阶段博弈只有一个纳什均衡，那么：在最后一阶段，必然是唯一的纳什均衡；在倒数第二阶段，必然是唯一的纳什均衡；以此类推，每一阶段都必然是唯一的纳什均衡。这样的重复博弈只有唯一均衡，其中每个阶段都是纳什均衡。

比如，囚徒困境

		B	
		合作	不合作
A	合作	4,4	−2,6
	不合作	6,−2	1,1

重复 N 次，唯一均衡是各阶段都不合作。难以合作的困境在单次博弈和重复博弈中都不能解决，因为没有奖惩机会。

(2) 不需奖惩

阶段博弈有多个纳什均衡，但是没有帕累托改进的行动组合。也就是说，纳什均衡本身就是最好的，不需要实施奖惩机制。

比如，中神通博弈

		局中人 2		
		L	C	R
局中人 1	L	2,2	6,1	1,1
	C	1,6	7,7	1,1
	R	1,1	1,1	4,4

用划线法可以求得，有三个纯战略纳什均衡（L,L）、（C,C）和（R,R）。其中，（C,C）是帕累托最优的，也就是说，与其他纳什均衡相比，在不降低他人收益的前提下，所有人的收益都是最高的。此外，（C,C）也帕累托占优于其他所有不是纳什均衡的行动组合。因此，博弈重复 N 次，就不存在比每次都选择（C,C）更好的均衡结果。

(3) 没法奖惩

阶段博弈有多个纳什均衡,也存在帕累托改进的行动组合,但是各纳什均衡没有收益差异。也就是说,即使实施奖惩,也不能改变收益。

比如,中不通博弈

<table>
<tr><td colspan="2" rowspan="2"></td><td colspan="3">局中人 2</td></tr>
<tr><td>L</td><td>C</td><td>R</td></tr>
<tr><td rowspan="3">局中人 1</td><td>L</td><td>2, 2</td><td>6, 1</td><td>3, 3</td></tr>
<tr><td>C</td><td>1, 6</td><td>5, 5</td><td>2, 1</td></tr>
<tr><td>R</td><td>3, 3</td><td>1, 2</td><td>0, 0</td></tr>
</table>

用划线法可以求得,有两个纯战略纳什均衡(R, L)和(L, R)。重复博弈的最后一阶段必然在(R, L)和(L, R)中,但是二者的收益组合都是(3, 3),就没法实施奖励和惩罚,因为即使实施奖惩也不能增减收益。因此,博弈重复 N 次,每个阶段的结果都是(R, L)或(L, R)。

9. 合作条件

奖惩机制实现有限重复博弈合作的条件:

(1) 存在奖惩机会

阶段博弈有多个纳什均衡,其中各方收益有差异,还存在帕累托改进的行动组合。

(2) 奖惩机制可行

偏离合作被惩罚时收益会减少足够多,合作被奖励时收益会增加足够多,可能要求贴现因子足够大。

(3) 奖惩机制可信

奖励和惩罚别人时不会损害自己利益。惩罚对方偏离合作的行为不会损害甚至会增加自己的收益,奖励对方保持合作的行为不会损害甚至会增加自己的收益。

可行可信的奖惩机制会自我实施有限重复博弈的合作。自我实施,就是能自动施行相应举措,自动达成实现目标。

三、自我实施

1. 多方位博弈

<table>
<tr><td colspan="2" rowspan="2"></td><td colspan="5">局中人 2</td></tr>
<tr><td>H</td><td>M</td><td>L</td><td>P</td><td>Q</td></tr>
<tr><td rowspan="5">局中人 1</td><td>H</td><td>5, 5</td><td>0, 6</td><td>0, 2</td><td>0, 0</td><td>0, 0</td></tr>
<tr><td>M</td><td>6, 0</td><td>3, 3</td><td>0, 2</td><td>0, 0</td><td>0, 0</td></tr>
<tr><td>L</td><td>2, 0</td><td>2, 0</td><td>1, 1</td><td>0, 0</td><td>0, 0</td></tr>
<tr><td>P</td><td>0, 0</td><td>0, 0</td><td>0, 0</td><td>3, 0.5</td><td>0, 0</td></tr>
<tr><td>Q</td><td>0, 0</td><td>0, 0</td><td>0, 0</td><td>0, 0</td><td>0.5, 3</td></tr>
</table>

(1) 行动选择

局中人1和2都有上 H、中 M、下 L、斜 P 和正 Q 等5个行动。

(2) 纳什均衡

用划线法求得有(M,M)、(L,L)、(P,P)和(Q,Q)四个纯战略纳什均衡,都没有不是纳什均衡的(H,H)好。

局中人1喜欢(M,M)和(P,P),局中人2喜欢(M,M)和(Q,Q),双方都更喜欢(H,H)。

2. 重复两次

多方位博弈重复两次在某个阶段可能实现(H,H)吗?

注意到(H,H)不是方位博弈的纳什均衡,但是比纳什均衡(M,M)、(L,L)、(P,P)和(Q,Q)都好!

3. 均衡结果

局中人1:第一阶段,选 H。第二阶段,如果对方第一阶段选 H 那么选 M,如果对方第一阶段没有选 H 那么选 P。

局中人2:第一阶段,选 H。第二阶段,如果对方第一阶段选 H 那么选 M,如果对方第一阶段没有选 H 那么选 Q。

对局中人1的奖励机制是可行的,因为第一阶段选(H,H)相对于选(M,H)损失的6−5=1,比第二阶段被奖励得到的3−0.5=2.5要小很多,3 和 0.5 分别是在(M,M)和(Q,Q)中的收益;惩罚机制也是可行的,因为第一阶段选(M,H)相对于选(H,H)的额外收益6−5=1,比第二阶段被惩罚的损失3−0.5=2.5要小很多,3 和 0.5 分别是在(M,M)和(Q,Q)中的收益。同理,对局中人2的奖惩机制也是可行的。

对局中人1的奖励机制是可信的,因为选(M,M)在奖励对方时并没有降低自己收益;惩罚机制也是可信的,因为选 P 就意味着第二阶段的结果是(P,P)对应的(3,0.5),在惩罚对方使对方只能得到四个纯战略纳什均衡中最小的 0.5 的同时,没有降低自己收益。同理,对局中人2的奖惩机制也是可信的。

因此,奖惩机制是可行可信的。

排除了不可行不可信奖惩机制的均衡才会自我实施,因为这样的奖励和惩罚都是可行可信的。其中,奖励类似于序贯博弈中的承诺,惩罚类似于序贯博弈中的威胁,不可信的奖励类似于空头承诺,不可信的惩罚类似于空头威胁,二者都不会被实施,因为实施都不利于自己的利益。

※**习题 7** 以下博弈重复两次,第一阶段实现(L,L)的均衡结果能够自我实施吗?

局中人2

		H	M	L
	H	3, 3	1, 2	1, 1
局中人1	M	2, 1	8, 8	12, 0
	L	1, 1	0, 12	10, 10

4. 何以奖惩?

可行可信的奖惩机制真会被实施吗?

可行可信的奖励真会被实施,但是可行可信的惩罚并不一定真会被实施,因为很可能并不会发生。例如,在多方位博弈中,实际出现的均衡结果是:第一阶段都选 H,第二阶段都选 M。其中,第二阶段都选 M 对应的是奖励机制。而惩罚机制,局中人 1 在第二阶段选 P,局中人 2 在第二阶段选 Q,并不会出现。现实中,也是如此。比如,法律规定违法行为将被罚款判刑,而且上升到法律高度,肯定是可行可信的,如果真出现违法行为,相应机构一定会按照法律规定罚款判刑的。但是,正是因为法律法规是可行可信的,大家就会遵纪守法,出现违法行为的概率就很小,实际实施罚款判刑的时候其实很少。这里的逻辑是,首先要保证惩罚可行可信,然后就不用实际实施惩罚了,因为惩罚所针对的行为根本不会发生。类似的例子是,企业考核的全勤奖。公司规定,全勤会得到高额年终奖,而旷班会被罚款降薪。面对这样的制度,员工遵守规定,准时上班,就会全勤,从而得到全勤奖,也就是实施了奖励;同时,由于全勤,没有出现旷班,就不会被罚款降薪,也就是没有实施惩罚。但是,旷班将被罚款降薪的惩罚作为一种制度安排是可行可信的,而且正因为制度是可行可信的才不会被实施。

可见,如果奖惩机制不可行或不可信,一定不会被实施。但是,即使可行也可信,也不一定会被实施,满足可行可信的条件只是有可能实施奖惩,而不可行或不可信的奖惩就绝没有可能被实施。这是个充分必要条件问题,被实施一定满足可行可信条件,满足可行可信条件不一定被实施。或者说,借用序贯博弈的非均衡路径概念,那些满足条件但没有被实施的惩罚机制是在非均衡路径上。

四、轮转策略

1. 差异市场博弈

两企业在两个不同的市场上竞争。

A 市场:容量大,开发成本高;B 市场:容量小,开发成本低。

		企业2	
		市场 A	市场 B
企业1	市场 A	3,3	1,4
	市场 B	4,1	0,0

在静态博弈中,有两个纳什均衡(A,B)和(B,A)。

2. 重复两次

可能的均衡结果有:第一阶段(A,B),第二阶段(A,B);第一阶段(B,A),第二阶段(B,A);第一阶段(A,B),第二阶段(B,A);第一阶段(B,A),第二阶段(A,B)。第一个对企业 2 有利而不利于企业 1;第二个对企业 1 有利而不利于企业 2;后两个对企业 1 和 2 是公平的,称为轮转策略。

但是,更优的结果(A,A)没法实现,因为不存在惩罚机制。

3. 重复三次

此时,即使没有惩罚机制,也可以实现(A,A)。考虑战略组合:

企业 1:第一阶段选 A;第二阶段,如果第一阶段企业 2 选了 A 那么就选 A,如果第一阶段企业2选了B那么就选B;第三阶段选B。

企业2:第一阶段选A;第二阶段选B;第三阶段,如果第一阶段企业1选了A那么就选A,如果第一阶段企业1选了B那么就选B。

以上战略组合构成均衡结果"第一阶段(A,A),第二阶段(A,B),第三阶段(B,A)",证明如下:

一方面,给定企业1保持以上战略不变,分析企业2:如果企业2也保持不变,那么各阶段均衡结果为(A,A)、(A,B)和(B,A),企业2的总收益为$3+4\delta+\delta^2$;如果改变,那么各阶段均衡结果为(A,B)、(B,A)和(B,A),企业2的总收益为$4+\delta+\delta^2$。计算可知,当$\delta>\frac{1}{3}$时必有$3+4\delta+\delta^2>4+\delta+\delta^2$,即给定企业1不变企业2也不变。

另一方面,给定企业2保持以上战略不变。分析企业1:如果企业1也保持不变,那么各阶段均衡结果为(A,A)、(A,B)和(B,A),企业1的总收益为$3+\delta+4\delta^2$;如果改变,那么各阶段均衡结果为(B,A)、(A,B)和(A,B),企业1的总收益为$4+\delta+\delta^2$。计算可知,当$\delta>\sqrt{\frac{1}{3}}$时必有$3+\delta+4\delta^2>4+\delta+\delta^2$,即给定企业2不变企业1也不变。

综合两方面,只要$\delta>=\max\left(\frac{1}{3},\sqrt{\frac{1}{3}}\right)=\sqrt{\frac{1}{3}}$,以上轮转战略就构成均衡结果。其中,后两阶段体现了轮转,在第一阶段实现了不是阶段博弈纳什均衡的(A,A)。

4. 质变

这是质的变化。重复三次时,即使没有惩罚机制,也可以实现更好的(A,A)。

※**习题8** 求轮转战略使以下博弈在三次重复中实现合作的条件。

	合作	单干
合作	10,10	5,12
单干	12,5	3,3

五、民间定理

1. 含义

民间定理(folk theorem)也称无名氏定理,奥曼最早正式阐释。称为民间或无名氏的原因是,这个结论早就被发现,早存在于民间,至于是谁最早发现的,已经无从考证。正因为如此,有人建议称为奥曼定理,但是被奥曼拒绝了,因为奥曼说这不是他的原创贡献。

2. 重复 100 次

在差异市场博弈重复100次的重复博弈中,考虑战略组合:

企业1:前98阶段,都选A,但是从第二次开始一旦发现对方没有选A就一直选B;第99阶段,如果第98阶段企业2选了A那么就选A,如果第98阶段企业2选了B那么就选B;第100阶段选B。

企业2:前98阶段,都选A,但是从第二次开始一旦发现对方没有选A就一直选B;第99

阶段,选 B;第 100 阶段,如果第 98 阶段企业 1 选了 A 那么就选 A,如果第 98 阶段企业 1 选了 B 那么就选 B。

可以证明,这也构成均衡,结果是:前 98 阶段(A,A),第 99 阶段(A,B),第 100 阶段(B,A)。在此均衡结果中,双方收益很接近于帕累托最优的(3,3)。

3. 保底收益

企业 1 和 2 的保底收益都是 1,就是无论对方如何做都能得到的收益。

4. 最高收益

企业 1 和 2 的最高收益都是 3,就是帕累托最优的收益,就是在不降低对方收益的前提下能够提高的极限。

5. 民间智慧

只要重复次数足够多,保底收益和最高收益之间的任何值都可以实现。

这体现了重复的意义,不是简单重复,而是帕累托改进,长期重复关系改进了结果。

第11讲　无限重复

一、耐心价值

1. 一次博弈

肯定不会合作。

	B 合作	B 不合作
A 合作	4,4	−2,6
A 不合作	6,−2	1,1

2. 重复博弈

有可能会合作。重复关系是形成合作的重要原因。

3. 无限之意

(1) 永无止境

一直重复下去，没有尽头。

(2) 随机结束

博弈以一定概率重复进行到下阶段，随时都有可能结束。看上去永远不会结束，其实随时都有可能结束。正是不知道什么时候结束的不确定性使我们觉得生活在一个永不结束的世界里，充满希望。

(3) 身份标签

身份标签将一次性博弈转化为无限次重复博弈。

比如，清华大学毕业生很厉害，虽然每次提到的其实是不同的清华大学毕业生，但是因为都是清华大学毕业的，就感觉一直是在和清华大学毕业生博弈。天下武功出少林，少林寺和尚武功高强，总能惩恶扬善，维护正义，虽然每次出场的其实不是同一个和尚，但是总感觉武功高强的少林寺和尚一直都在，即使跨越了多个朝代。

4. 困境重现

	B 合作	B 不合作
A 合作	T,T	S,R
A 不合作	R,S	P,P

构成囚徒困境的条件：$R>T>P>S, T+T>S+R$。

5. 未来价值

每一阶段得到 T，无限重复，总收益为

$$V = T + \delta T + \delta^2 T + \delta^3 T + \cdots = T\frac{1}{1-\delta}$$

其中，δ 表示对未来的重视程度，称为"耐心"，有 3 种解释：

(1) 贴现因子

$\delta = \dfrac{1}{1+r}$，其中 r 是表示时间价值的利率，$\delta^3 T$ 表示第四阶段的收益折现到第一阶段后的值。

(2) 重复可能性

δ 是重复到下一阶段的概率，δ^3 表示博弈重复到第四阶段的可能性。

(3) 同时考虑

δ 是贴现因子和重复概率的乘积。

6. 面向未来的合作

有未来，才会合作；没有未来，不会合作。

较为普遍的临退现象，指临近退休时工作积极性认真程度会降低，甚至会贪污腐败。再不疯狂就老了的行为观念，指活在当下，趁还年轻还可以自由活动，及时享受岁月的美好。

7. 战略空间

战略是每个阶段的行动构成的方案。空间就是集合，战略空间就是战略的集合。一些战略举例：

(1) 永远不合作战略

All-D：无论怎样，各阶段都不合作。

(2) 永远合作战略

All-C：无论怎样，各阶段都合作。

(3) 摇摆战略

合作-不合作交替进行。

(4) 针锋相对

针锋相对(tit-for-tat)或以牙还牙战略：从合作开始，之后每次选择对方前一阶段的行动，即一旦对方不合作就报复在下一阶段选择不合作，而只要对方改错又开始合作就原谅，在下一阶段选择合作。

(5) 冷酷战略

冷酷战略(grim strategy)又称触发战略(trigger strategy)：从合作开始，一旦对方不合作，就永远不合作；对方的不合作会触发我方的不合作，并且不可逆转不可改变。

8. 重复特征

(1) 是动态博弈

所有局中人能够观察到博弈进程。在决定当前阶段如何做时,知道每个历史阶段各方是怎么做的。但是,不知道当前阶段对方是怎么做的,因为每个阶段博弈都是静态博弈。

(2) 各阶段独立

前阶段的博弈进程不改变后阶段的博弈结构,各个阶段之间没有联系。

(3) 全周期观

追求所有阶段收益总和最大,而不局限于某个阶段的得失。各阶段的收益乘以相应贴现因子后再相加,得到总收益。

(4) 存在质变

各阶段博弈的纳什均衡构成的战略组合一定是重复博弈的均衡。而重复博弈的均衡在某个阶段的行动组合可能是也可能不是该阶段博弈的纳什均衡。

(5) 有利合作

重复博弈的平均阶段收益,可以比阶段博弈的收益大。重复关系长期关系是促进合作的重要途径。

二、冷酷战略

1. 永不原谅

(1) 含义

对方的不合作会触发我方永远的不合作,不可逆转。

(2) 行为特征

①主动合作:无论对方是否合作,开始都选择合作。
②奖励合作:如果对方合作,那么继续合作。
③冷酷到底:一旦对方不合作,就永远不合作。

2. 战略分析

不妨设囚徒困境博弈双方的贴现因子都为 δ。对任意一方,给定对方采取冷酷战略:

我方也采取,总收益为 $V(G|G)=T+\delta T+\delta^2 T+\delta^3 T+\cdots=T\dfrac{1}{1-\delta}$;

我方不采取,总收益为 $V(D|G)=R+\delta P+\delta^2 P+\delta^3 P+\cdots=R+P\dfrac{\delta}{1-\delta}$。

当 $V(G|G)>V(D|G)$,即 $\delta>\dfrac{R-T}{R-P}$ 时,给定对方采取冷酷战略我方也会采取,结果双方会一直都选择合作,形成均衡,结果就是双方一直合作。

冷酷战略可以实现一直合作,但是不能容错。这是一种刀锋上的平衡,一旦有丝毫偏离,就永远不再合作。

3. 合作条件

(1) 贴现因子足够大

$\delta > \dfrac{R-T}{R-P}$，解释为贴现因子，对未来足够重视。

(2) 预期重复概率足够大

$\delta > \dfrac{R-T}{R-P}$，解释为重复概率，对未来的预期足够平稳。

(3) 耐心足够大

$\delta = ab > \dfrac{R-T}{R-P}$，同时解释为贴现因子 a 和重复概率 b，表示为图 11-1 中的合作区域。

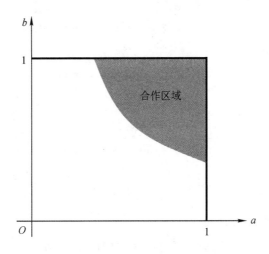

图 11-1　无限重复博弈的合作区域示意

(4) 未来利益相对眼前利益足够大

$\dfrac{\delta(T-P)}{1-\delta} > R-T$，解释为贴现率，左边是未来利益，右边是眼前利益。如果偏离，现在可以多得 $R-T$，但是从第二阶段开始的每个阶段都会损失 $T-P$，折算到现在就是 $\dfrac{\delta(T-P)}{1-\delta}$。如果 $\dfrac{\delta(T-P)}{1-\delta} > R-T$，意味着偏离引起的未来损失折算到现在比眼前的额外收益大，就不会偏离。

4. 苛刻的合作

冷酷战略：从合作开始，一旦对方不合作，就永远不合作。

		B	
		合作	不合作
A	合作	8,8	1,12
	不合作	12,1	3,3

以 A 为例,给定 B 采取冷酷战略:

A 也采取,双方就一直合作,每阶段都得到 8,总收益为 $V(G|G)=8+8\delta+8\delta^2+\cdots$。

A 不采取,第一阶段可以得到 12,以后就一直不合作,每阶段都只能得到 3,总收益为 $V(D|G)=12+3\delta+3\delta^2+\cdots$。

当 $\delta>\frac{4}{9}$ 时,必有 $V(G|G)=8+8\delta+8\delta^2+\cdots>V(D|G)=12+3\delta+3\delta^2+\cdots$,A 也会采取冷酷战略。

对 B 有类似结果。因此,当 $\frac{4}{9}<\delta<1$ 时,冷酷战略就可能实现永远合作。

但是,这不允许丝毫的偏差,一旦不小心脱离了合作的轨道,就再也回不到合作了,没有丁点儿容错性。

※**习题 1** 历史:美俄之间的限制反弹道导弹 ABM 协议,要求两国不部署反弹道导弹。

模型:

		俄罗斯	
		无 ABM	有 ABM
美国	无 ABM	10,10	4,12
	有 ABM	12,4	2,2

部署 ABM,有 10% 的可能性被监测到。一旦监测到对方部署 ABM,将立刻一直部署 ABM。求遵守协议的条件。

4. 监管效率与信息披露时间

如果监管效率降低,不合作行为要经过两次才能被发现,那么

$$V(DD|G)=R+\delta R+\delta^2 P+\delta^3 P+\cdots=R+\delta R+P\frac{\delta^2}{1-\delta}$$

此时,$V(G|G)>V(DD|G)$ 就要求 $T+\delta T+\delta^2 T+\delta^3 T+\cdots>R+\delta R+\delta^2 P+\delta^3 P+\cdots$,也就是 $\delta>\sqrt{\frac{R-T}{R-P}}$。而 $\sqrt{\frac{R-T}{R-P}}>\frac{R-T}{R-P}$,因此信息披露延迟对合作提出了更苛刻的条件,或者说信息披露延迟会降低实现合作的可能性。

从这个角度讲,网络信息技术用于监管,有利于促进社会合作。

三、针锋相对

1. 两层含义

一是以牙还牙,二是投桃报李。

第一阶段合作,以后每阶段都采取对方上阶段的行为。显著特点:

①主动合作:无论对方如何,自己总是从合作开始;

②报复惩罚:如果对方不合作,那么下期不合作,以牙还牙,惩罚对方,报复对方;

③报答奖励:如果对方合作,那么下期合作,投桃报李,奖励对方,报答对方。

2. 合作稳定性分析

如果双方都采取针锋相对战略,由于一开始是都合作而且总是采取对方上阶段的行为,就能够实现一直合作。但是,双方都采取针锋相对战略实现的合作并不稳定。比如,

		B	
		合作	不合作
A	合作	T,T	S,R
	不合作	R,S	P,P

如果甲方不小心偏离了,本阶段选择了不合作,然后一直坚持针锋相对战略:

(1) 乙方坚持针锋相对战略

从下阶段开始,双方行为和收益为

甲方:合作 S,不合作 R,合作 S,不合作 R,合作 S,不合作 R,……

乙方:不合作 R,合作 S,不合作 R,合作 S,不合作 R,合作 S,……

(2) 乙方立刻原谅

从下阶段开始,双方行为和收益为

甲方:合作 T,合作 T,合作 T,合作 T,合作 T,合作 T,……

乙方:合作 T,合作 T,合作 T,合作 T,合作 T,合作 T,……

因为 $T+T>R+S$,所以乙方会选择立刻原谅。也就是说,在甲方坚持针锋相对战略时,乙方会偏离。

事实上,甲方知道乙方会原谅,就会假装又不小心偏离了,也就是继续不合作;乙方知道甲方会继续不合作,就不会原谅,从而就会也不合作;结果,双方会一直不合作。

无条件原谅有问题!

3. 带惩罚的针锋相对

胡萝卜加大棒策略,就是在针锋相对基础上,增加:实施惩罚,对方不合作后也不合作,以惩罚对方的不合作行为;接受惩罚,对方不合作时采取合作,以寻求对方原谅自己的不合作行为。由此形成带惩罚的针锋相对,行为特征为:

① 主动合作:无论对方是否合作,开始都选择合作。

② 报答合作:只要对方合作,就继续合作。

③ 报复偏离:一旦对方在我方合作时不合作,占我方便宜,让我吃了亏,就不合作,以此惩罚对方。

④ 原谅过错:一旦对方接受了惩罚,在我方不合作时主动合作,让我方也占回便宜,他自己主动也吃次亏,就重新合作。

4. 关键点

① 要惩罚犯错的人:被占了便宜,吃了亏,就要惩罚对方。

② 犯错的人应该受惩:占别人便宜,让别人吃了亏,就要主动接受惩罚,让对方也占回便宜,自己也吃次亏。

③ 针锋相对与冷酷战略的区别:惩罚后可以原谅对方的过错,但不是无条件原谅,要惩罚

报复了才原谅;惩罚原谅后可以再合作,惩罚原谅了不合作行为,能够回到合作的轨道,拓展了容错空间,偶有偏差可以回归。

5. 接受惩罚

	乙	
	合作	不合作
甲 合作	T,T	S,R
甲 不合作	R,S	P,P

给定甲方采取胡萝卜加大棒战略 H:

(1)乙方合作

总收益为 $V(C|H) = T + \delta T + \delta^2 T + \delta^3 T + \cdots = T\dfrac{1}{1-\delta}$。

(2)乙方不合作

①并且接受惩罚,在对方通过不合作来惩罚我方上阶段的不合作行为时我方采取了合作行为,那么双方从此永远合作,乙方的总收益为

$$V(DC|H) = R + \delta S + \delta^2 T + \delta^3 T + \cdots = R + \delta S + T\dfrac{\delta^2}{1-\delta}。$$

②并且不接受惩罚,在对方通过不合作来惩罚我方上阶段的不合作行为时我方仍然采取不合作,那么双方从此永远不合作,乙方的总收益为

$$V(DD|H) = R + \delta P + \delta^2 P + \delta^3 P + \cdots = R + P\dfrac{\delta}{1-\delta}。$$

当 $V(DC|H) > V(DD|H)$ 即 $R + \delta S + T\dfrac{\delta^2}{1-\delta} > R + P\dfrac{\delta}{1-\delta}$ 也就是 $\delta > \dfrac{P-S}{T-S}$ 时,乙方采取不合作行为后会接受惩罚。

又 $V(C|H) > V(DC|H)$ 要求 $\delta > \dfrac{R-T}{T-S}$。那么,当 $\delta > \max\left(\dfrac{R-T}{T-S}, \dfrac{P-S}{T-S}\right)$ 时,乙方就会合作,结果就是甲乙双方会一直合作。

6. 实施惩罚

在对方愿意接受惩罚(表示为 A)时,我方会实施惩罚(表示为 M)吗?

如果实施惩罚 M:本阶段不合作而对方选择合作来接受惩罚寻求原谅,然后回到一直合作,总收益为 $V(M|A) = R + \delta T + \delta^2 T + \delta^3 T + \cdots$;

如果不实施惩罚,表示为 U:本阶段合作而对方选择合作来接受惩罚寻求原谅,然后对方会一直不合作,因为对方发现不合作行为并不会被惩罚,总收益为 $V(U|A) = T + \delta S + \delta^2 S + \delta^3 S + \cdots$

由于 $R > T$ 和 $T > S$,必有 $V(M|A) > V(U|A)$,即一定会惩罚愿意接受惩罚者。

综上所述,犯错者愿意接受惩罚,受伤者也愿意惩罚犯错者,从而犯错者一定会被惩罚。

7. 完整的针锋相对

惩罚对方后才原谅对方、接受惩罚后才可以被原谅也是针锋相对。

对方不合作的背叛行为让我方吃亏,也要让对方吃亏,本身就是针锋相对。

从这个角度讲,带惩罚的针锋相对,才是完整的。以下都是指完整的针锋相对。

8. 启示

(1)犯错的人

必须接受惩罚,只有受到惩罚后才能被原谅。

(2)面对犯错的人

必须惩罚犯错的人,报复是应该的。

(3)不惩罚犯错的人

也必须被惩罚,无条件原谅犯错误的人不值得同情。

9. 战争与和平

历史:一战中大规模使用毒气,而二战中没有使用毒气。

模型:

		德军	
		使用	不使用
英军	使用	−8,−8	1,−10
	不使用	−10,1	−1,−1

如果双方都使用针锋相对战略,求不使用毒气的条件。

针锋相对战略:一开始不使用,一旦对方使用立刻改为使用,在惩罚对方并且对方接受惩罚也就是我方使用时对方不使用之后回到不使用。

以英军为例,给定德军坚持针锋相对战略不变:

(1)英军也不变

双方就一直合作,都不使用毒气,英军的收益为 $-1-\delta-\delta^2-\cdots$

(2)英军改变

①不接受惩罚:第一阶段德军不使用毒气而英军使用毒气,英军得到 1;以后就一直不合作,双方都使用毒气,英军每阶段得到 −8;英军的总收益为 $1-8\delta-8\delta^2-\cdots$

②接受惩罚:第一阶段,德军不使用毒气而英军使用毒气,英军得到 1;第二阶段,德军使用毒气而英军不使用毒气,以接受对第一阶段不合作行为的处罚,英军得到 −10;以后就一直合作,双方都不使用毒气,英军每阶段得到 −1,英军的总收益为 $1-10\delta-\delta^2-\cdots$

比较①②两方面:当 $\delta>\dfrac{2}{9}$ 时,必有 $1-10\delta-\delta^2-\cdots>1-8\delta-8\delta^2-\cdots$ 英军偏离针锋相对战略后会接受惩罚。

比较(1)和(2)两方面:当 $\delta>\dfrac{2}{9}$ 时,必有 $-1-\delta-\delta^2-\cdots>1-10\delta-\delta^2-\cdots$ 英军不会偏离针锋相对战略。

注意,这里两个条件都为 $\delta>\dfrac{2}{9}$ 只是巧合,一般需要求解两个条件的交集。

由于博弈是对称的,对德军有类似结果。因此,当 $\frac{2}{9} < \delta < 1$ 时,双方都不使用毒气。

※**习题 2**　求针锋相对战略使以下博弈在无限重复中实现合作的条件。

		B	
		合作	不合作
A	合作	10,10	1,12
	不合作	12,1	3,3

10. 加重惩罚

(1)增加惩罚次数

比如,惩罚两次:乙方不合作,要接受两次惩罚后,才能被原谅,再回到合作的轨道上,乙方的收益就为 $V(DCC|H) = R + \delta S + \delta^2 S + \delta^3 T + \cdots$

此时,$V(C|H) > V(DCC|H)$ 要求 $\delta > \frac{R-T}{(T-S)(1+\delta)}$,而 $\frac{R-T}{(T-S)(1+\delta)} < \frac{R-T}{T-S}$,即实施两次惩罚时实现合作的条件降低了,合作程度提高了。

(2)加大惩罚力度

就是减小 S,使 $\delta > \frac{R-T}{T-S}$ 变得更容易满足,即合作更容易实现。

可见,无论是增加惩罚次数还是增大惩罚力度,都可以促进合作。

四、极限飞跃

1. 无限的质变

如果有限重复:由于囚徒困境只有一个纳什均衡,均衡结果必然是每阶段都不合作,也就是一直不合作。

如果无限重复:就有可能走出囚徒困境,实现一直合作。

从有限到无限的转变,可能激发从一直不合作到一直合作的飞跃。这就是哲学讲的,量变到质变的飞跃。

2. 量化例子

		B	
		合作	不合作
A	合作	5,5	0,7
	不合作	7,0	1,1

(1)冷酷战略

先合作,一旦对方不合作就永远不合作。

给定对方采取冷酷战略,我方一开始合作,就一直合作,收益为

$$V(C|G) = 5 + 5\delta + 5\delta^2 + 5\delta^3 + \cdots = \frac{5}{1-\delta}$$

给定对方采取冷酷战略,我方一开始不合作,就一直不合作,收益为

$$V(D|G) = 7 + \delta + \delta^2 + \delta^3 + \cdots = 7 + \frac{\delta}{1-\delta}$$

只要 $\delta > \frac{1}{3}$,就有 $V(D|G) = 7 + \frac{\delta}{1-\delta} < V(C|G) = \frac{5}{1-\delta}$,即无限重复博弈中通过冷酷战略就能够实现合作。但是,这是刀锋上的平衡,一旦偏离合作,就再也回不到合作轨道上。

(2) 针锋相对

先合作,一旦对方不合作就不合作,只要对方接受惩罚就原谅再合作。

给定对方采取针锋相对战略,我方一开始合作,就一直合作,收益为

$$V(C|Z) = 5 + 5\delta + 5\delta^2 + 5\delta^3 + \cdots = \frac{5}{1-\delta}$$

给定对方采取针锋相对战略,我方一开始不合作,接下来被对方惩罚,就是我方合作而对方不合作,然后就一直合作,收益为

$$V(DC|Z) = 7 + 0\delta + 5\delta^2 + 5\delta^3 + \cdots = 7 + \frac{5\delta^2}{1-\delta}$$

而如果不合作后又不接受对方惩罚,就会一直不合作,收益为

$$V(DD|Z) = 7 + 1\delta + 1\delta^2 + 1\delta^3 + \cdots = 7 + \frac{\delta}{1-\delta}$$

当 $\delta > \frac{1}{5}$ 时有 $V(DC|Z) > V(DD|Z)$,不合作后肯定愿意接受惩罚从而再回到合作轨道上。

当 $\delta > \frac{2}{5}$ 时有 $V(DC|Z) = 7 + \frac{5\delta^2}{1-\delta} < V(C|Z) = \frac{5}{1-\delta}$。因此,$\delta > \max\left(\frac{2}{5}, \frac{1}{5}\right) = \frac{2}{5}$ 时,无限重复博弈中通过针锋相对战略就能够实现合作。而且,这是可以自我恢复的平衡,即使发生了偏离,在接受惩罚后,也能够回到合作。

※**习题3** 分别求冷酷战略和针锋相对战略使以下博弈在无限重复中实现合作的条件。

		B 合作	B 不合作
A	合作	4,4	1,6
	不合作	6,1	2,2

3. 实验证据

阿克塞尔罗德(Axelrod,1984)的重复囚徒困境博弈竞赛模拟实验研究反复证实,针锋相对的以牙还牙和投桃报李是成功率最高的战略。

4. 无名氏定理

无名氏定理也称民间定理。无限重复中民间定理的含义是:如果无限重复,只要对未来足够重视,任何程度的合作都可以实现。其中,"合作程度"定义为整个重复博弈中合作出现的频率。

在有限重复中有民间定理,在无限重复中也有民间定理,二者构成完整的民间定理。都是早就存在于民间,具体由谁最早发现,已经难以考证;都是由奥曼最早正式陈述和阐释,但是奥曼拒绝称之为奥曼定理,因为他说早已有之不是个人贡献。

五、多维关系

1. 独立关系

考虑两个都是囚徒困境的独立关系。二者在无限重复中都可能实现合作,但是对实现合作要求的条件不同。

关系 1:

		B	
		合作	不合作
A	合作	3,3	−1,4
	不合作	4,−1	0,0

关系 2:

		B	
		合作	不合作
A	合作	5,5	0,9
	不合作	9,0	4,4

假设双方实施冷酷战略,那么

关系 1 中,合作的条件是 $3+3\delta+3\delta^2+3\delta^3+\cdots>4+0\delta+0\delta^2+0\delta^3+\cdots$,即 $\delta>0.25$。

关系 2 中,合作的条件是 $5+5\delta+5\delta^2+5\delta^3+\cdots>9+4\delta+4\delta^2+4\delta^3+\cdots$,即 $\delta>0.8$。

要同时实现合作,必须有 $\delta>0.8$。

2. 叠加关系

现实中,往往存在多重关系的叠加,比如工作同事关系之外还有室友、球友、牌友、驴友……以上的关系 1 和 2 叠加后,得到

		B	
		合作	不合作
A	合作	8,8	−1,13
	不合作	13,−1	4,4

合作的条件是 $8+8\delta+8\delta^2+8\delta^3+\cdots>13+4\delta+4\delta^2+4\delta^3+\cdots$,即 $\delta>\dfrac{5}{9}\approx 0.56$。

可见,叠加多维关系降低了实现合作的条件,有利于合作。这可以解释亲上加亲、门当户对、利益联姻等。

当然,并不是说叠加多维关系一定会促进合作,只是有可能。

※**习题 4**　用针锋相对战略判断无限重复中以下两个关系叠加对合作条件的改变。

关系1：

		B	
		合作	不合作
A	合作	3,3	-1,4
	不合作	4,-1	1,1

关系2：

		B	
		合作	不合作
A	合作	5,5	0,9
	不合作	9,0	2,2

六、和尚与庙

1. 和尚的庙

品牌等身份标签将一次性博弈转化为无限次重复博弈。比如，虽然每次其实是与清华大学毕业的不同学生博弈，但是因为都是清华大学毕业的，感觉就是一直在和清华大学毕业生博弈。因此，青年就要努力进名校。对资本来讲，就要收购成熟的品牌或企业。这是资本往往选择与当地企业合作甚至直接收购当地企业进入新市场的原因之一。

2. 庙的约束

"庙"的声誉会约束"和尚"的行为。比如，不能给母校丢脸，阻止校友的不当行为；不能给祖国丢脸，阻止同胞的不当行为；党员的身份作用；嘉禾出品，必属佳片。

3. 情感与信念

（1）图示

如图11-2所示，横坐标表示面临诱惑的大小，纵坐标表示夫妻关系感情深度或党政干部

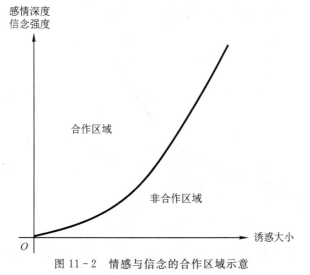

图11-2 情感与信念的合作区域示意

信念坚定程度等。当感情足够深时,不会背叛,会一直合作。由此形成合作区域和不合作区域,分界线刻画了感情深度或信念强度与诱惑大小之间的相对关系。

(2)正能量视角

诱惑再大,只要感情足够深,信念足够坚定,还是会合作,就不会背叛。

比如,在图11-3中,诱惑再大,以至于达到了 A 点所示的程度,只要感情足够深,超过了 B 点所示水平,仍然不会背叛,还是会合作。

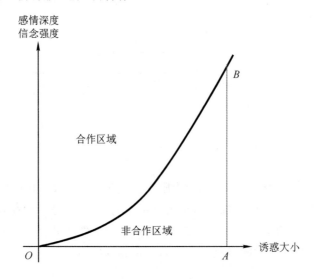

图11-3　抵挡诱惑的情感深度信念强度示意

(3)负能量视角

感情再深,信念再强,只要诱惑足够大,还是会背叛,就不会合作。

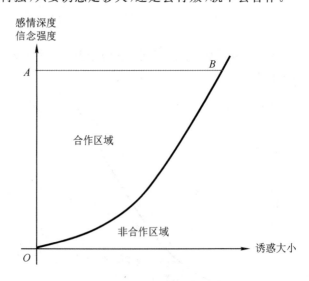

图11-4　背弃情感信念的诱惑大小示意

比如,在图11-4中,感情再深,以至于达到了 A 点所示的程度,只要诱惑足够大,超过了

B 点所示水平,仍然会背叛,还是不会合作。

(4) 第五项修炼

改变心智模式,改变认知视角。心有阳光,眼里才有阳光,行为才端正。

※**习题 5**　列举生活中和尚与庙的事例并做简要分析。

七、效率工资

1. 含义

企业开出的工资高于失业保险或政府要求的最低工资,或者高于市场平均水平,甚至高于其他地方可以获得的最高工资。直观解释就是,在其他地方再也找不到这么高工资的工作了,所以要倍加珍惜,加倍努力,做好现有工作,也为企业创造更多价值。

2. 原博弈

第一阶段:企业确定工资 w,员工看到工资后决定是拒绝还是接受。如果拒绝,员工就领取失业保险金,可得 w_0;如果接受,进入下一阶段。

第二阶段:员工决定是努力还是不努力。如果努力,将创造产出 y,那么企业得 $y-w$,员工得 $w-e$,其中 e 为努力成本;如果不努力,实现产出 y 的概率为 p,有 $1-p$ 的可能性不会创造任何产出,那么企业的期望收益为 $py-w$,员工的收益为 w。其中,无论是否有产出,员工都会得到工资 w,因为工资是事前就确定了的。

如果只看这个原博弈,那么:员工一定不会努力,因为 $w>w-e$;企业也知道员工一定不会努力,就不会给工资,就业机会就消失。

下面的分析表明重复博弈会改变原博弈的结果。

3. 重复博弈

以上博弈重复的阶段博弈即原博弈是一个包含两阶段的动态博弈。可以理解为企业和员工之间每年签订一次劳动合同。一年,就是重复博弈的一个阶段。而且,每个阶段都包括原博弈的两步。其中,企业根据上阶段的产出 y 确定本阶段的工资 w,员工根据工资 w 确定是否努力。

无限重复的含义是长期合同,或者说中断劳动合同的时间是不确定的。

4. 企业战略

先给工资 w,只要产出是 y 就一直给,一旦产出为 0,以后就永远不再给工资,即 $w=0$。

5. 员工战略

先选择努力 e,只要工资是 w 就一直努力,一旦工资为 0,以后就永远不努力,即 $e=0$。

6. 均衡结果

以上战略组合在一定条件下使 (w,e) 即企业一直给工资员工一直努力构成均衡结果。

首先,对员工。

给定企业的如上战略:

员工一直努力,表示为 L,每阶段都会得到 $w-e$,总收益为

$$v_L=(w-e)+(w-e)\delta_2+(w-e)\delta_2^2+(w-e)\delta_2^3+\cdots$$

其中,δ_2 表示员工的贴现因子。

员工一直不努力,表示为 N,第一阶段的收益为 w,第二阶段的期望收益为 $pw+(1-p)w_0$,第三阶段的期望收益为 $p^2w+(1-p^2)w_0$,以此类推,总收益为

$$v_N=w+[pw+(1-p)w_0]\delta_2+[p^2w+(1-p^2)w_0]\delta_2^2+[p^3w+(1-p^3)w_0]\delta_2^3+\cdots$$

要确保员工努力,需有 $v_L>v_N$,即

$$(w-e)+(w-e)\delta_2+(w-e)\delta_2^2+(w-e)\delta_2^3+\cdots>$$
$$w+[pw+(1-p)w_0]\delta_2+[p^2w+(1-p^2)w_0]\delta_2^2+[p^3w+(1-p^3)w_0]\delta_2^3+\cdots$$

亦即

$$\{(w-e)-[pw+(1-p)w_0]\}\delta_2+\{(w-e)-[p^2w+(1-p^2)w_0]\}\delta_2^2+\cdots>e,$$

化简得,$w>w_0+e+\dfrac{1-\delta_2}{\delta_2(1-p)}e$。

所以,当 $w>w_0+e+\dfrac{1-\delta_2}{\delta_2(1-p)}e$ 时,给定企业的如上战略,员工就会一直努力。

其次,对企业。

给定员工的如上战略:

如果企业给的工资满足 $w>w_0+e+\dfrac{1-\delta_2}{\delta_2(1-p)}e$,员工就会一直努力,每阶段企业的收益都为 $y-w$,总收益为 $(y-w)(1+\delta_1+\delta_1^2+\delta_1^3+\cdots)=\dfrac{y-w}{1-\delta_1}$,其中 δ_1 表示企业的贴现因子;而企业不给工资,各阶段的收益都为 0,总收益也为 0。

所以,只要 $\dfrac{y-w}{1-\delta_1}>0$ 即 $y>w$,产出大于工资成本,企业就会给工资,也就是会提供劳动就业机会。

最后,综合以上两方面,当 $w_0+e+\dfrac{1-\delta_2}{\delta_2(1-p)}e<w<y$ 时,(w,e) 就构成均衡结果,其中工资 w 高于失业保险 w_0。换言之,条件 $w_0+e+\dfrac{1-\delta_2}{\delta_2(1-p)}e<w<y$ 意味着,只有高于失业保险的工资才能构成均衡结果。

7. 最低工资与失业保险

一是 $w>w_0+e+\dfrac{1-\delta_2}{\delta_2(1-p)}e$ 意味着,吸引就业的工资水平在补偿失业保险 w_0 和努力成本 e 之外还要有剩余 $\dfrac{1-\delta_2}{\delta_2(1-p)}e$,就是实际的最低企业工资,显著高于失业保险 w_0。

二是 $y-e>w_0+\dfrac{1-\delta_2}{\delta_2(1-p)}e$ 意味着,吸引工作的就业机会所创造的产出 y 在补偿投入成本 e 后还应该比失业保险 w_0 高,对社会有积极贡献。

※**习题 6**　列举现实中开高薪的企业实例。

第 12 讲　讨价还价

一、议价博弈

1. 问题描述

两个人,A 和 B,分一块钱。A 先出价,B 决定接受还是拒绝。如果 B 接受,按照 A 提出的方案分配,谈判结束;如果 B 拒绝,B 提出方案,A 再决定接受还是拒绝。如果 A 接受,按 B 的方案分配,谈判结束;如果不接受,再由 A 提出方案。如此反复,直到达成一致。

讨价还价的结果是什么?

2. 议价特点

轮流出价,直到达成,典型的动态博弈。

二、有限谈判

1. 特点

斯塔尔(Stahl,1972)提出有限讨价还价的博弈模型。由于只进行有限次的讨价还价,存在最后阶段。

2. 思路

从最后阶段开始,用逆向推理方法求解。

3. 谈一次就结束

A 说怎么分,B 没有表达意见的机会。A 出价,就是最后阶段;B 没有机会发表意见,相当于只能接受。因此,A 将会把一块钱全部留给自己,而什么也不给 B,表示为

A,1;B,0。

4. 谈两次就结束

首先,考虑第二轮谈判。

第二轮就是最后一轮。如果谈判进行到第二轮,B 知道这是最后阶段,将把一块钱全部给自己,什么也不给 A。

其次,考虑第一轮谈判。

第一轮就是倒数第二轮。A 知道如果 A 的提议被拒绝后进入第二轮 A 什么也得不到,所以 A 在提议分配方案时要防止被 B 拒绝。要不被 B 拒绝,就要确保 B 在第一阶段所得不比进入第二阶段的所得少,当然也不需要比进入第二阶段的所得多,临界值就是等于进入第二阶段的所得。而讨价还价进入到第二阶段 B 会得到 1,贴现到第一阶段就是 n,其中 n 是 B 的贴现因子。因此,在第一阶段,A 会分给 B 的是 n,剩下的 $1-n$ 就是 A 自己的。

综上,整个讨价还价过程,表示为

第二轮:A,0;B,1。

第一轮:A,1−n;B,n。

其中,n 为 B 的贴现因子。

5. 谈三次

首先,考虑第三轮谈判。

第三轮就是最后一轮。如果谈判进行到第三轮,A 知道这是最后阶段,将把一块钱全部给自己,什么也不给 B。

其次,考虑第二轮谈判。

第二轮就是倒数第二轮。B 知道如果 B 的提议被拒绝后进入第三轮 B 什么也得不到,所以 B 在提议分配方案时要防止被 A 拒绝。要不被 A 拒绝,就要使 A 在第二阶段所得等于进入第三阶段的所得。而讨价还价进入到第三阶段 A 会得到1,贴现到第二阶段就是 m,其中 m 是 A 的贴现因子。因此,在第二阶段,B 分给 A 的是 m,剩下的 $1-m$ 就是 B 自己的。

最后,考虑第一轮谈判。

第一轮就是倒数第三轮。A 知道如果 A 的提议被拒绝后进入第二轮 B 会得到 $1-m$,贴现到第一阶段就是 $n(1-m)$。因此,在第一阶段,A 会分给 B 的是 $n(1-m)$,剩下的 $1-n(1-m)$ 就是 A 自己的。

综上,整个讨价还价过程,表示为

第三轮:A,1;B,0。

第二轮:A,m;B,$1-m$。

第一轮:A,$1-n(1-m)=1-n+mn$;B,$n(1-m)=n-mn$。

其中,m 为 A 的贴现因子,n 为 B 的贴现因子。

6. 谈四次

逆向推理求解得讨价还价过程如下

第四轮:A,0;B,1。

第三轮:A,$1-n$;B,n。

第二轮:A,$m(1-n)=m-mn$;B,$1-m(1-n)=1-m+mn$。

第一轮:A,$1-n+mn-mn^2=(1-n)(1+mn)$;B,$n(1-m+mn)=n-mn+mn^2$。

7. 回顾

(1) 要诀

除非是最后一阶段,都要先满足对方需求,剩下的才是自己的。

(2) 生活

先满足他人需求,再考虑自己。如此,朋友多,路子宽。

(3) 结果

虽然以上分析给出了各个阶段双方的分配方案提议,但是谈判其实在第一阶段就结束了。因为第一轮的提议不会被拒绝,即使拒绝进入第二阶段也不会得到更高收益;同理,第二阶段的提议也不会被拒绝,即使拒绝进入第三阶段也不会得到更高收益……如此循环,每一阶段的提议都不会被拒绝。所以,可以认为,在第一阶段,一方提议,另一方同意,谈判结束。虽然看起来根本没有谈,但是其实双方是把整个过程想清楚了才报价才同意的。

也可以这样理解,每阶段为了防止对方拒绝,其实给对方的要比以上临界值要高一点点儿。因为高了一点点儿,第一阶段的提议就不会被拒绝,从而就结束了。

※**习题 1** 张三和李四正在谈判如何分 100 元。张三先提议分配方案,如果李四同意就分;如果李四不同意,再由李四提议分配方案。如果张三同意就分;如果张三不同意,则再由张三提议分配方案。如果李四同意就分;如果李四不同意,法院会强行判决为平均分配。假设双方的贴现因子分别为 δ_1 和 δ_2,求二者谈判的分配结果。

8. 谈 10 次

逆向推理求解得讨价还价过程如下:

第十轮:A,0;B,1。

第九轮:A,$1-n$;B,n。

第八轮:A,$m(1-n)=m-mn$;B,$1-(m-mn)=1-m+mn$。

第七轮:A,$1-n+mn-mn^2$;B,$n(1-m+mn)=n-mn+mn^2$。

第六轮:A,$m(1-n+mn-mn^2)=m-mn+m^2n-m^2n^2$;
      B,$1-(m-mn+m^2n-m^2n^2)$。

第五轮:A,$1-(n-mn+mn^2-m^2n^2+m^2n^3)$;
      B,$n[1-(m-mn+m^2n-m^2n^2)]=n-mn+mn^2-m^2n^2+m^2n^3$。

第四轮:A,$m[1-(n-mn+mn^2-m^2n^2+m^2n^3)]=m-mn+m^2n-m^2n^2+m^3n^2-m^3n^3$;
      B,$1-(m-mn+m^2n-m^2n^2+m^3n^2-m^3n^3)$。

第三轮:A,$1-(n-mn+mn^2-m^2n^2+m^2n^3-m^3n^3+m^3n^4)$;
      B,$n[1-(m-mn+m^2n-m^2n^2+m^3n^2-m^3n^3)]=n-mn+mn^2-m^2n^2+m^2n^3-m^3n^3+m^3n^4$。

第二轮:A,$m[1-(n-mn+mn^2-m^2n^2+m^2n^3-m^3n^3+m^3n^4)]$;
      $=m-mn+m^2n-m^2n^2+m^3n^2-m^3n^3+m^4n^3-m^4n^4$;
      B,$1-(m-mn+m^2n-m^2n^2+m^3n^2-m^3n^3+m^4n^3-m^4n^4)$。

第一轮:A,$1-(n-mn+mn^2-m^2n^2+m^2n^3-m^3n^3+m^3n^4-m^4n^4+m^4n^5)$;
      B,$n[1-(m-mn+m^2n-m^2n^2+m^3n^2-m^3n^3+m^4n^3-m^4n^4)]$
      $=n-mn+mn^2-m^2n^2+m^2n^3-m^3n^3+m^3n^4-m^4n^4+m^4n^5$。

9. 启示

(1)耐心优势(patience advantage)

观察可知,A 所得随其贴现因子 m 的增大而增大,B 所得也随其贴现因子 n 的增大而增大。因此,一个人越有耐心,越看重未来,即贴现因子越大,在分配中就可以得到越多利益。

(2)后发优势(last-mover advantage)

观察可知,如果双方有较大的相同贴现因子,也就是接近于 1 的 $m=n=k$,那么总有最后行动者的收益更大,但是高出的程度随着谈判次数增多而逐渐减小。这里的最后行动者是指最后一阶段的报价方,如果谈判奇数次,也就是第一阶段的报价方。按以上逆向推理,可以求得各种谈判次数情形中后行者收益、先行者收益以及后行者收益高出的部分,如表 12-1 所示。

表 12-1　有限谈判的后发优势

谈判次数	后行者收益	先行者收益	后行者收益高出部分
2	k	$1-k$	$2k-1$
3	$1-(k-k^2)$	$k-k^2$	$1-2(k-k^2)$
4	$k-k^2+k^3$	$1-(k-k^2+k^3)$	$2(k-k^2+k^3)-1$
5	$1-(k-k^2+k^3-k^4)$	$k-k^2+k^3-k^4$	$1-2(k-k^2+k^3-k^4)$
6	$k-k^2+k^3-k^4+k^5$	$1-(k-k^2+k^3-k^4+k^5)$	$2(k-k^2+k^3-k^4+k^5)-1$
7	$1-(k-k^2+k^3-k^4+k^5-k^6)$	$k-k^2+k^3-k^4+k^5-k^6$	$1-2(k-k^2+k^3-k^4+k^5-k^6)$
……	……	……	……

注意,后行者指有限谈判中最后阶段的报价方,当谈判奇数次时,也是第一阶段的报价方;先行者指有限谈判中倒数第二阶段的报价方。

可以看出,如果双方有足够的相同耐心程度,后行者得到的更多,但这种优势随着谈判次数增加而递减。

比如,如果 $m=n=0.9$,那么推导可得:谈 2 次时,后行者得到 0.9;谈 3 次时,后行者得到 0.91;谈 4 次时,后者行者得到 0.819;谈 5 次时,后行者得到 0.8371;等等。

※**习题 2**　张三和李四为如何分配 100 元钱进行讨价还价。在第一回合,张三先提出方案:自己得 S_1 元,李四得 $100-S_1$ 元。在这一回合,张三不需要为出价支付成本。李四可以选择接受或者不接受,如不接受,博弈进入第二回合。在第二回合,轮到李四提出方案:由李四得 S_2 元,张三得 $100-S_2$ 元;在这一轮中,李四需要为自己的方案支付 10 元的成本。张三可以选择是否接受,如不接受,博弈继续进入第三回合。在第三回合,由张三提出方案:自己得 S_3 元,李四得 $100-S_3$ 元;在这一轮中,张三需要为自己的方案支付成本 20 元。李四可以选择是否接受,如果不接受,则公证人王五会拿走 100 元,谈判结束。在这个博弈中,双方贴现因子都为 0.9。请问双方谈判的分配结果是什么?

10. 价值缩水

每进行一轮谈判,即一方报价被另一方拒绝,进入下一轮谈判,标的物价值就会减少。

设 d_i 为第 i 轮谈判中标的物减少的价值。如果谈判最多进行六轮,在第六轮谈判后还没有达成将缩水至 0,均衡结果是什么?

首先,考虑第六轮谈判,也就是最后一轮。

在第六轮谈判之后,标的物价值将缩水为 0。所以,在第六轮谈判之初,标的物价值为 d_6。B 知道这是最后一轮,把 d_6 全部给自己,什么都不给 A。

其次,考虑第五轮谈判,也就是倒数第二轮。

在第五轮谈判之初,标的物价值为 d_5+d_6。A 知道如果自己的提议被 B 拒绝进入第六轮 B 将得到 d_6,折现到第五轮就是 nd_6,因此会分 nd_6 给 B,剩下的 $d_5+d_6-nd_6$ 是自己的。

然后,逆向依次考虑第四、三、二、一轮谈判。

类似地,可以得到各轮次谈判结果,表示为

第六轮:A,0;B,d_6。

第五轮:A,$d_5+d_6-nd_6$;B,nd_6。

第四轮:A,$m(d_5+d_6-nd_6)$;B,$d_4+d_5+d_6-m(d_5+d_6-nd_6)$。

第三轮:A,$d_3+d_4+d_5+d_6-n[d_4+d_5+d_6-m(d_5+d_6-nd_6)]$;
B,$n[d_4+d_5+d_6-m(d_5+d_6-nd_6)]$。

第二轮:A,$m\{d_3+d_4+d_5+d_6-n[d_4+d_5+d_6-m(d_5+d_6-nd_6)]\}$;
B,$d_2+d_3+d_4+d_5+d_6-m\{d_3+d_4+d_5+d_6-n[d_4+d_5+d_6-m(d_5+d_6-nd_6)]\}$。

第一轮:A,$d_1+d_2+d_3+d_4+d_5+d_6-n(d_2+d_3+d_4+d_5+d_6-m\{d_3+d_4+d_5+d_6-n[d_4+d_5+d_6-m(d_5+d_6-nd_6)]\})$;
B,$n(d_2+d_3+d_4+d_5+d_6-m\{d_3+d_4+d_5+d_6-n[d_4+d_5+d_6-m(d_5+d_6-nd_6)]\})$。

特别的,如果 $m=n=1$,那么第一轮的结果也就是博弈的均衡结果就为 A,$d_1+d_3+d_5$;B,$d_2+d_4+d_6$。

观察发现,A 所得就是 A 的报价被拒绝时的价值缩水之和,B 所得就是 B 的报价被拒绝时的价值缩水之总和。

※**习题 3** 张三和李四正在谈判如何分 100 元。张三先提议分配方案,如果李四同意就分。如果李四不同意,总价值将减少 2 元,再由李四提议分配方案。如果张三同意就分;如果张三不同意,总价值又将减少 2 元,再由张三提议分配方案。如此循环,直到达成一致。假设双方的贴现因子都是 1,求二者谈判的结果。

※**习题 4** 张三和李四正在谈判如何分 100 元。张三先提议分配方案,如果李四同意就分。如果李四不同意,总价值将减少 2.4 元,再由李四提议分配方案。如果张三同意就分;如果张三不同意,总价值又将减少 1.6 元,再由张三提议分配方案。如此循环,直到达成一致。假设双方的贴现因子都是 1,求二者谈判的结果。

三、无限谈判

1. 特点

鲁宾斯坦(Rubinstein,1951—)提出无限讨价还价的博弈模型。他既是博弈专家,又是语言经济学家。

无限意味着没有最后一阶段,没法用逆向推理,只能顺向推理。

2. 求解方法

考虑博弈的第三阶段,是 A 出价,设:A,x;B,$y=1-x$。其中,x 表示 A 的所得,是设的未知数。

回到博弈的第二阶段,是 B 出价,应该有:A,mx;B,$1-mx$。

再回到博弈的第一阶段,是 A 出价,应该有:A,$1-n(1-mx)$;B,$n(1-mx)$。

因为在无限谈判中从第三阶段开始的子博弈其实和原博弈是同一个博弈,那么必须有 $1-n(1-mx)=x$,即

$$x=\frac{1-n}{1-mn}, y=1-x=\frac{n(1-m)}{1-mn}。$$

这就是无限谈判的结果:

在第一阶段，A 提议分配方案 $\left[\dfrac{1-n}{1-mn},\dfrac{n(1-m)}{1-mn}\right]$，B 接受，谈判结束。

也可以理解成，谈判在任意阶段随机结束，无论在哪个阶段结束，分配方案折现到第一阶段都是 $\left[\dfrac{1-n}{1-mn},\dfrac{n(1-m)}{1-mn}\right]$。

※**习题 5** 张三和李四正在谈判如何分 300 元，有两种方案。一是：张三先提议分配方案，如果李四同意就分；如果李四不同意，再由李四提议分配方案。如果张三同意就分；如果张三不同意，则再由张三提议分配方案。如果李四同意就分；如果李四不同意，法院会强行判决为平均分配。二是：张三先提议分配方案，如果李四同意就分；如果李四不同意，再由李四提议分配方案。如果张三同意就分；如果张三不同意，则再由张三提议分配方案。如此循环，直到双方达成一致。假设双方的贴现因子分别为 0.5 和 0.8，张三会倾向于哪种方案？李四呢？

3. 与有限谈判的联系

从有限情形的十轮谈判例子中可以看到，当谈判次数无限大时，有

$$x = 1-(n-mn+mn^2-m^2n^2+m^2n^3-m^3n^3+m^3n^4-m^4n^4+m^4n^5\cdots)$$
$$= (1-n)(1+mn+m^2n^2+m^3n^3+m^4n^4+\cdots)$$
$$= \dfrac{1-n}{1-mn}$$

就是无限谈判的结果。

无限，顾名思义，就是有限的极限。

4. 启示

(1) 耐心优势

耐心的含义：时间价值；性情；策略。

其一，$\dfrac{\partial x}{\partial m} = \dfrac{n(1-n)}{(1-mn)^2}>0$，$\dfrac{\partial y}{\partial n} = \dfrac{1-m}{(1-mn)^2}>0$。

自己越有耐心，越看重未来，即自己贴现因子越大，就对自己越有利，自己所得越多。

其二，$\dfrac{\partial x}{\partial n} = -\dfrac{1-m}{(1-mn)^2}<0$，$\dfrac{\partial y}{\partial m} = -\dfrac{n(1-n)}{(1-mn)^2}<0$

对方越有耐心，越看重未来，即对方贴现因子越大，就对自己越不利，自己所得越少。

※**习题 6** 列举耐心策略事例并简要分析。

(2) 先发优势

先发优势（first-mover advantage），指在无限谈判中，先行者会得到更多。

当 $m=n=k$ 时，必有 $x=\dfrac{1-n}{1-mn}=\dfrac{1}{1+k}>y=1-x=\dfrac{n(1-m)}{1-mn}=\dfrac{k}{1+k}$。

如果双方的耐心程度相同，那么先行者得到更多。

※**习题 7** 结合实际生活阐释有限谈判的后发优势和无限谈判的先发优势之间的辩证统一关系。

5. 谈判成本

(1) 含义

谈判成本就是在谈判过程中会付出的成本，表现为标的物对个人的价值会随着时间推移

而减少。

不妨设博弈双方的谈判成本分别为 $0<\alpha<1$ 和 $0<\beta<1$。也就是说,这阶段的1到下一阶段会变成 $1-\alpha$ 或 $1-\beta$。

这不同于描述时间价值的贴现因子,因为时间价值会使这阶段的1到下一阶段变大;也不同于价值缩水,因为标的物的价值缩水是客观的与当事人的属性无关,而这里的谈判成本是当事人的个体特征。

对A,本阶段的1相当于下阶段的 $1-\alpha$;对B,本阶段的1相当于下阶段的 $1-\beta$。那么,$1-\alpha$ 和 $1-\beta$ 越大,说明谈判成本越低;或者,α 和 β 越大,说明谈判成本越高。

(2) 求解过程

第三阶段,是A出价,不妨设:$A, x; B, 1-x$。

第二阶段,是B出价,应该有:$A, \dfrac{x}{1-\alpha}; B, 1-\dfrac{x}{1-\alpha}$。

其中,B为了不被A拒绝,仍然是先满足A的需求。由于A在第三阶段可以得到 x,所以B在第二阶段将给A的份额为 $\dfrac{x}{1-\alpha}$,剩下的 $1-\dfrac{x}{1-\alpha}$ 是B自己的。

第一阶段,是A出价,应该有:$A, 1-\dfrac{1-\dfrac{x}{1-\alpha}}{1-\beta}; B, \dfrac{1-\dfrac{x}{1-\alpha}}{1-\beta}$。

其中,A为了不被B拒绝,仍然是先满足B的需求。由于B在第二阶段可以得到 $1-\dfrac{x}{1-\alpha}$,所以A在第一阶段将给B的份额为 $\dfrac{1-\dfrac{x}{1-\alpha}}{1-\beta}$,剩下的 $1-\dfrac{1-\dfrac{x}{1-\alpha}}{1-\beta}$ 是A自己的。

注意,在第一、二、三阶段,标的物的总价值都是1,因为这里并没有考虑价值缩水。标的物的价值是客观的,并不随着谈判过程中当事人的主观感知而变化。当事人的谈判成本是主观的,因人而异。

由于从第三阶段开始的子博弈其实和原博弈是同一个博弈,必有 $x = 1 - \dfrac{1-\dfrac{x}{1-\alpha}}{1-\beta}$,则

$$x^* = \dfrac{(1-\alpha)\beta}{\alpha+\beta-\alpha\beta}, y^* = 1-x^* = \dfrac{\alpha}{\alpha+\beta-\alpha\beta}。$$

※**习题8** 张三和李四正在谈判如何分300元,有两种方案。一是:张三先提议分配方案,如果李四同意就分;如果李四不同意,再由李四提议分配方案。如果张三同意就分;如果张三不同意,则再由张三提议分配方案。如果李四同意就分;如果李四不同意,法院会强行判决为平均分配。其中,双方都缺乏耐心,贴现因子分别为0.5和0.8。二是:张三先提议分配方案,如果李四同意就分;如果李四不同意,再由李四提议分配方案。如果张三同意就分;如果张三不同意,则再由张三提议分配方案。如此循环,直到双方达成一致。其中,双方都有足够耐心,贴现因子都为1,但是分配所得对个人的价值会逐步减少,每谈一轮张三会减少10%李四会减少20%。张三会倾向于哪种方案?李四呢?

(3) 启示

注意到 α 和 β 值越小说明谈判成本越低,也就是 α 和 β 值越大谈判成本就越高,分析可得:

其一,成本劣势。

谈判成本越低,所得份额越大;谈判成本越高,所得份额越少。

即 $\dfrac{\partial x^*}{\partial \alpha}=-\dfrac{\beta}{(\alpha+\beta-\alpha\beta)^2}<0$ 和 $\dfrac{\partial y^*}{\partial \beta}=-\dfrac{\alpha(1-\alpha)}{(\alpha+\beta-\alpha\beta)^2}<0$。

其二,后发优势。

谈判成本相同,后行者份额一定大于二分之一。

即 $y^*=\dfrac{\alpha}{\alpha+\beta-\alpha\beta}\big|_{\alpha=\beta}=\dfrac{\beta}{2\beta-\beta^2}=\dfrac{1}{2-\beta}>\dfrac{1}{2}$。

注意,前文的先发优势是建立在贴现因子或耐心程度上的,这里的后发优势是建立在谈判成本上的。为了区分和强调这一点,分别称为耐心先发优势和成本后发优势。

※**习题9** 结合生活实际阐释耐心先发优势和成本后发优势的辩证统一关系。

四、吕氏春秋

1. 淡定邓析

《吕氏春秋》中有这样一个故事:

> 洧水甚大,郑之富人有溺者。人得其尸,富人请赎之。其人求金甚多。以告邓析。邓析曰:"安之,人必莫之卖矣。"得尸者患之,以告邓析。邓析又答曰:"安之,此必无所更买矣。"

※**习题10** 解析其中的博弈谈判原理。

2. 研究应用

谈判理论有广泛研究应用,比如:

(1)二手房交易

《系统工程学报》2017年第32卷第5期《二手房交易的讨价还价博弈模型》。

第2部分标题:无限期讨价还价的基本模型。

第3部分标题:有限期讨价还价的基本模型。

(2)供应链金融

《管理科学学报》2018年第21卷第2期《第三方供应链金融的双边讨价还价博弈模型》。

图1的标题:第三方供应链金融的双边讨价还价示意图。

图2的标题:服务商与银行的两阶段讨价还价博弈树。

图3的标题:服务商与客户企业的两阶段讨价还价博弈树。

(3)专利联盟

《科学学研究》2018年第36卷第1期《互补性专利联盟是否必要——一个基于讨价还价许可模式的新见解》。

第2.3部分的标题:两阶段讨价还价许可博弈均衡。

第3.2部分的标题:基于讨价还价的两阶段博弈。

3. 发现

其一,上述论文研究所用的博弈模型就是以上讨价还价模型。甚至还要简单些,因为没有考虑价值缩水、谈判成本等因素。

其二,讨价还价模型的应用领域非常广泛。各个领域都存在讨价还价,具有共同的科学问题,博弈模型具有普适性。

※习题11 研读上述三篇文章中的博弈模型。

五、最后通牒

1. 博弈实验

实验主持人拿出100元让A和B两人分配。A先提出分配方案,如果B接受就按照方案分,如果B拒绝则主持人收回100元。

2. 预期结果

在理性假设下,A只会给B很少比如1分钱,B会接受,因为接受还有1分而不接受就什么都没有。

3. 理性的含义

一是自利,追求自身利益最大;二是聪明,知道如何实现最大利益。

4. 实验结果

A会给B大约20%~40%,低于15%的份额会大概率被B拒绝,与预期结果明显不同。结果非常稳定,与金额、民族、国别、经济、文化等关联性很低。

5. 社会偏好(social preference)

实验结果说明,人们不仅追求个人利益,还关注他人利益。这称为传统"经济人"假设之外的社会偏好,包括公平偏好、利他偏好等具体形式。

(1)挑战

挑战的不是理性假设的聪明,而是理性假设的自利。

(2)公平偏好

不仅关注自身利益,而且关注利益分配是否公平,关注收益的相对高低。如果分配太不公平,宁愿牺牲自己利益,只要可以提高公平程度。

(3)利他偏好

别人过得越好,自己越开心。父母对儿女的爱就是如此。中国共产党对中国人民的爱也是如此。

6. 行为博弈论

考虑社会偏好的博弈论,就是行为博弈论。是行为经济学在博弈论中的发展。

7. 演绎归纳

(1)博弈论

属于数学,采取演绎方法,建立模型,数学模型具有普适性,结果取决于前提假设。

(2)行为博弈论

属于行为科学,采取归纳方法,开展实验,实验结果具有偶然性,依赖于时空情景。

(3)研究范式

博弈论是数理推导,行为博弈论是做实验,范式差别很大。

第13讲 纳什谈判

一、合作分配

1. 现实问题

[例13-1] 小李生产一种机械盒子,卖给集成制造商,每套900元。小王生产一种套装软件,卖给集成制造商,每套100元。后来,他们发现把他们生产的机械盒子和套装软件整合在一起就是一种通话机,每件可以卖3500元。由于合作创造了巨大的富余价值,双方都充满动力。但是,在如何分配合作产生的利益时却难以达成一致。如何分配?

2. 类似例子

[例13-2] 画家自己出售画,可得1000元。拍卖行干其他事情如拍卖别人的画,收入是500元。画家委托拍卖行出售画,画的价格是3000元。如何分配?

分配是否合理是决定能否实现合作的关键!

二、分配机制

1. 谈判砝码

谈判砝码(bargaining power)也称威胁点(threat point),指自己单干就可以得到的收益。

例13-1中:小李,至少要得 $a=900$ 元,否则单干;小王,至少要得 $b=100$ 元,否则单干。

转化为:如何分配(3500−1000)元=2500元

例13-2中:画家,至少要得 $a=1000$ 元,否则单干;拍卖行,至少要得 $b=500$ 元,否则单干。

转化为:如何分配(3000−1500)元=1500元

2. 协同价值

合作的总收益减去各方谈判砝码后的剩余,就是协同价值。即合作比单干多出的部分,体现了合作的协同效应,是实现合作的基础。

这样,分配就划分为两部分:先保证谈判砝码,单干所得,是底线,不能比单干还少;再分配协同价值,按比例分,取决于比例大小。

3. 划分比例

对谈判砝码之外的协同价值,通过谈判确定划分的比例。由于各有各的理由,如果谈判不成,假设法院判决的分配比例为 $h:k=4:1$。

例13-1中:小李,$x=(900+2500\times 4\div 5)$ 元=2900元;小王,$y=(100+2500\times 1\div 5)$ 元=600元。

例13-2中:画家,$x=(1000+1500\times 4\div 5)$ 元=2200元;拍卖行,$y=(500+1500\times 1\div 5)$ 元=800元。

4. 分配公式

①底线：$x \geqslant a$ 和 $y \geqslant b$。

各方所得不低于谈判砝码，不能比单干差。

②加总：$x + y = v$。

肯定要分完，称为效率公理，其中 v 表示待分配的总利益。在二维坐标系中，是一条直线。再考虑底线，就是直线上的一段截取线段。

③比例：$\dfrac{x-a}{y-b} = \dfrac{h}{k}$。

如果知道比例 $h:k$，那么按比例分配合作创造的收益。结合加总公式，就可以求得各方分配的额度 x 和 y。把比例式子转化为 $y = \left(b - \dfrac{ak}{h}\right) + \dfrac{k}{h}x$，也就是二维坐标系中的一条直线。

5. 图示

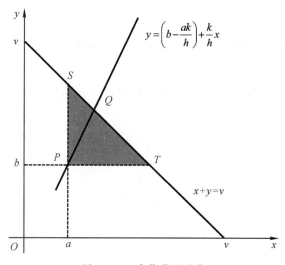

图 13-1 合作分配示意

在图 13-1 中：

点 P，表示双方谈判砝码或威胁点，因为必须有 $x \geqslant a$ 和 $y \geqslant b$；

直线 $y = \left(b - \dfrac{ak}{h}\right) + \dfrac{k}{h}x$，谈判砝码决定必过点 P，比例 $h:k$ 决定其斜率大小；

三角形 PST，是可行分配集，满足 $x \geqslant a$ 和 $y \geqslant b$ 又没有超过 v 的分配方案，刻画合作意愿的大小；

线段 ST，是有效分配集，满足 $x \geqslant a$、$y \geqslant b$ 和 $x + y = v$ 的分配方案，虽然在三角形 PST 中都愿意合作，但是只会选择线段 ST 上的，否则就没有分完；

点 Q，是最终的分配方案，满足 $x \geqslant a$、$y \geqslant b$、$x + y = v$ 和法院判决的 $x:y = h:k$，是同时满足愿意、分完和给定比例的分配结果。

6. 纳什谈判解

纳什谈判解（Nash bargaining solution）也称为纳什合作解（Nash cooperative solution），指经过纳什谈判形成的分配方案，称为纳什谈判分配方案，简称为纳什分配。

(1) 目标

目标是使社会福利(social welfare)最大。

$$\max_{x,y} SW = (x-a)^h (y-b)^k$$

SW 指社会福利,$(x-a)^h(y-b)^k$ 也称为纳什积。

由于目标是使社会福利最大,纳什谈判属于合作博弈。与之对应的,非合作博弈是使个体收益或效用或福利最大。

(2) 约束条件

威胁点,就是底线条件:$x \geq a, y \geq b$。

帕累托最优,没有人能够再提高收益,除非降低他人收益,就是效率条件:$x+y=v$。

(3) 决策变量

各方分配额度:x, y。

(4) 决策者

决策者是第三方的社会管理者比如政府,不是分配谈判的双方。

(5) 纳什谈判模型

政府通过调整各方分配额度在威胁点以及帕累托最优的约束条件下追求社会福利最大。这是一个运筹学优化问题。

$$\max_{x,y} SW = (x-a)^h (y-b)^k$$

$$s.t. \begin{cases} x \geq a \\ y \geq b \\ x+y = v \end{cases}$$

(6) 求解

令 $x' = x-a$ 和 $y' = y-b$,则转化为

$$\max_{x',y'} x'^h y'^k$$

$$s.t. \begin{cases} x' \geq 0 \\ y' \geq 0 \\ x'+y' = v-a-b \end{cases}$$

把约束条件 $x'+y' = v-a-b$ 代入目标函数,得

$$\max_{x'} x'^h (v-a-b-x')^k$$

根据一阶条件,有 $hx'^{h-1}(v-a-b-x')^k - kx'^h(v-a-b-x')^{k-1} = 0$。

则 $hx'^{-1} - k(v-a-b-x')^{-1} = 0$,即 $h(v-a-b-x') - kx' = 0$,亦即 $x' = \dfrac{h(v-a-b)}{h+k}$。

那么,$y' = \dfrac{k(v-a-b)}{h+k}$。于是,最优解为

$$x^* = a + \frac{h(v-a-b)}{h+k}, \quad y^* = b + \frac{k(v-a-b)}{h+k}$$

就是纳什谈判解。

(7) 特点

其一,目标是总体的社会福利最大,不是各谈判方个体的收益最大。

其二,决策者是第三方,不是谈判利益分配的各方。

其三,只有讲价还价的结果,没有讲价还价的过程。

其四,满足公理体系,与图示分配方案一致。

7. 公理体系

(1) 公平公理

公平公理也称对等公理,如果双方对等,就平分。

(2) 效率公理

要分完,不能剩下;任何一方不能再提高收益,除非减少他人收益,达到帕累托最优。

(3) 线性等价公理

线性变换不改变分配结果。简单理解就是计量单位和参照水平等不会影响结果。

(4) 独立无关公理

最优方案在子集上仍然最优;分配方案不会因天气等无关因素而变化。

三、边际贡献

1. 问题

比例 $h:k$ 的含义是什么?怎么得到?

2. 对称纳什谈判

如果谈判双方对等,那么 $h:k=1:1$,就是对称纳什谈判。

3. 不对称纳什谈判

如果谈判双方不对等,那么 $h:k\neq1:1$,就是不对称纳什谈判。

4. 个体贡献

局中人的边际贡献,是其参与合作所增加的总收益,也就是有你没你的差别。

例 13-1 中:小李生产一种机械盒子,卖给集成制造商,每套 900 元。小王在做一种套装软件,卖给集成制造商,每套 100 元。后来,他们发现把他们的机械盒子和套装软件整合在一起就是一种通话机,每件可以卖 3500 元。

小李的边际贡献是 $[3500-(900+100)]$ 元 $=2500$ 元。

其中,第一项表示小王愿意合作时小李也愿意的话双方合作的总收益,第二项表示小王愿意合作时但小李不愿意的话双方各自单干的总收益。

小王的边际贡献是 $[3500-(900+100)]$ 元 $=2500$ 元。

其中,第一项表示小李愿意合作时小王也愿意的话双方合作的总收益,第二项表示小李愿意合作时但小王不愿意的话双方各自单干的总收益。

例 13-2 中:画家 A 自己出售画,可得 1000 元。拍卖行 B 干其他事情,收入是 500 元。画家 A 委托拍卖行 B 出售画,画的价格是 3000 元。

画家 A 的边际贡献是 $[3000-(1000+500)]$ 元 $=1500$ 元。

其中,第一项表示 B 愿意合作时 A 也愿意的话双方的总收益,第二项表示 B 愿意合作但 A 不愿意时双方各自单干的总收益。

拍卖行 B 的边际贡献是[3000－(1000＋500)]元＝1500 元。

其中,第一项表示 A 愿意合作时 B 也愿意的话双方的总收益,第二项表示 A 愿意合作时但 B 不愿意的话双方各自单干的总收益。

[例 13-3] 如果画家 A 自己出售画,可得 1000 元;如果拍卖行 C 干其他事情如拍卖别人的画,收入是 900 元;如果画家 A 委托拍卖行 C 出售画,画的价格是 6000 元。

画家 A 的边际贡献是[6000－(1000＋900)]元＝4100 元。

拍卖行 C 的边际贡献是[6000－(1000＋900)]元＝4100 元。

[例 13-4] 画家 A 自己出售画,可得 1000 元。拍卖行 B 干其他事情,收入是 500 元。拍卖行 C 干其他事情,收入是 900 元。画家 A 委托拍卖行 B 出售画,画的价格是 3000 元;画家 A 委托拍卖行 C 出售画,画的价格是 6000 元。

画家 A 的边际贡献是[(6000＋500)－(1000＋500＋900)]元＝4100 元。

其中,第一项表示 B 和 C 都愿意合作 A 也愿意合作时三方的总收益,此时画家 A 委托拍卖行 C 卖画而拍卖行 B 单干;第二项表示 B 和 C 都愿意合作但 A 不愿意合作时三方各自单干的总收益。

拍卖行 B 的边际贡献是[(6000＋500)－(6000＋500)]元＝0 元。

其中,第一项表示 A 和 C 都愿意合作 B 也愿意合作时三方的总收益,此时画家 A 委托拍卖行 C 卖画而拍卖行 B 单干;第二项表示 A 和 C 都愿意合作但 B 不愿意合作时三方的总收益,此时画家 A 委托拍卖行 C 卖画而拍卖行 B 单干。

拍卖行 C 的边际贡献是[(6000＋500)－(3000＋900)]元＝2600 元。

其中,第一项表示 A 和 B 都愿意合作 C 也愿意合作时三方的总收益,此时画家 A 委托拍卖行 C 卖画而拍卖行 B 单干;第二项表示 A 和 B 都愿意合作但 C 不愿意合作时三方的总收益,此时画家 A 把委托拍卖行 B 卖画而拍卖行 C 单干。

5. 边际贡献率

边际贡献率也称谈判力(bargaining strength),就是参数 h 和 k 决定的比例 $\dfrac{h}{h+k}$ 和 $\dfrac{k}{h+k}$,体现为个人的边际贡献在总边际贡献中的权重。

比如,在以上例 13-1 中,小李的边际贡献是 2500 元,小王的边际贡献也是 2500 元。那么,小李的边际贡献率是[2500/(2500＋2500)]＝0.5,小王的边际贡献率是[2500/(2500＋2500)]＝0.5。由此,小李的分配所得为[900＋0.5×(3500－900－100)]元＝2150 元,其中第一项 900 表示单干所得,第二项的 0.5 表示谈判力,第二项的(3500－900－100)表示合作创造的价值;小王的分配所得为[100＋0.5×(3500－900－100)]元＝1350 元,其中第一项 100 表示单干所得,第二项的 0.5 表示谈判力,第二项的(3500－900－100)表示合作创造的价值。类似的,在例 13-3 中,画家 A 的边际贡献是 4100,拍卖行的边际贡献也是 4100,二者的边际贡献率都是 0.5。画家 A 的分配所得应为[1000＋0.5×(6000－1000－900)]元＝3050 元,拍卖行 C 的分配所得应为[900＋0.5×(6000－1000－900)]元＝2950 元。

又如,在以上例 13-4 中,画家 A 的边际贡献率是 $\dfrac{4100}{4100+0+2600}=\dfrac{41}{67}$,拍卖行 B 的边际贡献率是 $\dfrac{0}{4100+0+2600}=0$,拍卖行 C 的边际贡献率是 $\dfrac{2600}{4100+0+2600}=\dfrac{26}{67}$。由此,画家 A

的分配所得为 $\left[1000+\dfrac{41}{67}(6000+500-1000-500-900)\right]$ 元 $=3508.96$ 元,其中第一项为单干所得,第二项的 $\dfrac{41}{67}$ 为谈判力,第二项的 $(6000+500-1000-500-900)$ 为合作创造的价值,注意此时画家 A 委托拍卖行 C 卖画而拍卖行 B 单干;拍卖行 B 的分配所得只有单干的 500 元,因为其谈判力为 0;拍卖行 C 的分配所得为 $\left[900+\dfrac{26}{67}(6000+500-1000-500-900)\right]$ 元 $=$ 2491.04 元,其中第一项为单干所得,第二项的 $\dfrac{26}{67}$ 为谈判力,第二项的 $(6000+500-1000-500-900)$ 为合作创造的价值,注意此时画家 A 委托拍卖行 C 卖画而拍卖行 B 单干。

可见,纳什分配是按照边际贡献率或谈判力形成的分配方案。

※**习题 1** 求以上例 13-2 和 13-3 中各方的谈判力。

※**习题 2** 求以上例 13-2 和 13-3 中的纳什分配。

※**习题 3** 画家 A 自己出售画,可得 1000 元。拍卖行 B 干其他事情,收入是 2000 元。拍卖行 C 干其他事情,收入是 3000 元。画家委托拍卖行 B 出售画,画的价格是 5000 元;画家委托拍卖行 C 出售画,画的价格是 9000 元。画家 A 会找哪家拍卖行？各方收入是多少？

6. 谈判力与耐心的关系

(1) 非合作博弈的无限谈判

回顾无限讨价还价的分配结果中,先行者的份额为

$$x=\dfrac{1-n}{1-mn}$$

其中,$m=\dfrac{1}{1+r}$ 是先行者的贴现因子,r 是先行者的利率;$n=\dfrac{1}{1+s}$ 是后行者的贴现因子,s 是后行者的利率。代入,可得

$$x=\dfrac{s+rs}{r+s+rs}$$

(2) 合作博弈的纳什谈判

而在纳什谈判中,没有先行后行的说法,根据对称性,可以认为双方所得份额分别为

$$x=\dfrac{s+rs}{r+s+rs} \text{ 和 } y=\dfrac{r+sr}{r+s+rs}。$$

其中,由于 r 和 s 都很小,rs 就更小,忽略,就转化为

$$x=\dfrac{s}{r+s} \text{ 和 } y=\dfrac{r}{r+s}。$$

注意到转化后 $x+y=1$,而转化之前 $x+y>1$。这在一定程度上说明转化处理是合理的。

于是,$\dfrac{x}{y}=\dfrac{s}{r}$。在无限讨价还价中,没有考虑谈判砝码,认为 $a=b=0$。而当 $a=b=0$ 时,$\dfrac{x-a}{y-b}=\dfrac{h}{k}$ 就成为 $\dfrac{x}{y}=\dfrac{h}{k}$。联系 $\dfrac{x}{y}=\dfrac{s}{r}$ 和 $\dfrac{x}{y}=\dfrac{h}{k}$ 就得到谈判力 h 和 k 的含义:

其一,谈判力与利率成反比,与耐心程度正相关,大体上成正比。

其二，谈判力由利率决定，利率越高，谈判力越小。

其三，谈判力由耐心程度决定，越有耐心，谈判力越大。

可见，在耐心优势上，合作博弈的纳什谈判与非合作博弈的讨价还价是一致的。

四、获取优势

1. 问题

如何获取谈判优势以提高分配份额？

2. 改变谈判砝码

改变谈判砝码就是改变参数 a 和 b 取值。

(1) 三种策略

策略 S1：增大参数 a，提高自己的谈判砝码。

策略 S2：减小参数 b，降低对方的谈判砝码。

策略 S3：既增大参数 a 又减小参数 b，在提高自己谈判砝码的同时降低对方谈判砝码。

这里存在囚徒困境。你提高你的谈判砝码，我也提高我的谈判砝码。虽然大家都提高了谈判砝码，但是很可能并不能提高分配份额。而且，由于提高谈判砝码往往需要付出成本，有时候提高谈判砝码不但不能提高收益，还可能降低收益。

(2) 两种作用

改变谈判砝码有两种作用：一是改变合作意愿，二是改变分配所得。

比如，在图 13-2 中，增大参数 a：

一方面，减小合作意愿。参数 a 变大，会引起分配可行集的三角形 PST 减小为 $P'S'T$。而三角形 PST 其实刻画了合作意愿的大小，越小说明愿意合作的意愿越弱。

另一方面，增大分配所得。参数 a 变大，会引起直线 PQ 向右平移，点 Q 变动到 Q'，分配所得增大了。

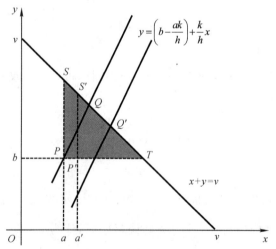

图 13-2　增大谈判砝码对纳什分配的影响

参数 a 表示谈判砝码，也就是单干时的所得，体现了个人能力的强弱。参数 a 变大，意味着个人能力增强,单干能够得到更多。同时,参数 a 变大,会降低合作意愿。因此,能力强的人不太愿意与人合作,能力强的人更可能单身。现实中,单身的一个原因确实是个人独立工作生活能力强。

※**习题 4** 绘制降低他人谈判砝码时的图示,分析其对合作意愿和分配所得的影响。

※**习题 5** 列举提高自己谈判砝码、降低他人谈判砝码的事例,并做简要分析。

3. 改变边际贡献

改变边际贡献就是改变参数 h 和 k 取值。

(1) 三种策略

策略 S1:增大参数 h,提高自己的边际贡献。

策略 S2:减小参数 k,降低对方的边际贡献。

策略 S3:既增大参数 h 又减小参数 k,在提高自己边际贡献的同时降低对方边际贡献。

这里也存在囚徒困境。你提高你的边际贡献,我也提高我的边际贡献。虽然大家都提高了边际贡献,但是很可能并不能提高分配份额。而且,由于提高边际贡献往往需要付出成本,有时候提高边际贡献不但不能提高收益,还可能降低收益。

(2) 共同作用

改变边际贡献的三种策略都可以改变分配所得。

比如,在图 13-3 中,增大自己的参数 h,会引起直线 PQ 向顺时针旋转,点 Q 变动到 Q',也就增大了自己的分配所得。

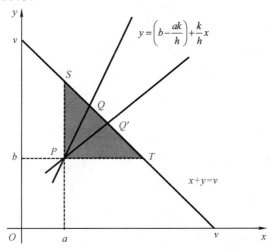

图 13-3 增大边际贡献对纳什分配的影响

参数 h 表示边际贡献,就是参与合作时引起的总收益增加额,体现了个人的贡献大小,也体现了个人被替代的可能性。

一方面,普通人容易被替代。所以,要挖掘发展不容易被替代的点,成为独特的人。或许,这是现在"网红"流行出格言行的原因,虽然单纯靠出格言行难以实现持久的本质的独特优势。

另一方面,寻求备选是一种策略。可以降低对方的边际贡献,进而降低对方的谈判分配份额。比如,中美贸易战中,美国限制向中国出口大豆,中国就积极寻求俄罗斯、巴西、墨西哥等国的大豆供应商。

※**习题6** 绘制降低他人边际贡献时的图示,分析其对分配所得的影响。

※**习题7** 列举提高自己边际贡献、降低他人边际贡献的事例,并做简要分析。

五、超越物质

1. 问题

人们很多时候关注的不是物质,而是效用。效用是对物质的主观感受,不仅来源于物质,而且还来源于心理等其他因素。

2. 模型推广

从物质 x 到效用 u,纳什积中用效用函数,转化为

$$\max_{x,y} SW = [u_1(x) - u_1(a)]^h [u_2(y) - u_2(b)]^k$$

$$s.t. \begin{cases} x \geq a \\ y \geq b \\ x + y = v \end{cases}$$

其中,目标函数扩展到效用上,社会福利不是由物质而是由效用刻画。注意,如果没有特别指明双方谈判力也就是参数 h 和 k 的大小,就认为是相同的。

3. 举例

[**例13-5**] A、B两个人谈判分配2000元。其中,A的效用函数为 $u_1(x)=x$,B的效用函数为 $u_2(y)=\sqrt{y}$。两个人达成一致,就按相应方案分;没达成一致,就会被第三方拿走全部2000元。求纳什谈判分配方案。

二人谈判,没有指明双方的谈判力大小,假设是相同的。建立纳什谈判模型

$$\max_{x,y} SW = u_1(x)u_2(y) = x\sqrt{y}$$

$$s.t. \begin{cases} x \geq 0 \\ y \geq 0 \\ x + y = 2000 \end{cases}$$

把等式约束条件代入目标函数,得

$$\max_{y} SW = (2000-y)\sqrt{y}$$

$$s.t. \quad y \geq 0$$

一阶条件,$\dfrac{dSW}{dy} = -\sqrt{y} + \dfrac{2000-y}{2\sqrt{y}} = 0$。解之,$y = \dfrac{2000}{3}$ 元。A分1333.33元,B分666.67元。

[**例13-6**] 两个人谈判分配100元。其中,A的效用函数为 $u_1(x)=x$,B的效用函数为 $u_2(y)=\sqrt{y}$。两个人达成一致,就按相应方案分;如果没达成一致,法院会判决A得到16元而B得到49元,剩下的是诉讼费。求纳什谈判分配方案。

这里,A的谈判砝码为 $u_1(16)=16$,B的谈判砝码为 $u_2(49)=\sqrt{49}=7$。注意,效用是主观心理感受,不用货币的单位"元",其实效用一般不用具体的单位。假设双方谈判力大小相同,建立纳什谈判模型

$$\max_{x,y} SW = [u_1(x) - 16][u_2(y) - \sqrt{49}] = (x-16)(\sqrt{y}-7)$$

$$\text{s. t.} \begin{cases} x \geq 16 \\ y \geq 49 \\ x+y=100 \end{cases}$$

把等式约束条件代入目标函数,得

$$\max_y SW = (84-y)(\sqrt{y}-7)$$
$$\text{s. t.} \quad y \geq 49$$

一阶条件,$\dfrac{\mathrm{d}SW}{\mathrm{d}y} = -\sqrt{y} + 7 + \dfrac{84-y}{2\sqrt{y}} = 0$。解之,$y=65.88$ 元。A 分 34.12 元,B 分 65.88 元。

※**习题 8** 两人谈判分配 10000 元。甲的效用函数为 $u_1=s_1$,其中 s_1 为其分得的钱;而乙的效用函数为 $u_2=s_2^{0.8}$,其中 s_2 为其分得的钱。求纳什谈判分配方案。

※**习题 9** 两人谈判分配 10000 元,根据规则,乙应得至少 2000 元。甲的效用函数为 $u_1=s_1$,其中 s_1 为其分得的钱;乙的效用函数为 $u_2=s_2^{0.8}$,其中 s_2 为其分得的钱。求纳什谈判分配方案。

4. 多种物质

效用通常来自多种物质,比如吃饭其实是吃多种饭和多种菜。

考虑荒岛求生问题:鲁滨逊和克鲁索在荒岛求生,拥有 100 公斤玉米(C)和 100 公斤土豆(P),为如何分配问题进行纳什谈判。鲁滨逊的效用函数为 $u_1 = c + \dfrac{1}{2}p$,克鲁索的效用函数为 $u_2 = c + p$。如果不能文明谈判,就武力决斗,胜利者将拥有全部食物,鲁滨逊获胜的概率为 80%。求食物分配方案。

首先,武力决斗决定了双方的谈判砝码。鲁滨逊获胜的概率为 80%,鲁滨逊的谈判砝码为 $u_{80} = 0.8 \times \left(100 + \dfrac{1}{2} \times 100\right) = 120$,克鲁索的谈判砝码为 $u_{20} = 0.2 \times (100+100) = 40$。

其次,建立纳什谈判模型。设分配给鲁滨逊的玉米和土豆分别为 x 公斤和 y 公斤,根据纳什谈判规则,可得

$$\max_{x,y} SW = \left(x + \dfrac{y}{2} - 120\right)[(100-x)+(100-y)-40]$$
$$\text{s. t.} \begin{cases} 0 \leq x \leq 100 \\ 0 \leq y \leq 100 \end{cases}$$

解之得,$x=80, y=80$。

所以,给鲁滨逊 80 斤玉米和 80 斤土豆,剩下的 20 斤玉米和 20 斤土豆给克鲁索。

六、多人谈判

1. 模型描述

涉及多人的谈判分配时,就把以上模型由 2 推广到 n。

$$\max_{x_i} SW = \prod_{i=1}^{n} [u_i(x_i) - u_i(a_i)]^{h_i}$$
$$\text{s. t.} \begin{cases} x_i \geq a_i \\ \sum x_i = v \end{cases}$$

(1) 目标函数

多人效用之纳什积,就是连乘,在这里通常称为纳什积。

(2) 决策变量

各人分配额度。

(3) 约束条件

一是谈判砝码,二是分尽。

(4) 谈判力

如果没有明确各方谈判力大小,就认为是相同的。

[**例 13 - 7**] 三个人谈判分配 100 元。其中,A 的效用函数为 $u_1(x)=x$,B 的效用函数为 $u_2(y)=\sqrt{y}$,C 的效用函数为 $u_3(z)=0.8z$。三个人达成一致,就按相应方案分;没达成一致,就会被第三方拿走全部 100 元。求纳什谈判分配方案。

假设各方谈判力相同,建立纳什谈判模型得

$$\max_{x,y,z} SW = 0.8xz\sqrt{y}$$

$$s.t. \begin{cases} x \geqslant 0 \\ y \geqslant 0 \\ z \geqslant 0 \\ x+y+z=100 \end{cases}$$

把等式约束条件代入目标函数,得

$$\max_{x,y} SW = 0.8x(100-x-y)\sqrt{y}$$

$$s.t. \begin{cases} x \geqslant 0 \\ y \geqslant 0 \end{cases}$$

解之,$x=40, y=20, z=40$。A 分 40 元,B 分 20 元,C 分 40 元。

2. 合谋联盟

这里没有考虑合谋联盟,比如 A 和 B 可以联盟,平分 C 的 40。由于可以同时提高 A 和 B 的收益,二者都愿意建立这样的联盟。同样,B 和 C 也可以联盟,平分 A 的 40。在联盟博弈中,将专门讨论这个问题。

必须注意这一点,简单把纳什谈判模型由 2 推广到 n 是不合理的。

3. 方案综合

在产学研战略联盟收益分配[17]、治污成本分摊[16]、创业分配、遗产分配和破产求偿等事例中,各方会从自身角度提出分配方案,然后进行谈判,得到综合各方意见的分配方案。此时的多人纳什谈判模型为

$$\max_{r_i} SW = \prod_{i=1}^{n} \left(\frac{r_i}{\varphi_i^+} - \frac{\varphi_i^-}{\varphi_i^+} \right)^{h_i}$$

$$s.t. \begin{cases} \varphi_i^- \leqslant r_i \leqslant \varphi_i^+ \\ \sum r_i = 1 \end{cases}$$

其中，φ_{ij} 为局中人 i 提议给 j 的分配比例；$\varphi_i^+ = \max\limits_k \varphi_{ki}$ 为局中人 i 被提议的最高分配比例，$\varphi_i^- = \min\limits_k \varphi_{ki}$ 为局中人 i 被提议的最低分配比例；h_i 为权重，对应纳什谈判模型中的谈判力；r_i 为分配比例。

改编自《基于不对称 Nash 谈判修正的产学研协同创新战略联盟收益分配研究》的例题：

由企业、高校、科技服务中心和金融服务机构组成产学研融战略联盟，各成员提出的分配方案分别为 $Q_1 = (0.5, 0.2, 0.15, 0.15)$、$Q_2 = (0.45, 0.25, 0.17, 0.13)$、$Q_3 = (0.4, 0.23, 0.2, 0.17)$ 和 $Q_4 = (0.5, 0.15, 0.15, 0.2)$。如果各方的权重为 $w = (0.4285, 0.1429, 0.1429, 0.2857)$，求纳什谈判的分配方案。

首先，确定正负理想方案。

理想方案 $Q^+ = (0.5, 0.25, 0.2, 0.2)$，负的理想方案 $Q^- = (0.4, 0.15, 0.15, 0.13)$。

注意，二者的权重之和都不为 1。

其次，建立模型。

$$\max_{r_1, r_2, r_3, r_4} SW = \left(\frac{r_1}{0.5} - \frac{0.4}{0.5}\right)^{0.4285} \left(\frac{r_2}{0.25} - \frac{0.15}{0.25}\right)^{0.1429} \left(\frac{r_3}{0.2} - \frac{0.15}{0.2}\right)^{0.1429} \left(\frac{r_4}{0.2} - \frac{0.13}{0.2}\right)^{0.2857}$$

$$\text{s.t.} \begin{cases} 0.4 \leqslant r_1 \leqslant 0.5 \\ 0.15 \leqslant r_2 \leqslant 0.25 \\ 0.15 \leqslant r_3 \leqslant 0.2 \\ 0.13 \leqslant r_4 \leqslant 0.2 \\ \sum r_i = 1 \end{cases}$$

最后，求解模型。

等价于

$$\max_{r_1, r_2, r_3, r_4} SW = (r_1 - 0.4)^{0.4285} (r_2 - 0.15)^{0.1429} (r_3 - 0.15)^{0.1429} (r_4 - 0.13)^{0.2857}$$

$$\text{s.t.} \begin{cases} 0.4 \leqslant r_1 \leqslant 0.5 \\ 0.15 \leqslant r_2 \leqslant 0.25 \\ 0.15 \leqslant r_3 \leqslant 0.2 \\ 0.13 \leqslant r_4 \leqslant 0.2 \\ \sum r_i = 1 \end{cases}$$

亦等价于

$$\max_{x_1, x_2, x_3, x_4} SW = x_1^{0.4285} x_2^{0.1429} x_3^{0.1429} x_4^{0.2857}$$

$$\text{s.t.} \begin{cases} 0 \leqslant x_1 \leqslant 0.1 \\ 0 \leqslant x_2 \leqslant 0.1 \\ 0 \leqslant x_3 \leqslant 0.05 \\ 0 \leqslant x_4 \leqslant 0.07 \\ \sum x_i = 0.17 \end{cases}$$

解之得，$r = (0.472845, 0.174293, 0.174293, 0.178569)$。

※**习题 10** 研读书后参考文献[16]和[17]中的博弈模型，或者检索研读类似文献中的博弈模型。

第14讲 联盟博弈

一、蛋糕博弈

1. 纳什均衡

甲、乙、丙三人按少数服从多数原则分一个蛋糕,求其纳什均衡。

首先,(0.2,0.3,0.5)是一个纳什均衡,其中甲乙丙分别得到0.2、0.3和0.5。对任意局中人都有,给定其他两人不变,也保持不变,因为要变只能降低而不能提高收益。

其次,各方所得非负且其和等于1的分配方案(x_1,x_2,x_3)都是纳什均衡。即,任意满足$0 \leqslant x_1 \leqslant 1, 0 \leqslant x_2 \leqslant 1, 0 \leqslant x_3 \leqslant 1$和$x_1+x_2+x_3=1$的分配方案$(x_1,x_2,x_3)$都是纳什均衡。其中对任意局中人都有:给定其他两人都不变,受总量约束限制,改变不能提高收益,只会降低收益,所以也会维持不变。这一点对每个人都成立,因而是纳什均衡。

因此,蛋糕博弈有无数多个纳什均衡。

2. 稳定性

纳什均衡只考虑了个体的行为决策,没有考虑多个局中人之间的联盟。

事实上,蛋糕博弈的每个分配方案都不稳定,都可能被两人联盟瓦解。

比如:对分配方案(0.2,0.3,0.5),甲乙可以通过协商各自得0.5,达成联盟,形成新的分配方案(0.5,0.5,0);而对分配方案(0.5,0.5,0),乙丙二人通过协商分别得0.8和0.2,达成联盟,形成新的分配方案(0,0.8,0.2);等等。

可能存在联盟(coalition),联盟的行动可能瓦解结果,正是多人博弈的显著特征。研究多人博弈,必须考虑联盟的影响。因此,多人博弈称为联盟博弈。

3. 联盟

对多人博弈,任意几个局中人所构成的集合都是一个联盟。

把n人博弈的所有局中人构成的集合表示为$N=\{1,2,3,\cdots,n\}$,其每一个子集都是联盟,表示为$S \subset N$。用S表示联盟,因为C通常表示另一个重要概念核或核心。

把N称为大联盟(grand coalition),也可以把空集记为特殊联盟,或者不考虑空集。

[例14-1] 蛋糕博弈有哪些联盟?

空集:ϕ;

一人联盟:{甲},{乙},{丙};

二人联盟:{甲,乙},{甲,丙},{乙,丙};

三人联盟:{甲,乙,丙}。

二、特征函数

1. 含义

联盟的特征函数值(characteristic function),刻画联盟的收益,记为 $V(S)$,也称为联盟的安全水平(security level),就是联盟能够确保的最大最低收益。注意,这里只考虑联盟内所有成员的收益总和大小,而不考虑联盟内如何分配收益。

比如,在蛋糕博弈中,各联盟的特征函数值分别为:

$V(\phi)=0$,空集能够确保的收益只能是 0;

$V(\{甲\})=V(\{乙\})=V(\{丙\})=0$,一个人的联盟在蛋糕分配中能够确保的只能是什么也得不到;

$V(\{甲,乙\})=V(\{甲,丙\})=V(\{乙,丙\})=1$,两个人的联盟在蛋糕分配中能够确保拿走整个蛋糕;

$V(\{甲,乙,丙\})=1$,三个人的联盟在蛋糕分配中当然也能够确保拿走整个蛋糕。

2. 求解方法

[例 14-2] 求以下博弈各个联盟的特征函数值。

		2	
		L	R
1	U	−1,2	5,5
	D	0,6	3,10

有 4 个可能的联盟,分别是:ϕ、$\{1\}$、$\{2\}$ 和 $\{1,2\}$。

特征函数值分别为:

$V(\phi)=0$;

$V(\{1\})=\max[\min(-1,5),\min(0,3)]=0$,局中人 1 选 U 至少可得 −1,选 D 至少可得 0,那么局中人 1 至少可得 0;

$V(\{2\})=\max[\min(2,6),\min(5,10)]=5$,局中人 2 选 L 至少可得 2,选 R 至少可得 5,那么局中人 2 至少可得 5;

$V(\{1,2\})=\max(-1+2,5+5,0+6,3+10)=13$。

显然,与收益矩阵相比,用特征函数值描述博弈丢失了一些信息。

[例 14-3] 三人 A、B、C 做项目,任意一个人或两个人都不能完成,三人可以完成得到 100 的产出,求各联盟的特征函数值。

$V(\phi)=0,V(\{A\})=V(\{B\})=V(\{C\})=V(\{A,B\})=V(\{B,C\})=V(\{A,C\})=0$,
$V(\{A,B,C\})=100$。

[例 14-4] 三人 A、B、C 做项目,AB 二人或 A、B、C 三人可以完成得到 100 的产出,求各联盟的特征函数值。

$V(\phi)=0,V(\{A\})=V(\{B\})=V(\{C\})=V(\{B,C\})=V(\{A,C\})=0,V(\{A,B\})=100$,
$V(\{A,B,C\})=100$。

[例 14-5] 三人 A、B、C 做项目,任意二人或 A、B、C 三人可以完成得到 100 的产出,求

各联盟的特征函数值。

$V(\phi)=0, V(\{A\})=V(\{B\})=V(\{C\})=0, V(\{A,B\})=V(\{B,C\})=V(\{A,C\})=100,$
$V(\{A,B,C\})=100$。

3. 本质联盟

如果联盟 S 的收益大于各成员不参与联盟时所得收益之和,即 $V(S) > \sum_{i \in S} V(\{i\})$,那么联盟 S 就是本质的,称为本质联盟。其中,$V(\{i\})$ 表示 i 不参加任何联盟或者说单干即自己单独为一个联盟时能够获得的收益。

反之,如果 $V(S) = \sum_{i \in S} V(\{i\})$,那么联盟 S 是非本质的,因为联盟并没有增加收益。

4. 超加性

如果两联盟 S 和 T 没有共同成员,那么两联盟合并形成的大联盟的特征函数值不小于两联盟特征函数值之和,即 $V(S \cup T) \geqslant V(S)+V(T)$。

5. 垃圾博弈

有 7 户居民,每户都会产生 1 袋垃圾。由于没有空地,垃圾只能扔到某人的家中。求各联盟的特征函数值。

用 V_i 表示有 i 户居民形成联盟的特征函数值,分析可知:

$V_0=0$;
$V_1=-6$,某户自己单独联盟,最坏的结果是其他人都会把垃圾扔到他家;
$V_2=-5$,某两户结盟,最坏的结果是其他人都会把垃圾扔到他们的联盟里;
类似地,$V_3=-4, V_4=-3, V_5=-2, V_6=-1$,而 $V_7=-7$。

要注意,垃圾博弈一共有 $2^7=128$ 个联盟,以上写法只是简化。

※**习题 1** 在蛋糕博弈和垃圾博弈中验证超加性。

三、合作博弈

合作博弈(cooperative game),是研究联盟而不是个体的博弈。

1. 特征函数型博弈

把由 n 人集合 $N=\{1,2,3,\cdots,n\}$ 和对应的特征函数 $V(\cdot)$ 形成的博弈记为合作博弈 $B(N,V)$,也称为特征函数型博弈 $B(N,V)$。

其中,N 说明合作博弈研究的是多人关系;特征函数值 V,即各个联盟的保底收益,是共同知识;B 取 bargaining,意味着合作博弈重点关注如何分配的议价。

例 14-2、14-3、14-4 和 14-5 都是特征函数型博弈或合作博弈。

※**习题 2** 把蛋糕博弈表示为合作博弈或特征函数型博弈。

2. 本质合作博弈

如果 $V(N) > \sum_{i \in N} V(\{i\})$,即大联盟 N 的收益大于各自单干所得收益之和,那么就称合作博弈 $B(N,V)$ 是本质的。

反之,如果 $V(N) = \sum_{i \in N} V(\{i\})$,那么合作博弈 $B(N,V)$ 是非本质的。

3. 特征函数型博弈转化

考察如下三人博弈,转化为对应的特征函数型博弈。

上半部分:

3 选 A

		L	R
1	U	2,3,0	2,0,0
	D	0,3,0	0,0,0

下半部分:

3 选 B

		L	R
1	U	3,5,3	5,1,2
	D	2,6,1	3,2,4

形式上包括两个博弈矩阵,在上面的博弈中局中人 3 都选 A,在下面的博弈中局中人 3 都选 B。但是,上下博弈是一个整体,表示一个三人博弈。其中,局中人 1 有 U 和 D 两个行为选择,局中人 2 有 L 和 R 两个行为选择,局中人 3 有 A 和 B 两个行为选择。收益组合(2,3,0)表示局中人 1 选 U、局中人 2 选 L、局中人 3 选 A 时,局中人 1、2、3 的收益分别为 2、3 和 0,其他类似。

(1) 单人联盟的特征函数值

$V(\phi)=0$; $V(\{1\})=\max[\min(2,2,3,5),\min(0,0,2,3)]=2$,其中 $\min(2,2,3,5)$ 表示局中人 1 选择 U 可以得到的最低收益,而 $\min(0,0,2,3)$ 表示局中人 1 选择 D 可以得到的最低收益; $V(\{2\})=\max[\min(3,3,5,6),\min(0,0,1,2)]=3$; $V(\{3\})=\max[\min(0,0,0,0),\min(3,2,1,4)]=1$。

(2) 二人联盟的特征函数值

首先,对{1,2},有四种选择组合:

① 局中人 1 和 2 分别选 U 和 L:局中人 3 选 A 时{1,2}可得 2+3=5,局中人 3 选 B 时{1,2}可得 3+5=8,联盟{1,2}至少可得 5;

② 局中人 1 和 2 分别选 U 和 R:局中人 3 选 A 时{1,2}可得 2,局中人 3 选 B 时{1,2}可得 6,联盟{1,2}至少可得 2;

③ 局中人 1 和 2 分别选 D 和 L:局中人 3 选 A 时{1,2}可得 3,局中人 3 选 B 时{1,2}可得 8,联盟{1,2}至少可得 3;

④ 局中人 1 和 2 分别选 D 和 R:局中人 3 选 A 时{1,2}可得 0,局中人 3 选 B 时{1,2}可得 5,联盟{1,2}至少可得 0。

其中,5 最大。所以,$V(\{1,2\})=5$。

其次,对{1,3},有四种选择组合:

① 局中人1和3分别选U和A:局中人2选L时{1,3}可得2,局中人2选R时{1,3}可得2,联盟{1,3}至少可得2;

② 局中人1和3分别选U和B:局中人2选L时{1,3}可得6,局中人2选R时{1,3}可得7,联盟{1,3}至少可得6;

③ 局中人1和3分别选D和A:局中人2选L时{1,3}可得0,局中人2选R时{1,3}可得0,联盟{1,3}至少可得0;

④ 局中人1和3分别选D和B:局中人2选L时{1,3}可得3,局中人2选R时{1,3}可得7,联盟{1,3}至少可得3。

其中,6最大。所以,V({1,3})=6。

然后,对{2,3},有四种选择组合:

① 局中人2和3分别选L和A:局中人1选U时{2,3}可得3,局中人1选D时{2,3}可得3,联盟{2,3}至少可得3;

② 局中人2和3分别选L和B:局中人1选U时{2,3}可得8,局中人1选D时{2,3}可得7,联盟{2,3}至少可得7;

③ 局中人2和3分别选R和A:局中人1选U时{2,3}可得0,局中人1选D时{2,3}可得0,联盟{2,3}至少可得0;

④ 局中人2和3分别选R和B:局中人1选U时{2,3}可得3,局中人1选D时{2,3}可得6,联盟{2,3}至少可得3。

其中,7最大。所以,V({2,3})=7。

(3)三人联盟的特征函数值

$V(\{1,2,3\})=\max(5,2,3,0,11,8,9,9)=11$。其中,5=2+3+0,2=2+0+0,其他类似。

综上所述,对应的特征函数型博弈为:$V(\phi)=0, V(\{1\})=2, V(\{2\})=3, V(\{3\})=1, V(\{1,2\})=5, V(\{1,3\})=6, V(\{2,3\})=7, V(\{1,2,3\})=11$。

※**习题3** 把以下博弈转化为对应的特征函数型博弈。

		局中人2		
		L	C	R
	T	2,3	4,2	−1,9
局中人1	M	−2,8	7,−3	3,4
	D	4,1	3,5	9,−3

4. 项目合作

[**例14−6**] 甲、乙、丙三人合作做项目可得利润90万元。如果各自单独做,可分别获利20万、10万和10万元。如果甲和乙合作,可获利50万元。如果甲和丙合作,可获利40万元。如果乙和丙合作,可获利30万元。求特征函数型博弈。

$V(\phi)=0, V(\{甲\})=20, V(\{乙\})=10, V(\{丙\})=10, V(\{甲,乙\})=50, V(\{甲,丙\})=40, V(\{乙,丙\})=30, V(\{甲,乙,丙\})=90$。

5. 简单博弈

简单博弈指特征函数值要么为0要么为1的合作博弈$B(N,V)$,常用于分析投票表决。

[例 14-7] A、B、C、D 等四人投票表决,三票及以上通过,求特征函数型博弈。
$V(\{\phi\})=V(\{A\})=V(\{B\})=V(\{C\})=V(\{D\})=0$,
$V(\{A,B\})=V(\{A,C\})=V(\{A,D\})=V(\{B,C\})=V(\{B,D\})=V(\{C,D\})=0$,
$V(\{A,B,C\})=V(\{A,B,D\})=V(\{A,C,D\})=V(\{B,C,D\})=1$,
$V(\{A,B,C,D\})=1$。

※习题 4 A、B、C、D、E 等五人投票表决,三票及以上通过,求特征函数型博弈。

四、优超瓦解

1. 分配方案

分配方案,或简称为分配,也称为配置(allocation),就是经济学研究的资源配置中的配置。合作博弈 $B(N,V)$ 的分配方案,就是同时满足条件 $\sum x_i = V(N)$ 和 $x_i \geqslant V(\{i\})$ 的 n 维向量 $\boldsymbol{x}=(x_1,x_2,\cdots,x_n)$。其中,$x_i$ 表示该方案分配给局中人 i 的收益;$\sum x_i = V(N)$ 表示要"分尽",体现效率原则,不会有剩下没有分完的;$V(\{i\})$ 就是 i 不与任何人结盟也就是单干时的收益;$x_i \geqslant V(\{i\})$ 至少有一处取不等于,表示结盟的动机,使合作可行,否则大家都会单干。显然,合作博弈的分配方案总是存在的,而且可能有很多个。

[例 14-8] 给出蛋糕博弈的至少三个分配方案。

比如,$(0.1,0.2,0.7)$,$(0.1,0.3,0.6)$,$(0.5,0.5,0)$,都满足 $\sum x_i = 1$ 和 $x_i \geqslant 0$。其中,$V(\{i\})=0$,因为单人结盟的特征函数值是 0。

2. 优超关系

优超关系(superior),指对合作博弈 $B(N,V)$ 的两个分配方案 $\boldsymbol{x}$ 和 $\boldsymbol{y}$,在联盟 $S \subset N$ 上,对任意 $i \in S$ 都有 $x_i \geqslant y_i$,则称 $\boldsymbol{x}$ 在 S 上优超 $\boldsymbol{y}$,记为 $\boldsymbol{x} \underset{S}{\succ} \boldsymbol{y}$。联盟 S 中的所有人在 $\boldsymbol{x}$ 中将获得高于或等于在 $\boldsymbol{y}$ 中的收益,其中至少有一个人获得更高收益。简言之,如果分配方案 $\boldsymbol{x}$ 给联盟 S 中每个成员的收益都不比分配方案 $\boldsymbol{y}$ 给的低并且至少有一个成员更高,那么分配方案 $\boldsymbol{x}$ 在联盟 S 上就优超分配方案 $\boldsymbol{y}$。注意:只要存在一个联盟 $S \subset N$ 使 $\boldsymbol{x} \underset{S}{\succ} \boldsymbol{y}$,就称分配方案 $\boldsymbol{x}$ 与分配方案 $\boldsymbol{y}$ 之间就有优超关系;不考虑联盟 S 内成员收益的公平问题;也不考虑联盟 S 外成员的收益高低。

[例 14-9] 分析蛋糕博弈的三个分配方案 $(0.1,0.2,0.7)$、$(0.1,0.3,0.6)$ 和 $(0.5,0.5,0)$ 之间的优超关系。

优超关系有很多,任意两个方案在某些联盟上都存在优超关系,比如:

$(0.1,0.2,0.7)$ 在联盟 $\{$丙$\}$ 上优超 $(0.1,0.3,0.6)$,因为 $0.7>0.6$。

$(0.1,0.3,0.6)$ 在联盟 $\{$乙$\}$ 上优超 $(0.1,0.2,0.7)$,因为 $0.3>0.2$。

$(0.1,0.2,0.7)$ 在联盟 $\{$甲,丙$\}$ 上优超 $(0.1,0.3,0.6)$,因为 $0.1=0.1$ 并且 $0.7>0.6$。

$(0.1,0.3,0.6)$ 在联盟 $\{$甲,乙$\}$ 上优超 $(0.1,0.2,0.7)$,因为 $0.1=0.1$ 并且 $0.3>0.2$。

$(0.5,0.5,0)$ 在联盟 $\{$甲,乙$\}$ 上优超 $(0.1,0.2,0.7)$,因为 $0.5>0.1$ 并且 $0.5>0.2$。

$(0.5,0.5,0)$ 在联盟 $\{$甲,乙$\}$ 上优超 $(0.1,0.3,0.6)$,因为 $0.5>0.1$ 并且 $0.5>0.3$。

3. 瓦解关系

瓦解(block)也称作阻挡。对分配方案 x，如果存在联盟 $S \subset N$ 满足 $V(S) > \sum_{i \in S} x_i$，则称联盟 S 瓦解了分配方案 x。也就是说，对相应的局中人来讲，通过构成联盟可以获得更高的总收益。简言之，如果联盟 S 的特征函数值大于分配方案 x 给联盟 S 的总收益，那么分配方案 x 就被联盟 S 瓦解。注意，只要存在一个联盟 $S \subset N$ 满足 $V(S) > \sum_{i \in S} x_i$，就称分配方案 x 会被瓦解。

特征：第一，瓦解是针对分配方案的。只要存在一个联盟满足以上关系，就称该分配方案被瓦解了。第二，瓦解只看联盟的总收益。只要联盟总收益高于分配方案给该联盟成员的总收益，就称该分配方案被瓦解了。这与优超关系不同，优超关系要求每个成员的收益更高或不变，而瓦解不看联盟内每个成员的收益高低；与优超关系相同，都不看联盟内收益的公平问题；与优超关系相同，都不看联盟外的收益高低。

[例14-10] 求瓦解蛋糕博弈的分配方案(0.1,0.2,0.7)的联盟。

联盟{甲,乙}可以瓦解，因为甲和乙联盟可以得到总收益1而分配方案(0.1,0.2,0.7)给甲和乙的总收益只有0.3；

联盟{甲,丙}可以瓦解，因为甲和丙联盟可以得到总收益1而分配方案(0.1,0.2,0.7)给甲和丙的总收益只有0.8；

联盟{乙,丙}可以瓦解，因为乙和丙联盟可以得到总收益1而分配方案(0.1,0.2,0.7)给乙和丙的总收益只有0.9。

分析可知，蛋糕博弈的任意分配方案都会被瓦解。

比较优超和瓦解关系可以发现，瓦解只强调联盟的总收益更高，而优超强调联盟内的成员收益更高，要求没有任何成员的收益减少而且至少有位成员的收益增加了。如果联盟的分配方案能够被优超，就不是稳定的联盟，一定会被瓦解。

五、博弈核心

1. 定义

核或核心(core)，即不会被瓦解的分配方案所形成的集合，记为 $C(V)$。核是指那些满足不会被瓦解的分配方案，可称为核分配(core allocation)。

2. 特征

合作博弈 $B(N,V)$ 的核 $C(V)$ 由满足如下条件的 n 维向量 $x = (x_1, x_2, \cdots, x_n)$ 构成：

对任意的联盟 $S \subset N$，都有 $\sum_{i \in S} x_i \geq V(S)$ 和 $\sum_{i \in N} x_i = V(N)$。

其中：第一点确保不会被任何联盟瓦解；第二点确保分尽，即帕累托最优。

3. 求解方法

[例14-11] 求蛋糕博弈的核。

首先，求特征函数值。

$V_0 = 0, V_1 = 0, V_2 = 1, V_3 = 1$。其中，$V_i$ 表示 i 人联盟。

其次,寻求不会被瓦解的分配方案。

显然,任意分配方案都不会被任意的一人联盟瓦解,因为一人联盟只能得到 0;也不会被三人联盟瓦解,因为三人联盟就是大联盟了。再考虑不会被二人联盟瓦解的分配方案:如果 $x=(x_1,x_2,x_3)$ 为核,则必有 $x_1+x_2 \geqslant V_2=1$、$x_1+x_3 \geqslant V_2=1$ 和 $x_2+x_3 \geqslant V_2=1$,这确保不会被任意二人联盟瓦解;$x_1+x_2+x_3=V_3=1$,这确保分尽。否则,就会被优超。

最后,分析可知,不存在满足以上四个式子的 (x_1,x_2,x_3),因此核不存在。

[例 14-12] A、B、C 三人做项目,任意一个人或两个人都不能完成,三人可以完成得到 100 的产出,求核。

首先,求特征函数值。

$V(\phi)=0, V(\{A\})=V(\{B\})=V(\{C\})=V(\{A,B\})=V(\{B,C\})=V(\{A,C\})=0$,
$V(\{A,B,C\})=100$。

其次,寻求不会被瓦解的分配方案

如果核为 $x=(x_1,x_2,x_3)$,那么必有:

不会被任意的一人联盟瓦解:$x_1 \geqslant V(\{A\})=0, x_2 \geqslant V(\{B\})=0, x_3 \geqslant V(\{C\})=0$。

不会被任意的二人联盟瓦解:$x_1+x_2 \geqslant V(\{A,B\})=0, x_1+x_3 \geqslant V(\{A,C\})=0, x_2+x_3 \geqslant V(\{B,C\})=0$。

不会被三人联盟瓦解:$x_1+x_2+x_3=V(\{A,B,C\})=100$。

最后,分析可知,满足以上七个式子的 (x_1,x_2,x_3) 有很多个,即存在很多个核,表示为 $\{x=(x_1,x_2,x_3)|x_1 \geqslant 0, x_2 \geqslant 0, x_3 \geqslant 0, x_1+x_2+x_3=100\}$。

4. 存在的问题

一是可能不存在核,二是可能有多个核。

※**习题 5** A、B、C 三人做项目,A、B 二人或 A、B、C 三人可以完成得到 100 的产出,求核。

※**习题 6** A、B、C 三人做项目,任意二人或 A、B、C 三人可以完成得到 100 的产出,求核。

※**习题 7** 甲、乙、丙三人合作做项目可得利润 90 万元。如果三人单独做,可分别获利 20 万、10 万和 10 万元。如果甲和乙合作,可获利 50 万元。如果甲和丙合作,可获利 40 万元。如果乙和丙合作,可获利 30 万元。求核。

六、博弈核仁

1. 对分配方案的不满

剩余(surplus),即联盟 S 的成员通过结盟可得到的总收益,比分配方案 x 给 S 的总收益多出的部分,就是联盟 S 对分配方案 x 的不满。

对分配方案 $x=(x_1,x_2,\cdots,x_n)$ 和联盟 $S \subset N$,定义 $e(S,x)=V(S)-\sum_{i \in S} x_i$ 为分配方案 x 在联盟 S 上的不满,体现了联盟 S 对分配方案 x 的不满意程度。其中,$V(S)$ 表示联盟 S 的成员通过结盟可得到的总收益,$\sum_{i \in S} x_i$ 表示分配方案 x 给 S 的总收益,$e(S,x)$ 表示通过结盟可以多得的部分,就是对分配方案 x 的不满。

由于一共有 2^n 个联盟,所以分配方案 x 的不满也有相应的 2^n 个,把这些不满按从小到大的顺序排列,得到一个包括 2^n 项的不满序列 $\theta_k(\boldsymbol{x})(k=1,2,\cdots,2^n)$,逆向依次称为最大不满、第二大不满、第三大不满等,直到最小不满。

[**例 14-13**] 求蛋糕博弈分配方案 $(0.1,0.3,0.6)$ 的不满序列和最大不满。

首先,蛋糕博弈的联盟有

空集,$\{1\},\{2\},\{3\},\{1,2\},\{1,3\},\{2,3\},\{1,2,3\}$。

其次,依次求每个联盟对分配方案 $(0.1,0.3,0.6)$ 的不满:

$e(\phi,\boldsymbol{x})=0-0=0$,

$e(\{1\},\boldsymbol{x})=0-0.1=-0.1$,

$e(\{2\},\boldsymbol{x})=0-0.3=-0.3$,

$e(\{3\},\boldsymbol{x})=0-0.6=-0.6$,

$e(\{1,2\},\boldsymbol{x})=1-0.4=0.6$,

$e(\{1,3\},\boldsymbol{x})=1-0.7=0.3$,

$e(\{2,3\},\boldsymbol{x})=1-0.9=0.1$,

$e(\{1,2,3\},\boldsymbol{x})=1-1=0$。

最后,把以上不满按从小到大顺序排列就是不满序列:$-0.6,-0.3,-0.1,0,0,0.1,0.3,0.6$。其中,最大不满为 $e(\{1,2\},\boldsymbol{x})=1-0.4=0.6$。

2. 分配方案的好坏

如果分配方案 $\boldsymbol{x}=(x_1,x_2,\cdots,x_n)$ 和 $\boldsymbol{y}=(y_1,y_2,\cdots,y_n)$ 的不满 $e(S,\boldsymbol{x})$ 和 $e(S,\boldsymbol{y})$ 对应的不满序列 $\theta_k(\boldsymbol{x})$ 和 $\theta_k(\boldsymbol{y})$ 满足 $\theta_k(\boldsymbol{x})<\theta_k(\boldsymbol{y})$,那么称分配方案 $\boldsymbol{x}$ 比 $\boldsymbol{y}$ 好。其中,k 按从大到小顺序从 2^n 到 1 依次取值。如果 $\theta_{2^n}(\boldsymbol{x})=\theta_{2^n}(\boldsymbol{y})$,那么要求 $\theta_{2^n-1}(\boldsymbol{x})<\theta_{2^n-1}(\boldsymbol{y})$;如果仍有 $\theta_{2^n-1}(\boldsymbol{x})=\theta_{2^n-1}(\boldsymbol{y})$,那么要求 $\theta_{2^n-2}(\boldsymbol{x})<\theta_{2^n-2}(\boldsymbol{y})$;以此类推。

简言之,如果一个分配方案的最大不满比另一个分配方案的最大不满小,那就更好。如果最大的不满相同,就比较第二大不满;如果第二大的不满也相同,就比较第三大不满;以此类推。注意,只要发现最大不满或第二大不满等更小,无需再讨论比较后面不满的大小,就称该分配方案更好。

比如,两个分配方案 $\boldsymbol{x}$ 和 $\boldsymbol{y}$ 不满序列分别为

$\theta_8(\boldsymbol{x})$:$-6,-5,-5,-3,-2,1,4,6$;

$\theta_8(\boldsymbol{y})$:$-9,-8,-7,2,2,3,4,6$。

从大到小依次比较,$6=6,4=4,1<3$。因此,分配方案 $\boldsymbol{x}$ 比分配方案 $\boldsymbol{y}$ 更好。

3. 核仁的含义

核仁(nucleus)表示为 $C(N)$,是使 $\theta_k(\boldsymbol{x})$ 最小的分配方案,也就是使最大不满最小的分配方案,即最好的分配方案,称为核仁分配。其中,k 按从大到小顺序从 2^n 到 1 依次取值。如果 $\theta_{2^n}(\boldsymbol{x})=\theta_{2^n}(\boldsymbol{y})$,那么要求 $\theta_{2^n-1}(\boldsymbol{x})<\theta_{2^n-1}(\boldsymbol{y})$;如果仍有 $\theta_{2^n-1}(\boldsymbol{x})=\theta_{2^n-1}(\boldsymbol{y})$,那么要求 $\theta_{2^n-2}(\boldsymbol{x})<\theta_{2^n-2}(\boldsymbol{y})$;依此类推,直到找到最好的。

4. 核仁的性质

一是存在且唯一。二是必定包含于核,如果核存在的话。注意,核有可能不存在。

也要注意,简称为核的是核心而不是核仁。

[**例 14-14**] 蛋糕博弈的核仁。

首先,求特征函数值。

$V_0=0, V_1=0, V_2=1, V_3=1$。其中,$V_i$ 表示 i 人联盟。

其次,求不满序列。

对分配方案 $\boldsymbol{x}=(x_1,x_2,x_3)$,不妨设 $0 \leqslant x_1 \leqslant x_2 \leqslant x_3$,必有 $x_1+x_2+x_3=1$。对各联盟,依次有:

$$e(\phi,\boldsymbol{x})=V(\phi)-\sum_{i\in\phi}x_i=0,$$

$$e(\{A\},\boldsymbol{x})=V(\{A\})-x_1=-x_1,$$

$$e(\{B\},\boldsymbol{x})=V(\{B\})-x_2=-x_2,$$

$$e(\{C\},\boldsymbol{x})=V(\{C\})-x_3=-x_3,$$

$$e(\{A,B\},\boldsymbol{x})=V(\{A,B\})-\sum_{i\in\{1,2\}}x_i=1-x_1-x_2=x_3,$$

$$e(\{B,C\},\boldsymbol{x})=V(\{B,C\})-\sum_{i\in\{2,3\}}x_i=1-x_2-x_3=x_1,$$

$$e(\{A,C\},\boldsymbol{x})=V(\{A,C\})-\sum_{i\in\{1,3\}}x_i=1-x_1-x_3=x_2,$$

$$e(\{A,B,C\},\boldsymbol{x})=V(\{A,B,C\})-\sum_{i\in\{1,2,3\}}x_i=1-x_1-x_2-x_3=0。$$

从小到大排序得 $\theta_1(\boldsymbol{x})=-x_3, \theta_2(\boldsymbol{x})=-x_2, \theta_3(\boldsymbol{x})=-x_1, \theta_4(\boldsymbol{x})=\theta_5(\boldsymbol{x})=0, \theta_6(\boldsymbol{x})=x_1, \theta_7(\boldsymbol{x})=x_2, \theta_8(\boldsymbol{x})=x_3$。

最后,求核仁。

第一步,使 $\theta_8(\boldsymbol{x})=x_3$ 最小,根据 $0 \leqslant x_1 \leqslant x_2 \leqslant x_3$ 和 $x_1+x_2+x_3=1$ 可得,$x_3=\frac{1}{3}$;第二步,使 $\theta_7(\boldsymbol{x})=x_2$ 最小,根据 $0 \leqslant x_1 \leqslant x_2 \leqslant x_3$、$x_1+x_2+x_3=1$ 和 $x_3=\frac{1}{3}$ 可得,$x_2=\frac{1}{3}$;第三步,使 $\theta_6(\boldsymbol{x})=x_1$ 最小,根据 $0 \leqslant x_1 \leqslant x_2 \leqslant x_3$、$x_1+x_2+x_3=1$ 和 $x_3=x_2=\frac{1}{3}$ 可得,$x_1=\frac{1}{3}$。

于是,核仁分配为 $\left(\frac{1}{3},\frac{1}{3},\frac{1}{3}\right)$。

[例 14-15] A、B、C 三人做项目,任意一个人或两个人都不能完成,三人可以完成得到 100 的产出,求核仁。

首先,求特征函数值。

$V(\phi)=0, V(\{A\})=V(\{B\})=V(\{C\})=V(\{A,B\})=V(\{B,C\})=V(\{A,C\})=0, V(\{A,B,C\})=100$。

其次,求不满序列。

对分配方案 $\boldsymbol{x}=(x_1,x_2,x_3)$,不妨设 $0 \leqslant x_1 \leqslant x_2 \leqslant x_3$,必有 $x_1+x_2+x_3=100$。对所有联盟 S,依次有:

$$e(\phi,\boldsymbol{x})=V(\phi)-\sum_{i\in\phi}x_i=0,$$

$$e(\{A\},\boldsymbol{x})=V(\{A\})-x_1=-x_1,$$

$$e(\{B\},\boldsymbol{x})=V(\{B\})-x_2=-x_2,$$

$$e(\{C\},\boldsymbol{x})=V(\{C\})-x_3=-x_3,$$

$$e(\{A,B\},\boldsymbol{x}) = V(\{A,B\}) - \sum_{i\in\{1,2\}} x_i = 0 - x_1 - x_2 = -x_1 - x_2,$$

$$e(\{B,C\},\boldsymbol{x}) = V(\{B,C\}) - \sum_{i\in\{2,3\}} x_i = 0 - x_2 - x_3 = -x_2 - x_3,$$

$$e(\{A,C\},\boldsymbol{x}) = V(\{A,C\}) - \sum_{i\in\{1,3\}} x_i = 0 - x_1 - x_3 = -x_1 - x_3,$$

$$e(\{A,B,C\},\boldsymbol{x}) = V(\{A,B,C\}) - \sum_{i\in\{1,2,3\}} x_i = 100 - x_1 - x_2 - x_3 = 0。$$

从小到大排序得 $\theta_1(\boldsymbol{x}) = -x_2 - x_3, \theta_2(\boldsymbol{x}) = -x_1 - x_3, \theta_3(\boldsymbol{x}) = -x_1 - x_2, \theta_4(\boldsymbol{x}) = -x_3,$ $\theta_5(\boldsymbol{x}) = -x_2, \theta_6(\boldsymbol{x}) = -x_1, \theta_7(\boldsymbol{x}) = \theta_8(\boldsymbol{x}) = 0$。

最后,求核仁。

第一步,使 $\theta_6(\boldsymbol{x}) = -x_1$ 最小,根据 $0 \leqslant x_1 \leqslant x_2 \leqslant x_3$ 和 $x_1 + x_2 + x_3 = 100$ 得, $x_1 = \dfrac{100}{3}$;

第二步,使 $\theta_5(\boldsymbol{x}) = -x_2$ 最小,根据 $0 \leqslant x_1 \leqslant x_2 \leqslant x_3$、$x_1 + x_2 + x_3 = 100$ 和 $x_1 = \dfrac{100}{3}$ 得, $x_2 = \dfrac{100}{3}$;第三步,使 $\theta_4(\boldsymbol{x}) = -x_3$ 最小,根据 $0 \leqslant x_1 \leqslant x_2 \leqslant x_3$、$x_1 + x_2 + x_3 = 100$ 和 $x_1 = x_2 = \dfrac{100}{3}$ 可得, $x_3 = \dfrac{100}{3}$。

于是,核仁分配为 $\left(\dfrac{100}{3}, \dfrac{100}{3}, \dfrac{100}{3}\right)$。

※**习题 8** A、B、C 三人做项目,A、B 二人或 A、B、C 三人可以完成得到 100 的产出,求核仁。

※**习题 9** A、B、C 三人做项目,任意二人或 A、B、C 三人可以完成得到 100 的产出,求核仁。

※**习题 10** 甲、乙、丙三人合作做项目可得利润 90 万元。如果三人单独做,可分别获利 20 万、10 万和 10 万元。如果甲和乙合作,可获利 50 万元。如果甲和丙合作,可获利 40 万元。如果乙和丙合作,可获利 30 万元。求核仁。

5. 核仁与核心的关系

(1) 共同点

都是探索如何合理分配合作博弈收益的概念与方法。

(2) 不同点

只是中文名字很像,英文名字差异明显,分别为 core 和 nucleus。

核仁不一定是核心,核心也不一定是核仁。

如果核心存在,那么核仁一定是核心,但核心有可能不存在。

第 15 讲 夏普利值

一、来拔萝卜

1. 幼儿园故事

一位老爷爷在地里种了个萝卜,萝卜越长越大,大得不得了了!

老爷爷拔不动;

喊来了老奶奶帮忙一起拔,拔不动;

老奶奶喊来了小姑娘帮忙一起拔,拔不动;

小姑娘喊来了小黄狗帮忙一起拔,拔不动;

小黄狗喊来了小花猫帮忙一起拔,拔不动;

小花猫喊来了小老鼠帮忙一起拔,拔出来了!

2. 儿童问题

在拔萝卜这件事情上,谁的贡献大?

或者说,如果拔出了萝卜,上天给了 60 元奖金,该怎么分配?

这是幼儿园小朋友的困惑。其实也是幼儿园老师的困惑,因为可能有些老师在这个问题上并没有讲明白说清楚。

3. 分配准则

通用准则是按贡献大小分配:贡献越大,所得就应越多;贡献越小,所得就应越少。

关键问题:如何衡量贡献?

4. 边际贡献

局中人加入引起的联盟总收益变化。有两种表示方法:一是来了之后的变化:局中人加入联盟,联盟总收益的变化;二是离开之后的变化:局中人退出联盟,联盟总收益的变化。

在拔萝卜故事中,老爷爷、老奶奶、小姑娘、小黄狗和小花猫的边际贡献都是 0,因为他们来了之后没有变化,萝卜始终没有拔出来;而小老鼠的边际贡献是 60,因为小老鼠来了之后萝卜就拔出来了!

5. 小老鼠获得全部奖金?

如果按照边际贡献分配,那么应该把奖金全给小老鼠,因为小老鼠才有贡献。但是这既不公平也不合理。不公平是因为其他五位也出了力,虽然这里并不讨论如何单独衡量每个人出力的大小;不合理是因为每个人为了获得全部奖金都想最后一个来,结果事就办不成,这要求消除出场顺序的影响。

6. 出场顺序

如何消除出场顺序的影响?对在每种出场顺序中的边际贡献进行加权平均,使每个人的贡献与其实际出场顺序无关,避免选择出场顺序的问题,比如在拔萝卜故事中都想最后一个出场。

对任意局中人比如小花猫,有六种出场顺序,分别为第一、二、三、四、五、六个出场。

7. 综合贡献

对任意局中人比如小老鼠,在前五个出场的边际贡献都是0,在第六个出场的边际贡献为1;在前五个出场的概率为六分之五,在第六个出场的概率为六分之一。综合贡献,也就是每种出场顺序中的边际贡献与各出场顺序的概率的加权平均值,为 $0 \times \frac{5}{6} + 1 \times \frac{1}{6} = \frac{1}{6}$。类似的,所有人的综合贡献都是 $0 \times \frac{5}{6} + 1 \times \frac{1}{6} = \frac{1}{6}$。

8. 分配结果

按照综合贡献分配就应该平均分配60元奖金,每个人得10元。这消除了出场顺序的影响,也合理考虑了每个人的贡献。

9. 结果反思

(1) 公平分配反思

共识:按贡献大小分配。

反思:关键是如何合理衡量贡献。

(2) 幼儿园往事反思

现象:幼儿园老师讲明白了吗?

反思:寻求现象背后的共性原理,不局限于拔萝卜,类似的事情还有很多。

(3) 奖励机制反思

现象:某单位一直想干某件事,但是一直没干成,直到谁来了就干成了,然后就重奖新来的谁……

反思:这类事情的底层逻辑和拔萝卜类似,那么分配结果也应该类似,重奖新来的谁在一定程度上是不合理的。

二、个体价值

由此,局中人的贡献就是在每个联盟中的贡献的加权平均。其中,在每个联盟中的贡献称为逐个贡献,其加权平均称为个体贡献。

1. 逐个贡献

局中人在每一个联盟中的边际贡献,就是局中人加入前后或者离开前后引起的联盟总收益的变化。有多少个联盟,就有多少个边际贡献。

2. 个体贡献

局中人在每一个联盟中的边际贡献与每个联盟出现的可能性的加权平均值,就是其个体贡献。

3. 普遍准则

按照个体贡献进行分配。

[**例 15-1**] 在特征函数型博弈"$V(\phi)=0, V(\{A\})=V(\{B\})=V(\{C\})=1, V(\{A,B\})=6, V(\{B,C\})=V(\{A,C\})=4, V(\{A,B,C\})=12$"中：

(1)各局中人的个体贡献是多少？

(2)应该怎样分配？

首先，列出实现 12 的各个联盟。注意，要区分顺序，因为考虑的是局中人加入联盟前后，联盟总收益的变化。一共有 6 个实现 12 的联盟：ABC、ACB、BAC、BCA、CAB 和 CBA。

其次，在每一个联盟中依次求各个局中人的边际贡献。比如，在联盟 ABC 中：A 的边际贡献是 1，因为 $V(\phi)=0$ 和 $V(\{A\})=1$，A 的到来使联盟收益由 0 增加到 1；B 的边际贡献是 5，因为 $V(\{A\})=1$ 和 $V(\{A,B\})=6$，B 的到来使联盟收益由 1 增加到 6；C 的边际贡献是 6，因为 $V(\{A,B\})=6$ 和 $V(\{A,B,C\})=12$，C 的到来使联盟收益由 6 增加到 12。由此计算每个局中人在每个联盟中的边际贡献，汇总如表 15-1 所示。

表 15-1 联盟中各局中人的边际贡献

边际贡献	ABC	ACB	BAC	BCA	CAB	CBA	合计	加权平均
A 的边际贡献	1	1	5	8	3	8	26	$\frac{13}{3}$
B 的边际贡献	5	8	1	1	8	3	26	$\frac{13}{3}$
C 的边际贡献	6	3	6	3	1	1	20	$\frac{10}{3}$

注意，虽然边际贡献强调要考虑联盟中各成员的排序，但是刻画联盟收益的特征函数值却与排序无关。比如，分析可知：C 在联盟 ABC 中的边际贡献是 6，因为特征函数值 $V(\{A,B\})=6$ 和 $V(\{A,B,C\})=12$；C 在联盟 BAC 中的边际贡献也是 6，因为特征函数值 $V(\{B,A\})=6$ 和 $V(\{B,A,C\})=12$。

然后，用加权平均计算各局中人的个体贡献。其中，实现 12 的各个联盟出现的概率相等，都是 $\frac{1}{3!}=\frac{1}{6}$，相当于 3 个人的全排列出现某种具体情形的概率。比如，局中人 A 的个体贡献为 $1\times\frac{1}{6}+1\times\frac{1}{6}+5\times\frac{1}{6}+8\times\frac{1}{6}+3\times\frac{1}{6}+8\times\frac{1}{6}=\frac{13}{3}$。

最后，按各局中人的个体贡献分配。比如，局中人 A 和局中人 B 的应得分配就是其个体贡献 $\frac{13}{3}$。

注意，由于局中人对联盟的边际贡献是其加入联盟前后，联盟总收益的变化，因此联盟的排序很重要。在不至于混淆的情况下，可以不区分边际贡献和个体贡献的表达方式。

4. 价值几何？

一个人的个体价值就是其个体贡献。

但是，由于在具体的时空条件下只会实际发生一种情形，对应一种排序，而且很多时候是事后奖励，个体价值有可能就只是某种特定情形下的边际贡献。

三、公平分配

1. 夏普利值

夏普利(Shapley,1923—2016),是 2012 年经济学诺贝尔奖获得者,创立了夏普利值(Shapley value)的理论体系。

合作博弈中,各局中人的应得收益就是其个体价值,称其为夏普利值。对应的分配方案称为夏普利分配,这样分配是公平的。

2. 求解方法 1:"加入前后的变化"

(1) 直观认识

全排列。合作博弈 $B(N,V)$ 包含的局中人总数是 n,出场顺序的全排列为 $n!$,就是总的出场种数。

定位排列。确定局中人 i 的位置,前面有哪些人的身份是固定的但是排序是不确定的,后面有哪些人的身份是固定的但是排序是不确定的表示为表 15-2 所示。

表 15-2 定位排列示意

S	i	N−S−i

不妨设,在局中人 i 之前有 $|S|$ 位身份固定的局中人,包括 $|S|!$ 种排列顺序,其中 $|S|$ 表示联盟集合 S 包含的成员个数;在局中人 i 之后有 $n-|S|-1$ 位身份固定的局中人,包括有 $(n-|S|-1)!$ 种排列顺序。于是,这样的 n 人排列共有 $|S|!(n-|S|-1)!$ 种,因为局中人 i 的位置是确定的。其中,局中人 i 在每种情况下的边际贡献都是在联盟 $S \cup i$ 上的边际贡献。

① 定位概率。那么,局中人 i 出现在该位置上的概率为 $\dfrac{|S|!(n-|S|-1)!}{n!}$。其中,分母是总的排列数,分子是局中人 i 出现在该位置上的排列数。

② 边际贡献。局中人 i 来之前是联盟 S,总收益是 S 的特征函数值 $V(S)$;局中人 i 来之后是联盟 $S \cup i$,总收益是 $V(S \cup i)$。局中人 i 来之后引起的总收益变化,就是 i 的边际贡献,表示为 $V(S \cup i)-V(S)$。

③ 个体价值。进一步,S 是变化的,有多种可能。局中人 i 的综合贡献,也就是其应得收益,即夏普利值,应该是在不同 S 上的边际贡献按照各种 S 出现的可能性的加权平均值。

(2) 求解公式

合作博弈 $B(N,V)$ 中,局中人 i 的夏普利值,就是其加入每一个联盟所引起的总收益增加额的加权平均值,表示为 $\varphi_i = \sum\limits_{S \in N-i} \dfrac{|S|!(n-|S|-1)!}{n!}[V(S \cup i)-V(S)]$。

其中,S 为 N 的任意不包含局中人 i 的子联盟,

$\quad\quad |S|$ 为联盟 S 的成员个数,

$\quad\quad V(S)$ 为联盟 S 的特征函数值,

$\quad\quad V(S \cup i)$ 为局中人 i 加入联盟 S 后的新联盟 $S \cup i$ 的特征函数值,

$\quad\quad V(S \cup i)-V(S)$ 为局中人 i 在联盟 $S \cup i$ 上的边际贡献,

$\quad\quad (|S|)!$ 为联盟 S 的排列数,

$(n-|S|-1)!$ 为合作博弈集合 N 中剔除联盟 S 和局中人 i 之后的排列数，
$n!$ 为合作博弈集合 N 的排列数，
$\dfrac{|S|!(n-|S|-1)!}{n!}$ 为概率。

可见，夏普利值就是局中人在各个联盟上的边际贡献的加权平均，权重是各个联盟各种排序的可能性。对局中人 $i(=1,2,\cdots,n)$，夏普利值 $(\varphi_1,\varphi_2,\cdots,\varphi_n)$ 就是合作博弈 $B(N,V)$ 中每一个局中人的应得收益，构成夏普利分配。

(3) 求解步骤

第一步，求所有不包含 i 的联盟的特征函数值 $V(S)$

列出所有不包含 i 的联盟 $S \in N \setminus \{i\}$，其中 $N \setminus \{i\}$ 表示 N 中剔除 i 后的联盟，分别求特征函数值 $V(S)$。

第二步，求 i 加入每个联盟后的边际贡献

考虑 i 加入以上每个联盟，再分别求特征函数值 $V(S \cup i)$，再减去加入前的特征函数值 $V(S)$，得到 i 在每种情形中的边际贡献 $V(S \cup i) - V(S)$。

第三步，求每种情形的概率 $\dfrac{|S|!(n-|S|-1)!}{n!}$。

第四步，对各边际贡献加权平均得到夏普利值 $\varphi_i = \sum\limits_{S \in N-i} \dfrac{|S|!(n-|S|-1)!}{n!}[V(S \cup i)-V(S)]$。

[例 15 – 2] 求合作博弈"$V(\phi)=0, V(\{A\})=V(\{B\})=V(\{C\})=1, V(\{B,C\})=V(\{A,C\})=4, V(\{A,B\})=6, V(\{A,B,C\})=12$"中各局中人的夏普利值。

首先，对局中人 A，求解过程如表 15 – 3 所示。

表 15 – 3 局中人 A 的夏普利值求解过程

S	$V(S \cup A)-V(S)$	$|S|!(n-|S|-1)!$	$\dfrac{|S|!(n-|S|-1)!}{n!}$
ϕ	$1-0=1$	$0!\ 2!=2$	$\dfrac{2}{6}$
$\{B\}$	$6-1=5$	$1!\ 1!=1$	$\dfrac{1}{6}$
$\{C\}$	$4-1=3$	$1!\ 1!=1$	$\dfrac{1}{6}$
$\{B,C\}$	$12-4=8$	$2!\ 0!=2$	$\dfrac{2}{6}$

第一列表示：联盟 S 的各种可能，注意 S 不包括 A。
第二列表示：A 加入 S 后引起的收益变化，也就是 A 在不同联盟上的边际贡献。
第三列表示：固定 A 的位置和联盟 S 的成员身份后，各种排列的种数。
第四列表示：各种情况的概率，也是 A 的各种边际贡献的概率。

因此，局中人 A 的夏普利值，$\varphi_A = 1 \times \dfrac{2}{6} + 5 \times \dfrac{1}{6} + 3 \times \dfrac{1}{6} + 8 \times \dfrac{2}{6} = \dfrac{26}{6} = \dfrac{13}{3}$。

其次，对局中人 B，求解过程如表 15 – 4 所示。

表 15-4　局中人 B 的夏普利值求解过程

S	$V(S\cup B)-V(S)$	$\|S\|!(n-\|S\|-1)!$	$\dfrac{\|S\|!(n-\|S\|-1)!}{n!}$
ϕ	1	0!2!=2	$\dfrac{2}{6}$
{A}	5	1!1!=1	$\dfrac{1}{6}$
{C}	3	1!1!=1	$\dfrac{1}{6}$
{A,C}	8	2!0!=2	$\dfrac{2}{6}$

因此,局中人 B 的夏普利值,$\varphi_B = 1\times\dfrac{2}{6}+5\times\dfrac{1}{6}+3\times\dfrac{1}{6}+8\times\dfrac{2}{6}=\dfrac{26}{6}=\dfrac{13}{3}$。

最后,对局中人 C,求解过程如表 15-5 所示。

表 15-5　局中人 C 的夏普利值求解过程

S	$V(S\cup C)-V(S)$	$\|S\|!(n-\|S\|-1)!$	$\dfrac{\|S\|!(n-\|S\|-1)!}{n!}$
ϕ	1	0!2!=2	$\dfrac{2}{6}$
{A}	3	1!1!=1	$\dfrac{1}{6}$
{B}	3	1!1!=1	$\dfrac{1}{6}$
{A,B}	6	2!0!=2	$\dfrac{2}{6}$

因此,局中人 C 的夏普利值,$\varphi_C = 1\times\dfrac{2}{6}+3\times\dfrac{1}{6}+3\times\dfrac{1}{6}+6\times\dfrac{2}{6}=\dfrac{20}{6}=\dfrac{10}{3}$。

注意,以上列出表格只是为了清晰展现公式中各个部分的含义。在充分理解后,就不用列出表格,而直接用公式计算求解。

3. 求解方法 2:"退出前后的变化"

局中人 i 离开联盟引起的联盟总收益减少,就是其边际贡献。局中人 i 在每个联盟的边际贡献关于相应的每种排序出现可能性的加权平均,就是其夏普利值。

合作博弈 $B(N,V)$ 中,局中人 i 的夏普利值,就是其退出每一个联盟所引起的总收益减少额的加权平均值,表示为 $\varphi_i = \sum\limits_{S\in N, i\in S}\dfrac{(|S|-1)!(n-|S|)!}{n!}[V(S)-V(S\setminus\{i\})]$。

其中,S 为包含 i 的任意联盟,

$S\setminus\{i\}$ 为剔除联盟 S 中的 i 之后的联盟,

$V(S)-V(S\setminus\{i\})$ 表示 i 对联盟 S 的边际贡献,

$(|S|-1)!$ 为联盟 S 剔除 i 之后的排列数,

$(n-|S|)!$ 为合作博弈集合 N 中剔除联盟 S 后的排列数,

$\dfrac{(|S|-1)!(n-|S|)!}{n!}$ 为概率。

比较分析可知,"加入前后变化"和"退出前后变化"两种定义是等价的。

[例 15-3] 求合作博弈"$V(\phi)=0, V(\{A\})=V(\{B\})=V(\{C\})=1, V(\{B,C\})=V(\{A,C\})=4, V(\{A,B\})=6, V(\{A,B,C\})=12$"中各局中人的夏普利值。

$$\varphi_A = [V(\{A\})-V(\phi)] \times \frac{0! \times 2!}{3!} + [V(\{A,B\})-V(\{B\})] \times \frac{1! \times 1!}{3!} +$$
$$[V(\{A,C\})-V(\{C\})] \times \frac{1! \times 1!}{3!} + [V(\{A,B,C\})-V(\{B,C\})] \times \frac{2! \times 0!}{3!}$$
$$= 1 \times \frac{1}{3} + 5 \times \frac{1}{6} + 3 \times \frac{1}{6} + 8 \times \frac{1}{3} = \frac{13}{3}。$$

基本思路是：列出所有包含 A 的联盟，求 A 离开后联盟收益的变化，得到 A 在各联盟上的边际贡献，再按照各种可能性进行加权平均。

$$\varphi_B = [V(\{B\})-V(\phi)] \times \frac{0! \times 2!}{3!} + [V(\{A,B\})-V(\{A\})] \times \frac{1! \times 1!}{3!} +$$
$$[V(\{B,C\})-V(\{C\})] \times \frac{1! \times 1!}{3!} + [V(\{A,B,C\})-V(\{A,C\})] \times \frac{2! \times 0!}{3!}$$
$$= 1 \times \frac{1}{3} + 5 \times \frac{1}{6} + 3 \times \frac{1}{6} + 8 \times \frac{1}{3} = \frac{13}{3},$$

$$\varphi_C = [V(\{C\})-V(\phi)] \times \frac{0! \times 2!}{3!} + [V(\{A,C\})-V(\{A\})] \times \frac{1! \times 1!}{3!} +$$
$$[V(\{B,C\})-V(\{B\})] \times \frac{1! \times 1!}{3!} + [V(\{A,B,C\})-V(\{A,B\})] \times \frac{2! \times 0!}{3!}$$
$$= 1 \times \frac{1}{3} + 3 \times \frac{1}{6} + 3 \times \frac{1}{6} + 6 \times \frac{1}{3} = \frac{10}{3}。$$

[例 15-4] 求蛋糕博弈的夏普利分配。

$$\varphi_1 = [V(\{1\})-V(\phi)] \times \frac{0! \times 2!}{3!} + [V(\{1,2\})-V(\{2\})] \times \frac{1! \times 1!}{3!} +$$
$$[V(\{1,3\})-V(\{3\})] \times \frac{1! \times 1!}{3!} + [V(\{1,2,3\})-V(\{2,3\})] \times \frac{2! \times 0!}{3!}$$
$$= 0 \times \frac{1}{3} + 1 \times \frac{1}{6} + 1 \times \frac{1}{6} + 0 \times \frac{1}{3} = \frac{1}{3}。$$

同理，$\varphi_2 = \varphi_3 = \frac{1}{3}$。所以，夏普利分配为 $\left(\frac{1}{3}, \frac{1}{3}, \frac{1}{3}\right)$。

4. 民法典的婚姻法规

夫妻收入不一样，为什么要平分财产？

因为有夫有妻才是婚姻之家，只有夫或只有妻都不是婚姻之家。没家的特征函数值为 0 即 $V(\{H\})=V(\{W\})=0$，有家的特征函数值为 1 即 $V(\{H,W\})=1$ 表示在表 15-6 中。

表 15-6 夫妻的边际贡献

联盟	HW	WH	合计	加权平均
H 的边际贡献	0	1	1	$\frac{1}{2}$
W 的边际贡献	1	0	1	$\frac{1}{2}$

$$\varphi_H = [V(\{H\}) - V(\phi)] \times \frac{0! \times 1!}{2!} + [V(\{H,W\}) - V(\{W\})] \times \frac{1! \times 0!}{2!} = \frac{1}{2},$$

$$\varphi_W = [V(\{W\}) - V(\phi)] \times \frac{0! \times 1!}{2!} + [V(\{H,W\}) - V(\{H\})] \times \frac{1! \times 0!}{2!} = \frac{1}{2}。$$

丈夫和妻子的夏普利值都是 $\frac{1}{2}$，应该平分。

从这个角度讲，夫妻平分财产是合理的，有利于维护家庭稳定。

※**习题1**　三人按照少数服从多数原则分300元，求夏普利分配。

※**习题2**　三人按照全票通过原则分300元，求夏普利分配。

※**习题3**　甲乙丙三人按照甲乙同意或全同意通过原则分300元，求夏普利分配。

※**习题4**　甲乙丙三人合作做项目可得利润90万元。如果三人单独做，可分别获利20、10和10万元。如果甲和乙合作，可获利50万元。如果甲和丙合作，可获利40万元。如果乙和丙合作，可获利30万元。求夏普利分配。

※**习题5**　甲乙丙三人以投票的形式分300元，甲有3票，乙有2票，丙也有2票，要5票才能通过，该如何分？如果4票就能通过呢？6票呢？

四、分配公理

1. 对称公理

对称公理指地位相同，分配所得相同。或者说，分配所得与排列顺序无关。

2. 效率公理

效率公理指各人所得之和，等于联盟收益，即会分配完。

3. 加法公理

加法公理指联盟合并成大联盟，分配所得等于原在各联盟中所得之总和。

4. 基于分配公理求解夏普利值

夏普利值满足以上公理。对某些联盟博弈，根据对称公理和效率公理可以很快求出夏普利值。比如：

(1) 蛋糕博弈

由对称公理，大家所得相同。由效率公理，大家所得之和为1。

综合两方面，夏普利分配为 $\left(\frac{1}{3}, \frac{1}{3}, \frac{1}{3}\right)$。

(2) 垃圾博弈

由对称公理，每户所得相同。由效率公理，大家所得之和为 -7。

综合两方面，夏普利分配为 $(-1, -1, -1, -1, -1, -1, -1)$。

(3) 投票博弈

三人按照少数服从多数原则分300元，求夏普利分配。

由对称公理，每人所得相同。由效率公理，大家所得之和为300。

综合两方面，夏普利分配为 $(100, 100, 100)$。

五、投票选举

1. 班扎夫权力指数

班扎夫权力指数(Banzhaf power index)考虑的是关键角色的次数,次数越高权力指数越大。其中,关键角色的意思是:离开他,联盟就不能获得投票通过。

[例 15 - 5] 如果 A 有两票,B 和 C 各有 1 票,要 3 票才能通过,求各方对投票结果的影响力相对大小。

求解过程如表 15 - 7 所示。

表 15 - 7 不同联盟的关键角色

能够通过的联盟	关键角色	成因
AB	A、B	联盟 AB 能通过。A 离开只剩 B 就不能通过,A 是关键角色。B 离开只剩 A 就不能通过,B 也是关键角色。
AC	A、C	联盟 AC 能通过。A 离开只剩 C 就不能通过,A 是关键角色。C 离开只剩 A 就不能通过,C 也是关键角色。
ABC	A	联盟 ABC 能通过。A 离开剩 BC 就不能通过,A 是关键角色。B 离开剩 AC 还是能通过,B 不是关键角色。C 离开剩 AB 还是能通过,C 也不是关键角色。

A、B 和 C 的关键角色次数分别为 3、1 和 1 次。于是,各自的权力指数为 $\frac{3}{5}$、$\frac{1}{5}$ 和 $\frac{1}{5}$。

可见,权力指数与票数之间不成比例,权力指数的差异程度比票数差异程度更大。

2. 夏普利-苏比克权力指数

夏普利-苏比克权力指数(Shapley-Shubik power index)考虑投票顺序,在每一种投票顺序中确定关键加入者。所谓关键加入者,就是其投票改变了结果的局中人。成为关键加入者的次数越多,权力指数越大。

在上例中,各种投票顺序及其关键加入者如表 15 - 8 所示。

表 15 - 8 不同投票顺序下的关键加入者

投票顺序	ABC	ACB	BAC	BCA	CAB	CBA
关键加入者	B	C	A	A	A	A

每种投票顺序中,有且只有一个关键加入者。比如,在投票顺序 ABC 中:A 投票之前没有人投票,A 的投票使总票数由 0 票增加到 2 票,不能通过,A 不是关键加入者;B 投票之前 A 投了 2 票,B 的投票使总票数由 2 票增加到 3 票,由不能通过变为通过,B 是关键加入者;由于 B 已经是关键加入者了,C 肯定不是,因为 C 的投票使总票数由 3 票变为 4 票,并没有改变结果。所以,一旦找到关键加入者,就停止,因为关键加入者只有一个。

然后,各局中人在关键加入者总次数中的比重,就是权力指数。

上例中,关键加入者的总人次是 6,A、B、C 的次数分别是 4、1 和 1。因此,A 的权力指数

为 $\frac{4}{6}=\frac{2}{3}$，B 的权力指数为 $\frac{1}{6}$，C 的权力指数为 $\frac{1}{6}$。

3. 基于夏普利值的计算

求解过程如表 15-9 所示。

表 15-9　用夏普利值方法的求解过程

联盟		权重，即概率 $\frac{(\|S\|-1)!(n-\|S\|)!}{n!}$
能够通过的联盟（特征函数值为 1）	AB	$\frac{(2-1)!(3-2)!}{3!}=\frac{1}{6}$
	AC	$\frac{(2-1)!(3-2)!}{3!}=\frac{1}{6}$
	ABC	$\frac{(3-1)!(3-3)!}{3!}=\frac{1}{3}$
不能通过的联盟（特征函数值为 0）	A	$\frac{(1-1)!(3-1)!}{3!}=\frac{1}{3}$
	B	$\frac{(1-1)!(3-1)!}{3!}=\frac{1}{3}$
	C	$\frac{(1-1)!(3-1)!}{3!}=\frac{1}{3}$
	BC	$\frac{(2-1)!(3-2)!}{3!}=\frac{1}{6}$

注意：表的下半部分只是为了显示对 A、B 和 C 中的每一个人都应该有也必须有权重之和等于 1，对计算权力指数其实是没有必要的；在表上半部分的 ABC 中，B 和 C 的边际贡献都是 0。

于是，A 的夏普利值：$(1-0)\times\frac{1}{6}+(1-0)\times\frac{1}{6}+(1-0)\times\frac{1}{3}+(0-0)\times\frac{1}{3}=\frac{2}{3}$。

其中，前三项来自表上半部分的 AB、AC 和 ABC，表示 A 的加入使投票结果由不通过变为通过；第四项来自表下半部分的 A，表示 A 的加入并没有使投票结果由不通过变为通过；上下一起，满足权重之和等于 1。

B 的夏普利值：$(1-0)\times\frac{1}{6}+(1-1)\times\frac{1}{3}+(0-0)\times\frac{1}{3}+(0-0)\times\frac{1}{6}=\frac{1}{6}$。

其中，第一项来自表上半部分的 AB，表示 B 的加入使投票结果由不通过变为通过；第二项来自表上半部分的 ABC，表示 B 的加入并没有改变投票结果；第三项和第四项来自表下半部分的 B 和 BC，表示 B 的加入并没有使投票结果由不通过变为通过。

C 的夏普利值：$(1-0)\times\frac{1}{6}+(1-1)\times\frac{1}{3}+(0-0)\times\frac{1}{3}+(0-0)\times\frac{1}{6}=\frac{1}{6}$。

其中，第一项来自表上半部分的 AC，表示 C 的加入使投票结果由不通过变为通过；第二项来自表上半部分的 ABC，表示 C 的加入并没有改变投票结果。第三项和第四项来自表下半部分的 C 和 BC，表示 C 的加入并没有使投票结果由不通过变为通过。

可见，夏普利值就是夏普利-苏比克权力指数。从这个角度讲，夏普利-苏比克权力指数比班扎夫权力指数更具有一般性。

※**习题 6**　甲乙丙丁四个社区以投票形式进行选举,分别有 43、33、16 和 8 票,过半才能通过,求四个社区对选举结果的影响力大小。(用夏普利-苏比克权力指数)

※**习题 7**　联合国安理会包括 5 个常任理事国(中美俄英法)和 10 个非常任理事国(选举产生,任期两年)。在表决时一国一票,可以投赞成、弃权或反对票,15 票中达到 9 票赞成才能通过决议。常任理事国有一票否决权,只要有常任理事国投反对票,无论赞成票有多少,都不能通过。一个常任理事国对表决结果的影响力是一个非常任理事国的多少倍?(用夏普利值)

六、成本分摊

1. 多种用途

设施有多个用途,涉及多个部门。各部门可以单独建,也可以合作建。单独建,各自使用,总成本较高。合作建,可以同时满足各自的用途,总成本较低。那么,各部门如何分摊共建成本?答案是按照夏普利值分摊成本。

2. 多功能厅

多功能礼堂,满足讲演、音乐、话剧、歌剧等四种需求。只修讲演厅,需 100 万;只修音乐厅,需 300 万;只修话剧厅,需 400 万;只修歌剧厅,需 600 万。音乐厅和话剧厅都可以作为讲演厅使用,歌剧厅也能够作为讲演、音乐和话剧厅使用。为了满足所有功能,并使总成本最低,选择修歌剧厅。如何分摊讲演、音乐、话剧、歌剧四种功能的成本?

第一步,求特征函数值。

用 S,M,T 和 O 分别表示讲演、音乐、话剧、歌剧,则特征函数值为

$V(\{S\})=100, V(\{M\})=300, V(\{T\})=400, V(\{O\})=600, V(\{M,S\})=300, V(\{T,S\})=400, V(\{T,O\})=600, V(\{M,T\})=600, V(\{M,O\})=600, V(\{S,O\})=600, V(\{O,S,M,T\})=V(\{S,M,T\})=V(\{S,M,O\})=V(\{O,S,T\})=V(\{O,M,T\})=600$。

举例说明,比如为什么 $V(\{M,T\})=600$。要满足音乐和话剧两种功能,有两种方案:一是单独修音乐厅和话剧厅,总成本 $300+400=700$(元);二是修歌剧厅,因为歌剧厅也能够作为讲演、音乐和话剧厅使用,成本是 600 万。由于这是成本,特征函数值就应该取最小值。那么,就有 $V(\{M,T\})=600$。

第二步,求夏普利值。

讲演应分担的成本就是其夏普利值:

$$\varphi_S = \frac{(1-1)!\,(4-1)!}{4!}[V(\{S\})-V(\phi)]+\frac{(2-1)!\,(4-2)!}{4!}[V(\{M,S\})-V(\{M\})]+$$

$$\frac{(2-1)!\,(4-2)!}{4!}[V(\{T,S\})-V(\{T\})]+\frac{(2-1)!\,(4-2)!}{4!}[V(\{O,S\})-V(\{O\})]+$$

$$\frac{(3-1)!\,(4-3)!}{4!}[V(\{S,M,T\})-V(\{M,T\})]+$$

$$\frac{(3-1)!\,(4-3)!}{4!}[V(\{S,M,O\})-V(\{M,O\})]+$$

$$\frac{(3-1)!\,(4-3)!}{4!}[V(\{S,T,O\})-V(\{T,O\})]+$$

$$\frac{(4-1)!\,(4-4)!}{4!}[V(\{S,M,T,O\})-V(\{M,T,O\})]$$

$$=\frac{1}{4}(100-0)+\frac{1}{12}(300-300)+\frac{1}{12}(400-400)+\frac{1}{12}(600-600)+$$

$$\frac{1}{12}(600-600)+\frac{1}{12}(600-600)+\frac{1}{12}(600-600)+\frac{1}{4}(600-600)$$

$$=25。$$

音乐应分担的成本就是其夏普利值：

$$\varphi_M=\frac{(1-1)!\,(4-1)!}{4!}[V(\{M\})-V(\phi)]+\frac{(2-1)!\,(4-2)!}{4!}[V(\{M,S\})-V(\{S\})]$$

$$+\frac{(2-1)!\,(4-2)!}{4!}[V(\{T,M\})-V(\{T\})]+\frac{(2-1)!\,(4-2)!}{4!}[V(\{O,M\})-V(\{O\})]+$$

$$\frac{(3-1)!\,(4-3)!}{4!}[V(\{S,M,T\})-V(\{S,T\})]+$$

$$\frac{(3-1)!\,(4-3)!}{4!}[V(\{S,M,O\})-V(\{S,O\})]+$$

$$\frac{(3-1)!\,(4-3)!}{4!}[V(\{M,T,O\})-V(\{T,O\})]+$$

$$\frac{(4-1)!\,(4-4)!}{4!}[V(\{S,M,T,O\})-V(\{S,T,O\})]$$

$$=\frac{1}{4}(300-0)+\frac{1}{12}(300-100)+\frac{1}{12}(600-400)+\frac{1}{12}(600-600)+$$

$$\frac{1}{12}(600-400)+\frac{1}{12}(600-600)+\frac{1}{12}(600-600)+\frac{1}{4}(600-600)$$

$$=125。$$

话剧应分担的成本就是其夏普利值：

$$\varphi_T=\frac{(1-1)!\,(4-1)!}{4!}[V(\{T\})-V(\phi)]+\frac{(2-1)!\,(4-2)!}{4!}[V(\{T,S\})-V(\{S\})]+$$

$$\frac{(2-1)!\,(4-2)!}{4!}[V(\{T,M\})-V(\{M\})]+\frac{(2-1)!\,(4-2)!}{4!}[V(\{O,T\})-V(\{O\})]+$$

$$\frac{(3-1)!\,(4-3)!}{4!}[V(\{S,M,T\})-V(\{S,M\})]+$$

$$\frac{(3-1)!\,(4-3)!}{4!}[V(\{S,T,O\})-V(\{S,O\})]+$$

$$\frac{(3-1)!\,(4-3)!}{4!}[V(\{M,T,O\})-V(\{M,O\})]+$$

$$\frac{(4-1)!\,(4-4)!}{4!}[V(\{S,M,T,O\})-V(\{S,O,M\})]$$

$$=\frac{1}{4}(400-0)+\frac{1}{12}(400-100)+\frac{1}{12}(600-300)+\frac{1}{12}(600-600)+$$

$$\frac{1}{12}(600-300)+\frac{1}{12}(600-600)+\frac{1}{12}(600-600)+\frac{1}{4}(600-600)$$

=175。

歌剧应分担的成本就是其夏普利值：

$$\varphi_O = \frac{(1-1)!\ (4-1)!}{4!}[V(\{O\})-V(\phi)] + \frac{(2-1)!\ (4-2)!}{4!}[V(\{O,S\})-V(\{S\})] +$$

$$\frac{(2-1)!\ (4-2)!}{4!}[V(\{O,M\})-V(\{M\})] +$$

$$\frac{(2-1)!\ (4-2)!}{4!}[V(\{O,T\})-V(\{T\})] +$$

$$\frac{(3-1)!\ (4-3)!}{4!}[V(\{S,M,O\})-V(\{S,M\})] +$$

$$\frac{(3-1)!\ (4-3)!}{4!}[V(\{S,T,O\})-V(\{S,T\})] +$$

$$\frac{(3-1)!\ (4-3)!}{4!}[V(\{M,T,O\})-V(\{T,M\})] +$$

$$\frac{(4-1)!\ (4-4)!}{4!}[V(\{S,M,T,O\})-V(\{S,T,M\})]$$

$$= \frac{1}{4}(600-0) + \frac{1}{12}(600-100) + \frac{1}{12}(600-300) + \frac{1}{12}(600-400) +$$

$$\frac{1}{12}(600-300) + \frac{1}{12}(600-400) + \frac{1}{12}(600-600) + \frac{1}{4}(600-600)$$

$$=275。$$

因此，讲演、音乐、话剧、歌剧四种功能分别分摊成本为 25、125、175 和 275 万元。也就是说修歌剧厅花 600 万，其中讲演用途分摊 25 万，音乐用途分摊 125 万，话剧用途分摊 175 万，歌剧用途分摊 275 万。直观看就是，四个部门集资 600 万修建满足各自需求的多功能厅，各部门应出资的额度。

※**习题 8** 市政开挖坑道用于铺设水管、气管和通讯线。其中，水管坑道可用于铺设气管和通讯线，气管坑道可用于铺设通讯线。单独修建水管、气管和通讯线坑道分别需要投资 300 万、200 万和 150 万元。为了使总成本最低，现修建水管坑道同时满足三种用途。自来水公司、燃气公司和通信公司如何分摊建设成本？

※**习题 9** 在知网上下载并研读用夏普利值研究实际问题的论文。

第16讲 同群演化

一、演化博弈

演化博弈论(evolutionary game)由约翰·梅纳德·史密斯(John Maynard Smith,1920—2004)创立,也称进化博弈论。

1. 完全理性

完全理性(complete rationality),指非常聪明,知道如何追求最大收益,能够直接达到均衡结果。

2. 有限理性

有限理性(bounded rationality),指没那么聪明,开始并不知道如何追求最大收益,而是不断试错,探索前行,逐渐找到追求收益最大的路径,均衡结果不是一蹴而就的。

3. 演化过程

基于有限理性,强调均衡结果的达成过程。包括以下两种范式。

(1)个体范式

局中人有多种行动,开始随机选择各种行动,然后逐渐向收益更高的行动转变。比如,囚徒有坦白和抵赖两种行动,开始随机选择坦白和抵赖,发现选择坦白的收益更高,初期选择抵赖的囚徒就慢慢转变为选择坦白,直到全部选择坦白。

		囚徒(乙)	
		坦白 T	抵赖 D
囚徒(甲)	坦白 T	−8,−8	1,−10
	抵赖 D	−10,1	−1,−1

(2)群体范式

局中人源于群体,有多种类型,开始各种类型的局中人随机共存,然后收益低的类型逐渐向收益高的类型转变,或者收益低的类型在竞争中逐渐被淘汰。比如,开始时有坦白和抵赖两种类型的囚徒,抵赖型囚徒的收益总是低于坦白型囚徒的收益。于是,抵赖型囚徒慢慢转变为坦白型直到全部变为坦白型的,或者说抵赖型囚徒会慢慢被淘汰直到剩下的都是坦白型的。

4. 同群

博弈各方来自同一个群体,比如囚徒困境,博弈双方是相同的,都是囚徒。来自同一个群体的个体之间的演化博弈就是同群演化,通常称为对称演化博弈。

5. 异群

博弈各方来自不同的群体,比如智猪博弈,博弈双方并不相同,分别为大猪和小猪。来自不同群体的个体之间的演化博弈就是异群演化,通常称为非对称演化博弈。

二、困境何成

1. 群体平均收益

在囚徒困境中,由于甲和乙是同质的,设局中人选择坦白的概率为 x,则选择抵赖的概率为 $1-x$。或者说,群体中,坦白型的比例为 x,抵赖型的比例为 $1-x$。

坦白型局中人的期望收益为 $E(\mathrm{T})=-8x+(1-x)=1-9x$。这是对局中人选择坦白时或者坦白型局中人能够获得的收益取期望值。比如,甲选坦白或是坦白型时,如果乙选坦白或是坦白型的,那么甲会得到 -8,对应的概率为 x;如果乙选择抵赖或是抵赖型的,那么甲会得到 1,对应的概率为 $1-x$。

抵赖型局中人的期望收益为 $E(\mathrm{D})=-10x-(1-x)=-1-9x$。这是对局中人选择抵赖时或者抵赖型局中人能够获得的收益取期望值。比如,甲选抵赖或是抵赖型时,如果乙选坦白或是坦白型的,那么甲会得到 -10,对应概率为 x;如果乙选择抵赖或是抵赖型的,那么甲会得到 -1,对应的概率为 $1-x$。

群体平均收益为 $E(\mathrm{A})=xE(\mathrm{T})+(1-x)E(\mathrm{D})=x-9x^2-1-9x+x+9x^2=-1-7x$。注意,这个式子中取了两次期望值。比如,甲选坦白或是坦白型时,可以得到 $E(\mathrm{T})$,而甲选坦白或是坦白型的概率是 x;甲选抵赖或是抵赖型时,可以得到 $E(\mathrm{D})$,而甲选抵赖或是抵赖型的概率是 $1-x$。那么,作为群体的任意局中人,甲的期望收益为 $E(\mathrm{A})=xE(\mathrm{T})+(1-x)E(\mathrm{D})$。

2. 复制动态方程

计算可知:$E(\mathrm{T})>E(\mathrm{A})$,说明选择坦白或者坦白型局中人的收益高于平均水平;而 $E(\mathrm{D})<E(\mathrm{A})$,说明选择抵赖或者抵赖型局中人的收益低于平均水平。

那么,抵赖型的会学习模仿坦白型,逐渐演化变成坦白型,导致坦白型所占比例不断增加,其变化速率为

$$\frac{\mathrm{d}x}{\mathrm{d}t}=x[E(\mathrm{T})-E(\mathrm{A})]=x(1-9x+1+7x)=2x(1-x)。$$

这就是复制动态方程(replicator dynamics equation),也称为发展方程或进化或演化方程(evolution equation),是变量 x 关于时间 t 的偏微分方程,表示学习、复制、演化的速度。

其中,左边 $\frac{\mathrm{d}x}{\mathrm{d}t}$,表示 x 随着时间 t 的变化。如果 $\frac{\mathrm{d}x}{\mathrm{d}t}>0$,意味着随着时间推移 x 会变大;如果 $\frac{\mathrm{d}x}{\mathrm{d}t}<0$,意味着随着时间推移 x 会变小;如果 $\frac{\mathrm{d}x}{\mathrm{d}t}=0$,意味着 x 不再随时间推移而变化,就处于稳定状态。右边第一项 x 是坦白型的比例,表示演化学习的对象即坦白型局中人的多少,可以学习的对象越多,就学得越快。右边第二项 $E(\mathrm{T})-E(\mathrm{A})$ 是坦白型的期望收益高于平均水平的程度,表示驱动抵赖型向坦白型的学习演化的差距大小,这种差距越大,学习的动力越大。

注意,复制动态方程是根据对变化速率与学习对象和学习动力成正比的关系的直观认识直接定义得到的,而不是根据某理论经过推导得到的。

3. 均衡点

把 x 不再变化的点称为均衡点,对应 $\frac{\mathrm{d}x}{\mathrm{d}t}=0$ 的点。如果 $\frac{\mathrm{d}x}{\mathrm{d}t}=0$,说明处于稳定状态,就不

再演化。由 $\frac{dx}{dt}=2x(1-x)=0$ 解得,有两个均衡点 $x=0$ 和 $x=1$。注意,因为 x 在 0 和 1 之间,要删除那些大于 1 或小于 0 的不合理的解。

4. 演化稳定均衡

演化稳定均衡(evolutionary stable equilibrium,ESE),具有演化稳定性质,即使偏离了也能够自动回归的均衡点,就构成演化稳定均衡。比如:

均衡点 $x=0$ 不是演化稳定均衡,因为 x 一旦偏离 0,由于只能往大于 0 的右边偏就有 $\frac{dx}{dt}=2x(1-x)>0$,x 会逐渐变大,导致 x 偏离 0 后就会越偏越远;

均衡点 $x=1$ 是演化稳定均衡,因为 x 即使偏离 1,由于只能往小于 1 的左边偏离就有 $\frac{dx}{dt}=2x(1-x)>0$,x 会逐渐变大,使 x 又向 1 逼近直到回到 1。

所以,唯一的演化稳定均衡是 $x=1$,对应大家都选择坦白。

5. 演化优势

(1)基于完全理性的传统博弈论

假设:局中人很聪明,直接知道怎么做,也就直接知道结果。

均衡:根据占优战略或划线法,找到占优均衡(坦白,坦白)。

(2)基于有限理性的演化博弈论

假设:局中人不太聪明,开始随机做,然后向高收益者学习,逐渐形成稳态。

均衡:根据复制动态方程,找到两个均衡点(坦白,坦白)和(抵赖,抵赖);根据演化稳定性,找到一个演化稳定均衡(坦白,坦白)。

(3)差别

演化博弈论:描述了达成均衡的过程;明确了均衡点的演化稳定性;发现了可能存在刀锋上的平衡(抵赖,抵赖),只要不偏离,也可以维持稳定。

三、相位图示

1. 方程图示

相位图就是复制动态方程的图示。比如,$\frac{dx}{dt}=x[E(T)-E(A)]=2x(1-x)$ 的相位图如图 16-1 所示。

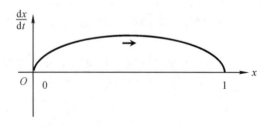

图 16-1 囚徒困境演化的相位图

横坐标是 x，表示坦白型的比例。纵坐标是 $\dfrac{\mathrm{d}x}{\mathrm{d}t}$，表示坦白型的比例 x 随时间的变化速率。当 $0<x<1$ 时，有 $\dfrac{\mathrm{d}x}{\mathrm{d}t}=2x(1-x)>0$，说明随着时间的推移 x 会变大，用向右的粗横向箭头表示 x 会逐渐变大的趋势。为了形象表示正负，把箭头画在图像和坐标轴之间。口诀是正右，就是图示为正，箭头就向右。当 $x=0$ 或 $x=1$ 时，有 $\dfrac{\mathrm{d}x}{\mathrm{d}t}=2x(1-x)=0$，说明 x 不会随着时间的推移而变化，就是图像中与横坐标的两个交点。三种情况分析如下：

(1) $x=0$

在 $x=0$ 处，$\dfrac{\mathrm{d}x}{\mathrm{d}t}=0$，说明 x 不再变化，满足 $\dfrac{\mathrm{d}x}{\mathrm{d}t}=0$ 的 $x=0$ 是均衡点，但是并不稳定。一旦偏离 $x=0$，由于只能往大于 0 的右边偏离就有 $\dfrac{\mathrm{d}x}{\mathrm{d}t}>0$，即 x 会逐渐变大，从而离 0 越来越远。虽然 $x=0$ 是均衡点，但不是演化稳定的，因为偏离了回不来。

(2) $x=1$

在 $x=1$ 处，$\dfrac{\mathrm{d}x}{\mathrm{d}t}=0$，说明 x 不再变化，满足 $\dfrac{\mathrm{d}x}{\mathrm{d}t}=0$ 的 $x=1$ 是均衡点，而且是稳定的。因为即使偏离 $x=1$，由于只能往小于 1 的左边偏离就有 $\dfrac{\mathrm{d}x}{\mathrm{d}t}>0$，即 x 会逐渐变大，会逐渐再回到 $x=1$。均衡点 $x=1$ 是演化稳定的，因为偏离了能够自动回归。

(3) $0<x<1$

在 $0<x<1$ 区间，$\dfrac{\mathrm{d}x}{\mathrm{d}t}>0$，说明 x 会逐渐变大，直到 $x=1$。区间 $0<x<1$ 内的任意 x 都不具有稳定性，因为都会不断变大。

因此，均衡点就是相位图与横坐标的交点。均衡点是否构成演化稳定均衡，就看偏离了能否自动回归，能够自动回归就是，否则就不是。

可以看出：在相位图中，被箭头所指的均衡点就是演化稳定均衡。比如，均衡点 $x=1$ 被箭头所指，而 $x=0$ 没有，所以 $x=1$ 是演化稳定均衡，而 $x=0$ 不是。

可见，演化稳定均衡 $x=1$ 对应的是纳什均衡(坦白，坦白)。

2. 演化对比

(1) 演化稳定均衡

如果设局中人选择抵赖的概率为 x，坦白的概率为 $1-x$。或者说，群体中，抵赖型的比例为 x，坦白型的比例为 $1-x$。那么：

抵赖型的期望收益为 $E(D)=-10(1-x)-x=-10+9x$，

坦白型的期望收益为 $E(T)=-8(1-x)+x=-8+9x$，

群体平均收益为 $E(A)=(1-x)E(T)+xE(D)=-8+9x+8x-9x^2-10x+9x^2=-8+7x$。

于是，由 $E(D)<E(A)$ 和 $E(T)>E(A)$，抵赖型的会模仿坦白型，导致抵赖型所占比例不断减少，其变化速率，即复制动态方程为

$$\frac{dx}{dt} = x[E(D) - E(A)] = -2x(1-x)。$$

说明,其值为负,表示比例 x 减少的速率;其值为正,表示比例 x 增加的速率。

由 $\frac{dx}{dt} = 0$ 可知,有两个均衡点 $x=0$ 和 $x=1$。其中,$x=0$ 是演化稳定均衡,因为 x 即使偏离0,由 $\frac{dx}{dt} < 0$ 可得 x 向0逼近直到回到0;而 $x=1$ 不是演化稳定均衡,因为 x 一旦偏离1就有 $\frac{dx}{dt} < 0$,使 x 又进一步远离1。所以,唯一的演化稳定均衡是 $x=0$,即大家都会选择坦白。

(2)图示

复制动态方程 $\frac{dx}{dt} = x[E(D) - E(A)] = -2x(1-x)$ 表示为图16-2所示。

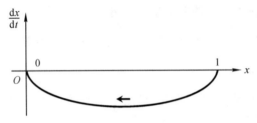

图16-2 囚徒困境演化的第二种相位图

由于 $\frac{dx}{dt} = -2x(1-x) < 0$,说明随着时间的推移 x 会变小,用向左的粗横向箭头表示 x 会逐渐变小的趋势。为了形象表示正负,把箭头画在图像和坐标轴之间。口诀是负左,就是图示为负,箭头就向左。三种情况分析如下:

首先,$x=0$。

在 $x=0$ 处,$\frac{dx}{dt} = 0$,说明 x 不再变化,满足 $\frac{dx}{dt} = 0$ 的 $x=0$ 是均衡点,并且是稳定的。即使偏离 $x=0$,由于只能往大于0的右边偏离就有 $\frac{dx}{dt} < 0$,x 会逐渐变小,从而逐渐回到 $x=0$。均衡点 $x=0$ 是演化稳定的,因为偏离了会自动回来。

其次,$x=1$。

在 $x=1$ 处,$\frac{dx}{dt} = 0$,说明 x 不再变化,满足 $\frac{dx}{dt} = 0$ 的 $x=1$ 是均衡点,但并不稳定。一旦偏离 $x=1$,由于只能往小于1的左边偏离就有 $\frac{dx}{dt} < 0$,x 会逐渐变小,离 $x=1$ 越来越远。均衡点 $x=1$ 不是演化稳定的,因为偏离了回不来。

最后,$0 < x < 1$。

在 $0 < x < 1$ 区间,$\frac{dx}{dt} < 0$,说明 x 会逐渐变小,直到 $x=0$。区间 $0 < x < 1$ 内的任意 x 都不具有稳定性,因为会不断变小。

因此,演化稳定均衡仍然是相位图中被箭头指向的均衡点 $x=0$。注意到这里的 x 表示抵赖型的比例,演化稳定均衡 $x=0$ 对应的也是纳什均衡(坦白,坦白)。

(3) 启示

群体中某种类型会不断增加的正向演化和群体中对应的另一种类型会不断减少的负向演化,会得到相同的结果。

由此,不必纠结演化过程中某种类型是在增加还是在减少,在求解演化稳定均衡时也不必纠结应该设哪种类型的比例为 x。

3. 总结

其一,均衡点。

满足 $\dfrac{\mathrm{d}x}{\mathrm{d}t}=0$ 的点,就是相位图与横坐标的交点。

其二,演化稳定均衡。

满足演化稳定、偏离了能自动回归的均衡点。

其三,判断准则。

均衡点是否构成演化稳定均衡的两个判断准则:一是偏离了会自动回归,二是相位图中被箭头所指。

其中,箭头画在图像与横坐标轴之间,若 $\dfrac{\mathrm{d}x}{\mathrm{d}t}$ 大于 0 就向右,若小于 0 就向左。

4. 四种相位图

画出描述类型比例变化趋势的相位图,再根据"正右负左"添加横向箭头,有四种情形:

(1) 正向演化

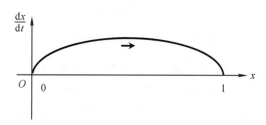

图 16-3　正向演化的相位图

在图 16-3,均衡点 $x=0$ 不是演化稳定均衡,因为偏离了回不来,或被没箭头所指;均衡点 $x=1$ 是演化稳定均衡,因为偏离了会自动回来,或被箭头所指。此时,种群经过演化,最后只剩下单一物种。

(2) 负向演化

在图 16-4 中,均衡点 $x=0$ 是演化稳定均衡,因为偏离了会自动回来,或被箭头所指;均

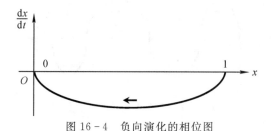

图 16-4　负向演化的相位图

衡点 $x=1$ 不是演化稳定均衡,因为偏离了回不来,或没被箭头所指。此时,种群经过演化,最后只剩下单一物种。

(3) 先负后正演化

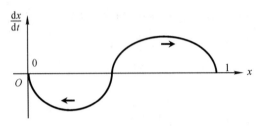

图 16-5　先负后正演化的相位图

图 16-5 中,均衡点 $x=0$ 是演化稳定均衡,因为偏离了会自动回来,或被箭头所指;均衡点 $x=1$ 是演化稳定均衡,因为偏离了会自动回来,或被箭头所指。中间点不是稳定的,因为无论往右还是往左偏离,都回不来,或没被箭头所指。此时,同一种群经过演化虽然最后只剩下单一物种,但是不同初始状态演化剩下的物种可能不同,可能剩下的是均衡点 $x=0$,也可能是 $x=1$。

(4) 先正后负演化

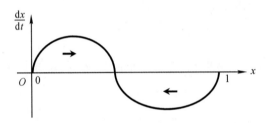

图 16-6　先正后负演化的相位图

在图 16-6 中,均衡点 $x=0$ 不是演化稳定均衡,因为偏离了回不来,或没被箭头所指;均衡点 $x=1$ 不是演化稳定均衡,因为偏离了回不来,或没被箭头所指。中间点是演化稳定均衡,因为无论往右还是往左偏离都回得来,同时被左右箭头所指。注意,中间的均衡点要同时被左右箭头所指才是演化稳定均衡。此时,种群经过演化,最终多样物种共存。

5. 扩展

还有其他相位图吗?

理论上似乎有很多情形,正向负向可以多次交错转换。比如,如图 16-7 所示,就有三次正负转化。

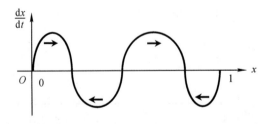

图 16-7　三次正负转换的相位图

但是，分析以上求解过程可知，复制动态方程一定是 x 乘以一个 x 的一次函数或二次函数，其实相位图就只有以上四种情形。乘以一次函数时，对应正向演化和负向演化，乘以二次函数时，对应先正后负演化和先负后正演化。

四、雅可比式

1. 含义

在描述变化速率的复制动态方程中，对变化速率关于类型比例求导数，就得到雅可比式 $J(x) = \dfrac{d\left(\dfrac{dx}{dt}\right)}{dx}$。例如，对复制动态方程 $\dfrac{dx}{dt} = x[E(T) - E(A)] = x(1 - 9x + 1 + 7x) = 2x(1-x)$，雅可比式为 $J(x) = \dfrac{d\left(\dfrac{dx}{dt}\right)}{dx} = 2(1 - 2x)$。

2. 判断准则

如果某个均衡点的雅可比值小于零，即 $J(x) < 0$，该均衡点就是演化稳定均衡，反之不是。

例如，对 $\dfrac{dx}{dt} = x[E(T) - E(A)] = x(1 - 9x + 1 + 7x) = 2x(1-x)$，根据 $\dfrac{dx}{dt} = 0$ 求得有两个均衡点 $x = 0$ 和 $x = 1$。

根据 $J(x) = \dfrac{d\left(\dfrac{dx}{dt}\right)}{dx} = 2(1 - 2x)$，各均衡点的雅可比值分别为：

$J(0) = 2 > 0$，大于 0，对应的均衡点 $x = 0$ 不是演化稳定的；

$J(1) = -2 < 0$，小于 0，对应的均衡点 $x = 1$ 是演化稳定的。

所以，演化稳定均衡为 $x = 1$ 对应的（坦白，坦白）。

五、婚姻博弈

1. 单身狗

社会越发达，多元化程度越高，单身狗也越多。为什么？

因为类型越多，每类的人数就越少，类型匹配的两个人相遇的可能性越小，要找到和自己匹配的越不容易。

2. 网络语

狂欢是一群人的孤独，孤独是一个人的狂欢。

3. 简化模型

		女	
		物质型 W	感情型 G
男	物质型 W	1,1	0,0
	感情型 G	0,0	2,2

4. 纳什均衡

(1) 三个均衡

可以求得有两个纯战略纳什均衡(物质型,物质型)和(感情型,感情型),一个混合战略纳什均衡$\left[\left(\frac{2}{3},\frac{1}{3}\right),\left(\frac{2}{3},\frac{1}{3}\right)\right]$。

(2) 问题

纳什均衡没有问答:到底哪个均衡会出现?每个均衡在什么情况下出现?

5. 演化均衡

(1) 求解过程

设其中物质型的比例为 x,那么

物质型的期望收益为 $E(W)=x+0\cdot(1-x)=x$,

感情型的期望收益为 $E(G)=0\cdot x+2(1-x)=2(1-x)$,

群体平均收益为 $E(A)=xE(W)+(1-x)E(G)=x^2+2(1-x)^2$。

则,复制动态方程为

$$\frac{dx}{dt}=x[E(W)-E(A)]=x[x-x^2-2(1-x)^2]=-x(3x^2-5x+2)=-x(1-x)(2-3x)。$$

注意,这里没有判断谁的期望收益低于平均水平,谁的期望收益高于平均水平,谁会模仿复制别人的问题,因为没有必要。事实上,$\frac{dx}{dt}$ 既可以表示比例增加的速率,也可以表示比例减少的速率。

由 $\frac{dx}{dt}=0$ 可知,有三个均衡点 $x=0$、$x=\frac{2}{3}$ 和 $x=1$。

有两种途径可以判断均衡点是否是演化稳定的:一是相位图,二是雅克比值。分别介绍如下:

途径 1:相位图

根据复制动态方程 $\frac{dx}{dt}=-x(1-x)(2-3x)$,相位图见图 16-8。

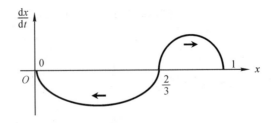

图 16-8 婚姻博弈演化的相位图

在图 16-8 中,均衡点 $x=0$ 是演化稳定均衡,因为 x 即使偏离 0,由 $\frac{dx}{dt}<0$ 可得,x 会向 0 逼近直到再回到 0,或者被箭头所指;

均衡点 $x=\frac{2}{3}$ 不是演化稳定均衡,只是刀锋上的平衡,因为 x 向右偏离时由于 $\frac{\mathrm{d}x}{\mathrm{d}t}>0$ 就会进一步远离而 x 向左偏离时由于 $\frac{\mathrm{d}x}{\mathrm{d}t}<0$ 也会进一步远离,或者没被箭头所指;

均衡点 $x=1$ 是演化稳定均衡,因为 x 即使偏离 1 由 $\frac{\mathrm{d}x}{\mathrm{d}t}>0$ 可得,x 会向 1 逼近直到再回到 1,或者被箭头所指。

所以,有两个演化稳定均衡,要么物质型的在一起,要么感情型的在一起。

途径 2:雅可比值

雅可比式为:$J(x)=\dfrac{\mathrm{d}\left(\dfrac{\mathrm{d}x}{\mathrm{d}t}\right)}{\mathrm{d}x}=-9x^2+10x-2$。各均衡点的雅可比值为:

$J(0)=-2<0$,小于 0,对应的均衡点 $x=0$ 是演化稳定的;

$J\left(\dfrac{2}{3}\right)=\dfrac{2}{3}>0$,大于 0,对应的均衡点 $x=\dfrac{2}{3}$ 不是演化稳定的;

$J(1)=-1<0$,小于 0,对应的均衡点 $x=1$ 是演化稳定的。

(2)结果分析

最终结果到底在哪里?取决于初始状态:

①如果最初物质型较少,占比低于 $\dfrac{2}{3}$,对应相位图的负数部分,就会演化到 0,最终全都变成感情型。

②如果最初物质型较多,占比高于 $\dfrac{2}{3}$,对应相位图的正数部分,就会演化到 1,最终都变成物质型。

③如果最初物质型占比刚好等于 $\dfrac{2}{3}$,对应相位图的点 $x=\dfrac{2}{3}$,就不再演化,是刀锋上的平衡。物质型的再多一点,往右偏,会引起全变成物质型;感情型的再多一点,往左偏,会引起全变成感情型。

※**习题 1** 协调博弈。画相位图,求雅可比值和演化稳定均衡。

		乙	
		城镇 C	乡村 R
甲	城镇 C	50,50	0,0
	乡村 R	0,0	60,60

6. 启示

谈钱,是演化稳定均衡,所以嫁入豪门不是梦。所以,可能有十八线明星的逆袭。

谈情,是演化稳定均衡,所以青梅竹马成就天长地久。所以,让人羡慕,让人心动,让人相信真爱。

既要谈钱又要谈情,不是演化稳定均衡,所以才会纠结痛苦。谈钱伤感情,谈感情也伤钱。

7. 演化分析的改进

(1) 回答了哪个结果会出现

取决于初始状态：开始物质型的较多，就会全变成物质型的；开始感情型较多，就会全变成感情型的。

(2) 描述了变化的过程轨迹

明确了从初始状态达成均衡的过程。

(3) 发现了刀锋上的平衡

虽然是均衡点，但是没有演化稳定性，一旦偏离，不能回归。对应混合战略纳什均衡 $\left[\left(\frac{2}{3}, \frac{1}{3}\right), \left(\frac{2}{3}, \frac{1}{3}\right)\right]$。

※**习题 2** 鹰鸽博弈。画相位图，求雅可比值和演化稳定均衡。

		乙 鹰 G	乙 鸽 P
甲	鹰 G	−5, −5	2, 0
甲	鸽 P	0, 2	1, 1

六、交通规则

1. 规则形成

交通规则是逐渐演化形成的。

交通博弈：画相位图，求雅可比值和演化稳定均衡。

		乙 靠左 L	乙 靠右 R
甲	靠左 L	1, 1	−1, −1
甲	靠右 R	−1, −1	1, 1

设靠左的比例为 x，靠右的比例为 $1-x$。那么，

靠左的期望收益为 $E(L) = x - (1-x) = 2x - 1$，

靠右的期望收益为 $E(R) = -x + (1-x) = 1 - 2x$，

群体平均收益为 $E(A) = xE(L) + (1-x)E(R) = x(2x-1) + (1-x)(1-2x)$。

则，复制动态方程为 $\frac{dx}{dt} = x[E(L) - E(A)] = x\{2x - 1 - [x(2x-1) + (1-x)(1-2x)]\} = 2x(1-x)(2x-1)$。

由 $\frac{dx}{dt} = 0$ 可得，有三个均衡点 $x = 0$、$x = \frac{1}{2}$ 和 $x = 1$。

途径 1：相位图。

由此，相位图为图 16-9。

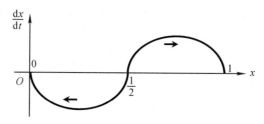

图 16-9 交通博弈演化的相位图

在图 16-9 中,均衡点 $x=0$ 是演化稳定均衡,因为 x 即使偏离 0,由 $\frac{dx}{dt}<0$ 可得 x 会向 0 逼近直到再回到 0,或者被箭头所指;

均衡点 $x=\frac{1}{2}$ 不是演化稳定均衡,因为 x 向右偏离时由于 $\frac{dx}{dt}>0$ 就会进一步远离而 x 向左偏离时由于 $\frac{dx}{dt}<0$ 也会进一步远离,或者没被箭头所指;

均衡点 $x=1$ 是演化稳定均衡,因为 x 即使偏离 1,由 $\frac{dx}{dt}>0$ 可得 x 会向 1 逼近直到再回到 1,或者被箭头所指。

所以,有两个演化稳定均衡,即要么都靠左,要么都靠右。

途径 2:雅可比值。

由雅可比式 $J(x)=\dfrac{d\left(\dfrac{dx}{dt}\right)}{dx}=-12x^2+12x-2$ 可得

$J(0)=-2<0$,小于 0,对应的均衡点 $x=0$ 是演化稳定的;

$J\left(\dfrac{1}{2}\right)=1>0$,大于 0,对应的均衡点 $x=\dfrac{1}{2}$ 不是演化稳定的;

$J(1)=-2<0$,小于 0,对应的均衡点 $x=1$ 是演化稳定的。

所以,有两个演化稳定均衡,要么都靠左,要么都靠右。

2. 起点与结果

现在,有的地方是靠左,有的地方是靠右,为什么?

(1)自然形成

世间本没有路,走的人多了就有了路。走路本不分左右,走的人多了就有了左右。

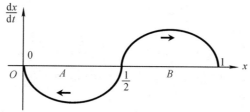

图 16-10 交通博弈演化的初始状态及对应的结果

在图 16-10 中:如果初始状态在 A 点,就会向 0 处演化,最终大家都走右边;如果初始状

态在 B 点,就会向 1 处演化,最终大家都走左边。然而,初始状态可能是天然或偶然的。所以,最终结果在哪里可能只是源于当初的偶然或随机。

(2)政策干预

政府规定走左边还是走右边。中国走左边还是走右边的交通规则就是如此而来的。

※**习题 3** 懦夫博弈。画相位图,求雅可比值和演化稳定均衡。

		乙	
		懦夫 C	勇士 W
甲	懦夫 C	0,0	−1,1
	勇士 W	1,−1	−2,−2

※**习题 4** 在知网上下载并研读用同群演化模型研究实际问题的论文。

七、三型演化

1. 上中下博弈

博弈矩阵为

		局中人 2		
		上 U	中 M	下 D
局中人 1	上 U	5,5	7,8	2,1
	中 M	8,7	6,6	5,8
	下 D	1,2	8,5	4,4

特点:

其一,有三种类型;

其二,仍是对称的,属于同群演化;

其三,有五个纳什均衡:两个纯战略纳什均衡 (M,D) 和 (D,M),三个混合战略纳什均衡 $\left[\left(0,\frac{1}{3},\frac{2}{3}\right),\left(0,\frac{1}{3},\frac{2}{3}\right)\right]$、$\left[\left(\frac{1}{4},\frac{3}{4},0\right),\left(\frac{1}{4},\frac{3}{4},0\right)\right]$ 和 $\left[\left(\frac{5}{24},\frac{3}{4},\frac{1}{24}\right),\left(\frac{5}{24},\frac{3}{4},\frac{1}{24}\right)\right]$。

注:求解过程见第 5 讲习题 6。

2. 从二到三

设上型的比例为 x,中型的比例为 y,下型的比例就为 $1-x-y$。则

上型的期望收益为 $E(U)=5x+7y+2(1-x-y)=3x+5y+2$,

中型的期望收益为 $E(M)=8x+6y+5(1-x-y)=3x+y+5$,

下型的期望收益为 $E(D)=x+8y+4(1-x-y)=-3x+4y+4$,

群体平均收益为 $E(A)=xE(U)+yE(M)+(1-x-y)E(D)=6x^2+7xy-3y^2-5x+5y+4$。

那么,上型的复制动态方程为

$$\frac{\mathrm{d}x}{\mathrm{d}t}=x[E(U)-E(A)]=x(-6x^2-7xy+3y^2+8x-2)。$$

中型的复制动态方程为
$$\frac{dy}{dt}=y[E(M)-E(A)]=y(-6x^2-7xy+3y^2+8x-4y+1)。$$

联立求解得,同时满足 $\frac{dx}{dt}=0$ 和 $\frac{dy}{dt}=0$ 的均衡点 (x,y) 有七个: $(0,0)$, $\left(0,\frac{1}{3}\right)$, $(0,1)$, $\left(\frac{1}{3},0\right)$, $(1,0)$, $\left(\frac{1}{4},\frac{3}{4}\right)$, $\left(\frac{5}{24},\frac{3}{4}\right)$。注意,这里也要删除那些大于 1 或小于 0 的不合理的解,因为 x 和 y 都表示比例,只能在 0 和 1 之间。

3. 雅可比矩阵

求动态系统 $\frac{dx}{dt}$ 和 $\frac{dy}{dt}$ 的雅可比矩阵表达式 $\boldsymbol{J}(x,y)=\begin{bmatrix}\frac{\partial\left(\frac{dx}{dt}\right)}{\partial x} & \frac{\partial\left(\frac{dx}{dt}\right)}{\partial y}\\ \frac{\partial\left(\frac{dy}{dt}\right)}{\partial x} & \frac{\partial\left(\frac{dy}{dt}\right)}{\partial y}\end{bmatrix}$

$$=\begin{bmatrix}-18x^2-14xy+3y^2+16x-2 & -7x^2+6xy\\ -12xy-7y^2+8y & -6x^2-14xy+9y^2+8x-8y+1\end{bmatrix},$$

进而,可求得各均衡点的雅可比矩阵值:

$$\boldsymbol{J}(0,0)=\begin{bmatrix}-2 & 0\\ 0 & 1\end{bmatrix}, \boldsymbol{J}\left(0,\frac{1}{3}\right)=\begin{bmatrix}-\frac{5}{3} & 0\\ \frac{17}{9} & -\frac{2}{3}\end{bmatrix}, \boldsymbol{J}(0,1)=\begin{bmatrix}1 & 0\\ 1 & 2\end{bmatrix},$$

$$\boldsymbol{J}\left(\frac{1}{3},0\right)=\begin{bmatrix}\frac{4}{3} & -\frac{7}{9}\\ 0 & 3\end{bmatrix}, \boldsymbol{J}(1,0)=\begin{bmatrix}-4 & -7\\ 0 & 3\end{bmatrix}, \boldsymbol{J}\left(\frac{1}{4},\frac{3}{4}\right)=\begin{bmatrix}-\frac{1}{16} & \frac{11}{16}\\ -\frac{3}{16} & -\frac{15}{16}\end{bmatrix},$$

$$\boldsymbol{J}\left(\frac{5}{24},\frac{3}{4}\right)=\begin{bmatrix}\frac{5}{96} & \frac{365}{576}\\ \frac{3}{16} & -\frac{23}{32}\end{bmatrix}。$$

4. 均衡点稳定性

求各均衡点雅可比矩阵值的特征值,判断均衡点是否是演化稳定的。

判断准则:如果均衡点雅可比矩阵的所有特征值(eigenvalues)都小于 0,那么该均衡点就是演化稳定的。当特征值为复数时,就只看实数部分;没有实数部,就不看。

对 $\boldsymbol{J}(0,0)=\begin{bmatrix}-2 & 0\\ 0 & 1\end{bmatrix}$,由 $\begin{vmatrix}-2-\lambda & 0\\ 0 & 1-\lambda\end{vmatrix}=0$ 得特征值为 $\lambda_1=-2$ 和 $\lambda_2=1$,有大于 0 的,则均衡点 $(0,0)$ 不是演化稳定的。

对 $\boldsymbol{J}\left(0,\frac{1}{3}\right)=\begin{bmatrix}-\frac{5}{3} & 0\\ \frac{17}{9} & -\frac{2}{3}\end{bmatrix}$,由 $\begin{vmatrix}-\frac{5}{3}-\lambda & 0\\ \frac{17}{9} & -\frac{2}{3}-\lambda\end{vmatrix}=0$ 得特征值为 $\lambda_1=-\frac{5}{3}$ 和 $\lambda_2=$

$-\frac{2}{3}$,都小于 0,则均衡点 $\left(0,\frac{1}{3}\right)$ 是演化稳定的。

对 $J(0,1)=\begin{bmatrix}1&0\\1&2\end{bmatrix}$,由 $\begin{vmatrix}1-\lambda&0\\1&2-\lambda\end{vmatrix}=0$ 得特征值为 $\lambda_1=1$ 和 $\lambda_2=2$,有大于 0 的,则均衡点 $(0,1)$ 不是演化稳定的。

对 $J\left(\frac{1}{3},0\right)=\begin{bmatrix}\frac{4}{3}&-\frac{7}{9}\\0&3\end{bmatrix}$,由 $\begin{vmatrix}\frac{4}{3}-\lambda&-\frac{7}{9}\\0&3-\lambda\end{vmatrix}=0$ 得特征值为 $\lambda_1=\frac{4}{3}$ 和 $\lambda_2=3$,有大于 0 的,则均衡点 $\left(\frac{1}{3},0\right)$ 不是演化稳定的。

对 $J(1,0)=\begin{bmatrix}-4&-7\\0&3\end{bmatrix}$,由 $\begin{vmatrix}-4-\lambda&-7\\0&3-\lambda\end{vmatrix}=0$ 得特征值为 $\lambda_1=-4$ 和 $\lambda_2=3$,有大于 0 的,则均衡点 $(1,0)$ 不是演化稳定的。

对 $J\left(\frac{1}{4},\frac{3}{4}\right)=\begin{bmatrix}-\frac{1}{16}&\frac{11}{16}\\-\frac{3}{16}&-\frac{15}{16}\end{bmatrix}$,由 $\begin{vmatrix}-\frac{1}{16}-\lambda&\frac{11}{16}\\-\frac{3}{16}&-\frac{15}{16}-\lambda\end{vmatrix}=0$ 得特征值为 $\lambda_1=-\frac{1}{4}$ 和 $\lambda_2=-\frac{3}{4}$,都小于 0,则均衡点 $\left(\frac{1}{4},\frac{3}{4}\right)$ 是演化稳定的。

对 $J\left(\frac{5}{24},\frac{3}{4}\right)=\begin{bmatrix}\frac{5}{96}&\frac{365}{576}\\\frac{3}{16}&-\frac{23}{32}\end{bmatrix}$,由 $\begin{vmatrix}\frac{5}{96}-\lambda&\frac{365}{576}\\\frac{3}{16}&-\frac{23}{32}-\lambda\end{vmatrix}=0$ 得特征值为 $\lambda_1=-\frac{1}{3}+\frac{\sqrt{154}}{24}$ 和 $\lambda_2=-\frac{1}{3}-\frac{\sqrt{154}}{24}$,有大于 0 的,则均衡点 $\left(\frac{5}{24},\frac{3}{4}\right)$ 不是演化稳定的。

5. 演化稳定均衡

综上所述,只有均衡点 $\left(0,\frac{1}{3}\right)$ 和 $\left(\frac{1}{4},\frac{3}{4}\right)$ 是演化稳定的,对应的演化稳定均衡分别是 $\left[\left(0,\frac{1}{3},\frac{2}{3}\right),\left(0,\frac{1}{3},\frac{2}{3}\right)\right]$ 和 $\left[\left(\frac{1}{4},\frac{3}{4},0\right),\left(\frac{1}{4},\frac{3}{4},0\right)\right]$。

这相当于是两个混合战略纳什均衡。其中,$\left[\left(0,\frac{1}{3},\frac{2}{3}\right),\left(0,\frac{1}{3},\frac{2}{3}\right)\right]$ 表示局中人有三分之一的可能性选择中,有三分之二的可能性选择下,或者演化稳定后有三分之一的局中人是中型,有三分之二的局中人是下型;$\left[\left(\frac{1}{4},\frac{3}{4},0\right),\left(\frac{1}{4},\frac{3}{4},0\right)\right]$ 表示局中人有四分之一的可能性选择上,有四分之三的可能性选择中,或者演化稳定后有四分之一的局中人是上型,有四分之三的局中人是中型。

6. 质变

并非所有纳什均衡都是演化稳定均衡。特别的,纯战略纳什均衡不一定是演化稳定均衡,而混合战略纳什均衡很可能是演化稳定均衡。但是,演化稳定均衡一定是纳什均衡。

※**习题 5**　求演化稳定均衡。

		局中人 2		
		A	B	C
局中人 1	A	4,4	5,1	7,2
	B	1,5	8,8	6,9
	C	2,7	9,6	2,2

7. 多型演化

局中人是对称的,并且都只有两种类型,称为两型演化。

局中人是对称的,并且都具有多种类型,称为多型演化,其中包括三型演化。

多型演化的求解方法与三型演化相同,只是矩阵的阶数更高了。

第 17 讲 异群演化

一、市场进出

1. 市场博弈

		在位方 Z	
		打击 D	容忍 R
潜在方 Q	进入 J	0,0	2,2
	观望 G	1,4	1,5

2. 群体类型

博弈双方来自不同的群体，所以是异群演化，通常称作非对称演化。

潜在方群体，分为进入型和观望型，或者可以选择进入和观望两种行动，设比例或概率分别为 x 和 $1-x$。

在位方群体，分为打击型和容忍型，或者可以选择打击和容忍两种行动，设比例或概率分别为 y 和 $1-y$。

		在位方 Z	
		打击 D	容忍 R
		y	$1-y$
潜在方 Q	进入 J x	0,0	2,2
	观望 G $1-x$	1,4	1,5

3. 群体平均收益

首先，对潜在方。

进入型的期望收益为 $E(J)=0 \cdot y+2(1-y)=2(1-y)$，得到 0 的概率是 y，得到 2 的概率是 $1-y$。类似的，观望型的期望收益为 $E(G)=1 \cdot y+1 \cdot (1-y)=1$。这两步是对 y 和 $1-y$ 求期望值。那么，群体平均收益为 $E(A|Q)=xE(J)+(1-x)E(G)=2x(1-y)+(1-x)=x-2xy+1$。这步是对 x 和 $1-x$ 求期望值，因为潜在方为进入型的概率是 x，为观望型的概率是 $1-x$。

其次，对在位方。

打击型的期望收益为 $E(D)=0 \cdot x+4(1-x)=4(1-x)$；

容忍型的期望收益为 $E(R)=2x+5(1-x)=5-3x$；

群体平均收益为 $E(A|Z)=yE(D)+(1-y)E(R)=4y(1-x)+(1-y)(5-3x)=5-$

$xy-3x-y$。

4. 复制动态方程

首先，潜在方的复制动态方程为

$$\frac{dx}{dt}=x[E(J)-E(A|Q)]=x[2(1-y)-(x-2xy+1)]=x(1-x)(1-2y)。$$

其次，在位方的复制动态方程为

$$\frac{dy}{dt}=y[E(D)-E(A|Z)]=y[4(1-x)-(5-xy-3x-y)]=-y(1+x)(1-y)。$$

5. 均衡点

就是不再变化的点，变化速率等于0的点。

对潜在方，就是 $\frac{dx}{dt}=0$，要求 $x=0$、$x=1$ 或 $y=\frac{1}{2}$。对在位方，就是 $\frac{dy}{dt}=0$，要求 $y=0$ 或 $y=1$，其中舍去了不合理的 $x=-1$。两方面同时成立时，就构成均衡点。

(1) 方法1：联立求解

联立 $\frac{dx}{dt}=0$ 和 $\frac{dy}{dt}=0$ 解得，均衡点有四个，分别是 $(0,0)$、$(0,1)$、$(1,0)$ 和 $(1,1)$。

(2) 方法2：图示

$\frac{dx}{dt}=0$ 要求的 $x=0$、$x=1$ 或 $y=\frac{1}{2}$，对应图17-1中的三条细实线 AE、BF 和 CD。

$\frac{dy}{dt}=0$ 要求的 $y=0$ 或 $y=1$，对应图17-1中的两条粗实线 EF 和 AB。

两方面的交点 A、B、E 和 F 就是均衡点。

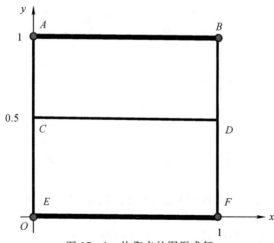

图 17-1 均衡点的图形求解

6. 相位图

二维相位图是在区域 $0 \leqslant x \leqslant 1$ 和 $0 \leqslant y \leqslant 1$ 中的图示，包括纵横两个方向。

(1) 对潜在方

$\frac{dx}{dt}=x(1-x)(1-2y)$：当 $y>\frac{1}{2}$ 时，由于 x 在0和1之间就有 $\frac{dx}{dt}<0$，即 x 会逐渐变小，

表示为图 17-2 中 $y=\dfrac{1}{2}$ 上方向左的箭头；当 $y<\dfrac{1}{2}$ 时，由于 x 在 0 和 1 之间就有 $\dfrac{\mathrm{d}x}{\mathrm{d}t}>0$，即 x 会逐渐变大，表示为图 17-2 中 $y=\dfrac{1}{2}$ 下方向右的箭头。

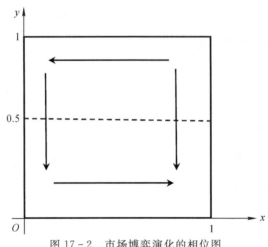

图 17-2 市场博弈演化的相位图

(2) 对在位方

$\dfrac{\mathrm{d}y}{\mathrm{d}t}=-y(1+x)(1-y)$：对任意满足 0 到 1 之间的 x 和 y 都有 $\dfrac{\mathrm{d}y}{\mathrm{d}t}<0$，即 y 会逐渐变小，表示为向下的箭头。为了方便比较，这里画了两个向下的箭头。

7. 演化稳定均衡

(1) 自动回归

满足偏离了能够自动回归的均衡点是演化稳定均衡。逐个分析四个均衡点偏离后是否能够自动回归如下：

对均衡点 $(0,0)$，如果偏离了就有 $\dfrac{\mathrm{d}x}{\mathrm{d}t}>0$ 和 $\dfrac{\mathrm{d}y}{\mathrm{d}t}<0$，表示 x 会变大而 y 会变小，那么横向会越偏越远，纵向会自动回归，不是演化稳定的；对均衡点 $(1,0)$，如果偏离了就有 $\dfrac{\mathrm{d}x}{\mathrm{d}t}>0$ 和 $\dfrac{\mathrm{d}y}{\mathrm{d}t}<0$，横向会回来，纵向也会自动回归，是演化稳定的；对均衡点 $(0,1)$，如果偏离了就有 $\dfrac{\mathrm{d}x}{\mathrm{d}t}<0$ 和 $\dfrac{\mathrm{d}y}{\mathrm{d}t}<0$，横向会回来，纵向会越偏越远，不是演化稳定的；对均衡点 $(1,1)$，如果偏离了就有 $\dfrac{\mathrm{d}x}{\mathrm{d}t}<0$ 和 $\dfrac{\mathrm{d}y}{\mathrm{d}t}<0$，横向会越偏越远，纵向也会越偏越远，不是演化稳定的。因此，只有均衡点 $(1,0)$ 是演化稳定的。

(2) 箭头所指

同时被两个箭头所指的均衡点才是演化稳定的。

只有均衡点 $(1,0)$ 同时被两个箭头所指，是演化稳定的。其中，潜在方选择进入的概率是 1 或者演化稳定后进入型的比例为 1，在位方选择打击的概率是 0 或者演化稳定后打击型的比例为 0。

所以,演化稳定均衡为[(1,0),(0,1)],即潜在方都选择进入或都会演化为进入型,而在位方都选择容忍或都会演化为容忍型。注意,这里的[(1,0),(0,1)]相当于是混合战略纳什均衡,而不是指两个均衡点。

二、拳击往来

1. 拳击博弈

		N	
		进攻 J	防守 F
S	进攻 J	$-1,-5$	$10,0$
	防守 F	$0,2$	$5,1$

2. 纳什均衡

可以求得两个纯战略纳什均衡(进攻,防守)和(防守,进攻),一个混合战略纳什均衡 $\left[\left(\frac{1}{6},\frac{5}{6}\right),\left(\frac{5}{6},\frac{1}{6}\right)\right]$。

问题是:各个均衡在什么情况下出现?

3. 群体类型

S 方群体,分为进攻型和防守型,设概率或比例分别为 x 和 $1-x$;

N 方群体,分为进攻型和防守型,设概率或比例分别为 y 和 $1-y$。

4. 群体平均收益

首先,对 S 方。

进攻型的期望收益为 $E(J|S) = -1 \cdot y + 10(1-y) = 10 - 11y$,

防守型的期望收益为 $E(F|S) = 0 \cdot y + 5(1-y) = 5 - 5y$,

群体平均收益为 $E(A|S) = xE(J|S) + (1-x)E(F|S) = x(10-11y) + (1-x)(5-5y)$
$$= 5 + 5x - 5y - 6xy。$$

其次,对 N 方。

进攻型的期望收益为 $E(J|N) = -5x + 2(1-x) = 2 - 7x$,

防守型的期望收益为 $E(F|N) = 0 \cdot x + 1 \cdot (1-x) = 1 - x$,

群体平均收益为 $E(A|N) = yE(J|N) + (1-y)E(F|N) = y(2-7x) + (1-y)(1-x)$
$$= 1 - x + y - 6xy。$$

5. 复制动态方程

首先,S 方的复制动态方程为
$$\frac{dx}{dt} = x[E(J|S) - E(A|S)] = x[(10-11y) - (5+5x-5y-6xy)] = x(1-x)(5-6y)。$$

其次,N 方的复制动态方程为
$$\frac{dy}{dt} = y[E(J|N) - E(A|N)] = y[(2-7x) - (1-x+y-6xy)] = y(1-y)(1-6x)。$$

6. 均衡点

$\dfrac{dx}{dt}=0$ 要求 $x=0$、$x=1$ 或 $y=\dfrac{5}{6}$，$\dfrac{dy}{dt}=0$ 要求 $y=0$、$y=1$ 或 $x=\dfrac{1}{6}$。联立二者解得，有五个均衡点，分别是 $(0,0)$、$(0,1)$、$(1,0)$、$(1,1)$ 和 $\left(\dfrac{1}{6},\dfrac{5}{6}\right)$，如图 17-3 所示。其中，均衡点 $\left(\dfrac{1}{6},\dfrac{5}{6}\right)$ 在中间，其他四个点都在边上。

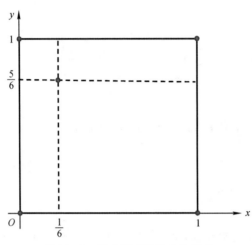

图 17-3　拳击博弈演化的均衡点

7. 相位图

(1) 对 S 方

由复制动态方程 $\dfrac{dx}{dt}=x(1-x)(5-6y)$ 可得：当 $y>\dfrac{5}{6}$ 时有 $\dfrac{dx}{dt}<0$，即 x 会逐渐变小，表示为图 17-4 中 $y=\dfrac{5}{6}$ 上方向左的箭头，在上部 x 会逐渐趋于 0；当 $y<\dfrac{5}{6}$ 时有 $\dfrac{dx}{dt}>0$，即 x 会逐渐变大，表示为图 17-4 中 $y=\dfrac{5}{6}$ 下方向右的箭头，在下部 x 会逐渐趋于 1。

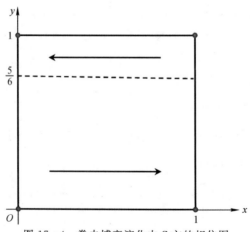

图 17-4　拳击博弈演化中 S 方的相位图

(2) 对 N 方

由复制动态方程 $\dfrac{dy}{dt}=y(1-y)(1-6x)$ 可得：当 $x>\dfrac{1}{6}$ 时有 $\dfrac{dy}{dt}<0$，即 y 会逐渐变小，表示为图 17-5 中 $x=\dfrac{1}{6}$ 右方向下的箭头，在右边部分 y 会逐渐趋于 0；当 $x<\dfrac{1}{6}$ 时有 $\dfrac{dy}{dt}>0$，即 y 会逐渐变大，表示为图 17-5 中 $x=\dfrac{1}{6}$ 左方向上的箭头，在左边部分 y 会逐渐趋于 1。

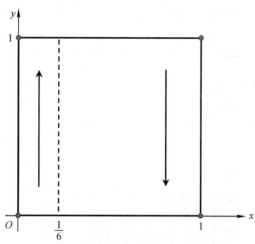

图 17-5　拳击博弈演化中 N 方的相位图

(3) 双方

合并 S 方和 N 方得到完整的相位图如图 17-6 所示。

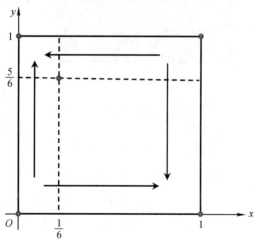

图 17-6　拳击博弈演化的相位图

8. 演化稳定均衡

法则 1：同时被两个箭头所指，会自动回归，才是演化稳定的。

在图 17-6 中，只有均衡点 (1,0) 和 (0,1) 同时被两个箭头所指，才是演化稳定的，其他点都不是演化稳定的。所以，演化稳定均衡是 [(1,0),(0,1)] 和 [(0,1),(1,0)]，总是一方进攻而另一方防守。

法则 2：在每个方向上偏离了都能自动回归，才是演化稳定的。

比如，在图 17-6 中，均衡点 $\left(\dfrac{1}{6}, \dfrac{5}{6}\right)$ 不是演化稳定的：

向左上偏离，有 $\dfrac{\mathrm{d}x}{\mathrm{d}t}<0$ 和 $\dfrac{\mathrm{d}y}{\mathrm{d}t}>0$，横向会越偏越远，纵向也会越偏越远；

向左下偏离，有 $\dfrac{\mathrm{d}x}{\mathrm{d}t}>0$ 和 $\dfrac{\mathrm{d}y}{\mathrm{d}t}>0$，横向会自动回归，纵向也会自动回归；

向右上偏离，有 $\dfrac{\mathrm{d}x}{\mathrm{d}t}<0$ 和 $\dfrac{\mathrm{d}y}{\mathrm{d}t}<0$，横向会自动回归，纵向也会自动回归；

向右下偏离，有 $\dfrac{\mathrm{d}x}{\mathrm{d}t}>0$ 和 $\dfrac{\mathrm{d}y}{\mathrm{d}t}<0$，横向会越偏越远，纵向也会越偏越远。

因此，均衡点 $\left(\dfrac{1}{6}, \dfrac{5}{6}\right)$ 只有向图 17-7 中浅灰区域偏离时才会自动回归，向图 17-7 中深灰区域偏离就不能自动回归，并不是在每个方向上都满足偏离了会回来，所以 $\left(\dfrac{1}{6}, \dfrac{5}{6}\right)$ 不是演化稳定的。

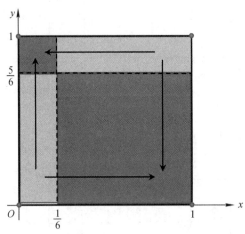

图 17-7　均衡点 $\left(\dfrac{1}{6}, \dfrac{5}{6}\right)$ 偏离能否自动回归的区域划分

类似地，分析可知：图 17-6 中，均衡点 $(1,1)$ 也不是演化稳定的，一旦偏离，就会趋于 $\left(\dfrac{1}{6}, \dfrac{5}{6}\right)$，而不会自动回归。均衡点 $(0,0)$ 也不是演化稳定的，一旦偏离，就会趋于 $\left(\dfrac{1}{6}, \dfrac{5}{6}\right)$，而不会自动回归。只有均衡点 $(1,0)$ 和 $(0,1)$ 在每个方向上偏离了都能自动回归，是演化稳定的。其实，均衡点 $(1,0)$ 和 $(0,1)$ 都只有一个可能的偏离方向。

9. 演化结果

均衡点 $(1,0)$ 对应的结果是：S 方进攻，N 方防守。由于具有演化稳定性，图 17-8 浅灰色的区域都会趋向于且最后稳定在这个结果上。

均衡点 $(0,1)$ 对应的结果是：S 方防守，N 方进攻。由于具有演化稳定性，图 17-8 白色的区域都会趋向于且最后稳定在这个结果上。

均衡点 $\left(\dfrac{1}{6}, \dfrac{5}{6}\right)$ 具有部分稳定性，图 17-8 深灰色的区域都会趋向于均衡点 $\left(\dfrac{1}{6}, \dfrac{5}{6}\right)$，对应

混合战略纳什均衡$\left[\left(\frac{1}{6},\frac{5}{6}\right),\left(\frac{5}{6},\frac{1}{6}\right)\right]$。

均衡点(0,0)和(1,1)则是刀锋上的平衡,本身是均衡点,如果不动也能稳定,但是只要一动就会永远失去稳定,一旦偏离就会越偏越远。

这就像把菜刀以刀锋立在桌面上一样,可能刚好碰巧立稳了,但是丝毫风吹草动就会破坏平衡,而且再也回不来。

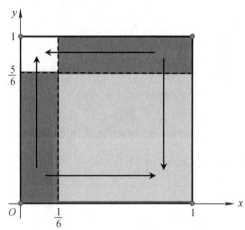

图 17-8　拳击博弈演化趋向不同均衡点的区域划分

※**习题 1**　性别战博弈。画相位图,求演化稳定均衡。

		丈夫 H	
		足球 F	韩剧 K
妻子 W	足球 F	1,2	0,0
	韩剧 K	0,0	2,1

三、相位图集

二维相位图有 4 类 16 种。

1. 双边单一演化

横向和纵向都是单一演化,$\frac{\mathrm{d}x}{\mathrm{d}t}$和$\frac{\mathrm{d}y}{\mathrm{d}t}$要么大于 0 要么小于 0。由于$\frac{\mathrm{d}x}{\mathrm{d}t}$和$\frac{\mathrm{d}y}{\mathrm{d}t}$都有大于 0 和小于 0 两种情况,分为 4 种:

① $\frac{\mathrm{d}x}{\mathrm{d}t}>0,\frac{\mathrm{d}y}{\mathrm{d}t}>0$;

② $\frac{\mathrm{d}x}{\mathrm{d}t}>0,\frac{\mathrm{d}y}{\mathrm{d}t}<0$;

③ $\frac{\mathrm{d}x}{\mathrm{d}t}<0,\frac{\mathrm{d}y}{\mathrm{d}t}>0$;

④ $\frac{\mathrm{d}x}{\mathrm{d}t}<0,\frac{\mathrm{d}y}{\mathrm{d}t}<0$。

每种都可以画出二维相位图。比如,第二种的图示见图17-9,演化稳定的均衡点是(1,0)。

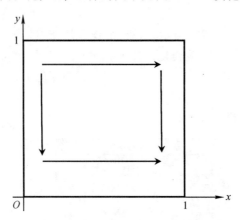

图 17-9 第二种双边单一演化的相位图

其中,为了方便,纵横方向都画了平行的两个箭头。

2. 纵双横单演化

横向是单一演化,$\dfrac{\mathrm{d}x}{\mathrm{d}t}$要么大于0要么小于0。纵向是双元演化,$\dfrac{\mathrm{d}y}{\mathrm{d}t}$存在转折,跨过转折点$x_0$,$\dfrac{\mathrm{d}y}{\mathrm{d}t}$就会改变正负号。由于$\dfrac{\mathrm{d}x}{\mathrm{d}t}$和$\dfrac{\mathrm{d}y}{\mathrm{d}t}$都有大于或小于0两种可能,分为4种:

① $\forall y, \dfrac{\mathrm{d}x}{\mathrm{d}t}>0; x>x_0, \dfrac{\mathrm{d}y}{\mathrm{d}t}>0; x<x_0, \dfrac{\mathrm{d}y}{\mathrm{d}t}<0$。

② $\forall y, \dfrac{\mathrm{d}x}{\mathrm{d}t}>0; x>x_0, \dfrac{\mathrm{d}y}{\mathrm{d}t}<0; x<x_0, \dfrac{\mathrm{d}y}{\mathrm{d}t}>0$。

③ $\forall y, \dfrac{\mathrm{d}x}{\mathrm{d}t}<0; x>x_0, \dfrac{\mathrm{d}y}{\mathrm{d}t}>0; x<x_0, \dfrac{\mathrm{d}y}{\mathrm{d}t}<0$。

④ $\forall y, \dfrac{\mathrm{d}x}{\mathrm{d}t}<0; x>x_0, \dfrac{\mathrm{d}y}{\mathrm{d}t}<0; x<x_0, \dfrac{\mathrm{d}y}{\mathrm{d}t}>0$。

每种都可以画出二维相位图。比如,第四种图示见图17-10,演化稳定的均衡点是(0,1)。

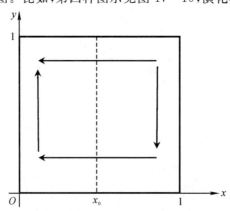

图 17-10 第四种纵双横单演化的相位图

其中,为了方便,横向画了平行的两个箭头。

3. 纵单横双演化

纵向是单一演化，$\dfrac{dy}{dt}$ 要么大于 0 要么小于 0。横向是双元演化，$\dfrac{dx}{dt}$ 存在转折，跨过转折点 y_0，$\dfrac{dx}{dt}$ 就会改变正负号。由于 $\dfrac{dx}{dt}$ 和 $\dfrac{dy}{dt}$ 都有大于 0 或小于 0 两种可能，分为 4 种：

① $\forall x, \dfrac{dy}{dt}>0; y>y_0, \dfrac{dx}{dt}>0; y<y_0, \dfrac{dx}{dt}<0$。

② $\forall x, \dfrac{dy}{dt}>0; y>y_0, \dfrac{dx}{dt}<0; y<y_0, \dfrac{dx}{dt}>0$。

③ $\forall x, \dfrac{dy}{dt}<0; y>y_0, \dfrac{dx}{dt}>0; y<y_0, \dfrac{dx}{dt}<0$。

④ $\forall x, \dfrac{dy}{dt}<0; y>y_0, \dfrac{dx}{dt}<0; y<y_0, \dfrac{dx}{dt}>0$。

每种都可以画出二维相位图。比如，第二种图示见图 17-11，演化稳定的均衡点是 (0, 1)。

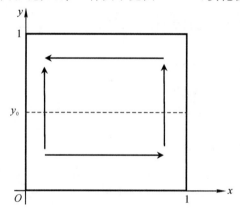

图 17-11　第二种纵单横双演化的相位图

其中，为了方便，纵向画了平行的两个箭头。

4. 纵横双元演化

纵向是双元演化，$\dfrac{dy}{dt}$ 存在转折，跨过转折点 x_0，$\dfrac{dy}{dt}$ 就会改变正负号。横向也是双元演化，$\dfrac{dx}{dt}$ 存在转折，跨过转折点 y_0，$\dfrac{dx}{dt}$ 就会改变正负号。由于 $\dfrac{dx}{dt}$ 和 $\dfrac{dy}{dt}$ 都有大于 0 或小于 0 两种可能，分为 4 种：

① $y>y_0, \dfrac{dx}{dt}>0; y<y_0, \dfrac{dx}{dt}<0; x>x_0, \dfrac{dy}{dt}>0; x<x_0, \dfrac{dy}{dt}<0$。

② $y>y_0, \dfrac{dx}{dt}>0; y<y_0, \dfrac{dx}{dt}<0; x>x_0, \dfrac{dy}{dt}<0; x<x_0, \dfrac{dy}{dt}>0$。

③ $y>y_0, \dfrac{dx}{dt}<0; y<y_0, \dfrac{dx}{dt}>0; x>x_0, \dfrac{dy}{dt}<0; x<x_0, \dfrac{dy}{dt}>0$。

④ $y>y_0, \dfrac{dx}{dt}<0; y<y_0, \dfrac{dx}{dt}>0; x>x_0, \dfrac{dy}{dt}>0; x<x_0, \dfrac{dy}{dt}<0$。

每种都可以画出二维相位图。比如，第三种图示见图 17-12，其中演化稳定的两个均衡点是 (0,1) 和 (1,0)。

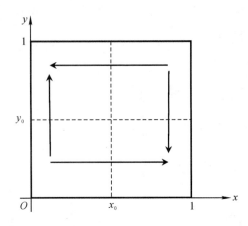

图 17-12 第三种纵横双元演化的相位图

※**习题 2** 求电商博弈的演化稳定均衡。

		平台 P	
		排他型 X	开放型 O
商家 R	开网店 O	5,10	14,11
	不开网店 N	7,0	11,-1

※**习题 3** 求性格博弈的演化稳定均衡。

		女 F	
		固执 S	随和 C
男 M	固执 S	1,2	5,3
	随和 C	3,5	1,1

四、雅可比阵

1. 复制动态方程

		在位方 Z	
		打击 D	容忍 R
潜在方 Q	进入 J	0,0	2,2
	观望 G	1,4	1,5

潜在方的复制动态方程为

$$\frac{dx}{dt} = x[E(J) - E(A|Q)] = x[2(1-y) - (x - 2xy + 1)] = x(1-x)(1-2y).$$

在位方的复制动态方程为

$$\frac{dy}{dt} = y[E(D) - E(A|Z)] = y[4(1-x) - (5 - xy - 3x - y)] = -y(1+x)(1-y).$$

2. 均衡点

联立 $\dfrac{dx}{dt}=0$ 和 $\dfrac{dy}{dt}=0$ 解得均衡点 (x,y) 有 4 个：$(0,0),(0,1),(1,0),(1,1)$。

3. 雅可比矩阵

首先，根据 $\dfrac{dx}{dt}$ 和 $\dfrac{dy}{dt}$ 得

$$J(x,y)=\begin{bmatrix}\dfrac{\partial\left(\dfrac{dx}{dt}\right)}{\partial x} & \dfrac{\partial\left(\dfrac{dx}{dt}\right)}{\partial y} \\ \dfrac{\partial\left(\dfrac{dy}{dt}\right)}{\partial x} & \dfrac{\partial\left(\dfrac{dy}{dt}\right)}{\partial y}\end{bmatrix}=\begin{bmatrix}4xy-2x-2y+1 & 2x^2-2x \\ y^2-y & 2xy-x+2y-1\end{bmatrix}。$$

其次，有

$$J(0,0)=\begin{bmatrix}1 & 0 \\ 0 & -1\end{bmatrix}, J(0,1)=\begin{bmatrix}-1 & 0 \\ 0 & 1\end{bmatrix}, J(1,0)=\begin{bmatrix}-1 & 0 \\ 0 & -2\end{bmatrix}, J(1,1)=\begin{bmatrix}1 & 0 \\ 0 & 2\end{bmatrix}。$$

4. 均衡点稳定性

途径 1：求矩阵的特征值，判断均衡点的演化稳定性。

判断准则：如果均衡点的雅克比矩阵的所有特征值都小于 0，那么该均衡点就是演化稳定的。如果特征值是复数，就只看实数部；如果没有实数部，就不看。

对 $J(0,0)=\begin{bmatrix}1 & 0 \\ 0 & -1\end{bmatrix}$，由 $\begin{vmatrix}1-\lambda & 0 \\ 0 & -1-\lambda\end{vmatrix}=0$ 得特征值为 $\lambda_1=1$ 和 $\lambda_2=-1$，有大于 0 的，则均衡点 $(0,0)$ 不是演化稳定的。

对 $J(0,1)=\begin{bmatrix}-1 & 0 \\ 0 & 1\end{bmatrix}$，由 $\begin{vmatrix}-1-\lambda & 0 \\ 0 & 1-\lambda\end{vmatrix}=0$ 得特征值为 $\lambda_1=-1$ 和 $\lambda_2=1$，有大于 0 的，则均衡点 $(0,1)$ 不是演化稳定的。

对 $J(1,0)=\begin{bmatrix}-1 & 0 \\ 0 & -2\end{bmatrix}$，由 $\begin{vmatrix}-1-\lambda & 0 \\ 0 & -2-\lambda\end{vmatrix}=0$ 得特征值为 $\lambda_1=-1$ 和 $\lambda_2=-2$，都小于 0，则均衡点 $(1,0)$ 是演化稳定的。

对 $J(1,1)=\begin{bmatrix}1 & 0 \\ 0 & 2\end{bmatrix}$，由 $\begin{vmatrix}1-\lambda & 0 \\ 0 & 2-\lambda\end{vmatrix}=0$ 得特征值为 $\lambda_1=1$ 和 $\lambda_2=2$，有大于 0 的，则均衡点 $(1,1)$ 不是演化稳定的。

途径 2：求矩阵的行列式值以及迹，判断均衡点的演化稳定性。

判断准则：如果均衡点的雅克比矩阵的行列式值（determinant）大于 0，迹（trace）小于 0，那么该均衡点就是演化稳定的。其中，矩阵的迹是主对角线上所有数值的加总和。

对 $J(0,0)=\begin{bmatrix}1 & 0 \\ 0 & -1\end{bmatrix}$，行列式值 $\det[J(0,0)]=-1<0$，迹 $\text{tr}[J(0,0)]=0$，前者小于 0，后者等于 0，则均衡点 $(0,0)$ 不是演化稳定的。

对 $J(0,1)=\begin{bmatrix}-1 & 0 \\ 0 & 1\end{bmatrix}$，行列式值 $\det[J(0,1)]=-1<0$，迹 $\text{tr}[J(0,1)]=0$，前者小于 0，

后者等于 0,则均衡点(0,1)不是演化稳定的。

对 $J(1,0) = \begin{bmatrix} -1 & 0 \\ 0 & -2 \end{bmatrix}$,行列式值 $\det[J(1,0)] = 2 > 0$,迹 $\text{tr}[J(1,0)] = -3 < 0$,前者大于 0,后者小于 0,则均衡点(1,0)是演化稳定的。

对 $J(1,1) = \begin{bmatrix} 1 & 0 \\ 0 & 2 \end{bmatrix}$,行列式值 $\det[J(1,1)] = 2 > 0$,迹 $\text{tr}[J(1,1)] = 3 > 0$,都大于 0,则均衡点(1,1)不是演化稳定的。

注意,在这里以上两种途径都适用,会得到相同的结果。但是,途径 2 有可能出错,最好采用途径 1,以下的三方演化说明了这一点。

5. 演化稳定均衡

综上,只有均衡点(1,0)是演化稳定的。因此,演化稳定均衡为[(1,0),(0,1)]。表示潜在方都选择进入或都会演化为进入型,在位方都选择容忍或都会演化为容忍型。

※**习题 4** 分别用相位图法和雅可比阵法求拳击博弈的演化稳定均衡。

		N	
		进攻 J	防守 D
S	进攻 T	−1,−5	10,0
	防守 F	0,2	5,1

※**习题 5** 在知网上下载并研读用异群演化研究实际问题的论文。

五、三方演化

从两个群体到三个群体,从 2×2 到 2×2×2,是质变。

1. 猪圈传说

(1)博弈三方

小猪 S,大猪 B,主人 M。

(2)行动

小猪有按和等两个选择,大猪也有按和等两个选择,主人有宽容和仁慈两个选择。

(3)博弈矩阵

博弈矩阵包括两个:

其一,主人 M 选择宽容 K 时

		大猪 B	
		按 P	等 W
小猪 S	按 P	3,11,3	8,9,4
	等 W	7,10,2	2,2,1

其二,主人 M 选择仁慈 R 时

第 17 讲　异群演化

		大猪 B	
		按 P	等 W
小猪 S	按 P	7,7,1	5,12,2
	等 W	12,5,3	6,6,0

用划线法分析可知,没有纯战略纳什均衡,只有混合战略纳什均衡。具体过程如下:

第一步,对小猪 S,看第一个数字。

其一,在主人 M 选择宽容 K 的矩阵中:

7>3,8>2。

		大猪 B	
		按 P	等 W
小猪 S	按 P	3,11,3	8,9,4
	等 W	7,10,2	2,2,1

其二,在主人 M 选择仁慈 R 的矩阵中:

12>7,6>5。

		大猪 B	
		按 P	等 W
小猪 S	按 P	7,7,1	5,12,2
	等 W	12,5,3	6,6,0

第二步,对大猪 B,看第二个数字

其一,在主人 M 选择宽容 K 的矩阵中:

11>9,10>2。

		大猪 B	
		按 P	等 W
小猪 S	按 P	3,11,3	8,9,4
	等 W	7,10,2	2,2,1

其二,在主人 M 选择仁慈 R 的矩阵中

12>7,6>5。

		大猪 B	
		按 P	等 W
小猪 S	按 P	7,7,1	5,12,2
	等 W	12,5,3	6,6,0

第三步,对主人 M,看第三个数字。

比较两个矩阵中对应位置的数字,划线大的数字。比如,在小猪 S 选择按 P 而大猪 B 选择按 P 的情形,主人 M 选择宽容 K 会获得第一个矩阵中的 3,而选仁慈 R 会得第二个矩阵中

的 1,由于 3>1,此时主人 M 会选宽容 K,划线数字 3。类似地,有 3>2,4>2,1>0。

第一个矩阵:主人 M 选择宽容 K。

		大猪 B	
		按 P	等 W
小猪 S	按 P	3,<u>11</u>,<u>3</u>	<u>8</u>,9,<u>4</u>
	等 W	<u>7</u>,<u>10</u>,2	2,2,<u>1</u>

第二个矩阵:主人 M 选择仁慈 R。

		大猪 B	
		按 P	等 W
小猪 S	按 P	<u>7</u>,7,1	5,<u>12</u>,2
	等 W	<u>12</u>,5,<u>3</u>	<u>6</u>,<u>6</u>,0

没有同一个组合对应的三个数字都划线,因此没有纯战略纳什均衡。

2. 复制动态方程

设小猪按的概率为 x,等的概率为 $1-x$;大猪按的概率为 y,等的概率为 $1-y$;主人宽容的概率为 z,仁慈的概率为 $1-z$。

(1) 对小猪

按的期望收益为 $E(P|S)=z[3y+8(1-y)]+(1-z)[7y+5(1-y)]$,

等的期望收益为 $E(W|S)=z[7y+2(1-y)]+(1-z)[12y+6(1-y)]$,

平均期望收益为 $E(A|S)=xE(P|S)+(1-x)E(W|S)$

$$=x\{z[3y+8(1-y)]+(1-z)[7y+5(1-y)]\}$$
$$+(1-x)\{z[7y+2(1-y)]+(1-z)[12y+6(1-y)]\}.$$

复制动态方程为 $\dfrac{dx}{dt}=x[E(P|S)-E(A|S)]$

$$=x(6xyz+4xy-7xz-6yz+x-4y+7z-1)$$
$$=x(x-1)(6yz+4y-7z+1)。$$

(2) 对大猪

按的期望收益为 $E(P|B)=z[11x+10(1-x)]+(1-z)[7x+5(1-x)]$,

等的期望收益为 $E(W|B)=z[9x+2(1-x)]+(1-z)[12x+6(1-x)]$,

平均期望收益为 $E(A|B)=yE(P|B)+(1-y)E(W|B)$

$$=y\{z[11x+10(1-x)]+(1-z)[7x+5(1-x)]\}$$
$$+(1-y)\{z[9x+2(1-x)]+(1-z)[12x+6(1-x)]\}.$$

复制动态方程为 $\dfrac{dy}{dt}=y[E(P|B)-E(A|B)]$

$$=y(2xyz+4xy-2xz-9yz-4x+y+9z-1)$$
$$=y(y-1)(2xz+4x-9z+1)。$$

(3) 对主人

宽容的期望收益为 $E(K|M) = x[3y+4(1-y)]+(1-x)[2y+(1-y)]$。

注意，这里也可以写成 $E(K|M) = y[3x+2(1-x)]+(1-y)[4x+(1-x)]$。

类似地，以上小猪、大猪的期望收益也有两种等价的写法。

仁慈的期望收益为 $E(R|M) = x[y+2(1-y)]+(1-x)[3y+0 \cdot (1-y)]$。

平均期望收益为 $E(A|M) = zE(K|M)+(1-z)E(R|M)$
$$= z\{x[3y+4(1-y)]+(1-x)[2y+(1-y)]\}+$$
$$(1-z)\{x[y+2(1-y)]+(1-x)[3y+0(1-y)]\}。$$

复制动态方程为 $\dfrac{dz}{dt} = z[E(K|M)-E(A|M)]$
$$= z(-2xyz+2xy-xz+2yz+x-2y-z+1)$$
$$= z(1-z)(2xy+x-2y+1)。$$

3. 均衡点

联立 $\dfrac{dx}{dt}=0$、$\dfrac{dy}{dt}=0$ 和 $\dfrac{dz}{dt}=0$ 解得，均衡点 (x,y,z) 有 9 个：$(0,0,0)$，$(1,0,0)$，$(0,1,0)$，$(1,1,0)$，$(0,0,1)$，$(1,0,1)$，$(0,1,1)$，$(1,1,1)$，$\left(0,\dfrac{1}{2},\dfrac{1}{9}\right)$。

4. 雅可比矩阵

首先，计算可得

$$J(x,y,z) = \begin{bmatrix} \dfrac{\partial\left(\dfrac{dx}{dt}\right)}{\partial x} & \dfrac{\partial\left(\dfrac{dx}{dt}\right)}{\partial y} & \dfrac{\partial\left(\dfrac{dx}{dt}\right)}{\partial z} \\ \dfrac{\partial\left(\dfrac{dy}{dt}\right)}{\partial x} & \dfrac{\partial\left(\dfrac{dy}{dt}\right)}{\partial y} & \dfrac{\partial\left(\dfrac{dy}{dt}\right)}{\partial z} \\ \dfrac{\partial\left(\dfrac{dz}{dt}\right)}{\partial x} & \dfrac{\partial\left(\dfrac{dz}{dt}\right)}{\partial y} & \dfrac{\partial\left(\dfrac{dz}{dt}\right)}{\partial z} \end{bmatrix}$$

$$= \begin{bmatrix} (2x-1)(6yz+4y-7z+1) & 2x(x-1)(3z+2) & x(x-1)(6y-7) \\ 2y(y-1)(z+2) & (2y-1)(2xz+4x-9z+1) & y(y-1)(2x-9) \\ z(1-z)(1+2y) & -2z(1-z)(1-x) & (1-2z)(2xy+x-2y+1) \end{bmatrix},$$

然后，对每个均衡点，依次有 $J(0,0,0) = \begin{bmatrix} -1 & 0 & 0 \\ 0 & -1 & 0 \\ 0 & 0 & 1 \end{bmatrix}$，$J(1,0,0) = \begin{bmatrix} 1 & 0 & 0 \\ 0 & -5 & 0 \\ 0 & 0 & 2 \end{bmatrix}$，

$J(0,1,0) = \begin{bmatrix} -5 & 0 & 0 \\ 0 & 1 & 0 \\ 0 & 0 & -1 \end{bmatrix}$，$J(1,1,0) = \begin{bmatrix} 5 & 0 & 0 \\ 0 & 5 & 0 \\ 0 & 0 & 2 \end{bmatrix}$，$J(0,0,1) = \begin{bmatrix} 6 & 0 & 0 \\ 0 & 8 & 0 \\ 0 & 0 & -1 \end{bmatrix}$，$J(1,0,1) = \begin{bmatrix} -6 & 0 & 0 \\ 0 & 2 & 0 \\ 0 & 0 & -2 \end{bmatrix}$，$J(0,1,1) = \begin{bmatrix} -4 & 0 & 0 \\ 0 & -8 & 0 \\ 0 & 0 & 1 \end{bmatrix}$，$J(1,1,1) = \begin{bmatrix} 4 & 0 & 0 \\ 0 & -2 & 0 \\ 0 & 0 & -2 \end{bmatrix}$，$J\left(0,\dfrac{1}{2},\dfrac{1}{9}\right) =$

$$\begin{bmatrix} -\dfrac{23}{9} & 0 & 0 \\ -\dfrac{19}{18} & 0 & \dfrac{9}{4} \\ \dfrac{16}{81} & -\dfrac{16}{81} & 0 \end{bmatrix}。$$

5. 演化稳定性判定

对 $J(0,0,0) = \begin{bmatrix} -1 & 0 & 0 \\ 0 & -1 & 0 \\ 0 & 0 & 1 \end{bmatrix}$,由 $\begin{vmatrix} -1-\lambda & 0 & 0 \\ 0 & -1-\lambda & 0 \\ 0 & 0 & 1-\lambda \end{vmatrix} = 0$ 得特征值为 $\lambda_1 = -1 < 0$, $\lambda_2 = 1 > 0$, 有大于 0 的,则均衡点 $(0,0,0)$ 不是演化稳定的。

注意,如果根据 $\det[J(0,0,0)] = 1 > 0$ 和 $\mathrm{tr}[J(0,0,0)] = -1 < 0$ 来判断,会错误地得到 $(0,0,0)$ 是演化稳定的。此时,只能根据特征值来判断。

对 $J(1,0,0) = \begin{bmatrix} 1 & 0 & 0 \\ 0 & -5 & 0 \\ 0 & 0 & 2 \end{bmatrix}$,由 $\begin{vmatrix} 1-\lambda & 0 & 0 \\ 0 & -5-\lambda & 0 \\ 0 & 0 & 2-\lambda \end{vmatrix} = 0$ 得特征值为 $\lambda_1 = 1 > 0$, $\lambda_2 = -5 < 0$, $\lambda_3 = 2 > 0$, 有大于 0 的,则均衡点 $(1,0,0)$ 不是演化稳定的。

对 $J(0,1,0) = \begin{bmatrix} -5 & 0 & 0 \\ 0 & 1 & 0 \\ 0 & 0 & -1 \end{bmatrix}$,由 $\begin{vmatrix} -5-\lambda & 0 & 0 \\ 0 & 1-\lambda & 0 \\ 0 & 0 & -1-\lambda \end{vmatrix} = 0$ 得特征值为 $\lambda_1 = -5 < 0$, $\lambda_2 = 1 > 0$, $\lambda_3 = -1 < 0$, 有大于 0 的,则 $(0,1,0)$ 不是演化稳定的。

对 $J(1,1,0) = \begin{bmatrix} 5 & 0 & 0 \\ 0 & 5 & 0 \\ 0 & 0 & 2 \end{bmatrix}$,由 $\begin{vmatrix} 5-\lambda & 0 & 0 \\ 0 & 5-\lambda & 0 \\ 0 & 0 & 2-\lambda \end{vmatrix} = 0$ 得特征值为 $\lambda_1 = 5 > 0$, $\lambda_2 = 2 > 0$, 有大于 0 的,则均衡点 $(1,1,0)$ 不是演化稳定的。

对 $J(0,0,1) = \begin{bmatrix} 6 & 0 & 0 \\ 0 & 8 & 0 \\ 0 & 0 & -1 \end{bmatrix}$,由 $\begin{vmatrix} 6-\lambda & 0 & 0 \\ 0 & 8-\lambda & 0 \\ 0 & 0 & -1-\lambda \end{vmatrix} = 0$ 得特征值为 $\lambda_1 = 6 > 0$, $\lambda_2 = 8 > 0$, $\lambda_3 = -1 < 0$, 有大于 0 的,则均衡点 $(0,0,1)$ 不是演化稳定的。

对 $J(1,0,1) = \begin{bmatrix} -6 & 0 & 0 \\ 0 & 2 & 0 \\ 0 & 0 & -2 \end{bmatrix}$,由 $\begin{vmatrix} -6-\lambda & 0 & 0 \\ 0 & 2-\lambda & 0 \\ 0 & 0 & -2-\lambda \end{vmatrix} = 0$ 得特征值为 $\lambda_1 = -6 < 0$, $\lambda_2 = 2 > 0$, $\lambda_3 = -2 < 0$, 有大于 0 的,则均衡点 $(1,0,1)$ 不是演化稳定的。

对 $J(0,1,1) = \begin{bmatrix} -4 & 0 & 0 \\ 0 & -8 & 0 \\ 0 & 0 & 1 \end{bmatrix}$,由 $\begin{vmatrix} -4-\lambda & 0 & 0 \\ 0 & -8-\lambda & 0 \\ 0 & 0 & 1-\lambda \end{vmatrix} = 0$ 得特征值为 $\lambda_1 = -4 < 0$, $\lambda_2 = -8 < 0$, $\lambda_3 = 1 > 0$, 有大于 0 的,则均衡点 $(0,1,1)$ 不是演化稳定的。

对 $J(1,1,1) = \begin{bmatrix} 4 & 0 & 0 \\ 0 & -2 & 0 \\ 0 & 0 & -2 \end{bmatrix}$,由 $\begin{vmatrix} 4-\lambda & 0 & 0 \\ 0 & -2-\lambda & 0 \\ 0 & 0 & -2-\lambda \end{vmatrix} = 0$ 得特征值为 $\lambda_1 = 4 > 0$,

$\lambda_2=-2<0$,有大于 0 的,则均衡点$(1,1,1)$不是演化稳定的。

对 $\boldsymbol{J}\left(0,\dfrac{1}{2},\dfrac{1}{9}\right)=\begin{bmatrix}-\dfrac{23}{9}&0&0\\-\dfrac{19}{18}&0&\dfrac{9}{4}\\\dfrac{16}{81}&-\dfrac{16}{81}&0\end{bmatrix}$,由 $\begin{vmatrix}-\dfrac{23}{9}-\lambda&0&0\\-\dfrac{19}{18}&-\lambda&\dfrac{9}{4}\\\dfrac{16}{81}&-\dfrac{16}{81}&-\lambda\end{vmatrix}=0$ 得特征值为 $\lambda_1=$

$-\dfrac{23}{9}<0$、$\lambda_2=\dfrac{2}{3}i$ 和 $\lambda_3=-\dfrac{2}{3}i$,实数根都小于 0,复数根没有正实数部,则均衡点 $\left(0,\dfrac{1}{2},\dfrac{1}{9}\right)$ 是演化稳定的。

注意,如果根据 $\det\left[\boldsymbol{J}\left(0,\dfrac{1}{2},\dfrac{1}{9}\right)\right]=-\dfrac{92}{81}<0$ 和 $\operatorname{tr}\left[\boldsymbol{J}\left(0,\dfrac{1}{2},\dfrac{1}{9}\right)\right]=-\dfrac{23}{9}<0$ 来判断,也会得到均衡点 $\left(0,\dfrac{1}{2},\dfrac{1}{9}\right)$ 不是演化稳定的。可见,用行列式值和迹来判断均衡点的演化稳定性有可能出错,在三阶及更高阶矩阵时应该采取特征值法。

6. 演化稳定均衡

综上,只有均衡点 $\left(0,\dfrac{1}{2},\dfrac{1}{9}\right)$ 是演化稳定的,即演化稳定均衡为 $\left[(0,1),\left(\dfrac{1}{2},\dfrac{1}{2}\right),\right.$ $\left.\left(\dfrac{1}{9},\dfrac{8}{9}\right)\right]$。这相当于是混合战略纳什均衡。其中,小猪都选择等,或者小猪都会演化为等待型;大猪有一半选择按有一半选择等,或者演化稳定后有一半大猪是按型,有一半大猪是等待型;主人有九分之一的可能性是宽容的,有九分之八的可能性是仁慈的,或者演化稳定后有九分之一的主人是宽容型,有九分之八的主人是仁慈型。

7. 多方演化

三方演化可以推广到多方演化,分析方法相同,只是矩阵的阶数增加了。

六、监管博弈

1. 博弈结构

以上三方演化博弈分析范式常用于研究考虑监管的竞争博弈。其中,竞争双方分别相当于大猪和小猪,监管方相当于主人。

2. 主体关系

竞争双方可以是地方政府之间、企业之间或新旧技术产品之间等。与之对应的,监管方可以是中央政府,职能部门,甚至消费者。比如,中央政府对地方发展竞争的监管,职能机构对企业竞争的监管,消费者对新产品的接受度或对旧产品的忠诚度。

3. 行为类型

监管方可以有高强度和低强度、认真负责和玩忽职守等监管方式,竞争双方有激进和保守、创新和模仿、主导与跟随、降价与稳价等策略。

※**习题 6** 在知网上下载并研读用监管博弈模型研究实际问题的论文。

七、异质三型

1. 错位博弈

		乙 S		
		L	C	R
甲 F	T	4,3	5,1	6,2
	M	2,1	8,4	3,6
	D	3,0	9,6	2,2

特点：

一是异群演化，博弈双方来自不同群体；二是多型演化，博弈双方都有三种类型，可以推广到多种类型。

2. 种群刻画

设甲方为 T、M、D 型的概率分别为 x、y 和 $1-x-y$，乙方为 L、C 和 R 型的概率分别为 u、v 和 $1-u-v$。

3. 甲方演化

T 型甲的期望收益 $E(T)=4u+5v+6(1-u-v)=-2u-v+6$，

M 型甲的期望收益 $E(M)=2u+8v+3(1-u-v)=-u+5v+3$，

D 型甲的期望收益 $E(D)=3u+9v+2(1-u-v)=u+7v+2$。

甲的群体期望收益 $E(A|F)=xE(T)+yE(M)+(1-x-y)E(D)$
$$=u+7v+4x+y+2-3xu-2yu-8xv-2yv。$$

那么，T 型甲的复制动态方程

$$\frac{dx}{dt}=x[E(T)-E(A|F)]=x(3xu+2yu+8xv+2yv-3u-8v-4x-y+4)。$$

M 型甲的复制动态方程

$$\frac{dy}{dt}=y[E(M)-E(A|F)]=y(3xu+2yu+8xv+2yv-2u-2v-4x-y+1)$$

4. 乙方演化

L 型乙的期望收益 $E(L)=3x+1y+0(1-x-y)=3x+y$，

C 型乙的期望收益 $E(C)=1x+4y+6(1-x-y)=-5x-2y+6$，

R 型乙的期望收益 $E(R)=2x+6y+2(1-x-y)=4y+2$。

乙的群体期望收益 $E(A|S)=uE(L)+vE(C)+(1-u-v)E(R)$
$$=3xu-3yu-5xv-6yv-2u+4v+4y+2。$$

那么，L 型乙的复制动态方程

$$\frac{du}{dt}=u[E(L)-E(A|S)]=u(-3xu+3yu+5xv+6yv+2u-4v+3x-3y-2)。$$

C 型乙的复制动态方程

$$\frac{dv}{dt}=v[E(C)-E(A|S)]=v(-3xu+3yu+5xv+6yv+2u-4v-5x-6y+4)。$$

5. 均衡点

联立 $\frac{dx}{dt}=0$、$\frac{dy}{dt}=0$、$\frac{du}{dt}=0$、$\frac{dv}{dt}=0$ 求解得,均衡点 (x,y,u,v) 有 11 个,分别为:$(0,0,0,0)$、$(1,0,0,0)$、$(0,1,0,0)$、$(0,0,1,0)$、$(0,0,0,1)$、$(1,0,0,1)$、$(0,1,1,0)$、$(0,1,0,1)$、$(1,0,1,0)$、$\left(\frac{3}{4},0,\frac{4}{5},\frac{1}{5}\right)$、$\left(\frac{3}{5},\frac{2}{5},\frac{3}{5},\frac{2}{5}\right)$。

6. 雅克比矩阵

首先,以上复制动态方程组构成动态系统 $\frac{dx}{dt}$、$\frac{dy}{dt}$、$\frac{du}{dt}$ 和 $\frac{dv}{dt}$,其雅克比矩阵为

$$J(x,y,u,v)=\begin{bmatrix} \frac{\partial\left(\frac{dx}{dt}\right)}{\partial x} & \frac{\partial\left(\frac{dx}{dt}\right)}{\partial y} & \frac{\partial\left(\frac{dx}{dt}\right)}{\partial u} & \frac{\partial\left(\frac{dx}{dt}\right)}{\partial v} \\ \frac{\partial\left(\frac{dy}{dt}\right)}{\partial x} & \frac{\partial\left(\frac{dy}{dt}\right)}{\partial y} & \frac{\partial\left(\frac{dy}{dt}\right)}{\partial u} & \frac{\partial\left(\frac{dy}{dt}\right)}{\partial v} \\ \frac{\partial\left(\frac{du}{dt}\right)}{\partial x} & \frac{\partial\left(\frac{du}{dt}\right)}{\partial y} & \frac{\partial\left(\frac{du}{dt}\right)}{\partial u} & \frac{\partial\left(\frac{du}{dt}\right)}{\partial v} \\ \frac{\partial\left(\frac{dv}{dt}\right)}{\partial x} & \frac{\partial\left(\frac{dv}{dt}\right)}{\partial y} & \frac{\partial\left(\frac{dv}{dt}\right)}{\partial u} & \frac{\partial\left(\frac{dv}{dt}\right)}{\partial v} \end{bmatrix}$$

$$=\begin{bmatrix} A1 & x(2u+2v-1) & x(3x+2y-3) & 2x(4x+y-4) \\ y(3u+8v-4) & A2 & y(3x+2y-2) & 2y(4x+y-1) \\ u(-3u+5v+3) & 3u(u+2v-1) & A3 & u(5x+6y-4) \\ v(-3u+5v-5) & 3v(u+2v-2) & v(-3x+3y+2) & A4 \end{bmatrix}。$$

其中,$A1=6xu+2yu+16xv+2yv-3u-8v-8x-y+4$,

$A2=3xu+4yu+8xv+4yv-2u-2v-4x-2y+1$,

$A3=-6xu+6yu+5xv+6yv+4u-4v+3x-3y-2$,

$A4=-3xu+3yu+10xv+12yv+2u-8v-5x-6y+4$。

其次,把每个均衡点的取值代入 $J(x,y,u,v)$,可以求得每个均衡点的雅克比矩阵。比如,$J(0,0,0,0)=\begin{bmatrix} 4 & 0 & 0 & 0 \\ 0 & 1 & 0 & 0 \\ 0 & 0 & -2 & 0 \\ 0 & 0 & 0 & 4 \end{bmatrix}$,$J(1,0,1,0)=\begin{bmatrix} -1 & 1 & 0 & 0 \\ 0 & -2 & 0 & 0 \\ 0 & 0 & -1 & 1 \\ 0 & 0 & 0 & -2 \end{bmatrix}$,等等。

7. 演化稳定均衡

用特征值法判断均衡点是否具有演化稳定性质,比如

对 $\boldsymbol{J}(0,0,0,0)=\begin{bmatrix}4&0&0&0\\0&1&0&0\\0&0&-2&0\\0&0&0&4\end{bmatrix}$,由 $\begin{vmatrix}4-\lambda&0&0&0\\0&1-\lambda&0&0\\0&0&-2-\lambda&0\\0&0&0&4-\lambda\end{vmatrix}=0$ 得特征值为

$\lambda_1=4>0,\lambda_2=1>0,\lambda_3=-2<0$,有大于 0 的,则均衡点 $(0,0,0,0)$ 不是演化稳定的。

对 $\boldsymbol{J}(1,0,1,0)=\begin{bmatrix}-1&1&0&0\\0&-2&0&0\\0&0&-1&1\\0&0&0&-2\end{bmatrix}$,由 $\begin{vmatrix}-1-\lambda&1&0&0\\0&-2-\lambda&0&0\\0&0&-1-\lambda&1\\0&0&0&-2-\lambda\end{vmatrix}$ 得特

征值为 $\lambda_1=-1<0,\lambda_2=-2<0$,都小于 0,则均衡点 $(1,0,1,0)$ 是演化稳定的,对应的演化稳定均衡为 $[(1,0,0),(1,0,0)]$,表示甲会选择 T 或者说甲会全部演化为 T 型,乙将选择 L 或者说乙将全部演化为 L 型。

类似地,对其他均衡点,可逐一判断。

※**习题 7**　求解以上错位博弈的所有演化稳定均衡。

8. 异质多型演化

异质三型演化可以推广到异质多型演化,方法相同,只是矩阵的阶数增加了。以上展示的就是普遍性方法。

第18讲　单边无知

一、私有信息

私有信息(private information)指只有自己知道的信息。

1. 网络交友

对方是男是女、是美女还是恐龙、是帅哥还是青蛙,你不知道,但是 TA 知道。而且,TA 知道你不知道。当然,你也知道 TA 知道你不知道。

2. 单向信息不对称

一方不知道另一方的私有信息。比如,二手车市场,卖家知道二手车的质量,但是买家不知道。

3. 类型

把这种不对称的个人信息称为类型(type)。比如,在网络交友中不知道对方是男的还是女的,在二手车市场中买家不知道车是好车还是差车。不同类型的局中人在同样格局中获得的收益不同,面对不同对象也会获得不同的收益。可以用这种收益的差异来刻画类型。当然,如果必要,应该区分收益和效用。

4. 不完全信息

不完全信息(incomplete information)指不知道对方的类型。

(1)完全信息博弈

知道对方类型的博弈。比如,囚徒困境、智猪博弈等。其实,这些博弈中根本没有提"类型"的事,因为只有一个类型,就像大家都是地球人并不用专门说明一样。

(2)不完全信息博弈

不知道对方类型的博弈。比如,网络交友,不知道对方是男是女,不知道对方是善是恶;二手车市场,买方不知道卖方的车是好是差。

5. 博弈类型

同时按信息是否完全、做决策之前是否知道他人行动的两个标准,博弈分为四种类型:

(1)完全信息静态博弈

完全信息静态博弈(static game with complete information),指知道对方类型,但是做决策之前不知道对方行动。比如,囚徒困境、智猪博弈、市场竞争等。

(2)完全信息动态博弈

完全信息动态博弈(dynamic game with complete information),指知道对方类型,并且做决策之前知道对方的行动。比如,序贯博弈、主从博弈、重复博弈、讨价还价等。

(3) 不完全信息静态博弈

不完全信息静态博弈(static game with incomplete information)，指不知道对方类型，并且做决策之前不知道对方行动。比如，单边无知、双边无知等。

(4) 不完全信息动态博弈

不完全信息动态博弈(dynamic game with incomplete information)，指不知道对方类型，但是做决策之前知道对方行动。比如，声誉机制、信号传递等。

好多著作按这样的顺序进行章节划分。但是，按是否知道类型和行动的标准，博弈划分的体系如图18-1所示。

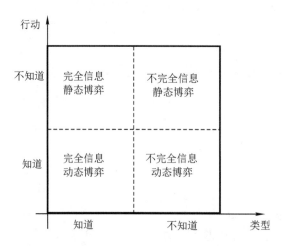

图18-1 按是否知道类型和行动的博弈划分体系

其中，知道信息最多的是完全信息动态博弈，知道信息最少的是不完全信息静态博弈。从逻辑上看，最开始其实应该讲完全信息动态博弈。

大多著作最开始讲完全信息静态博弈的囚徒困境，也许只是一种习惯，或者囚徒困境的故事比较流行，比较吸引人。

二、进入博弈

1. 博弈结构

潜在者不知道在位者的具体类型，但是知道有哪两种类型。

在位者建厂成本有高和低的两种类型，潜在者不知道在位者建厂成本是高还是低，但是知道在位者建厂成本不是高类型的就是低类型的。即，潜在者不知道是在左边博弈还是在右边博弈，但是知道不在左边就在右边博弈。

		在位者			
		建厂成本高		建厂成本低	
		建厂扩张	不建厂	建厂扩张	不建厂
潜在者	进入	−1,0	1,2	−1,3	1,2
	不进入	0,2	0,3	0,5	0,3

2. 海萨尼公理

海萨尼公理(Harsanyi doctrine)指虽然不知道具体类型,但是各种类型的概率分布是共同知识(common knowledge),即知道各类型的可能性是多大。

在以上进入博弈中,设潜在者认为在位者为高成本的概率为 p,这个概率是共同知识。即,虽然潜在者不知道在位者的具体类型,但是知道在位者为高成本的概率为 p。

3. 双边推理法

首先,考虑在位者。

高成本的在位者一定不会建厂,因为是严格劣战略;低成本的在位者一定会建厂扩张,因为是占优战略。

其次,考虑潜在者。

因为高成本的在位者一定不会建厂而低成本的在位者一定会建厂扩张,并且潜在者认为在位者为高成本的概率为 p,所以潜在者选择进入的期望收益为 $1 \cdot p + (-1) \cdot (1-p) = p - (1-p)$,选择不进入的期望收益为 $0 \cdot p + 0 \cdot (1-p) = 0$。

当 $p > 0.5$ 时有 $p - (1-p) > 0$;反之。

即,如果潜在者认为在位者为高成本的概率超过了 50%,就会选择进入;否则,就不会进入。注意,一般不讨论 $p = 0.5$ 的中间情形,因为只是理论上复杂而现实意义不大。可见,潜在者的行为选择取决于其关于在位者成本高低的概率推断。

最后,得到均衡结果有两个,分别是:

(进入;不建厂,建厂扩张;$p > 0.5$)和(不进入;不建厂,建厂扩张;$p < 0.5$)。

在均衡结果(进入;不建厂,建厂扩张;$p > 0.5$)中:进入是局中人潜在者的行动选择,用分号与在位者隔开;不建厂和建厂扩张分别是高成本在位者和低成本在位者的行动选择,用逗号隔开行动,用分号与潜在者和概率推断隔开;$p > 0.5$ 是潜在者对在位者类型也就是建厂成本是高还是低的概率推断。均衡结果给出了每种类型局中人的行为选择以及对应的概率推断,其中潜在者就一种类型,而在位者有高成本和低成本两种类型。

可见,行动取决于信念。就是说,概率推断不同,均衡结果中的行动选择就不同。

4. 博弈矩阵法

如果类型概率是已知的,可以用博弈矩阵法求解。在某种程度上,类型概率已知其实更普遍,因为根据海萨尼公理类型概率是共同知识。这里假设 $p = 0.8$。

首先,考虑潜在者。潜在者有两个行为选择:进入和不进入。

其次,考虑在位者。在位者根据自己的类型也就是建厂成本高低安排自己的行动,称为类型依存的行动(type-contingent actions)。完整的类型依存行动,要给出每一种类型对应的行动,称为类型依存战略(type-contingent strategies),包括 4 个,分别是:高成本在位者建厂,低成本在位者建厂;高成本在位者建厂,低成本在位者不建厂;高成本在位者不建厂,低成本在位者建厂;高成本在位者不建厂,低成本在位者不建厂。简化表示为:建建、建不、不建和不不。其中,第一个字表示高成本在位者的行为选择,第二个字表示低成本在位者的行为选择。比如,建不,表示高成本在位者建厂而低成本在位者不建厂。

于是,综合潜在者和在位者两方面,得到一个 2×4 的矩阵。在 $p = 0.8$ 的前提下,以上不完全信息静态博弈就转化为如下完全信息静态博弈。

		在位者			
		建建	建不	不建	不不
潜在者	进入	−1,0.6	−0.6,0.4	0.6,2.2	1,2
	不进入	0,2.6	0,2.2	0,3.4	0,3

其中,(−0.6,0.4)是怎么来的?

(−0.6,0.4)对应:潜在者进入,高成本在位者建厂,低成本在位者不建厂。

潜在者:以 0.8 的概率得到潜在者进入而高成本在位者建厂对应的−1,以 0.2 的概率得到潜在者进入而低成本在位者不建厂对应的 1,期望值为−0.6。

在位者:如果是高成本的,收益为潜在者进入而高成本在位者建厂对应的 0,概率 $p=0.8$ 意味着得到 0 的可能性是 0.8;如果是低成本的,收益为潜在者进入而低成本在位者不建厂对应的 2,概率 $p=0.8$ 意味着得到 2 的可能性是 0.2;期望值为 0.4。

在这样得到的博弈矩阵中,用划线法可得均衡结果为:(进入;不建厂,建厂;$p=0.8$)。

		在位者			
		建建	建不	不建	不不
潜在者	进入	−1,0.6	−0.6,0.4	<u>0.6</u>,2.2	<u>1</u>,2
	不进入	0,2.<u>6</u>	0,2.<u>2</u>	0,3.<u>4</u>	0,3

※习题 1　接上例,建立 $p=0.1$ 时的博弈矩阵,并求解均衡结果。

三、无知智猪

1. 小白猪的故事

小白猪与大猪的博弈如下:

		大猪	
		按	等
小白猪	按	3,11	8,9
	等	7,10	2,2

2. 小花猪的故事

小花猪与大猪的博弈如下:

		大猪	
		按	等
小花猪	按	7,7	5,12
	等	12,5	6,6

3. 信息不对称

到冬天了,小猪猪们怕冷,都穿上了衣服,小猪知道自己是白的还是花的,但是大猪不知道小猪的颜色。而且,小猪知道大猪不知道小猪的颜色,大猪知道小猪知道大猪不知道小猪的颜色……

4. 共同知识

大猪不知道某小猪的具体颜色,但是知道是小白猪的概率为 p,小花猪的概率为 $1-p$。小猪知道大猪知道的……

5. 双边推理法

(1) 小猪的行为选择

①给定大猪选择"按"。

那么:小白猪会选择"等",因为 $7>3$;小花猪会选择"等",因为 $12>7$。

②给定大猪选择"等"。

那么:小白猪会选择"按",因为 $8>2$;小花猪会选择"等",因为 $6>5$。

(2) 大猪的行为选择

①给定小白猪选择"等"小花猪也选择"等"。

在小白猪选择"等"小花猪也选择"等"的前提下,分析大猪是否会选择"按"。

大猪选择"按"的期望收益为 $ER_{大猪}(按) = 10p+5(1-p)$。其中,10 是小白猪等大猪按时大猪的收益,5 是小花猪等大猪按时大猪的收益。大猪选择"等"的期望收益为 $ER_{大猪}(等) = 2p+6(1-p)$。其中,2 是小白猪等大猪等时大猪的收益,6 是小花猪等大猪等时大猪的收益。

当 $p>\frac{1}{9}$ 时,由于 $ER_{大猪}(按) = 10p+5(1-p)>ER_{大猪}(等)=2p+6(1-p)$,大猪确实会选择"按"。一方面,给定大猪选择"按",那么小白猪会选择"等"小花猪会选择"等";另一方面,给定小白猪选择"等"小花猪也选择"等",大猪确实会选择"按"。两方面一致,构成一个均衡,表示为(等,等;按;$p>\frac{1}{9}$)。

当 $p<\frac{1}{9}$ 时,由于 $ER_{大猪}(按)=10p+5(1-p)<ER_{大猪}(等)=2p+6(1-p)$,大猪不会选择"按"而会选择"等"。一方面,给定大猪选择"按",那么小白猪会选择"等"小花猪会选择"等";另一方面,给定小白猪选择"等"小花猪也选择"等",大猪却会选择"等"。两方面相矛盾,就不构成均衡。

②给定小白猪选择"按"而小花猪选择"等"。

在小白猪选择"按"小花猪选择"等"的前提下,分析大猪是否会选择"等"。

大猪选择"按"的期望收益为 $ER_{大猪}(按)=11p+5(1-p)$。其中,11 是小白猪按大猪按时大猪的收益,而 5 是小花猪等大猪按时大猪的收益。大猪选择"等"的期望收益为 $ER_{大猪}(等)=9p+6(1-p)$。其中,9 是小白猪按大猪等时大猪的收益,6 是小花猪等大猪等时大猪的收益。

当 $p<\frac{1}{3}$ 时,由于 $ER_{大猪}(按)=11p+5(1-p)<ER_{大猪}(等)=9p+6(1-p)$,大猪确实会选择"等"。两方面一致,构成一个均衡,表示为(按,等;等;$p<\frac{1}{3}$)。

当 $p>\frac{1}{3}$ 时,由于 $ER_{大猪}(按)=11p+5(1-p)>ER_{大猪}(等)=9p+6(1-p)$,大猪不会

选择"等"而会选择"按"。两方面相矛盾,就不构成均衡。

综上所述,有两个均衡为(等,等;按;$p>\frac{1}{9}$)和(按,等;等;$p<\frac{1}{3}$),都给出了每种类型的局中人的行为选择及对应的概率。

其中,当 $p<\frac{1}{9}$ 时,均衡结果为(按,等;等);当 $\frac{1}{9}<p<\frac{1}{3}$ 时,存在多重均衡,(等,等;按)和(按,等;等)都可能出现;当 $p>\frac{1}{3}$ 时,均衡结果为(等,等;按)。

6. 贝叶斯纳什均衡

不完全信息静态博弈的均衡称为贝叶斯纳什均衡(Bayesian Nash equilibrium)。其中,贝叶斯 Bayesian 对应不完全信息,表示以追求收益或效用的期望值最大为目标,这是因为不知道对方的具体类型,而只知道对方各种类型的概率分布。贝叶斯纳什均衡必须给出各个局中人的行为选择及其相应的概率推断,其中不同局中人和概率推断用分号隔开,同一局中人不同类型的行为选择用逗号隔开。这里,小猪有小花猪和小白猪两种类型,而大猪只有一种类型。

7. 概率从何而来

作为共同知识的概率从何而来?

(1)群体

客观统计,每种类型所占比例。比如,人口普查得到各省市的男女性别比、各种学历构成比等。

(2)个体

主观推断,每种类型的可能性。很多时候,推断的依据是群体统计结果。比如,随机抽选一个人,为男性的可能性、为博士的可能性等。

8. 特例

假设 $p=0.6$,是共同知识。

(1)双边推理法

①小猪的行为选择。

给定大猪选择"按",那么小白猪会选择"等",小花猪会选择"等"。

给定大猪选择"等",那么小白猪会选择"按",小花猪会选择"等"。

②大猪的行为选择。

第一种情况,给定小白猪选择"等"小花猪也选择"等",分析大猪是否会选择"按"。

大猪选择"按"的期望收益为 $ER_{大猪}(按)=10\times0.6+5\times0.4=8$;大猪选择"等"的期望收益为 $ER_{大猪}(等)=2\times0.6+6\times0.4=3.6$。由于 $ER_{大猪}(按)=8>ER_{大猪}(等)=3.6$,大猪会选择"按"。两方面一致,构成一个均衡,表示为(等,等;按;$p=0.6$)

第二种情况,给定小白猪会选择"按"小花猪会选择"等",分析大猪是否会选择"等"。

大猪选择"按"的期望收益为 $ER_{大猪}(按)=11\times0.6+5\times0.4=8.6$;大猪选择"等"的期望收益为 $ER_{大猪}(等)=9\times0.6+6\times0.4=7.8$。由于 $ER_{大猪}(按)=8.6>ER_{大猪}(等)=7.8$,大猪只会选择"按"。两方面相矛盾,不构成均衡。

综上,只有一个贝叶斯纳什均衡(等,等;按;$p=0.6$)。

※**习题 2** 接上例,求解 $p=0.2$ 时的贝叶斯纳什均衡。

(2)博弈矩阵法

与前文的进入博弈类似,以上的"无知智猪博弈"可以转化为

		大猪	
		按	等
小白猪	按	3,11	8,9
小猪	等	7,10	2,2
小花猪	按	7,7	5,12
	等	12,5	6,6

其中,大猪有"按"和"等"两个行为选择。小猪有小白猪和小花猪两种类型,每种类型都有"按"和"等"两个行为选择,在不完全信息下构成"小白猪按小花猪按""小白猪按小花猪等""小白猪等小花猪按""小白猪等小花猪等"四种类型依存战略,简记为"按按""按等""等按""等等"。于是,转化为

		大猪	
		按	等
小猪	按按	4.6,9.4	6.8,10.2
	按等	6.6,8.6	7.2,7.8
	等按	7,8.8	3.2,6
	等等	9,8	3.6,3.6

用划线法可得纳什均衡为(等等,按),对应的贝叶斯纳什均衡就是(等,等;按;$p=0.6$),与以上结果是一致的。

※**习题 3** 接上例,用博弈矩阵法求解 $p=0.2$ 时的贝叶斯纳什均衡。

9. 均衡模型描述

很多著作用数理模型来定义各种均衡概念,为了有交流的共同语言,简介如下:

(1)贝叶斯纳什均衡

任意局中人在其他人不变的前提下都实现了期望效用最大的状态,就是贝叶斯纳什均衡。其中,只要其他人不变,每个人都不再改变,因为改变也不能提高期望效用。数学定义为

$$\forall i, a_i^*(\theta_i) \in \underset{a_i}{\operatorname{argmax}} \sum_{p_i(\theta_{-i}|\theta_i)} p_i(\theta_{-i}|\theta_i) u_i(a_i, a_{-i}^*(\theta_{-i}); \theta_i, \theta_{-i})$$

每个局中人都追求期望效用最大。$\forall i$ 表示任意的局中人 i,θ_i 表示局中人 i 的类型;$-i$ 表示除 i 之外的局中人,θ_{-i} 表示除 i 之外局中人的类型;$p_i(\theta_{-i}|\theta_i)$ 表示类型为 θ_i 的局中人 i 对其他局中人类型可能性的推断,一般假设为共同知识;a_i 表示类型为 θ_i 的局中人 i 的行动,$a_{-i}^*(\theta_{-i})$ 表示其他局中人的行动,星号表示使期望收益最大的最优行动;u_i 表示类型为 θ_i 的局中人 i 在采取行动 a_i 而其他局中人采取行动 $a_{-i}^*(\theta_{-i})$ 时能够获得的效用;$\sum p_i u_i$ 表示局

中人 i 在采取行动 a_i 时能够获得的期望效用;$\underset{a_i}{\mathrm{argmax}}$ 表示使期望效用最大的行动 a_i;$a_i^*(\theta_i)$ 表示类型为 θ_i 的局中人 i 的最优行动,也就是使期望效用最大的行动;$\in$ 表示这样的行动可能不止一个,如果确实只有一个,$\in$ 可以写成 $=$。

(2)纳什均衡

任意局中人在其他人不变的前提下都实现了效用最大的状态,就是纳什均衡。其中,只要其他人不变,每个人都不再改变,因为改变也不能提高效用。数学定义为

$$\forall i, a_i^* \in \underset{a_i}{\mathrm{argmax}} u_i(a_i, a_{-i}^*)$$

每个局中人都追求效用最大。在完全信息静态博弈中,不涉及局中人的类型,也不存在不知道对方类型的信息不完全。差异在于,纳什均衡是追求最大效用,而贝叶斯纳什均衡是追求最大期望效用,因为后者的信息是不完全的。可见,两个均衡概念是一致的。

四、无知古诺

1. 基准:完全信息情形

(1)假设

企业 1 的单位成本为 x,企业 2 的单位成本为 y,逆市场需求函数 $P=a-q_1-q_2$,忽略固定成本。其中,假设产量等于销量,下同。此为共同知识。

(2)企业 1 的决策

企业 1 面对企业 2,其利润为 $\pi_{1x}=(a-q_{1x}-q_{2y})q_{1x}-xq_{1x}$。其中,脚标 1 和 2 分别表示企业 1 和企业 2,脚标 $1x$ 表示单位成本为 x 的企业 1,脚标 $2y$ 表示单位成本为 y 的企业 2。

根据一阶条件,企业 1 的最优产量满足 $\dfrac{\partial \pi_{1x}}{\partial q_{1x}}=a-2q_{1x}-q_{2y}-x=0$。

(3)企业 2 的决策

同理,企业 2 的最优产量满足 $\dfrac{\partial \pi_{2y}}{\partial q_{2y}}=a-2q_{2y}-q_{1x}-y=0$。

(4)均衡结果

联立 $\dfrac{\partial \pi_{1x}}{\partial q_{1x}}=0$ 和 $\dfrac{\partial \pi_{2y}}{\partial q_{2y}}=0$,解得

$$q_{1x}^*=\frac{1}{3}(a-2x+y),$$
$$q_{2y}^*=\frac{1}{3}(a-2y+x)。$$

其中,角标 * 表示最优。可见,双方的最优产量决策都取决于自己和对方的成本高低。

当 $x=y=c$ 时,$q_1^*=q_2^*=\dfrac{1}{3}(a-c)$,就是最简单情形下的古诺竞争。

2. 离散模型

(1)假设

企业 1 的单位成本为 c。企业 2 的单位成本有 l 和 h 两种可能,概率分别为 p 和 $1-p$。

忽略固定成本，逆市场需求函数 $P=a-q_1-q_2$。此为共同知识。

(2) 企业 1 的决策

企业 1 面对企业 2，不知道企业 2 的单位成本是 l 还是 h，但是知道 l 和 h 的概率分别为 p 和 $1-p$。那么，企业 1 的期望利润为 $E(\pi_1)=p[(a-q_1-q_{2l})q_1-cq_1]+(1-p)[(a-q_1-q_{2h})q_1-cq_1]$。其中，脚标 $2l$ 表示单位成本为 l 的企业 2，脚标 $2h$ 表示单位成本为 h 的企业 2。

根据一阶条件，企业 1 的最优产量满足
$$\frac{\partial E(\pi_1)}{\partial q_1}=p(a-2q_1-q_{2l})+(1-p)(a-2q_1-q_{2h})-c=0。$$

(3) 企业 2 的决策

首先，l 型的企业 2 面对企业 1，其利润为 $\pi_{2l}=(a-q_1-q_{2l})q_{2l}-lq_{2l}$。根据一阶条件，其最优产量满足 $\frac{\partial \pi_{2l}}{\partial q_{2l}}=(a-q_1-2q_{2l})-l=0$。

其次，h 型的企业 2 面对企业 1，其利润为 $\pi_{2h}=(a-q_1-q_{2h})q_{2h}-hq_{2h}$。根据一阶条件，其最优产量满足 $\frac{\partial \pi_{2h}}{\partial q_{2h}}=(a-q_1-2q_{2h})-h=0$。

(4) 均衡结果

联立 $\frac{\partial E(\pi_1)}{\partial q_1}=0$、$\frac{\partial \pi_{2l}}{\partial q_{2l}}=0$ 和 $\frac{\partial \pi_{2h}}{\partial q_{2h}}=0$，求解得

$$q_1^*=\frac{1}{3}(a-2c+h-ph+pl),$$

$$q_{2l}^*=\frac{1}{3}(a+c-\frac{1}{2}h-\frac{3}{2}l+\frac{1}{2}ph-\frac{1}{2}pl),$$

$$q_{2h}^*=\frac{1}{3}(a+c-2h+\frac{1}{2}ph-\frac{1}{2}pl)。$$

给出了每种类型的企业的产量决策。这是贝叶斯纳什均衡的要求。其中，企业 1 只有一种类型，企业 2 有两种类型，分别是低成本的和高成本的。

(5) 验算

当 $p=1$、$l=h=c$ 时，$q_1^*=\frac{1}{3}(a-c)$，$q_2^*=\frac{1}{3}(a-c)$，回到完全信息的基准情形。

当 $p=0$、$l=h=c$ 时，$q_1^*=\frac{1}{3}(a-c)$，$q_2^*=\frac{1}{3}(a-c)$，也回到完全信息的基准情形。

回不去，就一定错了。当然，即使回得去，还不一定对。

※**习题 4** 有 A 和 B 两厂商生产完全同质商品，忽略固定成本，逆市场需求函数为 $P=90-Q$，其中 Q 为总产量。A 的单位成本为 30，B 的单位成本有两种类型，分别是高成本的 40 和低成本的 20，概率各为 50%，此为共同知识。如果 A 和 B 同时决定自己产量以追求最大利润，求均衡时各自的产量和利润。

3. 连续模型

(1) 假设

企业 1 的单位成本为 c。企业 2 的单位成本为 y，在 $[l,h]$ 上满足密度函数为 $f(y)$ 均值为 $E(Y)$ 的概率分布。忽略固定成本，逆市场需求函数 $P=a-q_1-q_2$。此为共同知识。

(2) 企业 1 的决策

面对单位成本为 y 的企业 2，其利润为 $\pi_1=(a-q_1-q_{2y})q_1-cq_1$。其中，企业 1 不知道企业 2 的单位成本 y，但是知道 y 在 $[l,h]$ 上满足密度函数为 $f(y)$ 均值为 $E(Y)$ 的概率分布，那么企业 1 的期望利润为 $E(\pi_1)=\int_l^h[(a-q_1-q_{2y})q_1-cq_1]f(y)\mathrm{d}y=[(a-q_1)q_1-cq_1]-q_1\int_l^h q_{2y}f(y)\mathrm{d}y$。这里是关于 y 积分，由于 $\int_l^h f(y)\mathrm{d}y=1$，就有 $\int_l^h[(a-q_1)q_1-cq_1]f(y)\mathrm{d}y=(a-q_1)q_1-cq_1$。

根据一阶条件，企业 1 的最优产量满足 $\dfrac{\partial E(\pi_1)}{\partial q_1}=a-2q_1-c-\int_l^h q_{2y}f(y)\mathrm{d}y=0$。

(3) 企业 2 的决策

单位成本为 y 的企业 2 面对企业 1，其利润为 $\pi_{2y}=(a-q_1-q_{2y})q_{2y}-yq_{2y}$。注意，企业 2 是知道企业 1 的单位成本 c 的，不存在信息不完全问题。

根据一阶条件，其最优产量满足 $\dfrac{\partial \pi_{2y}}{\partial q_{2y}}=a-q_1-2q_{2y}-y=0$，即 $\bar{q}_{2y}=\dfrac{1}{2}(a-q_1-y)$。

(4) 均衡结果

联立 $\dfrac{\partial E(\pi_1)}{\partial q_1}=0$ 和 $\dfrac{\partial \pi_{2y}}{\partial q_{2y}}=0$，可以求得结果。如何求？有两种方法。

方法一：

把 $\bar{q}_{2y}=\dfrac{1}{2}(a-q_1-y)$ 代入 $a-2q_1-c-\int_l^h q_{2y}f(y)\mathrm{d}y=0$ 得 $a-2q_1-c-\int_l^h \dfrac{1}{2}(a-q_1-y)f(y)\mathrm{d}y=0$，即 $a-2q_1-c-\dfrac{1}{2}(a-q_1)+\dfrac{1}{2}\int_l^h yf(y)\mathrm{d}y=0$，亦即 $\dfrac{1}{2}a-\dfrac{3}{2}q_1-c+\dfrac{1}{2}E(Y)=0$，则

$$q_1^*=\dfrac{1}{3}[a+E(Y)-2c]。$$

代入 $\bar{q}_{2y}=\dfrac{1}{2}(a-q_1-y)$ 得

$$q_{2y}^*=\dfrac{1}{3}[a+c-\dfrac{1}{2}E(Y)-\dfrac{3}{2}y]。$$

方法二：

由 $\bar{q}_{2y}=\dfrac{1}{2}(a-q_1-y)$，两边取定积分得 $\int_l^h q_{2y}f(y)\mathrm{d}y=\int_l^h \dfrac{1}{2}(a-q_1-y)f(y)\mathrm{d}y$。计算可得，$\int_l^h \dfrac{1}{2}(a-q_1-y)f(y)\mathrm{d}y=\dfrac{1}{2}(a-q_1)-\dfrac{1}{2}\int_l^h yf(y)\mathrm{d}y=\dfrac{1}{2}(a-q_1)-\dfrac{1}{2}E(Y)$。那

么，就有 $\int_l^h \bar{q}_{2y} f(y) \mathrm{d}y = \frac{1}{2}(a - q_1) - \frac{1}{2}E(Y)$，代入 $a - 2q_1 - c - \int_l^h \bar{q}_{2y} f(y) \mathrm{d}y = 0$ 得 $a - 2q_1 - c - \frac{1}{2}(a - q_1) + \frac{1}{2}E(Y) = 0$。则

$$q_1^* = \frac{1}{3}[a + E(Y) - 2c]。$$

代入 $\bar{q}_{2y} = \frac{1}{2}(a - q_1 - y)$ 得

$$q_{2y}^* = \frac{1}{3}\left[a + c - \frac{1}{2}E(Y) - \frac{3}{2}y\right]。$$

两种方法得到了相同的 $q_1^* = \frac{1}{3}[a + E(Y) - 2c]$ 和 $q_{2y}^* = \frac{1}{3}\left[a + c - \frac{1}{2}E(Y) - \frac{3}{2}y\right]$，都给出了每种类型的企业的产量决策，满足贝叶斯纳什均衡的要求。其中，企业1只有一种类型，最优产量决策就是 $q_1^* = \frac{1}{3}[a + E(Y) - 2c]$；企业2有无数种类型，由成本差异区分类型，成本为 y 的企业2的最优产量决策就是 $q_{2y}^* = \frac{1}{3}\left[a + c - \frac{1}{2}E(Y) - \frac{3}{2}y\right]$。

(5) 验算

当 $l = h = c$ 时，$E(Y) = c$，$y = c$，应该回到基准情形

$$q_1^* = \frac{1}{3}[a + E(Y) - 2c] = \frac{1}{3}(a - c),$$

$$q_{2y}^* = \frac{1}{3}\left[a + c - \frac{1}{2}E(Y) - \frac{3}{2}y\right] = \frac{1}{3}(a - c)。$$

回不去，就一定错了。而且，即使回得去，还不一定对。

(6) 启示

即使不知道，也没关系，只要猜得准。而且，猜得准，并不要求猜到准确值，只要能够猜到平均值就可以了。

※**习题5** 有A和B两厂商生产一种完全同质商品，逆市场需求函数为 $P = 90 - Q$，其中 Q 为总产量，两厂商的固定成本都为20，A的单位成本为30，B的单位成本有多种可能，在 $[20, 40]$ 上分布的密度函数为 $g(y)$，均值为30，此为共同知识。如果A和B同时决定自己产量以追求最大利润，求均衡时各自的产量和利润。

第 19 讲　双边无知

一、*彼此无知*

1. 双向信息不对称

大家都不知道对方的私有信息。比如，人才市场中，应聘者不知道招聘者所设岗位的责权利等，招聘者也不知道应聘者的能力、品行和态度等。

2. 羽毛球年终总决赛规则

年度积分前八的选手入围，按照排名分成 A 和 B 两个组；每组 4 名选手，单循环赛，按积分排序，前二进入四强，进行淘汰赛，决出冠亚军。

四强如何对阵由抽签决定。首先，两个小组第一 A1 和 B1 落位；然后，从两个小组第二 A2 和 B2 中随机抽取形成半决赛对阵。

在抽签之前，双方都不知道半决赛的对手是谁，但是知道对手可能是谁。

比如，A1 不知道对手到底是 A2 还是 B2，但是知道不是 A2 就是 B2，而肯定不会是 B1。

如果战术分为进攻为主和防守为主，那么抽签之前的半决赛对阵可以描述为图 19－1。

			博弈方 2		
		A2		B2	
		进攻	防守	进攻	防守
博弈方 1	A1 进攻				
	A1 防守				
	B1 进攻				
	B1 防守				

图 19－1　羽毛球年终总决赛抽签前的半决赛博弈矩阵

注意：

其一，这是一个整体，包含四个完全信息静态博弈。

其二，每一位局中人都不知道对方的类型。比如，局中人 1 不知道对方到底是 A2 还是 B2，局中人 2 也不知道对方到底是 A1 还是 B1。

其三，关于类型的可能性是共同知识。比如，局中人 1 虽然不知道对方到底是 A2 还是 B2，但是知道对方是 A2 和 B2 的概率为 0.5。局中人 2 虽然不知道对方到底是 A1 还是 B1，但是知道对方是 A1 和 B1 的概率为 0。5。而且，这个概率分布是大家都知道的共同知识。

3. 学生活动

学生社团搞活动,每个学院派一名选手,抽签随机分组,竞争淘汰。

单纯地看选手性别,每个学院都不知道其他学院是派男生还是女生,但是知道不是派男生就是女生。显然,此为共同知识。

无论男生还是女生,假设都可以实施进攻和防守两种策略。不同性别的选手之间博弈,双方收益都会有变化。

于是,类似的,可以列出如上所示的博弈矩阵,其中也包括四个完全信息静态博弈。

二、迷茫智猪

1. 小白猪的故事

		大猪 按	大猪 等
小白猪	按	3,11	8,9
	等	7,10	2,2

2. 小花猪的故事

		大猪 按	大猪 等
小花猪	按	7,7	5,12
	等	12,5	6,6

3. 大白猪和大花猪的故事

大猪也有两种类型,因为小白猪和小花猪长大了就变成了大白猪和大花猪。

4. 双边不对称信息

(1) 博弈结构

双边不对称信息时的智猪博弈,如图 19-2 所示。

大猪

		大白猪 0.5 press	大白猪 0.5 wait		大花猪 0.5 press	大花猪 0.5 wait
小白猪	按	3,11	7,7	按	11,3	7,9
0.5	等	7,9	5,5	等	9,7	5,3

小猪

		press	wait		press	wait
小花猪	按	7,9	5,5	按	7,9	3,11
0.5	等	3,11	7,9	等	5,5	5,9

图 19-2 双边不对称信息的智猪博弈

小猪有两种类型,小白猪和小花猪,都有两个行为选择:"按"和"等"。

大猪也有两种类型,大白猪和大花猪,都有两个行为选择:press 和 wait。

(2)信息结构

首先,双方知道什么?

以小花猪为例,知道:

对方不是大白就是大花;知道大白和大花的行动有哪些;知道对方是大白时,各种行动组合下双方的收益;知道对方是大花时,各种行动组合下双方的收益……

其次,不知道什么?

以小花猪为例,不知道:

对方到底是大白还是大花,但是知道对方不是大白就是大花而且其可能性各为 0.5 和 0.5。

5. 双边推理法

(1)从小猪出发

第一层推理:起点。

首先,考虑小白猪。

小白猪选择"按",那么:大白猪会 press,因为 11＞7;大花猪会 wait,因为 9＞3。则小白猪的期望收益为 $ER_{小白猪}(按)=0.5\times3+0.5\times7=5$。小白猪选择"等",那么:大白猪会 press,因为 9＞5;大花猪会 press,因为 7＞3。则小白猪的期望收益为 $ER_{小白猪}(等)=0.5\times7+0.5\times9=8$。由于 $ER_{小白猪}(按)=5<ER_{小白猪}(等)=8$,小白猪会选"等"。

其次,考虑小花猪。

小花猪选择"按",那么:大白猪会 press,因为 9＞5;大花猪会 wait,因为 11＞9。则小花猪的期望收益为 $ER_{小花猪}(按)=0.5\times7+0.5\times3=5$。小花猪选择"等",那么:大白猪会 press,因为 11＞9;大花猪会 wait,因为 9＞5。则小花猪的期望收益为 $ER_{小花猪}(等)=0.5\times3+0.5\times5=4$。由于 $ER_{小花猪}(按)=5>ER_{小花猪}(等)=4$,小花猪会选"按"。

第二层推理:给定小白猪选择"等"而小花猪选择"按"。

在第一层推理得到"小白猪选择'等'而小花猪选择'按'"的前提下,分析大猪的行为选择。

首先,考虑大白猪。

大白猪选择"press"的期望收益为 $ER_{大白猪}(press)=0.5\times9+0.5\times9=9$,大白猪选择"wait"的期望收益为 $ER_{大白猪}(wait)=0.5\times5+0.5\times5=5$。由于 $ER_{大白猪}(press)=9>ER_{大白猪}(wait)=5$,大白猪会选"press"。

其次,考虑大花猪。

大花猪选择"press"的期望收益为 $ER_{大花猪}(press)=0.5\times7+0.5\times9=8$,大花猪选择"wait"的期望收益为 $ER_{大花猪}(wait)=0.5\times3+0.5\times11=7$。由于 $ER_{大花猪}(press)=8>ER_{大花猪}(wait)=7$,大花猪会选"press"。

第三层推理:给定大白猪选择"press"大花猪也选择"press"。

在第二层推理得到"大白猪选择'press'大花猪也选择'press'"的前提下,分析小猪的行为选择。

首先,考虑小白猪。

小白猪选择"按"的期望收益为 $ER_{小白猪}(按)=0.5\times3+0.5\times11=7$,小白猪选择"等"的期望收益为 $ER_{小白猪}(等)=0.5\times7+0.5\times9=8$。由于 $ER_{小白猪}(按)=7<ER_{小白猪}(等)=8$,小

白猪会选"等"。

其次,考虑小花猪。

小花猪选择"按"的期望收益为 $ER_{小花猪}(按)=0.5\times7+0.5\times7=7$,小花猪选择"等"的期望收益为 $ER_{小花猪}(等)=0.5\times3+0.5\times5=4$。由于 $ER_{小花猪}(按)=7>ER_{小花猪}(等)=4$,小花猪会选"按"。

这回到了第二层推理的前提,即"小白猪选择'等'而小花猪选择'按'"。

综合第二层推理和第三层推理,就有:

一方面,给定小白猪选择"等"而小花猪选择"按",大白猪就会选择"press"大花猪也会选择"press",这是第二层推理揭示的;

另一方面,给定大白猪选择"press"大花猪也选择"press",小白猪就会选择"等"而小花猪会选择"按",这是第三层推理揭示的。

两方面是一致的,就构成贝叶斯纳什均衡:

[(等,按),(press,press);(0.5,0.5),(0.5,0.5)]。

这给出了每一类局中人的行为选择及其对应的概率推断。其中,(等,按)是小猪的行为选择,即小白猪会等,小花猪会按;(press,press)是大猪的行为选择,即大白猪会 press,大花猪会 press;第一个(0.5,0.5)是小猪类型的概率,即小猪是小白猪的概率为 0.5,是小花猪的概率为 0.5;第二个(0.5,0.5)是大猪类型的概率,即大猪是大白猪的概率为 0.5,是大花猪的概率为 0.5。

(2)从大猪出发

第一层推理:起点。

首先,考虑大白猪。

大白猪选择"press",那么:小白猪会等,因为 7>3;小花猪会按,因为 7>3。则,大白猪的期望收益为 $ER_{大白猪}(press)=0.5\times9+0.5\times9=9$。大白猪选择"wait",那么:小白猪会按,因为 7>5;小花猪会等,因为 7>5。则,大白猪的期望收益为 $ER_{大白猪}(wait)=0.5\times7+0.5\times9=8$。由于 $ER_{大白猪}(press)=9>ER_{大白猪}(wait)=8$,大白猪会选 press。

其次,考虑大花猪。

大花猪选择"press",那么:小白猪会按,因为 11>9;小花猪会按,因为 7>5。则,大花猪的期望收益为 $ER_{大花猪}(press)=0.5\times3+0.5\times9=6$。大花猪选择"wait",那么:小白猪会按,因为 7>5;小花猪会等,因为 5>3。则,大花猪的期望收益为 $ER_{大花猪}(wait)=0.5\times9+0.5\times9=9$。由于 $ER_{大花猪}(press)=6<ER_{大花猪}(wait)=9$,大花猪会选"wait"。

第二层推理:给定大白猪选"press"而大花猪选"wait"。

在第一层推理得到"大白猪选'press'而大花猪选'wait'"的前提下,分析小猪的行为选择。

首先,考虑小白猪。

小白猪选择"按"的期望收益为 $ER_{小白猪}(按)=0.5\times3+0.5\times7=5$,小白猪选择"等"的期望收益为 $ER_{小白猪}(等)=0.5\times7+0.5\times5=6$。由于 $ER_{小白猪}(按)=5<ER_{小白猪}(等)=6$,小白猪会选"等"。

其次,考虑小花猪。

小花猪选择"按"的期望收益为 $ER_{小花猪}(按)=0.5\times7+0.5\times3=5$,小花猪选择"等"的期

望收益为 $ER_{小花猪}(等)=0.5×3+0.5×5=4$。由于 $ER_{小花猪}(按)=5>ER_{小花猪}(等)=4$，小花猪会选"按"。

第三层推理：给定小白猪选择"等"而小花猪选择"按"。

在第二层推理得到"小白猪选择'等'而小花猪选择'按'"的前提下，分析大猪的行为选择。

首先，考虑大白猪。

大白猪选择"press"的期望收益为 $ER_{大白猪}(press)=0.5×9+0.5×9=9$，大白猪选择"wait"的期望收益为 $ER_{大白猪}(wait)=0.5×5+0.5×5=5$。由于 $ER_{大白猪}(press)=9>ER_{大白猪}(wait)=5$，大白猪会选"press"。

其次，考虑大花猪。

大花猪选择 press 的期望收益为 $ER_{大花猪}(press)=0.5×7+0.5×9=8$，大花猪选择 wait 的期望收益为 $ER_{大花猪}(wait)=0.5×3+0.5×11=7$。由于 $ER_{大花猪}(press)=8>ER_{大花猪}(wait)=7$，大花猪会选 press。

第四层推理：给定大白猪选择"press"且大花猪选择"press"。

在第三层推理得到"大白猪选'press'大花猪选'press'"的前提下，分析小猪的行为选择。

首先，考虑小白猪。

小白猪选择"按"的期望收益为 $ER_{小白猪}(按)=0.5×3+0.5×11=7$，小白猪选择"等"的期望收益为 $ER_{小白猪}(等)=0.5×7+0.5×9=8$。由于 $ER_{小白猪}(按)=7<ER_{小白猪}(等)=8$，小白猪会选"等"。

其次，考虑小花猪。

小花猪选择"按"的期望收益为 $ER_{小花猪}(按)=0.5×7+0.5×7=7$，小花猪选择"等"的期望收益为 $ER_{小花猪}(等)=0.5×3+0.5×5=4$。由于 $ER_{小花猪}(按)=7>ER_{小花猪}(等)=4$，小花猪会选"按"。

这回到了第三层推理的前提，即"小白猪选择'等'而小花猪选择'按'"。

综合第三层推理和第四层推理，就有：

一方面，给定小白猪选择"等"而小花猪选择"按"，大白猪就会选择"press"大花猪也会选择"press"，这是第三层推理揭示的；

另一方面，给定大白猪选择"press"大花猪也选择"press"，小白猪就会选择"等"而小花猪会选择"按"，这是第四层推理揭示的。

两方面是一致的，就构成贝叶斯纳什均衡

[(等,按),(press,press);(0.5,0.5),(0.5,0.5)]。

可见，从小猪出发和从大猪出发，会得到相同的结果。

但是，得到均衡结果要经历的推理步骤数是不确定的，可能从小猪出发推理的步骤更多，也可能从大猪出发推理的步骤更多。无论从小猪出发还是从大猪出发，直到形成推理回路为止，也就是：从小猪的行为可以推出大猪的行为，同时从大猪的行为也可以推出小猪的行为，就形成均衡结果。

6. 博弈矩阵法

首先，构建博弈矩阵。

其中，小猪的第一个字表示小白猪的行为选择、第二个字表示小花猪的行为选择。比如，"按等"表示：小白猪选择"按"而小花猪选择"等"。大猪的第一个字表示大白猪的行为选择、第

第19讲 双边无知

二个字表示大花猪的行为选择。比如,PW 表示:大白猪选择"press"而大花猪选择"wait"。

		大猪			
		PP	PW	WP	WW
小猪	按按	7,8	5,10	7.5,6	5.5,8
	按等	5.5,7.5	4.5,10	7.5,6	6.5,8.5
	等按	7.5,8.5	5.5,8	6.5,6.5	4.5,6
	等等	6,8	5,8	6.5,6.5	5.5,6.5

思考:(按等,PP)和对应的(5.5,7.5)怎么来的?

对应的战略组合是(按等,PP),即小白猪按、小花猪等、大白猪 press、大花猪 press,分别在 4 个完全信息静态博弈中找到小猪的收益分别为 3、11、3 和 5,依次对应从左到右、从上到下的 4 个完全信息静态博弈。其概率分别为 0.5×0.5、0.5×0.5、0.5×0.5 和 0.5×0.5,比如在第一行右边的完全信息静态博弈中小猪得到 11 的概率是小猪为小白猪的概率 0.5 乘以大猪为大花猪的概率 0.5。那么,小猪得到收益 3、11、3 和 5 的概率都是 0.25,期望值为 5.5。类似的,可以得到大猪的期望收益为 7.5。

扩展:(5.5,7.5)中的 7.5 是怎么来的?(4.5,6)又是怎么来的?

其次,用划线法求解博弈均衡。

求解过程和结果表示如下:

		大猪			
		PP	PW	WP	WW
小猪	按按	7,8	5,<u>10</u>	<u>7.5</u>,6	5.5,8
	按等	5.5,7.5	4.5,<u>10</u>	<u>7.5</u>,6	6.5,8.5
	等按	<u>7.5</u>,<u>8.5</u>	5.5,8	6.5,6.5	4.5,6
	等等	6,<u>8</u>	5,<u>8</u>	6.5,6.5	5.5,6.5

在以上转化得到的博弈矩阵中分析可知,纳什均衡是(等按,PP)。那么,原博弈的贝叶斯纳什均衡为[(等,按),(press,press);(0.5,0.5),(0.5,0.5)]。

※**习题 1** 在上例中,如果小白猪和大白猪的概率都是 0.25,分别用双边推理法和博弈矩阵法求贝叶斯纳什均衡。

三、迷茫古诺

1. 基准:完全信息情形

(1)假设

企业 1 单位成本为 x,企业 2 单位成本为 y,忽略固定成本,逆市场需求函数 $P=a-q_1-q_2$。其中,假设产量等于销量,下同。此为共同知识。

(2)企业 1 的决策

企业 1 面对企业 2,其利润为 $\pi_{1x}=(a-q_{1x}-q_{2y})q_{1x}-xq_{1x}$。其中,脚标 1 和 2 分别表示

企业 1 和企业 2，脚标 $1x$ 表示单位成本为 x 的企业 1，脚标 $2y$ 表示单位成本为 y 的企业 2。

根据一阶条件，企业 1 的最优产量满足 $\dfrac{\partial \pi_{1x}}{\partial q_{1x}} = a - 2q_{1x} - q_{2y} - x = 0$。

(3) 企业 2 的决策

同理，企业 2 的最优产量满足 $\dfrac{\partial \pi_{2y}}{\partial q_{2y}} = a - 2q_{2y} - q_{1x} - y = 0$。

(4) 均衡结果

联立 $\dfrac{\partial \pi_{1x}}{\partial q_{1x}} = 0$ 和 $\dfrac{\partial \pi_{2y}}{\partial q_{2y}} = 0$，解得

$q_{1x}^* = \dfrac{1}{3}(a - 2x + y)$，

$q_{2y}^* = \dfrac{1}{3}(a - 2y + x)$。

当 $x = y = c$ 时，$q_1^* = q_2^* = \dfrac{1}{3}(a - c)$，就是最简单情形下的古诺竞争。

2. 离散模型

(1) 假设

企业 1 的单位成本有 l_1 和 h_1 两种可能，概率分别为 p_1 和 $1 - p_1$。企业 2 的单位成本有 l_2 和 h_2 两种可能，概率分别为 p_2 和 $1 - p_2$。忽略固定成本，逆市场需求函数 $P = a - q_1 - q_2$。此为共同知识。

(2) 企业 1 的决策

首先，对低成本的企业 1。

单位成本为 l_1 的企业 1 面对企业 2，不知道企业 2 的单位成本是 l_2 还是 h_2，但是知道是 l_2 和 h_2 的概率分别为 p_2 和 $1 - p_2$。那么，单位成本为 l_1 的企业 1 面对企业 2，可以获得的期望利润为 $E(\pi_{1l}) = p_2 [(a - q_{1l} - q_{2l}) q_{1l} - l_1 q_{1l}] + (1 - p_2)[(a - q_{1l} - q_{2h}) q_{1l} - l_1 q_{1l}]$。其中，脚标 $1l$ 表示单位成本为 l_1 的低成本企业 1，脚标 $2l$ 表示单位成本为 l_2 的低成本企业 2，脚标 $2h$ 表示单位成本为 h_2 的高成本企业 2。

根据一阶条件，低成本企业 1 的最优产量满足 $\dfrac{\partial E(\pi_{1l})}{\partial q_{1l}} = a - 2q_{1l} - [p_2 q_{2l} + (1 - p_2) q_{2h}] - l_1 = 0$。

其次，对高成本的企业 1。

类似的，高成本企业 1 的最优产量满足 $\dfrac{\partial E(\pi_{1h})}{\partial q_{1h}} = a - 2q_{1h} - [p_2 q_{2l} + (1 - p_2) q_{2h}] - h_1 = 0$。

(3) 企业 2 的决策

同理，低成本的企业 2、高成本的企业 2 的最优产量分别满足

$\dfrac{\partial E(\pi_{2l})}{\partial q_{2l}} = a - 2q_{2l} - [p_1 q_{1l} + (1 - p_1) q_{1h}] - l_2 = 0$，

$$\frac{\partial E(\pi_{2h})}{\partial q_{2h}} = a - 2q_{2h} - [p_1 q_{1l} + (1-p_1)q_{1h}] - h_2 = 0。$$

(4) 均衡结果

联立 $\dfrac{\partial E(\pi_{1l})}{\partial q_{1l}}=0$、$\dfrac{\partial E(\pi_{1h})}{\partial q_{1h}}=0$、$\dfrac{\partial E(\pi_{2l})}{\partial q_{2l}}=0$ 和 $\dfrac{\partial E(\pi_{2h})}{\partial q_{2h}}=0$，解得

$$q_{1l}^* = \frac{1}{3}(a - \frac{1}{2}h_1 + h_2 - \frac{3}{2}l_1 - p_2 h_2 + \frac{1}{2}p_1 h_1 - \frac{1}{2}p_1 l_1 + p_2 l_2),$$

$$q_{1h}^* = \frac{1}{3}(a - 2h_1 + h_2 - p_2 h_2 + \frac{1}{2}p_1 h_1 - \frac{1}{2}p_1 l_1 + p_2 l_2),$$

$$q_{2l}^* = \frac{1}{3}(a - \frac{1}{2}h_2 + h_1 - \frac{3}{2}l_2 - p_1 h_1 + \frac{1}{2}p_2 h_2 - \frac{1}{2}p_2 l_2 + p_1 l_1),$$

$$q_{2h}^* = \frac{1}{3}(a - 2h_2 + h_1 - p_1 h_1 + \frac{1}{2}p_2 h_2 - \frac{1}{2}p_2 l_2 + p_1 l_1)。$$

给出了每一类企业的产量决策，包括高低成本的企业 1 的产量决策，高低成本的企业 2 的产量决策。这是贝叶斯纳什均衡的要求。

(5) 验算

当 $p_1 = 1$、$l_1 = h_1 = c$ 时，应该回到单边不对称信息情形

$$q_1^* = \frac{1}{3}(a - 2c + h_2 - p_2 h_2 + p_2 l_2),$$

$$q_{2l}^* = \frac{1}{3}(a + c - \frac{1}{2}h_2 - \frac{3}{2}l_2 + \frac{1}{2}p_2 h_2 - \frac{1}{2}p_2 l_2),$$

$$q_{2h}^* = \frac{1}{3}(a + c - 2h_2 + \frac{1}{2}p_2 h_2 - \frac{1}{2}p_2 l_2)。$$

否则，就一定是错的。

(6) 启示

这说明：只要猜得准平均值，就可以了。

※**习题 2** 有 A 和 B 两厂商生产一种完全同质商品，逆市场需求函数为 $P = 90 - Q$，其中 Q 为总产量，忽略固定成本。A 和 B 的单位成本都有两种类型，分别是高成本的 40 和低成本的 20，概率各为 50%，此为共同知识。如果 A 和 B 同时决定自己产量以追求最大利润，求均衡时各自的产量。

3. 连续模型

(1) 假设

企业 1 的单位成本为 x，在 $[l_1, h_1]$ 上满足密度函数为 $f(x)$ 均值为 $E(X)$ 的分布。企业 2 的单位成本为 y，在 $[l_2, h_2]$ 上满足密度函数为 $g(y)$ 均值为 $E(Y)$ 的分布。忽略固定成本，逆市场需求函数 $P = a - q_1 - q_2$。此为共同知识。

(2) 企业 1 的决策

单位成本为 x 的企业 1 面对单位成本为 y 的企业 2，其利润为 $\pi_{1x} = (a - q_{1x} - q_{2y})q_{1x} - xq_{1x}$。其中，企业 1 不知道企业 2 的单位成本 y，但是知道 y 在 $[l_2, h_2]$ 上满足密度函数为

$g(y)$ 均值为 $E(Y)$ 的分布。那么,单位成本为 x 的企业 1 面对成本 y 在 $[l_2, h_2]$ 上满足 $g(y)$ 分布的企业 2,期望利润为 $E(\pi_{1x}) = \int_{l_2}^{h_2} [(a - q_{1x} - q_{2y}) q_{1x} - x q_{1x}] g(y) dy = [(a - q_{1x}) q_{1x} - x q_{1x}] - q_{1x} \int_{l_2}^{h_2} q_{2y} g(y) dy$。这里是关于 y 积分,由于 $\int_{l_2}^{h_2} g(y) dy = 1$,就有 $\int_{l_2}^{h_2} [(a - q_{1x}) q_{1x} - x q_{1x}] g(y) dy = (a - q_{1x}) q_{1x} - x q_{1x}$。其中,脚标 1 和 2 分别表示企业 1 和企业 2,脚标 $1x$ 表示单位成本为 x 的企业 1,脚标 $2y$ 表示单位成本为 y 的企业 2。

根据一阶条件,单位成本为 x 的企业 1 的最优产量应该满足 $\dfrac{\partial E(\pi_{1x})}{\partial q_{1x}} = a - 2q_{1x} - x - \int_{l_2}^{h_2} q_{2y} g(y) dy = 0$。

(3)企业 2 的决策

同理,单位成本为 y 的企业 2 的最优产量应该满足 $\dfrac{\partial E(\pi_{2y})}{\partial q_{2y}} = a - 2q_{2y} - y - \int_{l_1}^{h_1} q_{1x} f(x) dx = 0$。

(4)均衡结果

联立 $\dfrac{\partial E(\pi_{1x})}{\partial q_{1x}} = 0$ 和 $\dfrac{\partial E(\pi_{2y})}{\partial q_{2y}} = 0$,可以求得结果。如何求?有两种方法。

方法一:

根据 $a - 2q_{1x} - x - \int_{l_2}^{h_2} q_{2y} g(y) dy = 0$ 得 $q_{1x} = \dfrac{1}{2} \left[a - x - \int_{l_2}^{h_2} q_{2y} g(y) dy \right]$。代入 $a - 2q_{2y} - y - \int_{l_1}^{h_1} q_{1x} f(x) dx = 0$ 得 $a - 2q_{2y} - y - \int_{l_1}^{h_1} \dfrac{1}{2} \left[a - x - \int_{l_2}^{h_2} q_{2y} g(y) dy \right] f(x) dx = 0$,即 $a - 2q_{2y} - y - \dfrac{1}{2} \left[a - \int_{l_2}^{h_2} q_{2y} g(y) dy \right] \int_{l_1}^{h_1} f(x) dx + \dfrac{1}{2} \int_{l_1}^{h_1} x f(x) dx = 0$,亦即 $a - 2q_{2y} - y - \dfrac{1}{2} \left[a - \int_{l_2}^{h_2} q_{2y} g(y) dy \right] + \dfrac{1}{2} E(X) = 0$,则 $q_{2y} = \dfrac{1}{2} a - \dfrac{1}{2} y - \dfrac{1}{4} \left[a - \int_{l_2}^{h_2} q_{2y} g(y) dy \right] + \dfrac{1}{4} E(X)$。两边关于 y 取定积分,得 $\int_{l_2}^{h_2} q_{2y} g(y) dy = \dfrac{1}{2} a - \dfrac{1}{2} \int_{l_2}^{h_2} y g(y) dy - \dfrac{1}{4} \left[a - \int_{l_2}^{h_2} q_{2y} g(y) dy \right] + \dfrac{1}{4} E(X)$,即 $\int_{l_2}^{h_2} q_{2y} g(y) dy = \dfrac{1}{2} a - \dfrac{1}{2} E(Y) - \dfrac{1}{4} \left[a - \int_{l_2}^{h_2} q_{2y} g(y) dy \right] + \dfrac{1}{4} E(X)$。那么,$\int_{l_2}^{h_2} q_{2y} g(y) dy = \dfrac{1}{3} [a - 2E(Y) + E(X)]$。代入 $a - 2q_{1x} - x - \int_{l_2}^{h_2} q_{2y} g(y) dy = 0$ 得 $a - 2q_{1x} - x - \dfrac{1}{3} [a - 2E(Y) + E(X)] = 0$,即 $3a - 6q_{1x} - 3x - a + 2E(Y) - E(X) = 0$。则

$$q_{1x}^* = \dfrac{1}{3} \left[a + E(Y) - \dfrac{1}{2} E(X) - \dfrac{3}{2} x \right]。$$

同理,

$$q_{2y}^* = \dfrac{1}{3} \left[a + E(X) - \dfrac{1}{2} E(Y) - \dfrac{3}{2} y \right]。$$

方法二：

根据 $a-2q_{2y}-y-\int_{l_1}^{h_1}q_{1x}f(x)\mathrm{d}x=0$，可得 $q_{2y}=\dfrac{1}{2}\left[a-y-\int_{l_1}^{h_1}q_{1x}f(x)\mathrm{d}x\right]$。两边关于 y 取定积分，得 $\int_{l_2}^{h_2}q_{2y}g(y)\mathrm{d}y=\dfrac{1}{2}a-\dfrac{1}{2}E(Y)-\dfrac{1}{2}\int_{l_1}^{h_1}q_{1x}f(x)\mathrm{d}x$。同理，可得 $\int_{l_1}^{h_1}q_{1x}f(x)\mathrm{d}x=\dfrac{1}{2}a-\dfrac{1}{2}E(X)-\dfrac{1}{2}\int_{l_2}^{h_2}q_{2y}g(y)\mathrm{d}y$。把 $\int_{l_1}^{h_1}q_{1x}f(x)\mathrm{d}x$ 和 $\int_{l_2}^{h_2}q_{2y}g(y)\mathrm{d}y$ 整体作为未知数，联立解得 $\int_{l_1}^{h_1}q_{1x}f(x)\mathrm{d}x=\dfrac{1}{3}a-\dfrac{2}{3}E(X)+\dfrac{1}{3}E(Y)$ 和 $\int_{l_2}^{h_2}q_{2y}g(y)\mathrm{d}y=\dfrac{1}{3}a-\dfrac{2}{3}E(Y)+\dfrac{1}{3}E(X)$。代回，得

$$q_{1x}^{*}=\dfrac{1}{3}\left[a+E(Y)-\dfrac{1}{2}E(X)-\dfrac{3}{2}x\right],$$

$$q_{2y}^{*}=\dfrac{1}{3}\left[a+E(X)-\dfrac{1}{2}E(Y)-\dfrac{3}{2}y\right].$$

给出了每一类企业的产量决策。其中，成本为 x 的企业 1 的产量就是 q_{1x}^{*}，成本为 y 的企业 2 的产量就是 q_{2y}^{*}。这也是贝叶斯纳什均衡的要求。

四、无知亦知

1. 验算

当 $l_1=h_1=c$ 时，$E(X)=c$，$x=c$，应该回到单边不对称信息情形

$$q_1^{*}=\dfrac{1}{3}\left[a+E(Y)-\dfrac{1}{2}E(X)-\dfrac{3}{2}x\right]=\dfrac{1}{3}[a+E(Y)-2c],$$

$$q_{2y}^{*}=\dfrac{1}{3}\left[a+E(X)-\dfrac{1}{2}E(Y)-\dfrac{3}{2}y\right]=\dfrac{1}{3}\left[a+c-\dfrac{1}{2}E(Y)-\dfrac{3}{2}y\right].$$

2. 启示

这再三说明：猜得准平均值就可以了，而且无论分布形式如何都是如此。

※**习题 3** 有 A 和 B 两厂商生产一种完全同质商品，逆市场需求函数为 $P=90-Q$，其中 Q 为总产量，忽略固定成本。

(1) A 和 B 的单位成本都有多种可能，在 $[20,40]$ 上满足均值为 30 的相同分布，以上为共同知识。如果 A 和 B 同时决定自己产量以追求最大利润，求均衡时各自的产量和期望利润。

(2) A 和 B 的单位成本都有多种可能，其中 A 的单位成本在 $[20,40]$ 上满足均值为 30 的分布，而 B 的单位成本在 $[25,35]$ 上满足均值为 30 的分布，以上都为共同知识。如果 A 和 B 同时决定自己产量以追求最大利润，求均衡时各自的产量和期望利润。

第 20 讲 声誉机制

一、连锁悖论

1. 进入博弈
潜在者与在位者的市场进入博弈表示为图 20-1。

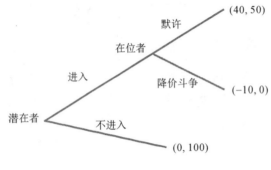

图 20-1 市场进入博弈

2. 逆推结果
用打勾法可求得均衡结果(进入,默许)。在位者将打击进入者的威胁是空头的,不可置信的。

3. 现实观察
连锁经营企业对市场新进入者的打击往往非常大。

4. 悖论何在?
泽尔腾(Selten,1978)提出了连锁店悖论(chain store paradox):关于连锁店,原有理论的预测与现实之间存在巨大矛盾!

5. 原因何在?
理论与现实有矛盾,只能是理论有问题,因为现实不可能看错,即使看错了,可以多看几次,总会看对。

(1)理性假设有问题
可能没有那么聪明?
(2)信息结构有问题
可能信息是不完全的?

6. 不完全信息
不完全信息(incomplete information),也称信息不完全,指不知道对方的类型,比如网络交友中不知道对方是男还是女。

二、声誉模型

1. 囚徒困境

纳什均衡是双方都会背叛。

		B 合作	B 背叛
A	合作	3,3	−1,4
A	背叛	4,−1	0,0

2. 博弈论四人组

博弈论"四人组"为 KMRW：克雷普斯（Kreps）、米尔格罗姆（Milgrom）、罗伯茨（Roberts）、威尔逊（Wilson）。按首字母排序，源于他们 1982 年合作发表的论文。

3. 关键假设

声誉模型（也称为 KMRW 模型）的关键假设是信息不完全，即不知道对方的类型。

4. 类型

为了简化，假设局中人只有两种类型。

一是非理性型或长远型或合作型，概率为 p：采取针锋相对（tit-for-tat）战略，先合作，再选择对方上阶段的行为。

二是理性型或短浅型或独立型或非合作型，概率为 $1-p$：寻求当期利益最大。

其中，类型的具体名称不重要，可以根据背景取名，重要的是确实有两种不同的类型。

5. 重复两次

（1）信息结构

A 有两种类型：非理性型和理性型，可能性分别为 p 和 $1-p$。其中，非理性型的 A 采取针锋相对战略，先合作，再选择对方上阶段的行为；理性型的 A 寻求当期利益最大。

B 只有一种类型：都是理性型的，寻求当期利益最大。

（2）博弈时序

重复两次，双方看到第一阶段的行为后再决定第二阶段的行为选择。

局中人	类型	$t=1$	$t=2$
A	非理性型 p		
A	理性型 $1-p$		
B	理性型		

（3）均衡结果

为了简化，设贴现因子 $\delta=1$。用逆向归纳法求解。

首先，分析第二阶段。

A：理性型的 A 一定会背叛，因为背叛是占优战略，无论对方如何做，选择背叛都可以实现当期收益最大；非理性型的 A 选择与 B 第一阶段相同的行为，表示为 X。

B：是理性型的，一定会背叛，因为背叛是占优战略，无论对方如何做，选择背叛都可以实现当期收益最大。

把两个"背叛"和两个 X 填入表中，得到：

局中人	类型	$t=1$	$t=2$
A	非理性型 p		X
A	理性型 $1-p$		背叛
B	理性型	X	背叛

其次，分析第一阶段。

考虑 A：非理性型的 A 一定会合作，因为采取针锋相对战略，会主动合作；

理性型的 A 一定会背叛，因为背叛是占优战略，无论对方如何做，选择背叛都可以实现当期收益最大；也实现了两阶段的总收益最大，因为第二阶段的收益是确定了的。

把 A 第一阶段的行为选择填入表中，得到：

局中人	类型	$t=1$	$t=2$
A	非理性型 p	合作	X
A	理性型 $1-p$	背叛	背叛
B	理性型	X	背叛

B 在第一阶段是选择背叛还是合作呢？

如果 B 只追求第一阶段收益最大，当然选择占优战略背叛。但是，B 要考虑两阶段的总收益。当然，A 也是。在第一阶段，A 的行为选择与类型之间的对应关系是确定的，理性型的 A 选择背叛，非理性型的 A 选择合作；在第二阶段，理性型的 A 选择背叛，非理性型的 A 选择 B 第一阶段的行为。

考虑 B 第一阶段的行为选择和两阶段的期望收益：如果选择 $X=$ 合作，那么两阶段的期望收益为 $[3p+(-1)(1-p)]+[4p+0\cdot(1-p)]=8p-1$；如果选择 $X=$ 背叛，那么两阶段的期望收益为 $[4p+0\cdot(1-p)]+[0\cdot p+0\cdot(1-p)]=4p$。当 $p\geqslant\dfrac{1}{4}$ 时，B 在第一阶段会选择合作，从而非理性型的 A 在第二阶段也选择合作。

在以下分析中，都假设 $p\geqslant\dfrac{1}{4}$ 是成立的。也就是说，B 认为 A 是非理性型的先验概率大于 0.25。

※**习题 1**　如果贴现因子 $\delta=0.8$，再讨论以上问题。

(4) 启示

信息不完全的重复博弈改变了行为方式，理性型的 B 可能不再选择背叛，而是会合作。这与信息完全的重复博弈不同，其中理性型的 B 一定会选择背叛，"重复博弈"的理论分析得到了这一点。这也与信息不完全的单次博弈不同，其中理性型的 B 也一定会选择背叛，"单边无知"的理论分析可以得到这一点。

6. 重复三次

重复三次时就要确定非理性型 A、理性型 A 和 B 在三个阶段的行为选择,表示为

局中人	类型	$t=1$	$t=2$	$t=3$
A	非理性型 p			
	理性型 $1-p$			
B	理性型			

(1) 理性型 B 在第三阶段的行为选择

肯定会选择背叛,因为是占优战略,无论 A 是什么类型,无论 A 选择什么行动,B 选择背叛都能获得更高收益。于是,

局中人	类型	$t=1$	$t=2$	$t=3$
A	非理性型 p			
	理性型 $1-p$			
B	理性型			背叛

(2) 非理性型 A 在第一阶段的行为选择

非理性型者以合作开始,然后选择对方上一阶段的行为。因此,非理性型 A 在第一阶段选择合作。于是,

局中人	类型	$t=1$	$t=2$	$t=3$
A	非理性型 p	合作		
	理性型 $1-p$			
B	理性型			背叛

(3) 理性型 A 的行为选择

首先,考虑第三阶段。

第三阶段是最后一阶段,就是一次博弈,肯定会如实选择与自己类型一致的背叛,因为是占优战略。于是,

局中人	类型	$t=1$	$t=2$	$t=3$
A	非理性型 p	合作		
	理性型 $1-p$			背叛
B	理性型			背叛

其次,考虑第二阶段。

由于理性型 A 和 B 第三阶段都一定会选择背叛,理性型 A 第二阶段的行为选择并不会影响理性型 A 在第三阶段的收益。那么,理性型 A 在第二阶段的行为选择只需要考虑使理性型 A 第二阶段的收益最大。

因此，理性型 A 在第二阶段就会选择占优战略的背叛。于是，

局中人	类型	$t=1$	$t=2$	$t=3$
A	非理性型 p	合作		
	理性型 $1-p$		背叛	背叛
B	理性型			背叛

最后，考虑第一阶段。

分两种情况讨论，一是理性型 B 在第一阶段选择合作，二是理性型 B 在第一阶段选择背叛。

第一种情况：假如 B 在第一阶段选择合作。于是，

局中人	类型	$t=1$	$t=2$	$t=3$
A	非理性型 p	合作		
	理性型 $1-p$		背叛	背叛
B	理性型	合作		背叛

如果理性型 A 在第一阶段选择背叛，B 就知道 A 是理性型的，因为非理性型的会在第一阶段选择合作而不是背叛，从此以后 B 肯定会选择背叛，理性型 A 和理性型 B 在三个阶段的行为选择依次是(背叛，合作)、(背叛，背叛)和(背叛，背叛)。那么，理性型 A 三个阶段的收益为 4+0+0=4。

如果理性型 A 伪装成非理性型的，在第一阶段选择合作，第一阶段后 B 仍然不知道 A 的类型，维持先验概率大于 0.25。在这个条件下，根据以上重复两次的分析结果，B 在第二阶段会选择合作，因为第二阶段和第三阶段的博弈就是重复两次的重复博弈。此时，理性型 A 和理性型 B 在三个阶段的行为选择依次是(合作，合作)、(背叛，合作)和(背叛，背叛)。那么，理性型 A 三个阶段的收益为 3+4+0=7。

由于 7 大于 4，假如 B 在第一阶段选择合作，理性型 A 在第一阶段也会选择合作。

第二种情况：假如 B 在第一阶段选择背叛。于是，

局中人	类型	$t=1$	$t=2$	$t=3$
A	非理性型 p	合作		
	理性型 $1-p$		背叛	背叛
B	理性型	背叛		背叛

如果理性型 A 在第一阶段选择背叛，B 就知道 A 是理性型的，因为非理性型的会在第一阶段选择合作而不是背叛，从此以后 B 肯定会选择背叛，理性型 A 和理性型 B 在三个阶段的行为选择依次是(背叛，背叛)、(背叛，背叛)和(背叛，背叛)。那么，理性型 A 三个阶段的收益为 0+0+0=0。

如果理性型 A 伪装成非理性型的，在第一阶段选择合作，第一阶段后 B 仍然不知道 A 的类型，维持先验概率大于 0.25。在这个条件下，根据以上重复两次的分析结果，B 在第二阶段会选择合作，因为第二阶段和第三阶段的博弈就是重复两次的重复博弈。此时，理性型 A 和

理性型 B 在三个阶段的行为选择依次是(合作,背叛)、(背叛,合作)和(背叛,背叛)。那么,理性型 A 三个阶段的收益为 $-1+4+0=3$。

由于 3 大于 0,假如 B 在第一阶段选择背叛,理性型 A 在第一阶段还是会选择合作。

综合以上两种情况,无论 B 在第一阶段是选择合作还是选择背叛,理性型 A 在第一阶段总是会选择合作。于是,

局中人	类型	$t=1$	$t=2$	$t=3$
A	非理性型 p	合作		
	理性型 $1-p$	合作	背叛	背叛
B	理性型			背叛

因此,作为一种策略,理性型 A 就会想方法让 B 认为 A 是非理性型的概率大于 0.25。有效的办法就是隐藏和伪装,先选择合作不暴露自己的本质。所以,才有坏人也会做好事,这其实是一种长期打算。

(4) 理性型 B 在第一和第二阶段、非理性型 A 在第二和第三阶段的行为选择

因为非理性型 A 总是会选择理性型 B 上一阶段的行为,所以理性型 B 是主导者,非理性型 A 在第二阶段的行为与理性型 B 在第一阶段的行为相同,非理性型 A 在第三阶段的行为与理性型 B 在第二阶段的行为相同,分别表示为 X 和 Y。于是,

局中人	类型	$t=1$	$t=2$	$t=3$
A	非理性型 p	合作	X	Y
	理性型 $1-p$	合作	背叛	背叛
B	理性型	X	Y	背叛

由于 X 和 Y 都有合作和背叛两种可能,其行为组合 (X, Y) 就构成四种可能的战略:战略 1(合作,合作);战略 2(合作,背叛);战略 3(背叛,合作);战略 4(背叛,背叛)。

特别的,选择战略 1 时,就是

局中人	类型	$t=1$	$t=2$	$t=3$
A	非理性型 p	合作	$X=$合作	$Y=$合作
	理性型 $1-p$	合作	背叛	背叛
B	理性型	$X=$合作	$Y=$合作	背叛

此时,B 的期望收益为 $[3p+3(1-p)]+[3p+(-1)(1-p)]+[4p+0\cdot(1-p)]=8p+2$。

※**习题 2** 讨论其他三种战略下 B 的期望收益。

计算可得各个战略下 B 的期望收益结果:战略 1(合作,合作),$8p+2$;战略 2(合作,背叛),$4p+3$;战略 3(背叛,合作),$4p+3$;战略 4(背叛,背叛),4。

当 $8p+2>4p+3$ 即 $p>\frac{1}{4}$、$8p+2>4p+3$ 即 $p>\frac{1}{4}$ 和 $8p+2>4$ 即 $p>\frac{1}{4}$ 同时成立时,战略 1 是占优的,B 在第一阶段和第二阶段都会选择合作。三者的交集是 $p>\frac{1}{4}$。注意,这里的三

个条件相同,纯属巧合。也就是说,当 $p > \dfrac{1}{4}$ 时,B 在第一阶段和第二阶段都会选择合作。于是,

局中人	类型	$t=1$	$t=2$	$t=3$
A	非理性型 p	合作	合作	合作
A	理性型 $1-p$	合作	背叛	背叛
B	理性型	合作	合作	背叛

注意,这里的 0.25 与重复两次时的 0.25 相同,纯属巧合。

因此,只要 B 认为 A 为非理性型的可能性大于 0.25,B 在第一阶段和第二阶段就都会选择合作。此时,在第一阶段,无论什么样的人都选择合作。

(5) 均衡结果

精炼贝叶斯纳什均衡为(合作,合作,合作;合作,背叛,背叛;合作,合作,背叛;$p > \dfrac{1}{4}$),依次给出了每种类型的局中人在每个阶段的行为选择以及对应的概率推断,用分号隔开各局中人或相应的概率推断,逗号隔开各阶段的行为选择。

局中人	类型	$t=1$	$t=2$	$t=3$
A	非理性型 p	合作	合作	合作
A	理性型 $1-p$	合作	背叛	背叛
B	理性型	合作	合作	背叛

其中,(合作,合作,合作)表示非理性型的 A 在三个阶段都会合作;(合作,背叛,背叛)表示理性型的 A 在第一阶段会合作,但是在第二和第三阶段会背叛;(合作,合作,背叛)表示理性型的 B 在第一和第二阶段都会合作,但是在第三阶段会背叛。

微妙之处在于:第一阶段,无论是谁,无论是什么类型,都选择了合作。

※**习题 3** 如果贴现因子 $\delta=0.8$,再讨论以上问题。

(6) 启示

信息不完全可能是有利的,因为可能促进合作。正是因为不清楚对方的类型,认为对方可能是合作型的,自己才愿意合作,即使自己本是非合作型的。相反,一旦清楚地知道对方的类型,合作就可能中断。传统文化中的难得糊涂、水至清则无鱼等思想正体现了这一点。

随着信息的不断揭示和显现,合作程度反而会降低。一段关系,一个团体,刚开始由于大家不太熟悉,都客客气气的,愿意互帮互助;经过一段时间,大家彼此比较了解,各自性情充分暴露,就只有气味相投者之间还能深化合作,其他则演变成了点头之交。

7. 精炼贝叶斯纳什均衡

精炼贝叶斯纳什均衡(perfect Bayes Nash equilibrium),是不完全信息动态博弈的均衡概念。

(1) 精炼

精炼(perfect),对应动态,要求必须剔除不可置信的行动。用逆向推理方法求解可以剔除所有不可置信的行动,确保均衡是精炼的。

有的把"perfect"翻译成完美,其实不太合适。因为作为均衡概念和理论,可能还没有达到完美的程度;而翻译成精炼,表示一种理论改进,特别是表示剔除了不可置信的行动、与概率推断不一致的行为等情形。

(2)贝叶斯

贝叶斯(Bayes),对应不完全信息,要求以追求收益或效用的期望值最大为目标。其中,期望值由相应的概率分布决定。

(3)纳什均衡

纳什均衡(Nash equilibrium),表示各局中人都不再改变的稳定状态。一方面,给定你那样做,我会这样做;另一方面,给定我这样做,你确实会那样做;两方面同时成立时的状态就是纳什均衡。精炼贝叶斯纳什均衡就是不完全信息动态博弈中各局中人都不再改变的稳定状态。

8. 囚徒困境合作问题的回顾总结

(1)单次博弈

不能解决,注定不合作。

(2)有限重复博弈

不能解决,每阶段都是不合作。

(3)无限重复博弈

在贴现因子足够大、耐心足够强、对未来足够重视的条件下可以实现合作。但是无限重复的要求高,与现实不符。

(4)KMRW 模型

考虑信息不完全,重复三次就可以实现全面合作。

由于现实中,不完全信息是普遍的,重复次数有限也是普遍的,KMRW 模型的结论更具现实意义。

9. 双边信息不完全

(1)不确定性

双边的信息不完全,增加了不确定性,也就增加了合作的动力和可能性。

单次博弈的均衡结果一定是不合作,重复博弈中信息不完全的不确定性可能使不合作变为合作。不确定性越大,这种可能性越大。

而且,反面也可能成立,重复博弈中信息不完全的不确定性也可能使合作变为不合作。同样,不确定性越大,这种可能性也越大。

(2)博弈期限

只要博弈重复的次数足够多,即使是很小的不确定性,只要认为对方有可能是合作型的,哪怕可能性很小,也会引发合作行为。这是因为,如果博弈重复的次数足够多,关系时间足够长,没有人希望一开始就把自己的名声搞坏。

※**习题 4**　历史:一战中曾经出现"西线无战事",双方都假打。

模型：

		德军	
		真打	假打
英军	真打	2, 2	6, 0
	假打	0, 6	4, 4

请问：(1)如果博弈只进行一期,那么纳什均衡是什么？

(2)如果博弈会进行无限期,双方贴现因子都是δ,都采用"冷酷战略",δ满足什么条件时在每一期双方都会选择"假打"？如果都采用"针锋相对"战略呢？其中,关于冷酷战略和针锋相对战略的内涵可参见第11讲无限重复。

(3)如果博弈进行有限期,并且信息是完全的,子博弈精炼纳什均衡是什么？

(4)如果英军是"理性"的,但德军可能有两种类型："非理性"和"理性",其概率分别是p和$1-p$。理性者追求当期收益最大,而非理性者则会采用"针锋相对"战略。为简单起见,假设贴现因子$\delta=0.95$。请问：

a. 如果博弈重复两次,p满足什么条件,第一期才可能出现"西线无战事"？

b. 如果博弈重复三次,p满足什么条件,第一期一定会出现"西线无战事"？

10. KMRW 定理

在不完全信息的情况下,只要博弈重复的次数足够多,每个人有足够耐心,参与人就有积极性在博弈的早期建立一个"合作"的声誉,一直到博弈的后期才会选择背叛；并且,非合作阶段的数量只与合作型的概率p有关,而与博弈的重复次数T无关。

对任意的p,存在一个重复次数的临界值T^*,在此之前都会合作,之后才会背叛。

特别的,在以上例子中,只有最后两次才会出现背叛,前面都会合作。比如,重复100次,前面98次都会合作,最后两次才会背叛；重复1000次,前面998次都会合作,最后两次才会背叛。

11. 好坏难辨

(1)真实的好人

一直做好事、只做好事的人。

(2)真实的坏人

一直做坏事、只做坏事的人。

(3)虚假的坏人

一直做好事直到最后才做坏事,几乎是"真实的好人"。

(4)难以绝对

有时候,很难说清到底是好人还是坏人。好坏难辨,正是生活和文学作品的点。

三、解开悖论

1. 成本信息不完全

(1)在位者成本高时的市场进入博弈

此时,表示为图20-2。

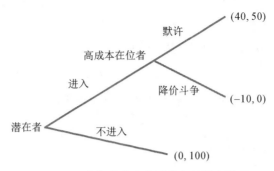

图 20-2　在位者成本高时的市场进入博弈

用打钩法可求解得,子博弈精炼纳什均衡为(进入,默许),均衡路径为:潜在者进入→高成本在位者默许。

(2)在位者成本低时的市场进入博弈

此时,表示为图 20-3。

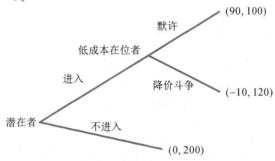

图 20-3　在位者成本低时的市场进入博弈

用打钩法可求解得,子博弈精炼纳什均衡为(不进入,降价斗争),均衡路径为:潜在者不进入。

2. 信息不完全下的均衡结果

潜在者不知道在位者是低成本还是高成本的,而认为在位者是低成本的概率为 p。

(1)潜在者的决策

不进入:$0 \cdot p + 0 \cdot (1-p)$;

进入:$-10p + 40(1-p)$。

其中,p 表示潜在者认为在位者为低成本的概率。

只要 $p>0.8$,潜在者就会选择不进入。也就是说,只要潜在者认为在位者为低成本的可能性比较大,超过了 0.8,就不会进入;反之,如果潜在者认为在位者为高成本的可能性比较大,超过了 0.2,就会进入。对潜在者而言,对在位者成本高低的概率推断决定其行为。因此,在位者可能伪装,来干扰潜在者的概率推断。

(2)高成本在位者在连锁店重复博弈中的决策

牺牲眼前利益,伪装成低成本者,获取长远利益。

3. 真实连锁

真实世界的连锁店经营,面临两难。

(1) 面对现有竞争对手

努力维护高成本形象,避免过于激烈的降价竞争。

(2) 面对潜在者

努力维护低成本形象,努力阻止潜在者进入市场分走利润。

(3) 做企业难

必须权衡以上相互矛盾的两个方面。

(4) 做人难

既要装孙子,又要装大哥。

在外面凶,在家柔和。可能有的人在外面软弱得不行,在家凶得很。

四、声誉积累

1. 贝叶斯法则

(1) 相关知识

先验概率,对事件可能性的最初估计形成的概率。

后验概率,根据看到的新信息,更新事件可能性的估计后,形成的概率。

条件概率公式,全概率公式,概率论课程中学过。

(2) 认知强化

如果认为强硬者更可能斗争,那么看到斗争后认为当事人是强硬者的后验概率会大于先验概率,即 $P(强硬|斗争) = \dfrac{P(强硬) \times P(斗争|强硬)}{P(强硬) \times P(斗争|强硬) + P(软弱) \times P(斗争|软弱)} > P(强硬)$。这是认知的不断强化。认为强硬,就会不自觉地发现斗争的证据,然后发现真的很强硬。

(3) 行为准则

越有名气的人越在乎自己的声誉,因为一小点负面事件对声誉的打击就是巨大的。本来以为是好人,大家都认为是好人,结果发现却做了坏事,即使坏事并不大,也是颠覆性的改变,再也不相信是好人了。这就是流量明星形象急剧反转的原因。

越努力越优秀,越优秀越努力。如此螺旋上升,积累的压力也越大,形成头部焦虑。不是医学上的焦虑得头痛,而是位于头部的优秀的精英们其实也很焦虑,甚至承受更大的生活工作压力。因为已经是优秀的了,而且被认为甚至自认为是优秀的,只能也必须取得好成绩高业绩。要一直维持好成绩高业绩,能不感到焦虑吗?这是精英突然崩溃的原因。

2. 临退现象

快退休,工作积极性降低,认真度下降,甚至贪污腐败,原因在于:

(1) 内在

快退休,不再需要声誉,机不可失。

(2) 外在

诱惑来源多,诱惑种类多,诱惑分量大。

3. 加班声誉

(1) 现象

长假前夕,领导会查岗。

(2) 应对

既然领导一定会来查岗,就一定要在长假前夕积极加班,积累加班的声誉,即使平常没怎么加班甚至不怎么忙。千万不要在长假前夕翘班,明明会被领导知道的。更不可请假,要请假平时请。长假前夕请假,印象太深刻,关键还是负面的印象。

4. 教授声誉

(1) 学生的推荐信需求

大学教授的工作内容之一就是不断为学生写各种推荐信。结果积累了坏的声誉!因为写得都很好,其实没人看,从而也没什么用。

难道没有囚徒困境?学生希望教授多多美言,教授们都会在推荐信中多多美言,不善于或者不愿意美言的教授会被学生们淘汰,由此逐渐升级美言。

难道没有正面作用?既然没人看,为什么还要推荐信?直接取消不是省事吗?不能取消,原因在于:

其一,程序合法。推荐信是必备材料之一。

其二,识别极端。如果没有任何教授愿意写,即使愿意写也不愿意美言,那只能说明该生实在是差。

(2) 学位论文评审中的声誉

专家独立评审,教育部随机复查,由此维护教授的声誉。

5. 政府声誉

(1) 国内声誉

不忘初心,牢记使命。人民至上,政令必行。比如,抗击疫情,不惜代价。

(2) 国际声誉

原则性问题上强硬,非原则性问题上抗议,兼顾和平与发展。

6. 法律约束

(1) 法官的声誉

审判大案要案,树立职业声誉,以后有类似案件会安排。这是大案要案可能会指定法院和法官的原因之一。

(2) 律师的声誉

辩护大案要案,树立职业声誉,以后有类似案件会被聘请。这是有律师主动提出为特案的当事人免费辩护的原因之一。

※**习题 5** 从声誉角度分析"刑不上大夫,礼不下庶人"的当代蕴意。

五、声誉损毁

1. 狼来了

小孩谎称狼来了,反复几次,声誉损毁殆尽,会损财。

2. 烽火起

周幽王烽火戏诸侯,反复几次,声誉损毁殆尽,会损命。

3. 织毛衣

织的时候很慢,拆的时候只需轻轻一拉。建立声誉很慢。

积累的时候慢,损毁的时候快。损毁声誉很快。

※习题6 列举声誉积累和声誉毁损的事例并做简要分析。

※习题7 在知网上下载并研读用声誉模型研究实际问题的论文。

第 21 讲 失忆博弈

一、完美记忆

1. 完美信息

完美信息(perfect information),其实是完美记忆,指记得所有博弈过程。在每一个博弈阶段,局中人在做出行为决策之前,知道之前的所有博弈进程。

比如,在图 21-1 所示博弈中:

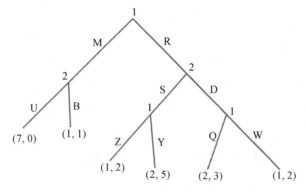

图 21-1 两人多步动态博弈

局中人 1 在 Q 和 W 之间做选择之前,知道是局中人 1 先选择了 R 然后局中人 2 再选择了 D 才轮到局中人 1 在 Q 和 W 之间做选择。

2. 信息集

局中人在节点上知道的信息集合,每一个节点都是一个独立的信息集。

比如,局中人 1 在第三个节点知道:之前是,局中人 1 选择了 R 然后局中人 2 选择了 D;之后是,局中人 1 选 Q 的话双方收益分别为 2 和 3,局中人 1 选 W 的话双方收益分别为 1 和 2。

3. 子博弈

每一个节点及其之后的博弈进程,都是子博弈。特别的,原博弈本身也是子博弈。

二、不再完美

1. 不完美信息

不完美信息(imperfect information),指局中人在行为决策时忘记了之前的博弈进程,就像失忆了。所以,这样的博弈称为失忆博弈。注意,失忆博弈的说法目前还不普遍,一般称为完全但不完美信息博弈。但是,并不是一无所知,而是知道有哪几种可能,只是不知道到底是哪种。

比如，在图 21-2 所示市场进入博弈中：

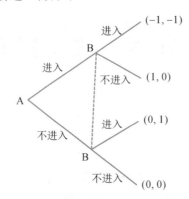

图 21-2　不完美信息的市场进入博弈

局中人 B 在进入和不进入之间做选择时，忘记了之前局中人 A 的行为选择，从而不知道局中人 A 是选择了进入还是选择了没有进入。但是，局中人 B 并不是一无所知。虽然不知道局中人 A 是进入了还是没有进入，但是知道局中人 A 要么进入了要么没有进入，而不会有其他情形。用连接两个节点的虚线来表示不完美信息，在这里就是局中人 B 不知道之前局中人 A 是选择了进入还是选择了不进入。

2. 再看信息集

信息完美的节点才是信息集。信息不完美的节点不是信息集，连接不完美信息节点的虚线线段才构成信息集。

比如，在以上博弈中，局中人 A 的节点是信息集。在这个信息集上，局中人 A 知道：局中人 A 选择进入后局中人 B 可以选择进入或不进入，局中人 A 选择不进入后局中人 B 也可以选择进入或不进入，并知道每一种组合下双方的收益。

但是，局中人 B 的两个节点都不是信息集，因为信息是不完美的。表示不完美信息的虚线的两个端点单独来看都不是信息集，而整个虚线线段才是信息集。在这个信息集上，局中人 B 知道：之前，要么是局中人 A 选择了进入，要么是局中人 A 选择了不进入。之后，如果之前是局中人 A 选择了进入，那么局中人 B 选择进入的话双方收益分别为 -1 和 -1，局中人 B 选择不进入的话双方收益分别为 1 和 0；如果之前是局中人 A 选择了不进入，那么局中人 B 选择进入的话双方收益分别为 0 和 1，局中人 B 选择不进入的话双方收益分别为 0 和 0。

3. 再看子博弈

每一个节点及其之后不破坏信息集的所有博弈进程，才是子博弈。

比如，在图 21-3 所示博弈中，两个小圈所示都不是子博弈，因为破坏了信息集；大圈所示也不是子博弈，因为不是单一节点之后的博弈。事实上，该博弈唯一的子博弈是原博弈。

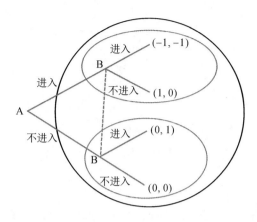

图 21-3 不完美信息市场进入博弈的子博弈

4. 不完美信息博弈

就是不完美信息条件下的动态博弈。其中,不完美信息指忘掉了或不知道博弈进程。准确地说,是忘了对方的行为,而不是忘了对方的类型。相当于不记得对方做过什么,但是记得对方是谁。事实上,在不完美信息博弈中,根本没有涉及局中人类型的问题。

不完全信息,指不知道或者忘记了对方的类型。其中,不知道可以对应静态博弈,也可以对应动态博弈;而忘记了只能对应动态博弈,毕竟忘记了的意思是先看到了是知道的,只是岁月逐渐抹去了记忆,才忘记了。

失忆博弈只强调信息不完美,称为不完美信息博弈,也可以称为完全但不完美信息博弈。其中,完全指局中人知道对方类型,不完美指局中人不知道对方行为。

5. 再三看子博弈

考察图 21-4 所示博弈:

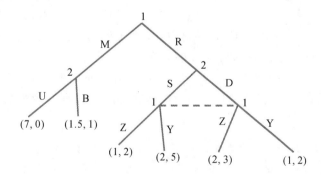

图 21-4 不完美信息的两人多步动态博弈

共有三个子博弈：

一个是原博弈,另外两个如图 21-5 所示。

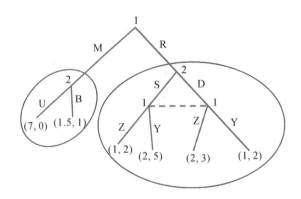

图 21-5 不完美信息两人多步动态博弈的子博弈

以上博弈其实是完全信息动态博弈和不完美信息博弈的融合,左边的子博弈是完全信息动态博弈,右边的子博弈是不完美信息博弈。

从这个角度讲,失忆博弈的含义比不完美信息丰富,还包括如上所示的融合。

三、忘记动作

1. 含义

忘记了对方的行为。用虚线线段表示对应的信息集。

2. 精炼贝叶斯纳什均衡

不完美信息博弈的均衡概念也是精炼贝叶斯纳什均衡,尽管其中的信息是完全的。可以认为不完美信息博弈借用了不完全信息动态博弈的精炼贝叶斯纳什均衡概念,毕竟二者有相似的地方。不完美信息意味着一种类型的局中人可以做几种行为,如果假设一种类型的局中人只能做一种行为,那么忘记对方行为的不完美信息就转化为忘记对方类型的不完全信息。比如,在以上市场进入博弈中,不完美信息意味着 B 忘记了或者说不知道 A 的行为是进入还是不进入。如果假设 A 有两种类型,一种可以叫"进入型"只会进入,另一种可以叫"不进入型"只会不进入,那么就转化为 B 不知道 A 的类型。

精炼对应动态博弈,要求剔除不可置信的行动;贝叶斯对应不完全信息博弈,要求以追求收益或效用的期望值最大为目标;纳什均衡对应稳定状态,要求各局中人都不再改变。

3. 求解方法

[例 21-1] 求图 21-6 所示博弈的精炼贝叶斯纳什均衡与均衡路径。

设局中人 1 认为局中人 2 选了 U 的概率为 q,相应的选 D 的概率为 $1-q$,则

局中人 1 选 Z 的期望收益为 $E(Z)=2q+3(1-q)=3-q$,如果之前局中人 2 选了 U 是 2,如果之前局中人 2 选了 D 是 3;

局中人 1 选 Y 的期望收益为 $E(Y)=5q+2(1-q)=2+3q$,如果之前局中人 2 选了 U 是 5,如果之前局中人 2 选了 D 是 2。

当 $q<\dfrac{1}{4}$ 时,有 $E(Z)>E(Y)$。一方面,如果局中人 1 认为局中人 2 选 U 的概率小于 $\dfrac{1}{4}$,那么局中人 1 会选 Z;另一方面,给定局中人 1 选 Z,局中人 2 会选 D,因为 4>1,那么局中人 2

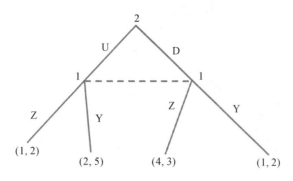

图 21-6 忘记动作博弈 I

选 U 的概率就为 0,与 $q<\frac{1}{4}$ 一致。由此构成精炼贝叶斯纳什均衡 $(D,Z;q<\frac{1}{4})$,按从上到下从左到右的顺序依次给出每个局中人在每个信息集节点的行为选择及对应的概率推断。其中,D 表示局中人 2 的行动选择,Z 表示局中人 1 的行动选择,$q<\frac{1}{4}$ 表示相应的概率推断,即局中人 1 认为局中人 2 选 U 的可能性小于 $\frac{1}{4}$。

当 $q>\frac{1}{4}$ 时,有 $E(Z)<E(Y)$。一方面,如果局中人 1 认为局中人 2 选 U 的概率大于 $\frac{1}{4}$,那么局中人 1 会选 Y;另一方面,给定局中人 1 选 Y,局中人 2 会选 U,就是选 U 的概率为 1,与 $q>\frac{1}{4}$ 一致。由此构成精炼贝叶斯纳什均衡 $(U,Y;q>\frac{1}{4})$。其中,U 表示局中人 2 的行动选择,Y 表示局中人 1 的行动选择,$q>\frac{1}{4}$ 表示相应的概率推断,即局中人 1 认为局中人 2 选 U 的可能性大于 $\frac{1}{4}$。

所以,综合以上两种情形,有两个精炼贝叶斯纳什均衡 $(D,Z;q<\frac{1}{4})$ 和 $(U,Y;q>\frac{1}{4})$。均衡路径分别为:局中人 2 选 D→局中人 1 选 Z,局中人 2 选 U→局中人 1 选 Y。

注意,一般不用专门讨论 $q=\frac{1}{4}$ 的中间情形,此时有混合策略,比较复杂。为了覆盖所有情形,可以把 $q=\frac{1}{4}$ 加在某种情形中,比如 $(D,Z;q\leqslant\frac{1}{4})$ 和 $(U,Y;q>\frac{1}{4})$,或者 $(D,Z;q<\frac{1}{4})$ 和 $(U,Y;q\geqslant\frac{1}{4})$。当然,不加其实也行。其中,精炼贝叶斯纳什均衡依次给出每个局中人在每个节点的行为选择及其相应的概率推断。

[**例 21-2**] 求图 21-7 所示博弈的精炼贝叶斯纳什均衡与均衡路径。

设局中人 1 认为局中人 2 选了 U 的概率为 q,相应的选 D 的概率为 $1-q$,则

局中人 1 选 Z 的期望收益为 $E(Z)=2q+3(1-q)=3-q$,

局中人 1 选 Y 的期望收益为 $E(Y)=5q+2(1-q)=2+3q$。

当 $q<\frac{1}{4}$ 时,有 $E(Z)>E(Y)$。如果局中人 1 认为局中人 2 选 U 的概率 $q<\frac{1}{4}$,那么局中

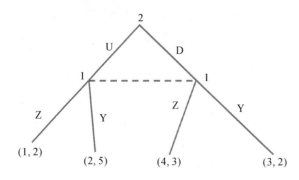

图 21-7　忘记动作博弈 Ⅱ

人 1 会选 Z；给定局中人 1 选 Z，局中人 2 会选 D。这意味着局中人 2 选 U 的概率为 0，与 $q<\frac{1}{4}$ 一致。由此构成精炼贝叶斯纳什均衡 $(D,Z;q<\frac{1}{4})$，其中 D 表示局中人 2 的行动选择，Z 表示局中人 1 的行动选择，$q<\frac{1}{4}$ 表示相应的概率推断，即局中人 1 认为局中人 2 选 U 的可能性小于 $\frac{1}{4}$。

当 $q>\frac{1}{4}$ 时，有 $E(Z)<E(Y)$。如果局中人 1 认为局中人 2 选 U 的概率大于 $\frac{1}{4}$，那么局中人 1 会选 Y；给定局中人 1 选 Y，局中人 2 会选 D。这意味着局中人 2 选 U 的概率为 0，与 $q>\frac{1}{4}$ 矛盾。

所以，综合以上两方面，只有一个精炼贝叶斯纳什均衡 $(D,Z;q<\frac{1}{4})$。均衡路径为：局中人 2 选 D→局中人 1 选 Z。

4. 启示

对比例题 1 和 2，发现：

(1) 推断决定行为

对他人行为的推断不同，自己的行为选择就不同。

(2) 知行合一

推断和行为一致才构成均衡，反之不是均衡。行为不能与推断相矛盾。

(3) 均衡结果多样

可能有多重均衡，可能只有唯一均衡，也可能没有均衡。其中，没有均衡是因为行为始终和推断不一致。注意，这并不与纳什均衡的存在性定理相矛盾。存在性是针对完全信息静态博弈的纳什均衡，而这里讨论的是完全但不完美信息博弈的精炼贝叶斯纳什均衡。

5. 占优关系

在失忆博弈中，占优的概念和方法仍然适用。

[例 21-3]　求图 21-8 所示博弈的精炼贝叶斯纳什均衡与均衡路径。

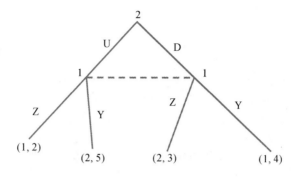

图 21-8 忘记动作博弈Ⅲ

对局中人 1：

选 Z 得到 2 或 3，选 Y 得到 5 或 4，因为 min(5,4) > max(2,3)，Z 是相对于 Y 的严格劣战略，所以必选 Y。

对局中人 2：

知道局中人 1 必选 Y，那么选 U 得到 2 而选 D 得到 1，因为 2>1，必选 U。

综合两方面：

只有一个精炼贝叶斯纳什均衡 [U,Y;prob(U)=1]。其中，prob(U) 表示局中人 2 选择 U 的概率，prob(U)=1 就表示局中人 2 一定会选择 U。均衡路径为：局中人 2 选 U→局中人 1 选 Y。

[例 21-4] 求图 21-9 所示博弈的精炼贝叶斯纳什均衡与均衡路径。

对局中人 2：

选 U 得到 1 或 2，选 D 得到 4 或 3，因为 min(4,3) > max(1,2)，所以必选 D。

对局中人 1：

知道局中人 2 必选 D，那么选 Z 得到 3 而选 Y 得到 2，所以必选 Z。

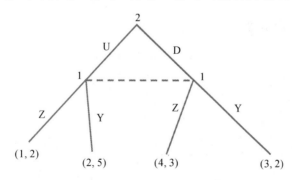

图 21-9 忘记动作博弈Ⅳ

综合两方面：

只有一个精炼贝叶斯纳什均衡 [D,Z;prob(D)=1]。其中，prob(D)=1 表示局中人 2 一定会选择 D。均衡路径为：局中人 2 选 D→局中人 1 选 Z。

6. 回首

（1）比较

与例 2 的解相比，概率推断加强了，例 2 只要求 $\text{prob}(D) > \frac{3}{4}$，然而例 4 得到了 $\text{prob}(D) = 1$。

（2）方法

先剔除严格劣战略，再求解。

※**习题 1** 求图 21-10 所示博弈的精炼贝叶斯纳什均衡与均衡路径。

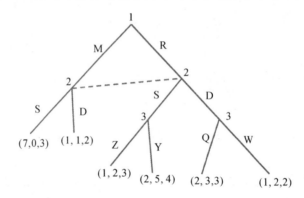

图 21-10 忘记动作博弈 Ⅴ

四、忘记来路

1. 含义

忘记的不是上一步局中人的行为选择，而是如何才轮到自己决策的路径，不知道是如何轮到自己的。

比如，在图 21-11 所示博弈中：

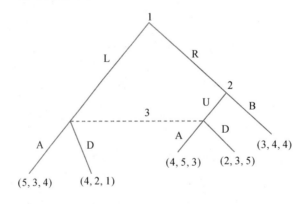

图 21-11 忘记来路博弈 Ⅰ

局中人 3 不知道之前是局中人 1 选择了 L，还是局中人 1 选择了 R 然后局中人 2 再选择了 U。

2. 求解方法

[例 21-5] 求图 21-12 所示博弈的精炼贝叶斯纳什均衡与均衡路径。

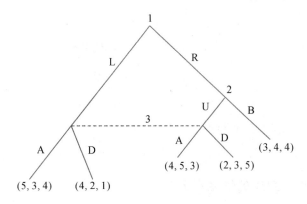

图 21-12 忘记来路博弈 Ⅱ

首先,分析局中人 3 的行为选择。

设局中人 3 认为在他之前的路径为局中人 1 选择 L 的概率为 q,认为路径是局中人 1 选择了 R 之后局中人 2 再选择 U 的概率为 $1-q$。

那么,局中人 3 选择 A 可获得的期望收益 $E(A)=4q+3(1-q)=3+q$,而局中人 3 选择 D 可获得的期望收益 $E(D)=q+5(1-q)=5-4q$。

分析可知,当 $q>\frac{2}{5}$ 时,有 $E(A)>E(D)$,局中人 3 会选择 A;当 $q<\frac{2}{5}$ 时,有 $E(A)<E(D)$,局中人 3 会选择 D。

其次,分析局中人 1 和局中人 2 的行为选择。

给定局中人 3 认为 $q>\frac{2}{5}$ 并由此选择 A:局中人 2 会选 U,因为 5>4;局中人 1 会选 L,因为 5>4;则局中人 1 选择 L 的概率就为 1,与 $q>\frac{2}{5}$ 一致。

给定局中人 3 认为 $q<\frac{2}{5}$ 并由此选择 D:局中人 2 会选 B,因为 4>3;局中人 1 会选 L,因为 4>3;则局中人 1 选择 L 的概率就为 1,与 $q<\frac{2}{5}$ 矛盾。

所以,精炼贝叶斯纳什均衡为 $(L,U,A;q>\frac{2}{5})$。按从上到下从左到右的顺序依次给出了各个局中人在每个节点的行为选择及其对应的概率推断。包括均衡路径上局中人 1 选择 L 和局中人 3 选择 A,非均衡路径上局中人 2 选择 U;支持这些行为选择的概率推断,局中人 3 认为之前是局中人 1 选择了 L 的概率大于 $\frac{2}{5}$。均衡路径为:局中人 1 选 L→局中人 3 选 A。局中人 2 选 U 在非均衡路径上。

※**习题 2** 求图 21-13 所示博弈的精炼贝叶斯纳什均衡与均衡路径。

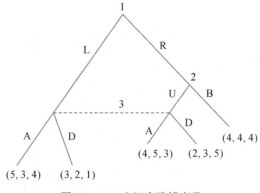

图 21-13 忘记来路博弈Ⅲ

3. 概率推断只在不完美的信息集上

[**例 21-6**] 求图 21-14 所示博弈的精炼贝叶斯纳什均衡与均衡路径。

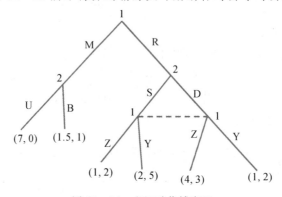

图 21-14 忘记动作博弈Ⅵ

首先，分析左边的子博弈。

分析可知，局中人 2 在左边一定会选择 B，因为 1>0。

其次，分析右边的子博弈。

设局中人 1 认为局中人 2 选了 S 的概率为 q，相应的选 D 的概率为 $1-q$，则

局中人 1 选 Z 的期望收益为 $E(Z)=q+4(1-q)=4-3q$，

局中人 1 选 Y 的期望收益为 $E(Y)=2q+(1-q)=1+q$。

当 $q<\frac{3}{4}$ 时，有 $E(Z)>E(Y)$。如果局中人 1 认为局中人 2 选 S 的概率小于 $\frac{3}{4}$，那么局中人 1 会选 Z。给定 1 认为 2 选 S 的概率小于 $\frac{3}{4}$ 并且由此选 Z，局中人 2 会选 D，因为 3>2。这意味着局中人 2 选 S 的概率为 0，与 $q<\frac{3}{4}$ 一致。

当 $q>\frac{3}{4}$ 时，有 $E(Z)<E(Y)$。如果局中人 1 认为局中人 2 选 S 的概率大于 $\frac{3}{4}$，那么局中人 1 会选 Y。给定局中人 1 认为局中人 2 选 S 的概率大于 $\frac{3}{4}$ 并且由此选 Y，局中人 2 会选 S，

因为 5>2。这意味着局中人 2 选 S 的概率为 1，与 $q>\frac{3}{4}$ 一致。

最后，求精炼贝叶斯纳什均衡。

给定 $q<\frac{3}{4}$，局中人 1 第二次会选 Z，局中人 2 在右边会选 D；那么，局中人 1 第一次会选 R，因为对局中人 1 而言右边的 4 大于左边的 1.5。

给定 $q>\frac{3}{4}$，局中人 1 第二次会选 Y，局中人 2 在右边会选 S；那么，局中人 1 第一次会选 R，因为对局中人 1 而言右边的 2 大于左边的 1.5。

因此，有两个精炼贝叶斯纳什均衡 (R,Z;B,D;$q<\frac{3}{4}$) 和 (R,Y;B,S;$q>\frac{3}{4}$)，对应的均衡路径分别为：局中人 1 选 R→局中人 2 选 D→局中人 1 选 Z，局中人 1 选 R→局中人 2 选 S→局中人 1 选 Y。

※**习题 3** 求图 21-15 所示博弈的精炼贝叶斯纳什均衡与均衡路径。

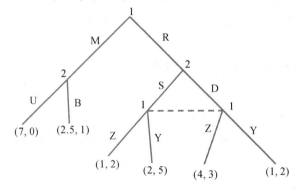

图 21-15 忘记动作博弈 Ⅶ

注意，概率推断只在不完美的信息集上，而与其他节点无关。即使均衡路径其实并没有经过任何不完美信息的节点，在所有不完美信息的节点上，推断和行为也必须是一致的。

比如，上例中，如果 (1.5,1) 变为 (5,1)，那么：

由于对局中人 1 来说，左边的 5 比右边的 2 和 4 都大，局中人 1 在第一次一定会选 M。但是，在右边的子博弈内，结果不会变化。

所以，仍然有两个精炼贝叶斯纳什均衡：(M,Z;B,D;$q<\frac{3}{4}$) 和 (M,Y;B,S;$q>\frac{3}{4}$)。对应的均衡路径都是：局中人 1 选 M→局中人 2 选 B。

尽管均衡路径都在左边，右边非均衡路径上的推断和行为也必须要一致。

作为扩展，可以尝试求解上例中，(1.5,1) 变为 (3,1) 后的精炼贝叶斯纳什均衡。

※**习题 4** 求图 21-16 所示博弈的精炼贝叶斯纳什均衡与均衡路径。

五、知亦无知

1. 辩证观点

哲学讲辩证法：知道就是不知道，不知道就是知道；忘了就是记住了，记住了就是忘了。

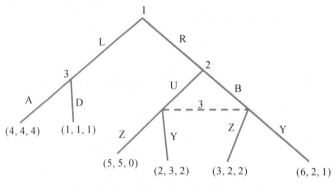

图 21-16 忘记动作博弈 Ⅷ

2. 记住了

看到并记住了先行者的行为选择,是完美信息。

3. 失忆了

看到了但是忘记了先行者的行为选择,是不完美信息。既然忘记了,其实和没看到没有区别。

4. 完美信息下树形博弈到矩阵博弈的转化

(1) 树形博弈

树形博弈也称扩展式博弈(extensive game)。

在图 21-17 中,A 先行,B 看到了 A 的行动之后再决定自己的行动。

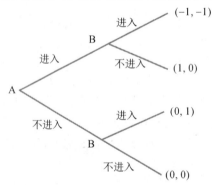

图 21-17 完美信息的市场进入博弈

用打钩法可求解得,子博弈精炼纳什均衡为(进入;不进入,进入)。

(2) 矩阵博弈

矩阵博弈也称战略式博弈(strategic game)。

首先,先行者 A,有两个行为选择:

进入,不进入。

其次,后行者 B,有四个行为方案:

方案1:看到 A 进入就进入,看到 A 不进入就进入;简记为(进入,进入)。

方案2:看到 A 进入就不进入,看到 A 不进入就进入;简记为(不进入,进入)。

方案 3:看到 A 进入就进入,看到 A 不进入就不进入;简记为(进入,不进入)。
方案 4:看到 A 进入就不进入,看到 A 不进入就不进入;简记为(不进入,不进入)。
由此把树形博弈转化为战略式矩阵博弈:

		后行者 B			
		(进入,进入)	(不进入,进入)	(进入,不进入)	(不进入,不进入)
先行者 A	进入	−1,−1	1,0	−1,−1	1,0
	不进入	0,1	0,1	0,0	0,0

其中,对 A 的第一行"进入",看 B 的前面,由此确定矩阵的收益组合。比如,A 进入时,B 的第三列,前面是进入,就是看到 A 进入 B 会选择进入,在博弈树中的收益组合为(−1,−1)。对 A 的第二行"不进入",看 B 的后面。比如,A 不进入时,B 的第三列,后面是不进入,就是看到 A 不进入 B 会选不进入,在博弈树中的收益组合为(0,0)。按照这样的方法,可以逐个得到矩阵的各个收益组合。

但是,二者并不是等价的:

矩阵博弈有三个纳什均衡[进入,(不进入,进入)]、[进入,(不进入,不进入)]、[不进入,(进入,进入)];而树形博弈只有一个子博弈精炼纳什均衡(进入;不进入,进入),对应的均衡路径为:A 选进入→B 选不进入。

原因在于:在[不进入,(进入,进入)]中,B 的"看到 A 进入就进入"方案是不可置信的,因为如果真看到 A 进入的话 B 会选择不进入而不是事先声称的进入;在[进入,(不进入,不进入)]中,B 的"看到 A 不进入就不进入"方案是不可置信的,因为如果真看到 A 不进入的话 B 会选进入而不是事先声称的不进入。

也就是说,矩阵博弈没有剔除不可置信的承诺,而树形博弈通过逆向推理剔除了所有不可置信的承诺。因此,应该用树形博弈描述完美信息博弈,转化为矩阵博弈反而可能会出错。

5. 不完美信息下树形博弈到矩阵博弈的转化

(1)不完美信息下的扩展式博弈

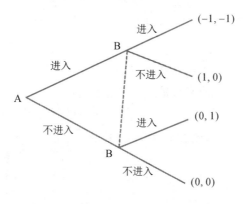

图 21-18 不完美信息的市场进入博弈

在图 21-18 中,A 先行;B 后行,但是 B 在选择进入还是不进入时,忘记了之前 A 的行为,不知道 A 是进入了还是没有进入。

设 B 认为 A 选了进入的概率为 q，不进入的概率为 $1-q$，则

B 选择进入的期望收益为 $E(J)=-q+(1-q)=1-2q$，其中 J 表示进入；

B 选择不进入的期望收益为 $E(N)=0 \cdot q+0 \cdot (1-q)=0$，其中 N 表示不进入

当 $q<\frac{1}{2}$ 时：必有 $E(J)>E(N)$，只要 B 认为 A 进入的可能性小于 $\frac{1}{2}$ 就会选进入；给定 B 进入，A 会不进入，因为 $0>-1$。这意味着 A 选进入的概率为 0，与 $q<\frac{1}{2}$ 一致。

当 $q>\frac{1}{2}$ 时：必有 $E(J)<E(N)$，即只要 B 认为 A 进入的可能性大于 $\frac{1}{2}$ 就会选不进入；给定 B 不进入，A 会进入，因为 $1>0$。这意味着 A 选进入的概率为 1，与 $q>\frac{1}{2}$ 一致。

所以，综合以上两方面，有两个精炼贝叶斯纳什均衡（不进入，进入；$q<\frac{1}{2}$）和（进入，不进入；$q>\frac{1}{2}$）。

(2) 不完美信息下的战略式博弈

先行者 A，有两个行为选择：进入，不进入；

后行者 B，也只有两个行为选择：进入，不进入。

此时 B 啥也没看到，只知道自己可以选择进入或者不进入。于是，转化为

		B	
		进入	不进入
A	进入	−1,−1	1,0
	不进入	0,1	0,0

用划线法解得两个纳什均衡：

(进入，不进入)和(不进入，进入)。

可见，在不完美信息下，扩展式博弈和战略式博弈其实是等价的，因为都有相同的两个均衡，而且一一对应。相比之下，树形博弈更好，因为其给出了每个均衡结果对应的概率推断条件。

(3) 启示

对比可知，采取恰当的描述方法很重要。

在完美信息条件下，用矩阵博弈来描述就可能没有剔除不可置信的行动。

而在不完美信息条件下，用矩阵博弈和树形博弈描述可能没有差别。

6. 不完美信息下矩阵博弈到树形博弈的转化

(1) 矩阵博弈

		B	
		进入	不进入
A	进入	−1,−1	1,0
	不进入	0,1	0,0

(2) 树形博弈

把以上矩阵博弈转化为树形博弈,有两种情形。

首先,如果 A 先行,那就转化为图 21-19 所示博弈。

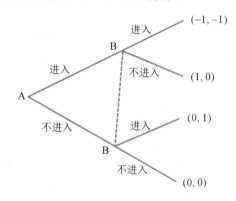

图 21-19　A 先行的不完美信息市场进入博弈

其次,如果 B 先行,那就转化为图 21-20 所示博弈。

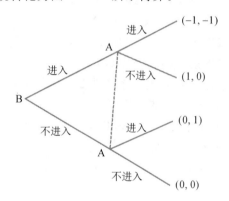

图 21-20　B 先行的不完美信息市场进入博弈

分析可知,以上 3 种形式是等价的。

要注意,在树形博弈中,前面的收益是先行者的,先行者变化时要相应调整收益的顺序。而矩阵博弈中,前面的收益是横向局中人的。

以上不完美信息博弈与矩阵博弈的转化说明:

完全信息静态博弈和不完美信息博弈其实是等价的。

※**习题 5**　把以下博弈转化为不完美信息博弈。

		小猪	
		按	不按
大猪	按	8,0	7,3
	不按	11,-1	0,0

7. 把不完美信息博弈转化为矩阵博弈：复杂情形

考虑图 21-21 所示的不完美信息博弈：

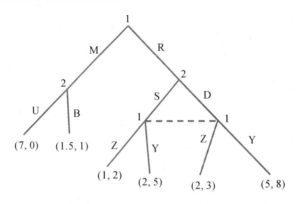

图 21-21　忘记动作博弈 Ⅸ

首先，局中人 1 有前后两次选择机会，一个方案要给出每次的行为。因此，有四个方案：
方案 1：第一次选 M，第二次选 Z，简记为 (M,Z)；
方案 2：第一次选 M，第二次选 Y，简记为 (M,Y)；
方案 3：第一次选 R，第二次选 Z，简记为 (R,Z)；
方案 4：第一次选 R，第二次选 Y，简记为 (R,Y)。

其次，局中人 2 有左右两次选择机会，一个方案要给出每次的行为。因此，有四个方案：
方案 1：看到 M 选 U，看到 R 选 S，简记为 (U,S)；
方案 2：看到 M 选 U，看到 R 选 D，简记为 (U,D)；
方案 3：看到 M 选 B，看到 R 选 S，简记为 (B,S)；
方案 4：看到 M 选 B，看到 R 选 D，简记为 (B,D)。

最后，得到矩阵博弈：

		局中人 2			
		(U,S)	(U,D)	(B,S)	(B,D)
局中人 1	(M,Z)	7,0	7,0	1.5,1	1.5,1
	(M,Y)	7,0	7,0	1.5,1	1.5,1
	(R,Z)	1,2	2,3	1,2	2,3
	(R,Y)	2,5	5,8	2,5	5,8

其中，每一个方案组合的收益来自不完美信息的相应路径。比如，[(M,Z),(U,S)] 对应的不完美信息路径是"局中人 1 选 M→局中人 2 选 U"，因为局中人 1 的 (M,Z) 意味着局中人 1 在第一步会选 M 而局中人 2 的 (U,S) 意味着局中人 2 看到 M 会选 U，那么收益组合就是 (7,0)。

对比可见，这样转化后，丢失了很多信息。

所以，选择恰当的表达方式很重要。

※ **习题 6**　把图 21-22 所示博弈转化为矩阵博弈。

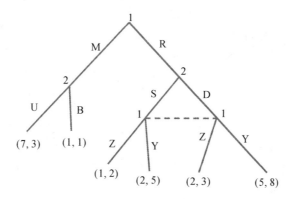

图 21-22 忘记动作博弈 X

8. 把完美信息动态博弈转化为矩阵博弈：复杂情形

考虑图 21-23 所示的完美信息动态博弈：

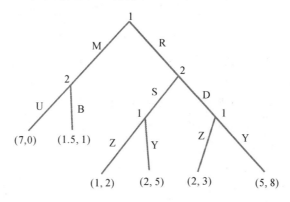

图 21-23 两人多步动态博弈

首先，考虑局中人 1 的方案。

局中人 1 有前后两次选择机会，一个方案要给出每次的行为。其中，第二次的选择取决于看到的局中人 2 的行为是什么。因此，有 8 个方案：

方案 1：第一次选 M，第二次看到 S 选 Z 看到 D 选 Z，简记为 (M; Z, Z)；
方案 2：第一次选 M，第二次看到 S 选 Z 看到 D 选 Y，简记为 (M; Z, Y)；
方案 3：第一次选 M，第二次看到 S 选 Y 看到 D 选 Z，简记为 (M; Y, Z)；
方案 4：第一次选 M，第二次看到 S 选 Y 看到 D 选 Y，简记为 (M; Y, Y)；
方案 5：第一次选 R，第二次看到 S 选 Z 看到 D 选 Z，简记为 (R; Z, Z)；
方案 6：第一次选 R，第二次看到 S 选 Z 看到 D 选 Y，简记为 (R; Z, Y)；
方案 7：第一次选 R，第二次看到 S 选 Y 看到 D 选 Z，简记为 (R; Y, Z)；
方案 8：第一次选 R，第二次看到 S 选 Y 看到 D 选 Y，简记为 (R; Y, Y)。

其次，考虑局中人 2 的方案。

局中人 2 有左右两次选择机会，一个方案要给出每次的行为。因此，有 4 个方案：

方案 1：看到 M 选 U，看到 R 选 S，简记为 (U, S)；
方案 2：看到 M 选 U，看到 R 选 D，简记为 (U, D)；

方案 3:看到 M 选 B,看到 R 选 S,简记为(B,S);
方案 4:看到 M 选 B,看到 R 选 D,简记为(B,D)。

最后,组合局中人 1 和局中人 2 的方案得到矩阵博弈。

综合局中人 1 的 8 个方案和局中人 2 的 4 个方案,得到矩阵博弈:

局中人 2

		(U,S)	(U,D)	(B,S)	(B,D)
	(M;Z,Z)	7,0	7,0	1.5,1	1.5,1
	(M;Z,Y)	7,0	7,0	1.5,1	1.5,1
	(M;Y,Z)	7,0	7,0	1.5,1	1.5,1
	(M;Y,Y)	7,0	7,0	1.5,1	1.5,1
局中人 1	(R;Z,Z)	1,2	2,3	1,2	2,3
	(R;Z,Y)	1,2	5,8	1,2	5,8
	(R;Y,Z)	2,5	2,3	2,5	2,3
	(R;Y,Y)	2,5	5,8	2,5	5,8

其中,每一个方案组合的收益来自对应的博弈树路径。比如:[(M;Z,Y),(U,D)]对应的路径为"局中人 1 选 M→局中人 2 选 U",收益组合就是(7,0);[(R;Y,Z),(B,S)]对应的路径为"局中人 1 选 R→局中人 2 选 S→局中人 1 选 Y",收益组合就是(2,5)。

对比可见,这样转化后,也丢失了很多信息。

这再次说明科学地描述问题很重要。

第22讲　逆向选择

一、有所不知

1. 非对称信息

非对称信息指一方知道而另一方不知道的信息,也称为不对称信息或信息不对称。比如:
①买卖关系。卖者知道商品质量,而买者不知道。
②雇佣关系。员工知道自己的能力,经理不知道。
③商业借贷。银行不知道企业的贷款用途。
④医患关系。患者不知道病情的严重程度、医生的投入度和就医处理方式的合适度。
⑤恋爱婚姻。不知道对方的经济条件、品行如何、性格怎样。
⑥政府官员。纪委、监委、老百姓不知道官员是否贪污、受贿、玩忽职守。

2. 事前非对称信息

事前非对称信息指签约之前存在的非对称信息,又称为隐藏信息(hidden information)。

这里的签约是广义的,可以是正式的合同,也可以是非正式的协议,强调双方达成一致建立关系。甚至有时候都没有注意到已经签订了合同或协议,比如买卖关系其实也是双方达成一致的协议,只不过没有格外强调这一点罢了。

事前的不知道,是指不知道对方的类型,亦称不完全信息(incomplete information)。比如:
①保险公司与投保人。买保险之前,保险公司不知道投保人的风险意识高低。
②买者与卖者。成交前,买者不知道卖者所售商品的质量高低。
③雇主与雇员。雇佣前,雇主不知道雇员的能力高低、规则意识强弱。
④债权人与债务人。借贷之前,债权人不知道债务人的风险意识高低。
⑤股东与经理人。聘请前,股东不知道经理人的能力高低、经营理念、风险意识等。
⑥患者与大夫。挂号前,患者不知道大夫的业务能力、风险意识、职业精神等。
⑦从恋人到夫妻。结婚前,不知道恋人的经济条件、品行等。

3. 事后非对称信息

事后非对称信息指签约之后发生的非对称信息,又称隐藏行动(hidden action)。

事后的不知道,是指不知道对方的行为,因为没法观察到行为或者说观察成本太高。比如:
①保险公司与投保人。投保后,保险公司不知道投保人的风险防范措施和行为。
②雇主与雇员。聘用后,雇主不知道雇员的工作努力程度。
③债权人与债务人。借贷后,债权人不知道债务人的资金用途、风险控制措施等。
④股东与经理人。聘任后,股东不知道经理人的经营努力投入程度。

⑤患者与大夫。挂号后,患者不知道大夫的诊断认真程度。

⑥政府官员。上任后,纪委、监察、老百姓不知道官员的贪污、受贿、玩忽职守行为。

⑦从恋人到夫妻。结婚后,老婆不知道老公总在藏私房钱的行为,老公不知道老婆总在补贴娘家的行为。

※**习题 1** 列举生活中事前信息不对称和事后信息不对称的事例并做简要分析。

4. 劣币驱逐良币

事前的信息不对称导致的"劣胜优汰"现象,希望选到好的,但是实际选到的往往是不好的,就是逆向选择(adverse selection)。比如:

①保险公司与投保人。保险公司希望风险防范措施完善、行为方式严谨的人买保险,但是风险防范措施一般、行为方式不太严谨的人更愿意买保险。

②雇主与雇员。雇主希望雇佣能力强创造价值高的,但是来应聘的往往是能力较弱创造价值较低的,因为能够创造更高价值的去争取薪酬更高的岗位了。

※**习题 2** 列举生活中的逆向选择事例并做简要分析。

二、柠檬市场

1. 缘起

柠檬市场(lemon market)并不是买卖柠檬的市场,而是指二手商品市场,显著特征是买卖双方关于二手商品质量的信息是不对称的。

柠檬市场最早由阿克洛夫(Akerlof,1970)提出,他曾屡投不中的论文后来被证明是石破天惊的,获得了 2001 年经济学诺贝尔奖。

2. 极简模型

买卖双方对车的评价相同:好车价值 20 万元,占 50%;差车价值 10 万元,占 50%。

有若干卖方 s 和买方 b,形成完全竞争市场,买卖双方都只能获得保留效用 0。

(1)卖方的决策

效用函数为 $u_s = p - \theta$。其中,θ 为车的价值,p 为车的价格。只有 $\theta < p$ 时,卖方才会卖。知道自己的车到底是好还是差。好车的卖方低于 20 万不卖,差车的卖方低于 10 万不卖。

(2)买方的决策

效用函数为 $u_b = \theta - p$。其中,θ 为车的价值,p 为车的价格。只有 $\theta > p$ 时,买方才会买。

当不知道车的质量时,按照期望值出价。当 $E(u_b) = E(\theta) - p \geq 0$ 时,买方才会买。

由于其不知道某辆车是好车还是差车,只是知道各占 50%,完全竞争的买方愿意出价 $20 \times 0.5 + 10 \times 0.5 = 15$ 万。其中,完全竞争意味着买方的期望效用为 0。

(3)第一层博弈

面对买方 15 万的出价,好车的卖方不愿意卖,差车的卖方很愿意卖。

(4)第二层博弈

卖方愿意 15 万就卖,说明是差车,买方肯定不会买;

卖方不愿意 15 万就卖,说明是好车,买方肯定想买。

(5)结论

卖方愿意卖的,买方不愿意买;买方愿意买的,卖方不愿意卖。

二手车市场效率低,甚至会消失。

3. 离散模型

一个简化的离散模型表示为图 22-1。

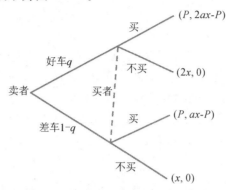

图 22-1 简化二手车离散模型

卖方对好车的价值评价为 $2x$,对差车的价值评价为 x。这里假设好车的价值是差车的两倍,并且好车的比例或概率为 q。

买卖双方对车的评价价值有差异,买方的评价是卖方的 $a(>1)$ 倍。也就是说,买方对好车的价值评价为 $2ax$,对差车的价值评价为 ax。

由于信息不对称,市场统一成交价格为 P。

(1)买方

买的期望收益为 $q(2ax-P)+(1-q)(ax-P)$,不买的期望收益为 0。愿意买的条件是买的期望收益大于不买的期望收益,即 $(1+q)ax>P$。

(2)卖方

好车卖方卖的收益为 P,不卖的收益为 $2x$,愿意卖的条件:$P>2x$。

差车卖方卖的收益为 P,不卖的收益为 x,愿意卖的条件:$P>x$。

(3)市场

要成交形成市场,必须同时满足买卖双方的条件:

好车成交的区域:$(1+q)ax>P>2x$。只要 $(1+q)ax>2x$,就存在相应的市场价格。也就是说,当 $(1+q)a>2$ 时,好车可以成交。

差车成交的区域:$(1+q)ax>P>x$。当 $(1+q)a>1$ 时,差车可以成交。

前者比后者严格得多,也就是说,好车成交的可能性要小得多。两种车都能成交的公共区域就是 $(1+q)a>2$,等价于

其一,$q>\dfrac{2}{a}-1$:市场上好车足够多;

其二,$a>\dfrac{2}{1+q}$:买卖双方对二手车评价差异足够大。

因此,如果市场上好车足够多,买卖双方对二手车评价差异足够大,那么二手车市场上无论好车还是差车都可以成交。

(4) 现象解读

比如,是否愿意与陌生人交往的两个主要决定因素是好人比例和交往利益。如果认为好人的可能性比较大,就愿意交往。这是民风淳朴地区容易结交好友的原因,也是思想简单的天真少年容易结交好友的原因。如果交往后可以获得的利益比较大,也愿意交往。

4. 连续模型

市场上有价值不同的车在卖,车的质量也就是其价值 θ 服从 $[a,b]$ 上的密度函数为 $f(\theta)$ 的概率分布。卖主知道自己所出售车辆的真实价值为 θ,但是买主不知道 θ 的准确值,只知道 θ 服从 $[a,b]$ 上的密度函数为 $f(\theta)$ 的概率分布。如果买方以价格 p 购得价值为 θ 的车辆,其效用为 $u=\theta-p$;如果不购买,其效用为 0。如果卖主以价格 p 出售了价值为 θ 的车辆,其效用为 $v=p-\theta$;如果未能出售,则其效用为 0。求成交条件。

(1) 卖方

拥有价值为 θ 的车,以 p 卖出的效用为 $v=p-\theta$,不卖的效用为 0。当 $v=p-\theta \geqslant 0$ 即 $\theta \leqslant p$ 时,才会卖。那么,只有质量低于 p 的车才会以价格 p 卖出。给定价格 p,卖方愿意卖的车的质量满足 $\theta \leqslant p$,期望值为 $\bar{\theta}=E(\theta \mid \theta \leqslant p)=\dfrac{\int_a^p \theta f(\theta) \mathrm{d}\theta}{\int_a^p f(\theta) \mathrm{d}\theta}$,表示对价格 p 卖方能够提供的车的平均质量。这里的期望值是条件期望值,在某个条件下的期望值,等于期望值除以相应条件成立的概率,附录中有简要说明。

(2) 买方

对价值为 θ 的车,出价 p 购买,买方的效用为 $u=\theta-p$。其中,买方并不知道车的价值 θ。但是,知道卖方愿意卖的车的平均价值为 $\bar{\theta}$。那么,买方以价格 p 购买车获得的期望效用为 $E(u)=\bar{\theta}-p$,不购买的效用为 0。当 $E(u)=\bar{\theta}-p \geqslant 0$ 时,才会购买。如果市场上有很多买者,也就是完全竞争的,那么 $p=\bar{\theta}$,表示对价格 p 买方愿意购买的车的平均质量。

(3) 市场

交易达成,意味着双方接受共同的价格 p,以上两式同时成立,即

$$p=\bar{\theta}=E(\theta \mid \theta \leqslant p)=\dfrac{\int_a^p \theta f(\theta) \mathrm{d}\theta}{\int_a^p f(\theta) \mathrm{d}\theta},\text{亦即 } p\int_a^p f(\theta)\mathrm{d}\theta = \int_a^p \theta f(\theta)\mathrm{d}\theta。$$

分析可知,唯一的解是 $p=a$。这说明,只有质量最低的车才会成交。

(4) 对比

与离散模型对比:

离散模型中,两种质量的车都可能成交;连续模型中,只有最低质量的车能够成交。

似乎是一种退化?

可能的原因:离散模型中考虑了买卖双方的价值评价差异,而连续模型没有考虑。

※**习题 3** 建立不考虑买卖双方价值评价差异的离散模型,并分析均衡结果。

5. 一个连续模型特例

在二手车市场上,有价值不同的车在卖,车的质量也就是其价值 θ 服从 $[0,1]$ 上的均匀分布。卖主知道自己所出售的车辆真实价值为 θ,但买主则只知道 θ 服从 $[0,1]$ 上的均匀分布。如果买方以价格 p 购得价值为 θ 的车辆,则其获得的效用将是 $u=\theta-p$;如果不购买,则其效用为 0。如果卖主以价格 p 出售了价值为 θ 的车辆,获得的效用是 $v=v(\theta,p)$;如果未能出售,则其效用为 0。假设市场上存在的买主要多于供出售的车辆,也就是说买方是竞争性的。如果 $v=v(\theta,p)=p-\theta^3$,那么市场均衡价格是多少?

首先,考虑卖方决策。

卖的效用为 $v=v(\theta,p)$,不卖为 0。当 $v=v(\theta,p) \geqslant 0$ 时,才会卖。对于给定的价格 p, $v=v(\theta,p)$ 是 θ 的减函数。那么,只有质量低于 $\hat{\theta}$ 的卖方才会卖,其中 $\hat{\theta}$ 使 $v(\hat{\theta},p)=0$,期望值为 $\bar{\theta}=E(\theta \mid \theta \leqslant \hat{\theta})=\dfrac{\int_0^{\hat{\theta}} \theta f(\theta)\mathrm{d}\theta}{\int_0^{\hat{\theta}} f(\theta)\mathrm{d}\theta}$。而 θ 服从 $[0,1]$ 上的均匀分布,即 $f(\theta)=1$。由此,可得 $\bar{\theta}=E(\theta \mid \theta \leqslant \hat{\theta})=\dfrac{\int_0^{\hat{\theta}} \theta f(\theta)\mathrm{d}\theta}{\int_0^{\hat{\theta}} f(\theta)\mathrm{d}\theta}=\dfrac{\int_0^{\hat{\theta}} \theta \mathrm{d}\theta}{\int_0^{\hat{\theta}} \mathrm{d}\theta}=\dfrac{\frac{1}{2}\hat{\theta}^2}{\hat{\theta}}=\dfrac{1}{2}\hat{\theta}$。如果 $v(\theta,p)=p-\theta^3$,临界的质量 $\hat{\theta}=p^{\frac{1}{3}}$。此时 $\bar{\theta}=\dfrac{\hat{\theta}}{2}=\dfrac{p^{\frac{1}{3}}}{2}$,即为卖方的条件。

其次,考虑买方决策。

买的期望效用为 $E(u)=E(\theta)-p=\bar{\theta}-p$,不买的效用为 0。当 $E(u)=E(\theta)-p=\bar{\theta}-p \geqslant 0$ 时,才会买。由于买主很多,必有 $\bar{\theta}-p=0$,即 $p=\bar{\theta}$。此为买方的条件。

最后,考虑市场的买卖均衡。

市场均衡时,卖方的 $\bar{\theta}=\dfrac{\hat{\theta}}{2}=\dfrac{p^{\frac{1}{3}}}{2}$ 和买方的 $p=\bar{\theta}$ 同时成立,联立解得 $p=\bar{\theta}=\left(\dfrac{1}{2}\right)^{\frac{3}{2}} \approx 0.35$,即为均衡价格。其实,只有质量在 0 到 $\hat{\theta}=p^{\frac{1}{3}}=\left(\dfrac{1}{2}\right)^{\frac{1}{2}} \approx 0.71$ 之间的车辆能够成交,由于信息不对称,成交价格都为 $p=\bar{\theta}=\left(\dfrac{1}{2}\right)^{\frac{3}{2}} \approx 0.35$。

※**习题 4** 求解上例中当 $v=v(\theta,p)=p^{\frac{1}{m}}-\theta^k$ 时的均衡价格($m>1,k>1$),并分析 m 和 k 对均衡价格的影响。

三、保险市场

1. 缘起

保险市场中的逆向选择最早由罗斯柴尔德(Rothschild)和斯蒂格利茨(Stiglitz)在 1976

年提出,其中斯蒂格利茨获得 2001 年经济学诺贝尔奖。

2. 简化示例

(1)假设

司机给车买保险,车价值 10 万元,如表 22-1 所示。出事故,就全损,当然人没事,保险公司赔 10 万。由于市场竞争,保险公司的期望利润是 0。

表 22-1 汽车保险简化示例

	所占比例	事故概率	投保金额	保费
高风险司机	50%	30%	10 万	3 万[a]
低风险司机	50%	10%	10 万	1 万[b]
平均	——	20%	10 万	2 万[c]

(2)对称信息

a. 对高风险司机:保险公司收取保费 x,有 $x-10\times 30\%=0$,即 3 万元的保费。

b. 对低风险司机:保险公司收取保费 y,有 $y-10\times 10\%=0$,即 1 万元的保费。

(3)不对称信息

c. 对保险公司:不知道司机风险高低,按平均水平收取保费 2 万,对应投保金额 10 万。

对司机:投保选择汇总如表 22-2 所示。

表 22-2 司机的投保选择

司机类型	投保时的确定收益	不投保的确定性等价收益[d]	投保否
高风险司机	8[e]	7−2.1=4.9[f]	投
低风险司机	8[e]	9−0.7=8.3[g]	不投

d. 确定性等价收益就是与不确定的有风险的期望收益相当的确定的无风险的固定收益,"相当"表现为确定性等价收益产生的效用与不确定收益产生的期望效用相等。

e. 对高风险司机和低风险司机都有:不发生事故,车值 10 万;发生事故,假设车全损,当然人没事,保险公司赔付 10 万。拥有的财富都是 10 万。同时,一定要交 2 万的保险费。所以,确定收益为 8 万。

f. 高风险司机:不发生事故,车值 10 万,概率为 70%;发生事故,车没了,财富为 0,概率为 30%。期望值为 7,假设风险贴水为 2.1,确定性等价收益为期望值减去风险贴水即 4.9 万。其中,风险贴水就是不确定的有风险的期望值 7 比确定的无风险的固定值 7 少的部分,作为承担风险的补偿。

g. 低风险司机:不发生事故,车值 10 万,概率为 90%;发生事故,车没了,财富为 0,概率为 10%。期望值为 9,假设风险贴水为 0.7,确定性等价收益为期望值减去风险贴水即 8.3 万。这里的风险贴水 0.7 比高风险司机的风险贴水 2.1 要小,因为 10% 发生全损的风险比 30% 发生全损的风险要小。

对高风险司机:8>4.9,会投保。

对低风险司机:8<8.3,不会投保。

那么,投保的一定是高风险司机。

这就是逆向选择!

保险公司更希望那些低风险司机投保,而实际投保的却是高风险司机。

3. 抽象模型

(1)假设

车的价值为 v,高风险司机 H 和低风险司机 L 出现损失的概率分别为 p_H 和 p_L,如表 22-3 所示,效用函数都为 $u(x)$,满足 $u(0)=0$、$u'(x)>0$ 和 $u''(x)<0$。出现损失,假设就全损。

表 22-3 汽车保险的抽象模型

司机类型	所占比例	事故概率	投保金额	保费
高风险司机	δ	p_H	v	$x_H=vp_H$
低风险司机	$1-\delta$	p_L	v	$x_L=vp_L$
平均	—	$\delta p_H+(1-\delta)p_L$	v	$\bar{x}=v[\delta p_H+(1-\delta)p_L]$

(2)对称信息

对高风险司机:保险公司收取保费 x_H,由于保险公司的竞争性,有 $x_H-vp_H=0$,即保费为 $x_H=vp_H$。

对低风险司机:保险公司收取保费 x_L,由于保险公司的竞争性,有 $x_L-vp_L=0$,即保费为 $x_L=vp_L$。

(3)不对称信息

一方面,对保险公司:不知道司机的风险高低,按平均水平收取保费 $\bar{x}=\delta x_H+(1-\delta)x_L=\delta vp_H+(1-\delta)vp_L=v[\delta p_H+(1-\delta)p_L]$。

另一方面,对司机:无论风险高低,如果投保,都要交保费 $\bar{x}$,投保选择汇总如表 22-4 所示。

表 22-4 抽象模型中的司机投保选择

司机类型	投保时的确定效用	不投保的期望效用	投保否
高风险司机	$u(v-\bar{x})$	$p_H u(0)+(1-p_H)u(v)$	投
低风险司机	$u(v-\bar{x})$	$p_L u(0)+(1-p_L)u(v)$	不确定

其中,无论司机的风险高低如何,只要投保,司机的财富都是确定的 $v-\bar{x}$,效用也都是确定的 $u(v-\bar{x})$。

首先,对高风险司机,有
$$u(v-\bar{x})=u(v\{1-[\delta p_H+(1-\delta)p_L]\})>u[v(1-p_H)]$$
$$=u[0\cdot p_H+v(1-p_H)]>p_H u(0)+(1-p_H)u(v)$$

第一个不等式是根据 $p_H>p_L$ 和 $u'(x)>0$,第二个不等式是根据琴生(Jensen)不等式,附录对琴生不等式有简要说明。

所以,高风险司机一定会选择投保。

其次,对低风险司机,有
$$u(v-\bar{x})=u(v\{1-[\delta p_H+(1-\delta)p_L]\})<u[v(1-p_L)]$$

$$= u[0 \cdot p_L + v(1-p_L)] > p_L u(0) + (1-p_L)u(v).$$

第一个不等式是根据 $p_H > p_L$ 和 $u'(x) > 0$，第二个不等式是根据琴生不等式。

然而，根据 $u(v-\bar{x}) < u[v(1-p_L)] = u[0 \cdot p_L + v(1-p_L)] > p_L u(0) + (1-p_L)u(v)$ 可知，这里并不能确定 $u(v-\bar{x})$ 与 $p_L u(0) + (1-p_L)u(v)$ 之间的相对大小，从而 $p_L u(0) + (1-p_L)u(v) > u(v-\bar{x})$ 和 $p_L u(0) + (1-p_L)u(v) < u(v-\bar{x})$ 都可能成立。

如果 $p_L u(0) + (1-p_L)u(v) > u(v-\bar{x})$，那么低风险司机不会投保；

如果 $p_L u(0) + (1-p_L)u(v) < u(v-\bar{x})$，那么低风险司机就会投保。

所以，低风险司机是否投保是不确定的。

综合以上高风险司机和低风险司机两方面可得：信息不对称时，高风险司机一定会买保险，低风险司机有可能买保险。那么，买保险的既可能是高风险司机也可能是低风险司机，而不买保险的一定是低风险司机。

这会增大认为某司机是高风险司机的概率。原本认为某司机是高风险的可能性是初始概率值，现在看到该司机买了保险，就会提高该司机是高风险的概率值。如此逻辑循环下去，最终就会形成"买保险的一定是高风险司机"的极端情形。

也就是"买保险的都是高风险司机，而不买保险的都是低风险司机"。逆向选择！

四、信贷市场

1. 缘起

信贷市场中的逆向选择最早由斯蒂格利茨和韦斯（Weiss）于1981年提出。

2. 简单示例

如表 22-5 所示，两类项目 A 和 B，各占一半，表示为 $q=0.5$，都需要投资 100 万元。A 类项目成功的概率是 0.9，成功后的资产变为 130，而失败时只有 90。B 类项目成功的概率是 0.5，成功后的资产变为 200，而失败时只有 10。无论项目类型如何，项目投资的资金都来源于银行贷款。银行要求 10% 的期望贷款利率。

表 22-5　项目贷款融资示例

项目	投资额	成功时的资产	失败时的资产	期望资产	期望收益率
$A(q=0.5)$	100	130(×0.9)	90(×0.1)	126	26%
$B(1-q=0.5)$	100	200(×0.5)	10(×0.5)	105	5%

（1）信息对称

首先，考虑银行的要求。

此时，银行准确地知道项目的类型。

一方面，设银行对项目 A 要求的贷款利率为 x。项目成功时，由于 130 大于 100，银行可以收回全部本金和利息，这里根据常识假设 130 大于本金 100 按利率 x 要求的本金和利息，实际利率就是 x；项目失败时，由于 100 大于 90，银行将只能收回 90，从而会损失全部利息和本金 10，实际利率就是 -10%。于是，根据银行要求 10% 的期望贷款利率，可得

$$0.9x+0.1\times(-10\%)=10\%$$

解得,银行对 A 要求的贷款利率为 $x=12.22\%$。

另一方面,设银行对项目 B 要求的贷款利率为 y。项目成功时,由于 200 大于 100,银行可以收回本金和利息,同样这里根据常识假设 200 大于本金 100 按利率 y 要求的本金和利息,实际利率就是 y;项目失败时,由于 100 大于 10,银行将只能收回 10,从而会损失全部利息和本金 90,实际利率就是 -90%。于是,根据银行要求 10% 的期望贷款利率,得

$$0.5y+0.5\times(-90\%)=10\%$$

解得,银行对 B 要求的贷款利率为 $y=110\%$。

其次,考虑企业的决策。

对项目 A,面对银行提出的 12.22%,能够获得的期望收益为

$$0.9\times(130-12.22\%\times100-100)+0.1\times0=16>0$$

其中,第一项表示项目成功时的收益,等于投资所得资产 130 减去还给银行的本金和利息后的剩余;第二项表示项目失败时的收益为 0,此时由于项目投资失败只得到资产 90,偿付银行贷款的本金 90 后,还欠银行本金 10 和利息 12.22,但是由于没有任何资产可用,就宣告破产。因为从银行贷款投资于项目 A 的期望收益 16 大于不贷款投资项目 A 的收益 0,项目 A 愿意接受银行的条件,会贷款。

对项目 B,面对银行提出的 110%,能够获得的期望收益为

$$0.5\times(200-110\%\times100-100)+0.5\times0=-5<0$$

其中,第一项表示项目成功时的收益,等于投资所得资产 200 减去还给银行的本金和利息后的剩余;第二项表示项目失败时的收益为 0,此时由于项目投资失败只得到资产 10,偿付银行贷款的本金 10 后,还欠银行本金 90 和利息 110,但是由于没有任何资产可用,就宣告破产。因为从银行贷款投资于项目 B 的期望收益 -5 小于不贷款投资项目 B 的收益 0,项目 B 不愿意接受银行的条件,不会贷款。

最后,资源配置。

预期收益率更高风险更低的项目 A 获得贷款,配置正确。

(2) 信息不对称

首先,考虑银行的要求。

银行不知道项目的具体类型,不能按照项目的类型设定贷款利率,只能不区分类型设定统一的贷款利率 z。由于银行认为项目是 A 类和 B 类的可能性各占一半,那么根据银行要求期望贷款利率 10% 的目标,应该有

$$0.5\times[0.9z+0.1\times(-10\%)]+0.5\times[0.5z+0.5\times(-90\%)]=10\%$$

解得,银行要求的贷款利率为 47.14%。

其次,考虑企业的决策。

对项目 A,面对银行提出的 47.14%,能够获得的期望收益为

$$0.9\times(130-47.14\%\times100-100)+0.1\times0=-15.43<0$$

项目 A 不愿意接受银行条件,不会贷款。

对项目 B,面对银行提出的 47.14%,能够获得的期望收益为

$$0.5\times(200-47.14\%\times100-100)+0.5\times0=26.43>0$$

项目 B 愿意接受银行条件,会贷款。

最后,资源配置。

预期收益率更低风险更大的项目 B 获得贷款,信息不对称引起了错位配置。

逆向选择!

(3) 启示

首先,可能存在配置错位。

并非项目好就能融到资金,得到贷款的项目可能反而是差的项目。

其次,银行的贷款利率要求。

既不能太低:否则没法经营。

也不能太高:因为存在逆向选择问题。超过某个临界值,要求利率越高,逆向选择问题越严重,接受银行高利率要求的项目越可能是高风险的。

所以,开银行也难!

再次,银行的贷款审批。

不能按照企业自己提出的贷款利率审批。

企业愿意接受的利率越高,越要从严。

高到一定程度,应该拒绝贷款申请。

最后,为什么中小企业贷款难?

一是信息不对称,中小企业质量良莠不齐,银行不知道哪些是高质量的,按照平均水平核定贷款,结果产生逆向选择,高质量的反而不能获得贷款。

二是缺乏隐性担保,中小企业大多是民营的,经营规模不大,没有各种隐性担保。

※**习题 5** 项目有甲和乙两个类型,都需要投资 200 万元。如果成功,甲可以获得 20% 的回报,乙可以获得 70% 的回报;如果失败,甲将会亏损 10%,乙将会亏损 60%。而甲成功的概率为 90%,乙的成功概率为 50%。银行要求 15% 的期望贷款利率。

(1) 信息对称时,银行知道项目的类型,对甲类和乙类项目,银行分别要求的贷款利率是多少?谁会贷款?

(2) 信息不对称时,银行不知道项目的具体类型,而认为项目为甲乙类型的可能性相同,此时要求的贷款利率是多少?谁会贷款?

五、施舍博弈

1. 乞丐以何为生?

人们的同情怜悯之心。

2. 为什么愿意施舍?

人之初,性本善。帮助别人,是一种快乐。

3. 为什么立法禁止强行乞讨?

禁止强行乞讨,原因在于:

对真乞丐施舍,是一种快乐;

被假乞丐欺骗,是一种伤害。

4. 真假乞丐

决定是否施舍的重要因素是乞丐的真假。

5. 博弈分析

施舍博弈可以简单地表示为图 22-2。

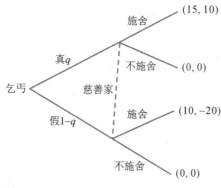

图 22-2 施舍博弈

其中,虚线表示慈善家不知道乞丐是真的还是假的。设慈善家认为乞丐是真的概率为 q,那么:
选择施舍,期望收益为 $10q-20(1-q)$;选择不施舍,期望收益为 0。

当 $10q-20(1-q)>0$ 时,即 $q>\dfrac{2}{3}$ 时,才会施舍。

由此,可得决定是否施舍的 3 个因素:

① q——真假判断。

越是认为乞丐是真的,越愿意施舍。

② 10——同情心。

怜悯心越强,帮助他人得到的快乐越多,越可能施舍。

愿意帮助别人的人,都是善良的。

③ -20——脆弱心。

被欺骗受到的伤害越大,越不愿意施舍。

不愿意帮助别人的人,并不是不善良,而是害怕受伤,特别是曾经受过伤的。

6. 信息不对称

如果是真的,就施舍,因为是一种快乐。如果是假的,就不施舍,因为要避免被伤害。问题是,不知道真假。乞丐是真是假,存在信息不对称。

不要错过每一次善良,但要避开每一次伤害。

※**习题 6** 解释不愿意施舍路边乞讨者却愿意捐助地震、洪涝等自然灾害受灾群众的行为。

六、本讲附录

附录 1:条件期望值

举个简单例子来说明条件期望值公式 $E(X \mid X \leqslant b) = \dfrac{\int_{-\infty}^{b} x f(x) \mathrm{d}x}{\int_{-\infty}^{b} f(x) \mathrm{d}x}$。

假设某个数 X 在 1 到 8 的 8 个整数中等概率地随机取值,也就是概率为 $p_i = \dfrac{1}{8}$,那么期望

值是 $E(X)=\sum_{i=1}^{8}p_i x_i=\sum_{i=1}^{8}\frac{1}{8}i=\frac{36}{8}=4.5$。如果进一步限制这个数不超过5,也就是在小于等于5的条件下再求期望值,通常的计算方法是 $\sum_{i=1}^{5}\frac{1}{5}i=\frac{15}{5}=3$。

如果按照条件期望值公式 $E(X\mid X\leqslant b)=\dfrac{\int_{-\infty}^{b}xf(x)\mathrm{d}x}{\int_{-\infty}^{b}f(x)\mathrm{d}x}$,注意到连续情形的密度函数 $f(x)$ 对应离散情形的概率 p_i,那么期望值就为 $E(X\mid X\leqslant 5)=\dfrac{\sum_{i=1}^{5}p_i x_i}{\sum_{i=1}^{5}p_i}=\dfrac{\sum_{i=1}^{5}\frac{1}{8}i}{\sum_{i=1}^{5}\frac{1}{8}}=\dfrac{\frac{15}{8}}{\frac{5}{8}}=3$。

其中,分子是期望值,而分母是条件成立的概率。注意,无论分子还是分母,概率 p_i 也就是密度函数 $f(x)$ 都是定义在原值域1到8的8个整数上的。而通常的计算方法 $\sum_{i=1}^{5}\frac{1}{5}i=\frac{15}{5}=3$,其实把 p_i 定义在新的值域1到5的5个整数上。

附录2:Jensen 不等式

如果函数 $f(x)$ 满足 $f'(x)>0$ 和 $f''(x)<0$,那么对 $0<\alpha<1$ 必有
$$f[\alpha x_1+(1-\alpha)x_2]>\alpha f(x_1)+(1-\alpha)f(x_2)$$
称为 Jensen 不等式。简单说,就是加权平均值 $\alpha x_1+(1-\alpha)x_2$ 的函数值 $f[\alpha x_1+(1-\alpha)x_2]$ 大于函数值 $f(x_1)$ 和 $f(x_2)$ 的加权平均值 $\alpha f(x_1)+(1-\alpha)f(x_2)$。如图22-3所示:

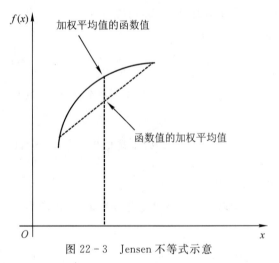

图 22-3　Jensen 不等式示意

第 23 讲　信息甄别

一、真假难辨

1. 问题的提出

由于不知道对方的类型,会产生逆向选择问题,本希望选择好的,但是实际往往会选到差的。比如,保险公司希望风险低者买保险,但是风险高者更愿意买保险。又如,公司希望招聘到能力高创造价值多的员工,但是前来应聘的更可能是能力不太高创造价值不太多的,因为创造价值高于公司岗位薪资水平的求职者会去争取更高职位。这就要求采取措施准确甄别对方的类型,称为信息甄别(information screening)。

2. 真假悟空

两位悟空,一样的外貌,一样的武功,一样的言行。必有一位是假的,唐僧、观音、如来等是如何甄别的?

3. 真假唐僧

两位唐僧,一样的外貌,一样的言行。必有一位是假的,悟空是如何甄别的?

4. 真假母亲

两位妇女哭喊着说自己才是啼哭婴儿的母亲。必有一位是假的,包公如何甄别?

5. 真爱无惧

公主招亲,应者云集,都说很爱公主,愿意为公主赴汤蹈火。为了识别到底谁才是真爱,公主说:"真爱我的话,就到恶魔城堡去住一晚,明天来娶我。"恶魔是要吃人的,只有真爱公主的人才会牺牲自己。有一位穷小伙去了,说明是真爱公主的。从此,公主和小伙子过上了幸福快乐的生活。

6. 共性问题

识别真假。更具一般性的,就是甄别类型。

※习题 1　列举生活中甄别类型的事例并做简要分析。

二、机制设计

1. 含义

机制设计(mechanism design),就是设计不同的方案使不同类型的局中人选择与自己类型对应的方案,从而揭示局中人的类型。

2007 年的经济学诺贝尔奖颁发给研究机制设计的迈尔森(Myerson)、马斯金(Maskin)和赫维茨(Hurwicz)。

2. 直接机制

直接机制(direct revelation mechanism，DRM)，指拥有私人信息的一方直接报告自己的类型。比如，真爱公主的小伙子直接说很爱公主。但是，即使不是真爱的小伙子甚至老头子也可以说很爱公主。这样，只知道大家说的都是甜言美语，不知道谁是真爱公主。

3. 间接机制

间接机制(indirect revelation mechanism，IRM)，指拥有私人信息的局中人选择与自己类型对应的方案，通过看局中人选择的方案来推断其类型。比如，真爱公主的小伙子会到有食人恶魔的城堡去住一晚，而假爱公主的小伙子和老头子们不会到有食人恶魔的城堡去住一晚。这样，通过看谁去有食人恶魔的城堡住了一晚，就知道谁是真爱公主。所以，真爱不是听他或她怎么说，而是看他或她怎么做。

4. 示意模型

机制设计的博弈模型见图 23-1。

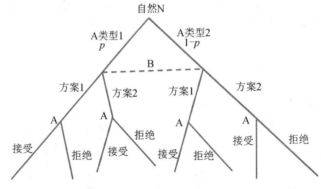

图 23-1 机制设计博弈模型示意

首先，自然 N 确定了局中人 A 的类型及其概率。其中，类型 1 的比例为 p，类型 2 的比例为 $1-p$。

比如，一些小伙子是真爱公主，另一些并不爱公主。这是由自然决定的，是天生的。

又如，人出生之前，自然就决定了性别，是男是女的比例各占一半。

再如，学概率论时老师都会讲的例子：一个黑布口袋里装有 10 个红球和 20 个黄球，随机摸一个球，可能是红的也可能是黄的，概率分别是三分之一和三分之二。

其次，局中人 A 了解知道自己的类型。

小伙子自己知道是真爱公主还是爱公主的地位与财富，只是没机会表白。

宝宝自己知道是儿子还是女儿，只是来不及告诉爸爸妈妈，因为还没相见。

被摸到的那个球自己知道是红色还是黄色，只是在黑口袋里，又不会说话。

再次，局中人 B 不知道局中人 A 的类型。

公主不知道哪个小伙子是真爱。

爸爸妈妈不知道宝宝是儿子还是女儿。

你不知道摸到的那个球是红色还是黄色。

最后，局中人 B 设计方案菜单来甄别局中人 A 的类型。

公主让小伙子们到有食人恶魔的城堡去过夜，形成了两个方案：方案 1 是去住一晚，方案

2是不去。因为有多个方案，所以称为方案菜单，或者简称为菜单。

宝宝很想告诉爸爸妈妈自己是儿子还是女儿，怎么办呢？就通过魔力要求妈妈吃不同的食物。儿子会努力让妈妈多吃酸的，女儿会努力让妈妈多吃辣的，就是所谓的"酸儿辣女"。于是，爸爸妈妈看到孕妈特别喜欢吃酸的就知道是儿子，特别喜欢吃辣的就知道是女儿。这里同样有两个方案，也形成了方案菜单。

5. 让人说真话

不妨设，到有食人恶魔的城堡去过夜的方案1与真爱的类型1对应，不去有食人恶魔的城堡过夜的方案2与假爱的类型2对应。

(1) 正话机制

类型1如实接受与自己类型一致的方案1，同时拒绝与其类型不一致的方案2；而且类型2如实接受与自己类型一致的方案2，同时拒绝与其类型不一致的方案1。

比如：真爱公主的小伙子选择去有食人恶魔的城堡住，而拒绝不去；

假爱公主的小伙子选择不去有食人恶魔的城堡住，而拒绝去。

由此就准确甄别了哪个小伙子是真爱，去有食人恶魔的城堡过夜的小伙子就是真爱。

(2) 反话机制

类型1如实接受与自己类型不一致的方案2，同时拒绝与其类型一致的方案1；而且类型2如实接受与自己类型不一致的方案1，同时拒绝与其类型一致的方案2。

比如：真爱的小伙子选择不去有食人恶魔的城堡住，而拒绝去；

假爱的小伙子选择去有食人恶魔的城堡住，而拒绝不去。

由此也准确甄别哪个小伙子是真爱，不去有食人恶魔的城堡过夜的小伙子就是真爱。

(3) 真情假意

正话机制和反话机制似乎没有差别。正如辩证法所说，正即是反，反也是正，真即是假，假也是真。虽然大家都说正话也就是真话和大家都说反话也就是假话在逻辑上没有区别，但是容易混乱，也不便于明确褒贬对象。

6. 显示原理

显示原理(revelation principle)，指任何反话机制都可以转化为等价的正话机制。因此，可以认为大家都会说正话说真话，而不需要考虑大家都说反话说假话。

※习题2 列举生活中让人说真话的事例并做简要分析。

7. 均衡结果

(1) 分离均衡

分离均衡(separating equilibrium)，指不同类型的局中人选择不同方案的均衡。看到局中人选择的方案，就能推断出其类型。

比如，类型1选择方案1拒绝方案2，类型2选择方案2拒绝方案1。由此就知道选择方案1的是类型1而选择方案2的是类型2，后验概率都等于1。所谓后验概率，就是看到局中人选择的方案后推断其为某种类型的概率。这里，由于后验概率等于1，看到局中人选择的方案就知道其类型。

此时，信息甄别成功，机制设计有效。

(2)混同均衡

混同均衡(pooling equilibrium),指不同类型的局中人选择相同方案的均衡。看到局中人选择的方案,不能推断出其类型。

① 类型1选择方案1拒绝方案2,类型2也选择方案1拒绝方案2。由此不知道选择方案1的是类型1还是类型2,后验概率等于先验概率。所谓先验概率,就是看到局中人的方案选择前,根据常识和个人知识等推断其为某种类型的概率。比如,在没有其他信息时,关于某个人的性别,根据常识认为其为男性的概率为0.5。

② 类型1选择方案2拒绝方案1,类型2也选择方案2拒绝方案1。由此不知道选择方案2的是类型1还是类型2,后验概率等于先验概率。

此时,信息甄别失败,机制设计无效。

(3)准分离均衡

准分离均衡(semi-separating equilibrium)也称为杂合均衡(hybrid equilibrium),指一些类型的局中人选择单一方案而另一些类型的局中人随机选择多种方案的均衡。看到某些方案能够推断出其类型,而看到另一些又不能。

① 类型1选择方案1拒绝方案2,类型2既会选择方案1也会选择方案2。由此,就知道选择方案2的局中人是类型2,后验概率等于1;但是不知道选择方案1的局中人是类型1还是类型2。如果看到方案1,能够推断出局中人为类型1的可能性增大了,其后验概率大于先验概率。

② 类型1既会选择方案1也会选择方案2,类型2选择方案2拒绝方案1。由此,就知道选择方案1的局中人是类型1,后验概率等于1;但是不知道选择方案2的局中人是类型1还是类型2。如果看到方案2,能够推断出局中人为类型2的可能性增大了,其后验概率大于先验概率。

此时,信息甄别部分成功,机制设计部分有效。

三、汽车保险

1. 不对称信息下的逆向选择

保险公司按平均水平收取保费2万,对应投保金额10万,如表23-1所示。

表23-1 汽车投保示例

	投保时的确定收益	不投保的确定性等价收益	投保否
高风险司机	8[a]	7−2.1=4.9[b]	投
低风险司机	8[a]	9−0.7=8.3[c]	不投

a. 不发生事故,车值10万;发生事故,假设车全损,当然人没事,保险公司赔付10万。无论是否发生事故,拥有的财富总是10万。同时,一定要交2万的保险费。所以,确定收益为8万。

b. 不发生事故,车值10万,概率为70%;发生事故,车没了,财富为0,概率为30%。期望值为7,假设风险贴水为2.1,确定性等价收益为期望值减去风险贴水即4.9万。

c. 不发生事故,车值 10 万,概率为 90%;发生事故,车没了,财富为 0,概率为 10%。期望值为 9,假设风险贴水为 0.7,确定性等价收益为期望值减去风险贴水即 8.3 万。

可见,投保的都是高风险司机,因为 8>4.9;低风险司机都不会投保,因为 8.3>8。

这就是逆向选择。

2. 不对称信息下的机制设计

设计如下菜单:

方案 1:保费 3 万,发生事故赔偿 10 万;

方案 2:保费 2 千,发生事故赔偿 2 万。

首先,高风险司机的决策,如表 23-2 所示。

表 23-2 高风险司机的投保方案选择

收益	不投保	投方案 1	投方案 2	选择
期望值	$10\times0.7+0\times0.3=7^d$	$10-3=7^e$	$9.8\times0.7+1.8\times0.3=7.4^f$	方案 1
确定性等价	$7-(10-0)\times0.21=4.9^g$	$7-(7-7)\times0.21=7^h$	$7.4-(9.8-1.8)\times0.21=5.72^k$	

d. 不发生事故,车值 10 万,概率为 0.7;发生事故,车全损,价值为 0,概率为 0.3。

e. 不发生事故,车值 10 万;发生事故,车全损,当然人没事,保险公司赔付 10 万。无论是否发生事故,拥有的财富总是 10 万。同时,一定要交 3 万的保费。

f. 不发生事故,车值 10 万,交保费 0.2 万,净价值为 9.8 万,概率为 0.7;发生事故,车全损,保险公司陪 2 万,交保费 0.2 万,净价值为 1.8 万,概率为 0.3。

g. 不投保,财富要么为 10,要么为 0,能保底的收益只有 0,10-0 就是收益中有风险的部分。假设每单位风险收益的风险贴水为 0.21,确定性等价收益等于收益期望值减去风险贴水。

h. 第一个 7 是期望收益;第二个 7 是投保方案 1 没发生事故时的价值,没发生事故,车值 10 万,扣交的保费 3 万,价值就是 7 万;第三个 7 是投保方案 1 发生事故时的价值,发生事故,车全损,但是保险公司会赔 10 万,扣交的保费 3 万,价值也是 7 万;7-7 表示此时收益中没有有风险的部分,就是能够确保无论是否发生事故都一定能得到 7 万。

i. 7.4 是期望收益;9.8 是投保方案 2 没发生事故时的价值,没发生事故,车值 10 万,扣交的保费 0.2 万,价值就是 9.8 万;1.8 是投保方案 2 发生事故时的价值,发生事故,车会全损,但是保险公司只赔 2 万,扣交的保费 0.2 万,价值就是 1.8 万,这是保底的无风险的收益,即使发生事故也能确保的收益;9.8-1.8 表示此时收益中有风险的部分,就是不能确保的收益。

其次,低风险司机的决策。

可以计算得到类似结果,如表 23-3 所示。

表 23-3 低风险司机的投保方案选择

收益	不投保	投方案 1	投方案 2	选择
期望值	$10\times0.9+0\times0.1=9$	$10-3=7$	$9.8\times0.9+1.8\times0.1=9$	方案 2
确定性等价	$9-(10-0)\times0.07^m=8.3$	$7-(7-7)\times0.07=7$	$9-(9.8-1.8)\times0.07=8.44$	

j. 假设低风险司机每单位风险收益的风险贴水为 0.07。

3. 分离均衡

以上方案就实现了分离均衡，使高风险司机选择投保方案 1 而低风险司机选择投保方案 2，准确甄别了司机的风险高低，机制设计是有效的。

4. 现实方案

对高风险者提供全额保险（full insurance），即出现事故时按实际损失全额赔偿；

对低风险者提供部分保险（partial insurance），即出现事故时只赔偿部分损失。

现实中就是，在标准保险合同基础上可以选择附加条款。注意，基准是针对低风险者的。如果在基本条款之外要求更高额赔偿，支付更高保费，说明投保人就是高风险的。

5. 实践应用

医疗保险的一档二档划分。比如，某地 2024 年标准：一档 380，二档 750。

甄别什么信息？

可能是身体健康风险状况、经济支付能力、风险规避程度等。

四、差别定价

1. 商家的烦恼

不同消费者愿意为同样的商品支付不同的价格，需要采取一些措施把支付愿望不同的消费者区分开来，或者说甄别消费者的支付意愿。

2. 差别定价

差别定价也称价格歧视（price discrimination），比如：

手机的不同套餐；

不同时段的 KTV、电影、自助餐等价格不一样；

飞机的头等舱、商务舱、经济舱等；

轮船的一等舱、二等舱、三等舱、四等舱等；

火车的一等座、二等座，软卧、硬卧、软座、硬座等；

手机的高中低配置；

车的高中低配置；

淘宝、天猫、京东，QQ、腾讯影音、爱奇艺等不同级别会员的待遇不一样。

3. 两部收费制

两部收费制（two-part tariff），指一个较高的固定费用加一个较低的变动费用。

会员卡：花钱办了会员卡后，每次消费就便宜了。

※习题 3　列举生活中的两部收费制事例并做简要分析。

五、拍卖招标

1. 英式拍卖

英式拍卖指从低往高公开叫价的拍卖。

2. 荷兰拍卖

荷兰拍卖指从高往低默默认价的拍卖。

3. 一级密封价格拍卖

一级密封价格拍卖(the first price sealed auction),指每个竞拍者以密封方式提交报价,主办方以最高价卖给出价最高者。

4. 二级密封价格拍卖

二级密封价格拍卖(the second price sealed auction),指每个竞拍者以密封方式提交报价,主办方以第二高价卖给出价最高者。

5. 赢家的诅咒

赢家的诅咒(winner's curse),指中标者往往会亏损,因为出价超过了所值。在博弈论的研究中,拍卖和招标是同一类对象,采取相同的研究理论与方法。

维克瑞(Vickery,1914—1996)最早正式提出了赢家的诅咒,他1996年10月8日获得经济学诺贝尔奖,10月11日在去上班的车上去世。获得了诺贝尔奖,是赢家;来不及领奖,是赢家的诅咒。

6. 维克瑞拍卖

维克瑞拍卖指二级密封价格拍卖,是能够激励局中人说实话的拍卖机制。表23-4表示一个示例,其中假设局中人对标的物的评价是10,也就是认为标的物的价值是10。

表23-4 维克瑞拍卖示例

	其他人的最高报价		比较分析
	10.5	9.5	
高报11	Win,−0.5	Win,0.5	首先,实报占优高报; 其次,实报占优低报。
实报10	Lose,0	Win,0.5	
低报9	Lose,0	Lose,0	

(1) 当其他人的最高报价是10.5时

如果高报比如11,竞拍胜出,根据二级密封价格拍卖的机制,将以第二高价10.5的价格获得价值为10的标的物,收益为−0.5;如果实报10,由于低于10.5,竞拍失败,不能获得价值为10的标的物,收益为0;如果低报比如9,由于低于10.5,竞拍失败,不能获得价值为10的标的物,收益为0。比较可得,应该实报,因为实报要好于高报,并且不比低报差。

(2) 当其他人的最高报价是9.5时

如果高报比如11,竞拍胜出,将以9.5的价格获得价值为10的标的物,收益为0.5;如果实报10,竞拍胜出,将以9.5的价格获得价值为10的标的物,收益为0.5;如果低报比如9,由于低于9.5,竞拍失败,不能获得价值为10的标的物,收益为0。比较可得,也应该实报,因为实报要好于低报,并且不比高报差。

综上所述,在二级次优密封价格拍卖机制下,局中人总是会实报,说真话。

六、GCV 机制

1. 含义

GCV 机制(Groves-Clarks-Vickery mechanism),指使所有局中人都真实报告自己对公共产品的评价的激励机制。

如何让每个人如实报告公共产品对他的真实价值?比如,计划在某小区旁修建医院或加油站,征求市民意见,很可能有人会夸大或缩小其对医院或加油站的评价,就需要让大家都说真话。

2. 智商税

每个人可以任意地报告公共产品对自己的价值,说真话说假话只有自己知道,但可能要缴纳一定数量的税。

注意,这里的智商税只是借鉴流行用语,并不是博弈论的专业词汇。

3. 税的计算方法

首先,将其他人报的价值加总,选出总价值最大的项目。

然后,将第 i 个人报的价值加上,如果不影响结果,不征税;否则,应纳税,等于改变结果给其他所有人带来的损失。

4. 操作

每个人先独立报自己的价值,然后按照以上规则决定每个人应交多少税。

5. 例子

(1)问题描述

四人聚餐吃东北菜还是川菜?

按总价值最大原则决定吃什么,各人的真实评价如表 23-5 所示。

表 23-5 对东北菜和四川菜的价值评价

报告人	A	B	C	D	加总
东北菜价值	10	30	15	25	80
四川菜价值	30	10	20	10	70

如果各人真实报告,就吃东北菜,因为 80>70。

关键是报告人可能说谎。比如,A 为了吃到自己喜欢的川菜,就谎报夸大他对四川菜的评价值到 41,使总价值大达到 81,大于东北菜的 80。

为了防止说谎,就征收智商税,等于给其他人造成的损失。如果没有给其他人造成损失,就不用交税。

(2)其他人的价值加总

为了衡量给其他人造成的损失,先计算其他人的东北菜价值加总和四川菜价值加总,如表 23-6 所示:

表 23-6 其他人对东北菜和四川菜的价值加总

报告人	东北菜	四川菜	其他人的东北菜价值加总	其他人的四川菜价值加总
A	10	30	70	40
B	30	10	50	60
C	15	20	65	50
D	25	10	55	60
加总	80	70	——	——

(3) A 说真话的分析

给定其他人说真话,考虑 A 的决策:

实报说真话:所有人的四川菜价值加总 70,小于所有人的东北菜价值加总 80,A 就随大众吃自己不喜欢的东北菜。而 A 来之前,其他人的东北菜价值加总为 70,四川菜加总为 40,其他人就会吃东北菜。A 的到来没有改变结果,就不用缴纳税。那么,A 说真话,就吃自己不喜欢的东北菜,获得效用 10。

谎报说假话:A 为了吃到自己喜欢的四川菜,就说谎话,高报四川菜给他的价值为 41,所有人的四川菜价值加总就为 81,注意只有谎报夸大四川菜价值达到 41 才能改变结果吃到四川菜。但是,这改变了结果,给 B、C、D 造成了损失,因为:在 A 来之前 B、C、D 会吃东北菜,总价值是 70;而 A 来之后,B、C、D 会吃四川菜,总价值只有 40。那么,A 要交税 70-40=30。由此,A 的净效用为 30-30=0。其中,第一个 30 是 A 吃四川菜的真实价值,注意虽然 A 谎报夸大说有 41,但是事实上只有 30;第二个 30 是 A 上交的税。

比较可得,A 会实报说真话,因为 10 大于 0。

(4) B 说真话的分析

给定其他人说真话,考虑 B 的决策:

实报说真话:所有人的四川菜价值加总 70,小于所有人的东北菜价值加总 80,B 就随大众吃自己喜欢吃的东北菜,获得效用 30。同时,B 要交税 60-50=10,因为:在 B 来之前 A、C、D 吃四川菜,总价值是 60,这是由于 60>50;而 B 来之后,A、C、D 则会吃东北菜,这是由于 80>70,总价值只有 50。那么,B 的净效用为 30-10=20。其中,30 是 B 吃东北菜的真实价值,10 是 B 上交的智商税。

谎报说假话:为了避免交税,B 会说谎缩小东北菜的价值。而且,必须说东北菜价值低到 19 才行,使东北菜的总价值只有 69 低于四川菜的总价值 70。B 就随大众吃自己其实不喜欢的四川菜,获得效用 10,不缴纳税,净效用为 10-0=10。

比较可得,B 会实报说真话,因为 20 大于 10。

(5) C 说真话的分析

给定其他人说真话,考虑 C 的决策:

实报说真话:所有人的四川菜价值加总 70,小于所有人的东北菜价值加总 80,C 就随大众吃自己不喜欢的东北菜。而 C 来之前,其他人的东北菜价值加总为 65,四川菜加总为 60,其他人就会吃东北菜。C 的到来没有改变结果,就不用缴纳税。那么,C 说真话,吃自己不喜欢的东北菜,获得效用为 15。

谎报说假话:C为了吃到自己喜欢的四川菜,就说谎话,高报四川菜给他的价值为31,所有人的川菜价值加总就为81,注意只有谎报夸大四川菜价值达到31才能改变结果吃到四川菜。但是,这改变了结果,给A、B、D造成了损失,因为:在C来之前,A、B、D会吃东北菜,总价值是65;而C来之后,A、B、D会吃四川菜,总价值只有50。那么,C要交税65－50=15。由此,C的净效用为20－15=5。其中,20是C吃四川菜的真实价值,注意虽然C谎报夸大说有31,但是事实上只有20;15是C上交的税。

比较可得,C会实报说真话,因为10大于5。

(6) D说真话的分析

给定其他人说真话,考虑D的决策:

实报说真话:所有人的四川菜价值加总70,小于所有人的东北菜价值加总80,D就随大众吃东北菜,获得效用25。同时,D要交税60－55=5,因为:在D来之前A、B、C吃四川菜,总价值是60,这是由于60＞55;而D来之后,A、B、C会吃东北菜,这是由于80＞70,总价值只有55。那么,D的净效用为25－5=20。其中,25是D吃自己喜欢的东北菜的真实价值,5是D上交的智商税。

谎报说假话:为了避免交税,D会说谎缩小东北菜的价值。而且,必须说东北菜价值低到14才行,使东北菜的总价值只有69低于四川菜的总价值70。D就随大众吃自己其实不喜欢的四川菜,获得效用10,不缴纳税,净效用为10－0=10。

比较可得,D会实报说真话,因为20大于10。

(7) 实际税金

根据以上分析,在GCV机制下,通过征收智商税,A、B、C、D都会实报说真话。把会改变结果的报告人称为关键者,只有关键者才会给其他人造成损失,也才需要缴纳智商税。上例的关键者及其需要缴纳的税金如表23-7所示。

表23-7 关键者及其需要缴纳的税金

报告人	东北菜价值	四川菜价值	其他人加总的东北菜价值	其他人加总的四川菜价值	是否关键	税金
A	10	30	70	40	否[a]	0
B	30	10	50	60	是[b]	10
C	15	20	65	50	否	0
D	25	10	55	60	是	5
加总	80	70	——	——		

a. 不考虑A时,会吃东北菜,因为70＞40;考虑A时还是吃东北菜,因为80＞70。那么,有A无A,结果没有变化。所以,A不是关键者。

b. 不考虑B时,会吃四川菜,因为60＞50,A、C和D吃四川菜的价值为60;考虑B时改吃东北菜,因为80＞70,A、C和D吃东北菜的价值为50。那么,有B无B,结果发生了变化。所以,B是关键者,B应该补偿他的到来给其他所有人造成的损失,即交税60－50=10。

※**习题4** 西渝高铁曾经的走向之争。有东线和西线两个方案。

西线:西安→安康→万源→达州→广安→重庆。其中,万源、达州和广安都在四川境内。

东线:西安→安康→城口→开州→万州→重庆。其中,城口、开州和万州都在重庆境内。

四川和重庆两方就具体走向进行激烈博弈。此外,陕西和湖北其实也是利益相关者。对陕西而言,因为对四川已经有西成高铁,而且重庆有蓬勃发展的"渝新欧",因此更偏向于东线方案。对湖北来说,城口等紧接湖北恩施和神农架景区等地,对经济、旅游等辐射作用更大,而西线方案则比较遥远,影响力非常有限,因而也偏向于东线方案。如果四方对东线和西线的评价如表23-8所示,根据 GCV 机制,谁是关键者?应交多少税?

表 23-8 渝川陕鄂四方对东线和西线的价值评价

	重庆	四川	陕西	湖北
东线	300	100	250	200
西线	100	500	150	50

七、优化模型

1. 基本假设

企业即委托人委托员工即代理人生产 q 单位的产品,委托人从中获取的收益为 $S(q)$,满足条件 $S(0)=0$、$S'(q)>0$ 和 $S''(q)<0$,就是边际效用递减。

代理人的单位成本 θ,可能为 $\underline{\theta}$ 或 $\bar{\theta}$,满足 $\underline{\theta}<\bar{\theta}$,可称为低成本型和高成本型,或高能力型和低能力型等名称,概率分别为 v 或 $1-v$。注意,这里的上划线和下划线只是一种符号,表示两种不同的类型,比如上文的低成本型和高成本型或高能力型和低能力型等。再定义 $\Delta\theta=\bar{\theta}-\underline{\theta}$,表示成本差异或能力差异。这里用成本高低描述代理人的能力,刻画代理人的类型。

委托人不知道代理人的类型,因为信息是不对称的。比如,现实中企业就不知道应聘者的能力高低。所以,委托人只能根据代理人创造的产出向代理人支付报酬,因为代理人有两种类型,就设计两种报酬契约,为了符号的一致性,表示为契约菜单 $(\underline{q},\underline{t})$ 和 $(\bar{q},\bar{t})$。根据前述显示原理,不妨设:类型为 $\underline{\theta}$ 的低成本代理人应该选择契约 $(\underline{q},\underline{t})$,类型为 $\bar{\theta}$ 的高成本代理人应该选择契约 $(\bar{q},\bar{t})$。低成本代理人说真话,选择与自己类型一致的 $(\underline{q},\underline{t})$,就要创造产出 $\underline{q}$,付出总成本 $\underline{\theta}\underline{q}$,得到委托人支付的报酬 $\underline{t}$,净收益为 $\underline{t}-\underline{\theta}\underline{q}$;如果说假话,伪装成高成本的,选择高成本对应的 $(\bar{q},\bar{t})$,就要创造产出 $\bar{q}$,付出总成本 $\underline{\theta}\bar{q}$,得到委托人支付的报酬 $\bar{t}$,净收益为 $\bar{t}-\underline{\theta}\bar{q}$。高成本代理人说真话,选择与自己类型一致的 $(\bar{q},\bar{t})$,就要创造产出 $\bar{q}$,付出总成本 $\bar{\theta}\bar{q}$,得到委托人支付的报酬 $\bar{t}$,净收益为 $\bar{t}-\bar{\theta}\bar{q}$;如果说假话,伪装成低成本的,选择与低成本对应的 $(\underline{q},\underline{t})$,就要创造产出 $\underline{q}$,付出总成本 $\bar{\theta}\underline{q}$,得到委托人支付的报酬 $\underline{t}$,净收益为 $\underline{t}-\bar{\theta}\underline{q}$。要防止代理人说假话,伪装成其他类型,就要确保代理人伪装只能得到更低的净收益。

2. 博弈时序

第一步:代理人获知自己的类型 θ。

第二步:委托人提供契约菜单 $(\underline{q},\underline{t})$ 和 $(\bar{q},\bar{t})$。

第三步：代理人接受或拒绝契约。

第四步：执行契约——假设存在第三方保证契约一定是可以执行的。

3. 约束条件

(1) 参与约束 (participation constraint)

代理人愿意接受契约，要求收益大于保留水平，即到其他地方可获得的收益，假设为 0。这要求

$$\text{PCL}: \underline{t} - \theta \underline{q} \geqslant 0$$

$$\text{PCH}: \bar{t} - \bar{\theta}\bar{q} \geqslant 0$$

分别表示低成本者和高成本者的参与约束。

(2) 激励相容约束 (incentive constraint)

代理人伪装成其他类型只会得到更低收益，必然会选择与自己类型一致的契约。这要求

$$\text{ICL}: \underline{t} - \theta \underline{q} \geqslant \bar{t} - \theta \bar{q}$$

$$\text{ICH}: \bar{t} - \bar{\theta}\bar{q} \geqslant \underline{t} - \bar{\theta}\underline{q}$$

分别表示低成本者和高成本者的激励相容约束：低成本者不会伪装成高成本者，高成本者不会伪装成低成本者。

4. 目标函数

给定代理人如实选择契约，委托人的期望利润为 $ER_p = v[S(\underline{q}) - \underline{t}] + (1-v)[S(\bar{q}) - \bar{t}]$，其中脚标 p 指委托人 principal。

委托人的目标：在满足代理人的参与约束和激励相容约束条件下，通过设计最优契约 $(\underline{q}, \underline{t})$ 和 $(\bar{q}, \bar{t})$ 追求最大期望利润。

5. 规划问题

综合以上约束条件和目标函数，建立优化模型为

$$\max_{\underline{q}, \underline{t}, \bar{q}, \bar{t}} ER_p = v[S(\underline{q}) - \underline{t}] + (1-v)[S(\bar{q}) - \bar{t}]$$

$$\text{s.t.} \begin{cases} \text{PCL}: \underline{t} - \theta\underline{q} \geqslant 0 \\ \text{PCH}: \bar{t} - \bar{\theta}\bar{q} \geqslant 0 \\ \text{ICL}: \underline{t} - \theta\underline{q} \geqslant \bar{t} - \theta\bar{q} \\ \text{ICH}: \bar{t} - \bar{\theta}\bar{q} \geqslant \underline{t} - \bar{\theta}\underline{q} \end{cases}$$

6. 求解方法

运筹学：拉格朗日。

博弈论：讨论约束条件是松还是紧，也就是约束条件取不等式还是取等式。

(1) 化简模型。

步骤 1：PCL 一定是松的，可以去掉。

根据 ICL、$\bar{\theta}>\underline{\theta}$ 和 PCH，必有 $\underline{t}-\underline{\theta}\underline{q}\geqslant\bar{t}-\underline{\theta}\bar{q}>\bar{t}-\bar{\theta}\bar{q}\geqslant0$。其中，第一个不等式是根据 ICL，第二个不等式是根据 $\bar{\theta}>\underline{\theta}$，第三个不等式是根据 PCH。所以，PCL 一定是松的，只会取不等式，不会有约束作用，就可以去掉。则，模型简化为

$$\max_{\underline{q},\underline{t},\bar{q},\bar{t}} ER_p = v[S(\underline{q})-\underline{t}] + (1-v)[S(\bar{q})-\bar{t}]$$

$$\text{s. t.} \begin{cases} \text{PCH}: \bar{t}-\bar{\theta}\bar{q} \geqslant 0 \\ \text{ICL}: \underline{t}-\underline{\theta}\underline{q} \geqslant \bar{t}-\underline{\theta}\bar{q} \\ \text{ICH}: \bar{t}-\bar{\theta}\bar{q} \geqslant \underline{t}-\bar{\theta}\underline{q} \end{cases}$$

步骤 2：ICL 一定是紧的。

否则，可以通过适当增大 $\underline{q}$ 在不破坏约束条件的前提下进一步增大目标函数值。这是因为：只要 ICL 是松的，就可以再适当增大 $\underline{q}$，虽然会引起 ICL 的左边减小，但是由于 ICL 是松的，还是可以维持 ICL 成立。同时，增大 $\underline{q}$ 会减小 ICH 的右边，也不会破坏 ICH；而且，增大 $\underline{q}$ 对 PCH 没有影响。那么，适当增大 $\underline{q}$ 并不会破坏约束条件。对目标函数，增大 $\underline{q}$ 会增大第一项，又不会影响第二项，从而会增大目标函数值。这样，只要 ICL 是松的，就可以再适当增大 $\underline{q}$，在不破坏所有约束条件的前提下，增大目标函数值，直到 ICL 变成紧的。

则，转化为

$$\max_{\underline{q},\underline{t},\bar{q},\bar{t}} ER_p = v[S(\underline{q})-\underline{t}] + (1-v)[S(\bar{q})-\bar{t}]$$

$$\text{s. t.} \begin{cases} \text{PCH}: \bar{t}-\bar{\theta}\bar{q} \geqslant 0 \\ \text{ICL}: \underline{t}-\underline{\theta}\underline{q} = \bar{t}-\underline{\theta}\bar{q} \\ \text{ICH}: \bar{t}-\bar{\theta}\bar{q} \geqslant \underline{t}-\bar{\theta}\underline{q} \end{cases}$$

根据取等式的 ICL，有 $\underline{t}=\bar{t}-\underline{\theta}\bar{q}+\underline{\theta}\underline{q}$，代入目标函数和 ICH，得

$$\max_{\underline{q},\bar{q},\bar{t}} ER_p = v[S(\underline{q})-(\bar{t}-\underline{\theta}\bar{q}+\underline{\theta}\underline{q})] + (1-v)[S(\bar{q})-\bar{t}]$$

$$\text{s. t.} \begin{cases} \text{PCH}: \bar{t}-\bar{\theta}\bar{q} \geqslant 0 \\ \text{ICH}: \bar{t}-\bar{\theta}\bar{q} \geqslant (\bar{t}-\underline{\theta}\bar{q}+\underline{\theta}\underline{q})-\bar{\theta}\underline{q} \end{cases}$$

即

$$\max_{\underline{q},\bar{q},\bar{t}} ER_p = v[S(\underline{q})-(\bar{t}-\underline{\theta}\bar{q}+\underline{\theta}\underline{q})] + (1-v)[S(\bar{q})-\bar{t}]$$

$$\text{s. t.} \begin{cases} \text{PCH}: \bar{t}-\bar{\theta}\bar{q} \geqslant 0 \\ \text{ICH}: (\underline{\theta}-\bar{\theta})\bar{q} + (\bar{\theta}-\underline{\theta})\underline{q} \geqslant 0 \end{cases}$$

步骤 3：PCH 一定是紧的。

如果 PCH 不是紧的，那么可以通过适当减小 $\bar{t}$ 在不破坏约束条件的前提下进一步增大目标函数值。则

$$\max_{\underline{q},\bar{q},\bar{t}} ER_p = v[S(\underline{q}) - (\bar{t} - \bar{\theta}\bar{q} + \underline{\theta}\underline{q})] + (1-v)[S(\bar{q}) - \bar{t}]$$

$$\text{s. t.} \begin{cases} \text{PCH}: \bar{t} - \bar{\theta}\bar{q} = 0 \\ \text{ICH}: \underline{q} \geqslant \bar{q} \end{cases}$$

于是，把取等式的 PCH 代入目标函数得

$$\max_{\underline{q},\bar{q}} ER_p = v\{S(\underline{q}) - [(\bar{\theta} - \underline{\theta})\bar{q} + \underline{\theta}\underline{q}]\} + (1-v)[S(\bar{q}) - \bar{\theta}\bar{q}]$$

$$\text{s. t.} \quad \underline{q} \geqslant \bar{q}$$

（2）求解模型。

先忽略约束条件，考虑无约束问题。

$$\max_{\underline{q},\bar{q}} ER_p = v\{S(\underline{q}) - [(\bar{\theta} - \underline{\theta})\bar{q} + \underline{\theta}\underline{q}]\} + (1-v)[S(\bar{q}) - \bar{\theta}\bar{q}]$$

分别求 $\underline{q}$ 和 $\bar{q}$ 的一阶偏导数以及二阶偏导数，得到 $\dfrac{\partial ER_p}{\partial \underline{q}} = v[S'(\underline{q}) - \underline{\theta}]$、$\dfrac{\partial^2 ER_p}{\partial \underline{q}^2} = vS''(\underline{q})$、$\dfrac{\partial ER_p}{\partial \bar{q}} = -v(\bar{\theta} - \underline{\theta}) + (1-v)[S'(\bar{q}) - \bar{\theta}]$、$\dfrac{\partial^2 ER_p}{\partial \bar{q}^2} = (1-v)S''(\bar{q})$ 和 $\dfrac{\partial^2 ER_p}{\partial \bar{q}\partial \underline{q}} = 0$。由此，海赛矩阵为 $H = \begin{bmatrix} vS''(\underline{q}) & 0 \\ 0 & (1-v)S''(\bar{q}) \end{bmatrix}$。由 $0 < v < 1$ 和 $S''(x) < 0$ 分析可知 $vS''(\underline{q}) < 0$ 和 $vS''(\underline{q})(1-v)S''(\bar{q}) > 0$，那么 $H = \begin{bmatrix} vS''(\underline{q}) & 0 \\ 0 & (1-v)S''(\bar{q}) \end{bmatrix}$ 是负定矩阵。于是，根据一阶条件，由 $\dfrac{\partial ER_p}{\partial \underline{q}} = v[S'(\underline{q}) - \underline{\theta}] = 0$ 得 $\underline{q}^* = \arg[S'(\underline{q}) = \underline{\theta}]$。这里，$\arg[S'(\underline{q}) = \underline{\theta}]$ 表示满足条件 $S'(\underline{q}) = \underline{\theta}$ 的 $\underline{q}$。由 $\dfrac{\partial ER_p}{\partial \bar{q}} = -v(\bar{\theta} - \underline{\theta}) + (1-v)[S'(\bar{q}) - \bar{\theta}] = 0$ 得 $\bar{q}^* = \arg\left[S'(\bar{q}) = \bar{\theta} + \dfrac{v(\bar{\theta} - \underline{\theta})}{1-v}\right]$。根据 $\bar{\theta} > \underline{\theta}$ 可得 $\bar{\theta} + \dfrac{v(\bar{\theta} - \underline{\theta})}{1-v} > \underline{\theta}$，注意到 $S'(q) > 0$ 和 $S''(q) < 0$，就有 $S'(q)$ 是减函数，则 $\underline{q}^* > \bar{q}^*$。可见，无约束问题的最优解满足原问题的约束条件。所以，原问题的约束条件是松的，考虑约束条件的原问题的最优解与不考虑约束条件时的最优解是相同的。于是，最优解为

$$\underline{q}^* = \arg(S'(\underline{q}) = \underline{\theta}),\quad \bar{q}^* = \arg\left[S'(\bar{q}) = \bar{\theta} + \dfrac{v(\bar{\theta} - \underline{\theta})}{1-v}\right]$$

把 $\bar{q}^*$ 代入取等式的 PCH 可求得

$$\bar{t}^* = \bar{\theta}\bar{q}^*.$$

再把 $\underline{q}^*$、$\bar{q}^*$ 和 $\bar{t}^*$ 一起代入取等式的 ICL 可求得

$$\underline{t}^* = \bar{t}^* + \underline{\theta}(\underline{q}^* - \bar{q}^*).$$

以下结论具有一般性:

其一,低成本者的参与约束是松的,高成本者的参与约束是紧的;

其二,低成本者的激励相容约束是紧的,高成本者的激励相容约束是松的。

八、信息价值

1. 一级最优

一级最优(first best, FB),就是对称信息下的均衡结果。信息对称时,委托人知道代理人的类型,不需要激励代理人如实报告自己的类型。在模型中,就只有参与约束,即

$$\max_{\underline{q},\underline{t},\bar{q},\bar{t}} ER_p = v[S(\underline{q}) - \underline{t}] + (1-v)[S(\bar{q}) - \bar{t}]$$

$$\text{s.t.} \begin{cases} \text{PCL}: \underline{t} - \underline{\theta}\underline{q} \geq 0 \\ \text{PCH}: \bar{t} - \bar{\theta}\bar{q} \geq 0 \end{cases}$$

显然,两个约束都是紧的,否则可以通过适当减小 $\underline{t}$ 和 $\bar{t}$ 在不破坏约束条件的前提下进一步增大目标函数值。把取等式的约束条件代入目标函数,得

$$\max_{\underline{q},\bar{q}} ER_p = v[S(\underline{q}) - \underline{\theta}\underline{q}] + (1-v)[S(\bar{q}) - \bar{\theta}\bar{q}]$$

解得

$$\underline{q}^{FB} = \arg[S'(\underline{q}) = \underline{\theta}], \bar{q}^{FB} = \arg[S'(\bar{q}) = \bar{\theta}].$$

代入取等式的参与约束可以求得

$$\underline{t}^{FB} = \underline{\theta}\underline{q}^{FB}, \bar{t}^{FB} = \bar{\theta}\bar{q}^{FB}.$$

2. 二级最优

二级最优(second best, SB),就是不对称信息下的均衡结果。根据以上推导,记为

$$\underline{q}^{SB} = \arg[S'(\underline{q}) = \underline{\theta}], \bar{q}^{SB} = \arg\left[S'(\bar{q}) = \bar{\theta} + \frac{v(\bar{\theta} - \underline{\theta})}{1 - v}\right];$$

$$\bar{t}^{SB} = \bar{\theta}\bar{q}^{SB}, \underline{t}^{SB} = \bar{t}^{SB} + \underline{\theta}(\underline{q}^{SB} - \bar{q}^{SB}).$$

3. 信息不对称对高成本代理人的影响

(1) 产出变化

根据 $S'(q) > 0$ 和 $S''(q) < 0$ 计算可得,$\bar{q}^{SB} = \arg\left[S'(\bar{q}) = \bar{\theta} + \frac{v(\bar{\theta} - \underline{\theta})}{1 - v}\right] < \bar{q}^{FB} = \arg(S'(\bar{q}) = \bar{\theta})$。信息不对称降低了高成本代理人的产出。这称为产出扭曲。

(2)收入变化

根据 $\bar{t}^{SB}=\bar{\theta}\bar{q}^{SB}$、$\bar{t}^{FB}=\bar{\theta}\bar{q}^{FB}$ 和 $\bar{q}^{SB}<\bar{q}^{FB}$ 可得,$\bar{t}^{SB}<\bar{t}^{FB}$。信息不对称降低了高成本代理人的收入。

(3)收益变化

把高成本代理人的收益表示为 $\bar{u}=\bar{t}-\bar{\theta}\bar{q}$。

在对称信息和不对称信息下,其参与约束都是紧的,收益都等于保留水平 0,都有 $\bar{u}^{SB}=\bar{t}^{SB}-\bar{\theta}\bar{q}^{SB}=\bar{u}^{FB}=\bar{t}^{FB}-\bar{\theta}\bar{q}^{FB}=0$,扣除成本后都没有额外收益。

因此,高成本代理人不能从信息不对称中获取收益,虽然创造的产出减少了,投入的成本降低了,但是收入也减少了,收益没有变化。

4. 信息不对称对低成本代理人的影响

(1)产出变化

根据 $\underline{q}^{SB}=\underline{q}^{FB}=\arg[S'(\underline{q})=\underline{\theta}]$,信息不对称不会影响低成本代理人的产出。

(2)收入变化

根据 $\underline{t}^{FB}=\underline{\theta}\underline{q}^{FB}$、$\bar{t}^{SB}=\underline{t}^{SB}+\underline{\theta}(\underline{q}^{SB}-\bar{q}^{SB})$、$\bar{t}^{SB}-\bar{\theta}\bar{q}^{SB}=0$、$\underline{\theta}<\bar{\theta}$ 和 $\underline{q}^{SB}=\underline{q}^{FB}$ 可得,$\underline{t}^{SB}=\bar{t}^{SB}+\underline{\theta}(\underline{q}^{SB}-\bar{q}^{SB})=\underline{\theta}\underline{q}^{SB}+\bar{t}^{SB}-\underline{\theta}\bar{q}^{SB}=\underline{\theta}\underline{q}^{SB}+\bar{t}^{SB}-\bar{\theta}\bar{q}^{SB}+\bar{q}^{SB}(\bar{\theta}-\underline{\theta})=\underline{\theta}\underline{q}^{FB}+\bar{q}^{SB}(\bar{\theta}-\underline{\theta})>\underline{\theta}\underline{q}^{FB}=\underline{t}^{FB}$。信息不对称提高了低成本代理人的收入。

(3)收益变化

把低成本代理人的收益表示为 $\underline{u}=\underline{t}-\underline{\theta}\underline{q}$。

在对称信息下,参与约束是紧的,收益等于保留水平 0,即 $\underline{u}^{FB}=\underline{t}^{FB}-\underline{\theta}\underline{q}^{FB}=0$。在不对称信息下,参与约束是松的,收益高于保留水平 0,即 $\underline{u}^{SB}=\underline{t}^{SB}-\underline{\theta}\underline{q}^{SB}>0$。或者,根据 $\underline{q}^{SB}=\underline{q}^{FB}$、$\underline{t}^{SB}>\underline{t}^{FB}$ 和 $\underline{u}^{FB}=\underline{t}^{FB}-\underline{\theta}\underline{q}^{FB}=0$,也可以得到 $\underline{u}^{SB}=\underline{t}^{SB}-\underline{\theta}\underline{q}^{SB}>0$。这说明扣除成本之外,还有额外收益。

因此,低成本者代理人将从信息不对称中获益,虽然创造的产出和付出的成本都不变,但是收入增加了,收益就提高了。

5. 信息不对称对委托人的影响

(1)产出变化

委托人得到的产出是代理人创造的产出之和,由于高成本代理人的产出减少,低能力代理人的产出不变,信息不对称必然会减少委托人得到的产出。

(2)成本变化

委托人的成本是向各代理人支付的成本之和,也是各代理人得到的收入总和。那么,信息不对称对委托人成本的影响为 $\Delta\bar{t}=[v\underline{t}^{SB}+(1-v)\bar{t}^{SB}]-[v\underline{t}^{FB}+(1-v)\bar{t}^{FB}]$。

由于高成本代理人的收入减少了,而低能力代理人的收入增加了,信息不对称对委托人成本的影响是不确定的，可能增加，也可能减少，取决于具体参数值和函数关系。

(3) 利润变化

信息不对称对委托人利润的影响表示为

$$\pi_p^{SB} - \pi_p^{FB} = \{v[S(\underline{q}^{SB}) - \underline{t}^{SB}] + (1-v)[S(\bar{q}^{SB}) - \bar{t}^{SB}]\} - \{v[S(\underline{q}^{FB}) - \underline{t}^{FB}] + (1-v)[S(\bar{q}^{FB}) - \bar{t}^{FB}]\}$$

$$= v[S(\underline{q}^{SB}) - S(\underline{q}^{FB}) - (\underline{t}^{SB} - \underline{t}^{FB})] + (1-v)[S(\bar{q}^{SB}) - S(\bar{q}^{FB}) - (\bar{t}^{SB} - \bar{t}^{FB})]。$$

根据 $\underline{q}^{SB} = \underline{q}^{FB}$，可得

$$\pi_p^{SB} - \pi_p^{FB} = -v(\underline{t}^{SB} - \underline{t}^{FB}) + (1-v)[S(\bar{q}^{SB}) - S(\bar{q}^{FB}) - (\bar{t}^{SB} - \bar{t}^{FB})]。$$

对第一项：根据 $\underline{t}^{SB} > \underline{t}^{FB}$ 可得，$-v(\underline{t}^{SB} - \underline{t}^{FB}) < 0$。

对第二项：根据 $\bar{t}^{SB} = \bar{\theta}\bar{q}^{SB}$ 和 $\bar{t}^{FB} = \bar{\theta}\bar{q}^{FB}$ 可得，$\bar{t}^{SB} - \bar{t}^{FB} = \bar{\theta}\bar{q}^{SB} - \bar{\theta}\bar{q}^{FB} = \bar{\theta}(\bar{q}^{SB} - \bar{q}^{FB})$。于是，得到 $S(\bar{q}^{SB}) - S(\bar{q}^{FB}) - (\bar{t}^{SB} - \bar{t}^{FB}) = S(\bar{q}^{SB}) - S(\bar{q}^{FB}) - \bar{\theta}(\bar{q}^{SB} - \bar{q}^{FB})$。在这个等式中，令 $g(\bar{q}^{SB}) = S(\bar{q}^{SB}) - S(\bar{q}^{FB}) - \bar{\theta}(\bar{q}^{SB} - \bar{q}^{FB})$，关于 $\bar{q}^{SB}$ 求导数，得到 $\frac{\partial g}{\partial \bar{q}^{SB}} = S'(\bar{q}^{SB}) - \bar{\theta}$。而 $S'(\bar{q}^{SB}) = \bar{\theta} + \frac{v(\bar{\theta} - \underline{\theta})}{1-v}$，那么 $\frac{\partial g}{\partial \bar{q}^{SB}} = S'(\bar{q}^{SB}) - \bar{\theta} = \bar{\theta} + \frac{v(\bar{\theta} - \underline{\theta})}{1-v} - \bar{\theta} = \frac{v(\bar{\theta} - \underline{\theta})}{1-v} > 0$。由此可得，$g(\bar{q}^{SB}) = S(\bar{q}^{SB}) - S(\bar{q}^{FB}) - \bar{\theta}(\bar{q}^{SB} - \bar{q}^{FB})$ 是关于 $\bar{q}^{SB}$ 的增函数。那么，根据 $\bar{q}^{SB} < \bar{q}^{FB}$ 可得，必有 $g(\bar{q}^{SB}) = S(\bar{q}^{SB}) - S(\bar{q}^{FB}) - \bar{\theta}(\bar{q}^{SB} - \bar{q}^{FB}) < g(\bar{q}^{FB}) = S(\bar{q}^{FB}) - S(\bar{q}^{FB}) - \bar{\theta}(\bar{q}^{FB} - \bar{q}^{FB}) = 0$。也就说，必有 $(1-v)[S(\bar{q}^{SB}) - S(\bar{q}^{FB}) - (\bar{t}^{SB} - \bar{t}^{FB})] < 0$。

综合第一项和第二项可得，$\pi_p^{SB} - \pi_p^{FB} < 0$。信息不对称必然会减少委托人的利润，无论参数值和函数关系如何，都会减少。

※**习题 5** 一家处于垄断地位的咖啡店，面临两类消费者 H 和 L，各占一半。前者对咖啡需求较高，效用函数为 $u_H = 20\sqrt{q_H} - T_H$；后者则对咖啡需求较低，效用函数为 $u_L = 15\sqrt{q_L} - T_L$。其中，q_i 和 T_i 分别是类型为 $i(=H, L)$ 的消费者消费的咖啡杯数及为这些咖啡支付的价格。注意，这里的价格不是每杯多少元的单价。每一杯咖啡的成本为 5 元，咖啡店需要决定为两类消费者提供的"数量—价格"组合为 (q_i, T_i)。

(1) 如果咖啡店老板可以确知光顾的每一位顾客的类型，为两类顾客提供的"数量-价格"组合应是怎样的？

(2) 如果咖啡店老板不知道每一位顾客的类型，只知道两种类型的顾客各占一半，为两类顾客提供的"数量—价格"组合应是怎样的？

第24讲　信号传递

一、广而告之

1. 问题的提出

由于信息不完全,对方不知道我的类型、我的强悍、我的真心、我的努力、我的优秀……我很着急！我要想办法让对方知道,让大家知道,让天下人知道……

2. 孔雀开屏

公孔雀有长尾巴,不利于野外生存,行动不便,容易被天敌猎杀。这违背了进化论。但是,它可以向母孔雀传递自己很强壮的信息。

很多鸟类,雄鸟的羽毛格外鲜艳,违背了拟态生存法则。但是,同样向雌鸟传递了信息。

3. 广告作用

(1) 硬作用

介绍产品信息,越理性越好。

主要请科学家和科研人员讲解科学原理、科学方法和科学发现,或者说专业认证。

(2) 软作用

传递质量信号。敢花大钱做广告本身表明企业对产品市场前景也就是产品质量充满信心,因为广告成本最终要靠销售挣回来。

花钱越多,这种作用越强。所以,请流量明星代言。不是因为明星有多厉害,而是因为请明星花钱才多。

4. 保修包退

(1) 三包强制条款

维护市场秩序,确保基本的产品质量。

(2) 厂家延长条款

比如,汽车保修从3年10万公里延长到5年20万公里。传递质量信号,比基本要求更高。延长得越多,说明质量越高。

5. 真爱无敌

为爱不惧恶魔、恐惧甚至死亡,比如穷小伙子敢于到有恶魔的城堡中过夜,就是为了证明他对公主是真爱。

6. 忙不忙？

我很忙:可能确实忙;也可能不怎么忙,只是为了显示自己还有重要的事做,进一步显示自己是勤奋的,有追求的,有担当的,很可能有远大前程的……

7. 兴趣爱好

既传递了性格品行的信号,也传递了经济条件的信号。

8. 秀恩爱

狗粮一地,向大众秀恩爱。

(1)向大众表明

TA 很爱我,我也很爱 TA。

(2)向对方表明

我很爱你,就像你爱我一样。

所以,有狗粮就要撒,有恩爱就要秀,公开地撒,大方地秀。

9. 打卡

朋友圈打卡给别人看。为什么给别人看?

一个理由是想让别人知道你是幸福的、有美好未来的、有规划的、执行力强的、有顽强毅力的……

10. 风险投资

孤注一掷,投入所有,向风险投资者证明:

这确实是个好项目,自己确实看好这个项目!

※ **习题 1** 列举信号传递事例并做简要分析。

11. 何以解忧?

可能的担忧:同一件事情,既用承诺行动解释,又用信号传递解释,是否合理?

多余的担忧:有多种解释,并不矛盾,还可以相互印证。而且,不同理论角度对同一个问题有不同研究发现也正常。

二、有效传递

1. 传递竞争

局中人都想传递信息,就产生了信号传递的竞争。

传递的信息,有的被夸大,有的被缩小;甚至,有的是真,有的是假。

2. 传递效果

有的信号传递成功了,有的信号传递失败了。为什么?

成功,是因为夸大得恰到好处? 失败,是夸大得还不够?

当然不是!

3. 传递法则

传递信号的方法、操作、手段、途径等不容易被模仿。越难被模仿,传递效果越好。

(1)孔雀开屏

尾巴越长,开屏越大,越有吸引力。为了提高信号传递效果,就使劲长尾巴。那些没有尾巴,或者尾巴不够长的公孔雀失去了交配繁衍的机会,就慢慢被淘汰,直至消失。

(2)广告软作用

广告要传递质量信号,必须花钱多。花钱越多,传递效果越好。这就是顶流明星代言要很多钱的原因。中小企业难以模仿,头部企业请明星代言确实发挥了信号传递作用。

(3)厂家质量三包延长

延长越多,说明质量越高。领头企业的三包可能确实比较长。

模仿成本高,传递效果好。

从这个角度讲,有的电商平台在销售产品的同时也销售延长保修服务,其实不利于传递产品质量信号。

(4)真爱无敌

到有恶魔的城堡过夜,模仿成本都高,传递真爱的效果就较好。

(5)忙不忙?

太容易模仿,大家都会说忙得很,没什么用。

(6)兴趣爱好

有一定的模仿成本,传递效果一般。

(7)打卡

很容易模仿,而且难分真假,经常打卡甚至被人厌恶,没什么传递效果,甚至还有负面作用。

三、信号博弈

信号博弈(signaling game),指局中人通过发送信号来传递自身类型信息的博弈。

1. 博弈三方

简化的信号博弈见图 24-1。

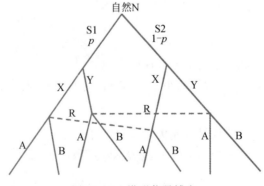

图 24-1 塔形信号博弈

(1)自然 N

决定信号发送方 S 的类型,以及每一种类型的概率。比如,包括两种类型 S1 和 S2,对应的概率分别为 p 和 $1-p$。这是共同知识。

(2) 信号发送方 S

博弈先行者,发送信号,可以是 X,也可以是 Y。注意,无论是 S1 还是 S2 都可以发送信号 X 或者 Y。

(3) 信号接收方 R

博弈后行者,根据看到的信号也就是先行者的行为,猜测先行者的类型即后验概率,决定自己的行为选择。比如,看到 X,不知道是 S1 还是 S2 发送的,就猜测 S 是 S1 的可能性,再由此决定是选择 A 还是 B。其中,后验概率是根据行为更新概率推断后的概率,与之对应的先验概率是没有看到行为信息之前的概率,也就是自然决定的各种类型的概率。先验概率是共同知识。

2. 模型结构

由于图 24-1 的塔形描述中存在线条之间的交叉,通常把信号博弈表示成图 24-2 的螃蟹形。

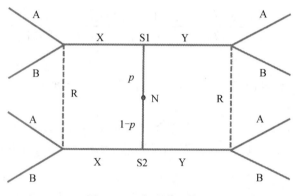

图 24-2　蟹形信号博弈

(1) 自然 N

自然 N 决定 S 有两种类型 S1 和 S2,概率分别是 p 和 $1-p$。这是先验概率,也是共同知识。

(2) 信号发送方 S

无论是 S1 还是 S2 都有两种行为选择 X 和 Y,可以选择发送信号来向 R 表明自己的类型,也可以选择发送信号来向 R 隐藏自己的类型。

(3) 信号接收方 R

R 不知道面对的是 S1 还是 S2,只能看到其发送的信号 X 和 Y。

在左边,看到 X;在右边,看到 Y。

根据看到的信号和由此形成的对 S 类型的推断,即后验概率,决定自己是选 A 还是 B。

四、均衡类别

1. 精炼贝叶斯纳什均衡

要给出每种类型的局中人在各种情形下的行为选择及其对应的概率推断。

(1)满足条件

其一,精炼,针对动态博弈,在每一个信息集上都根据已有信息采取最优行动,剔除不可置信的行动;

其二,贝叶斯,针对不完全信息博弈,按贝叶斯法则更新概率推断,追求期望收益或效用最大化。

(2)均衡分类

信号博弈的精炼贝叶斯纳什均衡包括分离均衡(separating equilibrium)、混同均衡(pooling equilibrium)、准分离均衡也称半分离均衡(semi-separating equilibrium)或杂合均衡(hybrid equilibrium)等3种。而且,均衡可能唯一,也可能多重。

2. 分离均衡

局中人发送不同的信号,看到信号就知道类型,后验概率等于1或0,信号传递成功。比如:

情形1:S1发送X,S2发送Y:看到X就知道是S1,看到Y就知道是S2。

情形2:S1发送Y,S2发送X:看到Y就知道是S1,看到X就知道是S2。

3. 混同均衡

局中人发送相同的信号,看到信号仍然不知道类型,后验概率等于先验概率,信号传递失败。比如:

情形1:S1发送X,S2发送X:看到X后不知道是S1还是S2,看不到Y。

情形2:S1发送Y,S2发送Y:看到Y后不知道是S1还是S2,看不到X。

4. 准分离均衡

一些局中人发送单一信号K,另一些局中人发送混合信号K和Q。看到信号K,虽然不知道发送者的类型,但是会按贝叶斯法则更新先验概率得到后验概率,对发送者类型的推断更准确;看到信号Q,就知道发送者的类型,后验概率等于1或0。此时,信号传递部分成功部分失败。比如:

情形1:S1发送X,S2发送$[sX+(1-s)Y]$。

其中,$[sX+(1-s)Y]$表示S2以概率s发送X以概率$1-s$发送Y。

R看到X,虽然不知道是S1还是S2,但是会更新概率推断,提高是S1的概率;R看到Y,就知道是S2。

情形2:S1发送Y,S2发送$[sX+(1-s)Y]$。

其中,$[sX+(1-s)Y]$表示S2以概率s发送X以概率$1-s$发送Y。

R看到Y,虽然不知道是S1还是S2,但是会更新概率推断,提高是S1的概率;R看到X,就知道是S2。

情形3:S1发送$[sX+(1-s)Y]$,S2发送X。

其中,$[sX+(1-s)Y]$表示S1以概率s发送X以概率$1-s$发送Y。

R看到X虽然不知道是S1还是S2,但是会更新概率推断,提高是S2的概率;R看到Y,就知道是S1。

情形4:S1发送$[sX+(1-s)Y]$,S2发送Y。

其中，$[sX+(1-s)Y]$表示 S1 以概率 s 发送 X 以概率 $1-s$ 发送 Y。

R 看到 Y，虽然不知道是 S1 还是 S2，但是会更新概率推断，提高是 S2 的概率；R 看到 X，就知道是 S1。

5. 均衡例子

图 24-3 所示信号博弈存在一个分离均衡和一个混同均衡。

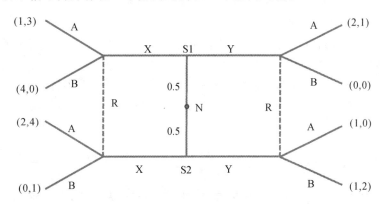

图 24-3 信号博弈 I

(1) 分析(Y,X)是否构成分离均衡

(Y,X)表示 S1 发送 Y 而 S2 发送 X。

一方面，给定 S1 发送 Y 而 S2 发送 X：

R 看到 Y 知道是 S1 即 $P(S1|Y)=1$，就选择 A，因为给定对方是 S1 发送 Y 的前提下 R 选 A 得到 1 比选 B 得到 0 大；R 看到 X 知道是 S2 即 $P(S2|X)=1$，就选择 A，因为给定对方是 S2 发送 X 的前提下 R 选 A 得到 4 比选 B 得到 1 大。

另一方面，给定 R 看到 Y 和看到 X 都选 A：

S1 会发送 Y，因为发送 X 得到左上角(1,3)中的 1 而发送 Y 得到右上角(2,1)中的 2，2>1；S2 会发送 X，因为发送 X 得到左中(2,4)中的 2 而发送 Y 得到右中(1,0)中的 1，2>1。

两方面一致，由此得到分离均衡$[(Y, X), (A, A); P(S2|X)=1, P(S1|Y)=1]$。

其中，(Y, X)表示 S1 发送 Y，S2 发送 X；(A, A)表示 R 看到 X 会选 A，看到 Y 也会选 A；$P(S2|X)=1$ 表示 R 看到 X 认为 S 是 S2 的概率为 1；$P(S1|Y)=1$ 表示 R 看到 Y 认为 S 是 S1 的概率为 1。

※**习题 2** 证明在以上博弈中(X,Y)不构成分离均衡。

(2) 分析(X,X)是否构成混同均衡

(X,X)表示 S1 发送 X 而 S2 也发送 X。

一方面，给定 S1 和 S2 都发送 X：

首先，考虑 R 看到 X 时的行为选择。由于 S1 和 S2 都发送 X，R 看到 X，不知道是谁发送的，并没有得到新的信息，就认为 S 是 S1 的概率就是先验概率，为 $P(S1|X)=\dfrac{1}{2}$。虽然 R 此时确实会看到 X，但是并没有获得新信息，后验概率必然与先验概率相等。R 看到 X 选择 A

的期望收益为 $ER(A|X)=3\times\frac{1}{2}+4\times\frac{1}{2}=\frac{7}{2}$，看到 X 选择 B 的期望收益为 $ER(B|X)=0\times\frac{1}{2}+1\times\frac{1}{2}=\frac{1}{2}$。由于 $ER(A|X)=\frac{7}{2}$ 大于 $ER(B|X)=\frac{1}{2}$，R 看到 X 会选择 A。

其次，考虑 R 看到 Y 时的行为选择。由于此时 R 事实上是不会看到 Y 的，后验概率可以与先验概率不同。正因为看不到 Y，就可以自由地想象看到了 Y 会怎么样，后验概率可以与先验概率不一致，只要不自相矛盾。打个比方，在大学里，学生一般是看不到校长的，但是可以想象如果看到了校长将如何打招呼，礼貌地打招呼就是合理的，粗鲁地打招呼就是不合理的。假设如果 R 看到 Y 认为 S 是 S1 的概率为 $P(S1|Y)$，那么计算可以得到，R 看到 Y 选 A 得到的期望收益为 $ER(A|Y)=1\cdot P(S1|Y)+0\cdot[1-P(S1|Y)]=P(S1|Y)$，而 R 看到 Y 选 B 得到的期望收益为 $ER(B|Y)=0\cdot P(S1|Y)+2\cdot[1-P(S1|Y)]=2[1-P(S1|Y)]$。由此，分析可得：

当 $P(S1|Y)>\frac{2}{3}$ 时，也就是说，R 如果看到 Y 认为是 S1 的概率大于三分之二，那么 R 看到 Y 选择 A；当 $P(S1|Y)<\frac{2}{3}$ 时，也就是说，R 如果看到 Y 认为是 S1 的概率小于三分之二，那么 R 看到 Y 选择 B。注意，不用专门讨论 $P(S1|Y)=\frac{2}{3}$ 的中间情形。

另一方面，情形 1——给定 R 看到 X 会选择 A 看到 Y 认为 $P(S1|Y)>\frac{2}{3}$ 选择 A：S1 会发送 Y，得到收益 2；而不是 X，得到收益 1。这与 S1 发送 X 的前提相矛盾！不能构成均衡。

情形 2——给定 R 看到 X 会选择 A 看到 Y 认为 $P(S1|Y)<\frac{2}{3}$ 选择 B：S1 确实会选择 X，得到收益 1；而不选 Y，得到收益 0。S2 也确实会选择 X，得到收益 2；而不选 Y，得到收益 1。这与 S1 和 S2 都发送 X 的前提一致，能够构成均衡。

综合两方面，得到混同均衡 $((X,X),(A,B);P(S1|X)=\frac{1}{2},P(S1|Y)<\frac{2}{3})$。

其中，(X，X)表示 S1 发送 X，S2 也发送 X；(A，B)表示 R 看到 X 会选 A，看到 Y 会选 B；$P(S1|X)=\frac{1}{2}$ 表示 R 看到 X 认为 S 是 S1 的概率为 $\frac{1}{2}$；$P(S1|Y)<\frac{2}{3}$ 表示 R 看到 Y 认为 S 是 S1 的概率小于 $\frac{2}{3}$。

可见，该博弈存在多重均衡，既有分离均衡，也有混同均衡。

※**习题 3**　证明在以上博弈中(Y，Y)不构成混同均衡。

五、均衡求解

1. 剔除严格劣战略

基于占优关系，重复剔除严格劣战略，可以化简博弈。

比如，在上例中，就可以先重复剔除严格劣战略，来化简博弈，整个过程表示在图 24-4 中。

第一步:消去 R 看到 X 后的严格劣战略 B。

R 看到 X 后选择 A 将得到收益 3 或 4,严格占优于选择 B 将得到的收益 0 或 1,因为 3>0 并且 4>1。因此,可以消去 R 看到 X 后的严格劣战略 B。

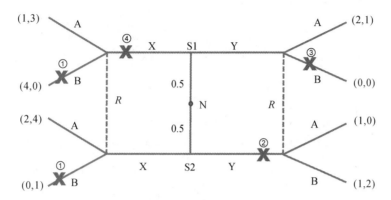

图 24-4 剔除严格劣战略的过程

第二步:消去 S2 的严格劣战略 Y。

给定 R 看到 X 后一定会选择 A,因为 B 作为严格劣战略已经被消去:S2 发送 X 将得到收益 2,严格占优于发送 Y 将得到的最大收益为 max(1,1),因为 2>max(1,1)。那么,可以消去 S2 的严格劣战略 Y。

第三步:消去 R 看到 Y 后的严格劣战略 B。

给定 S2 不会选择 Y,对 R 来说:一旦看到 Y,就可以断定 S 为 S1,此时选择 A 得到收益 1,严格占优于选择 B 得到收益 0。于是,消去此处的严格劣战略 B。

最后:消去 S1 的严格劣战略 X

因为 1<2,可以消去 S1 的劣战略 X。

这样,反复化简后的信号博弈变为图 24-5。

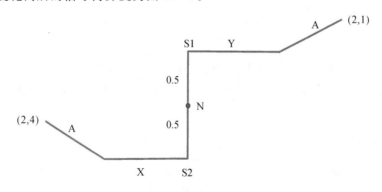

图 24-5 剔除严格劣战略的结果

其中,只有一个分离均衡[(Y,X),(A,A);P(S2|X)=1,P(S1|Y)=1]。

可见,混同均衡(X,X)不再存在,因为剔除严格劣战略的化简过程把不合理的概率推断删除了。

在剔除严格劣战略后,R 看到 X 就知道 S 是 S2,而不是认为 S 为 S2 的概率为 0.5;而且,R 看到 Y 就是知道 S 是 S1,而不是可以随意推断 S 为 S1 和 S2 的可能性。

因此，应该先化简，再求解，以免出错。

2. 求分离均衡

考虑图 24-6 所示信号博弈：

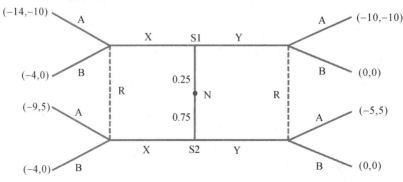

图 24-6　信号博弈 Ⅱ

(1) 考虑 (X, Y)

不是分离均衡。

为什么？

给定 S1 发送 X 而 S2 发送 Y：R 看到 X 后就知道是 S1，会选 B，因为 0>−10；而看到 Y 后就知道是 S2，会选 A，因为 5>0。

给定 R 看到 X 后选 B 而看到 Y 后会选 A：S1 会发送 X，因为 −4>−10；但是 S2 也会发送 X，因为 −4>−5。其中，S2 发送 X 与 S2 发送 Y 的前提相矛盾！不能构成均衡。

(2) 考虑 (Y, X)

不是分离均衡。

为什么？

给定 S1 发送 Y 而 S2 发送 X：R 看到 Y 后就知道是 S1，会选 B，因为 0>−10；而看到 X 后就知道是 S2，会选 A，因为 5>0。

给定 R 看到 Y 后选 B 而看到 X 后会选 A：S1 会发送 Y，因为 0>−14；但是 S2 也会发送 Y，因为 0>−9。其中，S2 发送 Y 与 S2 发送 X 的前提相矛盾！不能构成均衡。

3. 求混同均衡

(1) 考虑 (X, X)

一方面，给定 S1 和 S2 都发送 X，分析 R 的决策。

R 看到 X，维持先验概率，选 A 得 −10×0.25+5×0.75=1.25，选 B 得 0，所以选 A。

设 R 如果看到 Y 认为 S 是 S1 的概率为 $P(S1|Y)$，则 R 看到 Y 选 A 和 B 的期望收益分别为 $ER(A|Y)=-10P(S1|Y)+5[1-P(S1|Y)]$ 和 $ER(B|Y)=0 \cdot P(S1|Y)+0 \cdot [1-P(S1|Y)]=0$。于是，当 $P(S1|Y)<\frac{1}{3}$ 时，必有 $ER(A|Y)>ER(B|Y)$；当 $P(S1|Y)>\frac{1}{3}$ 时，必有 $ER(A|Y)<ER(B|Y)$。即，R 如果看到 Y 认为是 S1 的概率小于 $\frac{1}{3}$ 就会选 A，R 如果看到

Y 认为是 S1 的概率大于 $\frac{1}{3}$ 就会选 B。

另一方面，分析 S 的决策。

情形 1：给定 R 看到 X 选 A 而看到 Y 认为是 S1 的概率小于 $\frac{1}{3}$ 也选 A。

S1 会发送 Y，因为 $-10>-14$；S2 会发送 Y，因为 $-5>-9$。这与 S1 和 S2 都发送 X 的前提相矛盾！不能构成均衡。

情形 2：给定 R 看到 X 选 A 而看到 Y 认为是 S1 的概率大于 $\frac{1}{3}$ 而选 B。

S1 会发送 Y，因为 $0>-14$；S2 会发送 Y，因为 $0>-9$。这与 S1 和 S2 都发送 X 的前提相矛盾！不能构成均衡。

(2) 考虑 (Y, Y)

一方面，给定 S1 和 S2 都发送 Y，分析 R 的决策。

R 看到 Y，维持先验概率，选 A 得 $-10\times0.25+5\times0.75=1.25$，选 B 得 0，所以选 A。

设 R 如果看到 X 认为 S 是 S1 的概率为 $P(S1|X)$，则 R 看到 X 选择 A 和 B 的期望收益分别为 $ER(A|X)=-10P(S1|X)+5[1-P(S1|X)]$ 和 $ER(B|X)=0\cdot P(S1|X)+0\cdot[1-P(S1|X)]=0$。于是，如果 $P(S1|X)<\frac{1}{3}$，那么就必有 $ER(A|X)>ER(B|X)$；反之，当 $P(S1|X)>\frac{1}{3}$ 时，就必有 $ER(A|X)<ER(B|X)$。即，R 如果看到 X 认为是 S1 的概率小于 $\frac{1}{3}$ 就会选 A，R 如果看到 X 认为是 S1 的概率大于 $\frac{1}{3}$ 就会选 B。

另一方面，分析 S 的决策。

情形 1：给定 R 看到 Y 选 A 而看到 X 认为是 S1 的概率小于 $\frac{1}{3}$ 也选 A。

S1 会发送 Y，因为 $-10>-14$；S2 会发送 Y，因为 $-5>-9$。这与 S1 和 S2 都发送 Y 的前提一致！两方面一致，由此得到一个混同均衡 $[(Y,Y),(A,A);P(S1|X)<\frac{1}{3},P(S1|Y)=\frac{1}{4}]$。

其中：S1 和 S2 都发送 Y；R 如果看到 X 认为是 S1 的概率小于三分之一，就选 A；R 如果看到 Y 就维持先验概率，认为是 S1 的概率为四分之一，会选 A。

情形 2：给定 R 看到 Y 选 A 而看到 X 认为是 S1 的概率大于 $\frac{1}{3}$ 而选 B。

S1 会发送 X，因为 $-4>-10$；S2 会发送 X，因为 $-4>-5$。这与 S1 和 S2 都发送 Y 的前提相矛盾！不能构成均衡。

4. 求准分离均衡

(1) 考虑 $\{X,[sX+(1-s)Y]\}$

表示 S1 实施发送 X 的纯战略，S2 实施以 s 概率发送 X 以 $1-s$ 概率发送 Y 的混合战略。一方面，给定 S1 发送 X 而 S2 以 s 概率发送 X 以 $1-s$ 概率发送 Y，分析 R 的决策。

R 看到 X,认为是 S1 的概率为 $P(S1|X)=\dfrac{0.25}{0.25+0.75s}=\dfrac{1}{1+3s}$。选 B 的期望收益为 0,选 A 的期望收益为 $-10\times\dfrac{1}{1+3s}+5\times\left(1-\dfrac{1}{1+3s}\right)=5-\dfrac{15}{1+3s}$。当 $s>\dfrac{2}{3}$ 时,有 $5-\dfrac{15}{1+3s}>0$,R 会选 A;当 $s=\dfrac{2}{3}$ 时,有 $5-\dfrac{15}{1+3s}=0$,R 在 A 和 B 之间实行混合战略;当 $s<\dfrac{2}{3}$ 时,有 $5-\dfrac{15}{1+3s}<0$,R 会选 B。

R 看到 Y,知道一定是 S2,即 $P(S1|Y)=0$ 或 $P(S2|Y)=1$,会选 A,因为 $5>0$。

另一方面,分析 S 的决策。

情形 1:给定 R 看到 X 后认为 $s>\dfrac{2}{3}$ 就选 A,看到 Y 后选 A。

S1 会发送 Y,因为 $-10>-14$;S2 会发送 Y,因为 $-5>-9$。后者与 S2 发送 $[sX+(1-s)Y]$ 的前提相矛盾! 排除。

情形 2:给定 R 看到 X 后认为 $s=\dfrac{2}{3}$ 实行混合战略 $[tA+(1-t)B]$,看到 Y 后选 A。

S1 发送 X,得到期望收益 $-14t-4(1-t)$;发送 Y,得到 -10。其中,根据前提条件中的 S1 发送 X,应该有 $-14t-4(1-t)>-10$。

S2 发送 X,得到期望收益 $-9t-4(1-t)$;发送 Y,得到 -5。其中,根据前提条件中的 S2 实行混合战略,二者应该相等,即 $-9t-4(1-t)=-5$,解得 $t=\dfrac{1}{5}$。

当 $t=\dfrac{1}{5}$ 时,计算可得 S2 发送 X 和 Y 所得期望收益相等,说明确实会发送混合信号。而且,把 $t=\dfrac{1}{5}$ 代入 S1 发送 X 得到的 $-14t-4(1-t)$,得 -6,比发送 Y 可得的 -10 大,从而 S1 确实会发送 X。这与 $\{X,[sX+(1-s)Y]\}$ 中 S1 发送 X 而 S2 发送混合信号的前提是一致的,就构成均衡。对应的概率推断为:R 看到 X 认为是 S1 的概率为 $P(S1|X)=\dfrac{1}{1+3s}=\dfrac{1}{1+3\times\dfrac{2}{3}}=\dfrac{1}{3}$,R 看到 Y 就认为是 S2,即 $P(S1|Y)=0$。

由此,得到杂合均衡 $\left[X,\left(\dfrac{2}{3},\dfrac{1}{3}\right);\left(\dfrac{1}{5},\dfrac{4}{5}\right),A;P(S1|X)=\dfrac{1}{3},P(S1|Y)=0\right]$,表示:S1 发送 X,S2 以概率 $\dfrac{2}{3}$ 发送 X 以概率 $\dfrac{1}{3}$ 发送 Y;R 看到 X 认为是 S1 的概率为 $\dfrac{1}{3}$ 然后以概率 $\dfrac{1}{5}$ 选择 A 以概率 $\dfrac{4}{5}$ 选择 B,R 看到 Y 就认为是 S2 然后选 A。

情形 3:给定 R 看到 X 后认为 $s<\dfrac{2}{3}$ 就选 B,看到 Y 后选 A。

S1 会发送 X,因为 $-4>-10$;S2 会发送 X,因为 $-4>-5$。后者与 S2 发送 $[sX+(1-s)Y]$ 的前提相矛盾! 排除。

综合两方面,存在杂合均衡 $\left[X, \left(\frac{2}{3}, \frac{1}{3} \right); \left(\frac{1}{5}, \frac{4}{5} \right), A; P(S1|X) = \frac{1}{3}, P(S1|Y) = 0 \right]$。

(2)考虑$\{[(1-s)X+sY],Y\}$

表示 S1 实施以 $1-s$ 概率发送 X 以概率 s 发送 Y 的混合战略,S2 实施发送 Y 的纯战略。

一方面,给定 S1 以 $1-s$ 概率发送 X 以概率 s 发送 Y 而 S2 发送 Y,分析 R 的决策。

R 看到 X,知道一定是 S1,会选 B,因为 $0>-10$。

R 看到 Y,认为是 S2 的概率为 $\frac{0.75}{0.25s+0.75} = \frac{3}{3+s}$。选 B 的期望收益为 0,选 A 的期望收益为 $-10 \times \left(1 - \frac{3}{3+s}\right) + 5 \times \frac{3}{3+s} = -10 + \frac{45}{3+s}$。由于 $0<s<1$,必有 $-10 + \frac{45}{3+s} > 0$,所以 R 看到 Y 后一定会选 A。

另一方面,给定 R 看到 X 选 B 而看到 Y 选 A,分析 S 的决策。

S1 会发送 X,因为 $-4>-10$;而 S2 会发送 X,因为 $-4>-5$。其中,前者与 S1 发送 $[(1-s)X+sY]$ 的前提相矛盾!后者与 S2 发送 Y 的前提相矛盾!

综合两方面,$\{[(1-s)X+sY],Y\}$ 不构成杂合均衡。

※**习题 4** 证明以上博弈中 $\{Y,[(1-s)X+sY]\}$ 和 $\{[sX+(1-s)Y],X\}$ 都不构成杂合均衡。

综上所述,该博弈有一个混同均衡 $\left[(Y,Y),(A,A); P(S1|X) < \frac{1}{3}, P(S1|Y) = \frac{1}{4} \right]$,

一个杂合均衡 $\left[X, \left(\frac{2}{3}, \frac{1}{3} \right); \left(\frac{1}{5}, \frac{4}{5} \right), A; P(S1|X) = \frac{1}{3}, P(S1|Y) = 0 \right]$。

(3)特征

可见,在信号博弈的杂合均衡中,双边都会采用混合战略。某种类型的信号发送者发送混合信号,信号接收者看到某类信号实施混合战略。

5. 方法小结

信号博弈的精炼贝叶斯纳什均衡求解步骤:

第一步,化简博弈。

主要是剔除严格劣战略。

第二步,求分离均衡。

分情况讨论,比较简单,可能不存在,可能唯一,可能多个。

第三步,求混同均衡。

分情况讨论,有点复杂,可能不存在,可能唯一,可能多个。

第四步,求杂合均衡。

分情况讨论,比较复杂,可能不存在,可能唯一,可能多个。

※**习题 5** 求图 24-7 所示信号博弈的精炼贝叶斯纳什均衡。

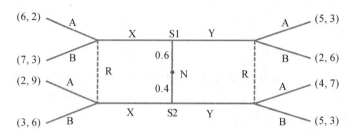

图 24-7 信号博弈 Ⅲ

※**习题 6** 求图 24-8 信号博弈的精炼贝叶斯纳什均衡。

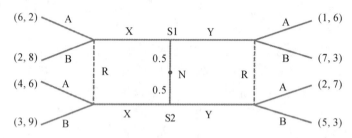

图 24-8 信号博弈 Ⅳ

※**习题 7** 求图 24-9 所示信号博弈的精炼贝叶斯纳什均衡。

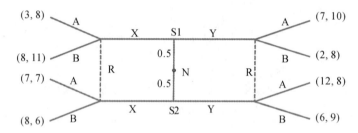

图 24-9 信号博弈 Ⅴ

※**习题 8** 在知网上下载并研读用信号博弈研究实际问题的论文。

第 25 讲 道德风险

一、代理冲突

1. 委托代理关系

(1) 含义

委托他人做什么事,二者之间的关系就是委托代理关系。比如,你请去逛街的同学帮忙买个东西回来,企业请经理来经营管理,你请医生看病,你请律师打官司,经理请员工来做具体工作,学校聘请老师来教学科研,中央政府任用官员治理地方。

(2) 委托人

委托他人做事的一方,处于信息劣势的一方。比如:请去逛街的同学帮忙买东西,你就是委托人,因为不知道同学是否货比三家再认真帮你买性价比高的东西;企业请经理来经营管理,企业或者股东就是委托人,因为不知道经理是否在认真努力经营好企业;请医生看病,你就是委托人,因为你不知道医生是否认真诊断病情;请律师打官司,你就是委托人,因为你不知道律师是否认真收集证据、查阅法律条款、制定辩护方案等;经理请员工来做具体工作,经理就是委托人,因为不知道员工是否认真完成工作努力提高业绩;学校聘请老师来教学科研,学校就是委托人,因为不知道老师是否认真投入到教学科研工作中;中央政府任用官员治理地方,中央政府就是委托人,因为不知道地方官员是否励精图治努力发展好一方。

注意,重心不是委托他人做事,而是处于信息劣势。事实上,有的时候,委托他人做事的特征并不明显,只要处于信息劣势,仍然称为委托人。

(3) 代理人

接受委托的一方,处于信息优势的一方。比如:请去逛街的同学帮忙买东西,同学就是代理人,因为他知道而你不知道他是否货比三家再认真帮你买性价比高的东西;企业请经理来经营管理,经理是代理人,因为经理知道而企业不知道经理是否在认真努力经营好企业;请医生看病,医生是代理人,因为医生知道而你不知道医生是否认真诊断病情;请律师打官司,律师是代理人,因为律师知道而你不知道律师是否认真收集证据、查阅法律条款、制定辩护方案等;经理请员工来做具体工作,员工是代理人,因为员工知道而经理不知道员工是否认真完成工作努力提高业绩;学校聘请老师来教学科研,老师是代理人,因为老师知道而学校不知道老师是否认真投入到教学科研工作中;中央政府任用官员治理地方,地方官员是代理人,因为地方官员知道而中央政府不知道地方官员是否励精图治。

2. 利益冲突

代理人给委托人做事不会像为自己做事那么认真,不会总是按有利于委托人的方式行事,二者之间存在利益冲突。因为代理人追求的是自己的利益,而且在追求自身利益时可能损害委托人的利益。比如,请去逛街的同学帮忙买东西,你希望他是货比三家再认真帮你买,但是他很可能没有这么认真,而只是随便买了一个。而且,即使他很认真,你也不知道。既然认真你也不知道,又何必那么认真。企业请经理来经营管理,企业希望经理研究市场日夜操劳经营管理好企业,但是经理可能没有那么投入,至少不像经营自己的企业那么投入。而且,即使经理很投入心力交瘁,企业也不知道。既然努力投入认真经营企业也不知道,又何必那么认真。类似地,可以分析其他委托代理关系中的利益冲突。只要是委托代理,总存在利益冲突问题,只是程度不同而已,有的比较严重,有的没那么严重。

3. 冲突根源

(1) 信息不对称

委托人并不知道代理人是否努力,就没办法让代理人遵循委托人的安排按照有利于委托人利益的方式行事。不知道,是因为处于不同时空没法看到。比如,你请去逛街的同学帮忙买东西,你在寝室"躺平",同学在外面逛街,你根本看不到同学的购买过程。或者,即使就在眼前,完全能够看到,由于专业因素也看不懂,相当于就没有看到。比如,请医生看病,医生就在眼前,即使看到医生采取了望闻问切各种方式,由于你不懂医,你还是不知道医生是否认真思考综合考虑来诊断病情,也许在望闻问切时心里想的是股票套牢的事。

而当信息对称时,不会产生利益冲突,因为委托人可以要求代理人遵循委托人的安排按照有利于委托人利益的方式行事。

(2) 随机因素

事情的结果往往受随机因素影响,也就是运气。比如,请去逛街的同学帮忙买东西,也许他很想货比三家买性价比高的东西,但是运气不好,很多地方停电关门了还是在路边摊买了水货。企业请经理来经营管理,也许经理很想倾其所能经营管理好企业,但是运气不好,疫情来袭企业还是亏损严重。由于信息不对称,委托人没法区分代理人的努力投入和随机因素的影响。由于存在随机因素,代理人会把差的结果归结为运气不好,而把好的结果归结为自己努力的结果。

如果没有随机因素,那么利益冲突就会消失。因为委托人可以通过结果准确推断出代理人的行为,相当于可以看到代理人的行为,由此要求代理人遵循委托人的安排按照有利于委托人利益的方式行事。

4. 治理办法

(1) 监督

监督旨在解决信息不对称问题。比如,上下班打卡,监控系统,随机巡查,生产流水线,App流程。在某些领域效果很好,比如生产流水线、准时上下班等;但在某些领域没有效果,比如学生的学习情况、科研人员的研究情况、医生和律师的专业工作等。

(2) 激励

激励旨在缓和利益不一致。委托人设计制度安排,使代理人在追求自身利益时也实现委托人利益。比如:请去逛街的同学帮忙买东西,买得满意就请他吃饭,甚至做他女朋友;企业请经理来经营管理,实行年薪制,企业年度业绩好,经理工资就高;请律师打官司,约定胜诉后有额外报酬;中央政府任用官员治理地方,官员晋升制度把治理业绩作为重要因素。

二、信息无知

1. 信息不对称

(1)含义

信息不对称(information asymmetry),指有的信息,只有一方知道,而另一方不知道。比如:

①买卖关系。卖者知道商品质量,而买者不知道。

②雇佣关系。员工知道自己的工作努力程度,经理不知道。

③恋爱关系。不知道对方的经济条件、品行如何、性格怎样。

(2)不知道何时的事

其一,不知道建立关系之前的信息。比如:

①保险公司与投保人。投保前,保险公司不知道投保人的健康状况。

②买者与卖者。成交前,买者不知道卖者所售商品的质量高低。

其二,不知道建立关系之后的信息。比如:

①雇主与雇员。聘用后,雇主不知道雇员的工作努力程度。

②债权人与债务人。借贷后,债权人不知道债务人的风险控制措施等。

(3)不知道什么事

其一,不知道类型的信息。比如:

①保险公司与投保人。投保前,保险公司不知道投保人健康状况是好还是差。

②买者与卖者。成交前,买者不知道卖者所售商品质量是高还是低。

其二,不知道行为的信息。比如:

①雇主与雇员。聘用后,雇主不知道雇员工作是认真努力还是懒散懈怠。

②债权人与债务人。借贷后,债权人不知道债务人的风险控制是谨慎还是松懈。

(4)不知道何时的什么事

按以上标准综合划分信息不对称,汇总如表25-1所示。

表 25-1 信息不对称的二维划分

	类型信息	行为信息
事前信息不对称	事前不知道类型	——
事后信息不对称	——	事后不知道行为

其一,建立关系前,不知道对方的类型。事前与类型对应,比如:签订保险合同前,保险公司不知道投保人健康状况是好还是差;达成买卖关系前,买者不知道卖者所售商品质量是高还是低。

其二,建立关系后,不知道对方的行为。事后与行为对应,比如:签订聘用合同后,雇主不知道雇员工作是认真努力还是懒散懈怠;达成借贷关系后,债权人不知道债务人的风险控制是谨慎还是松懈。

此外，从上表中可见，事前信息不对称是不知道类型，而事后信息不对称是不知道行为。为什么没有考虑事前不知道行为的信息不对称呢？因为过去的所作所为并不会影响未来的关系建立和行为方式，但是类型会影响。比如，结交朋友，不太在乎过去做过什么事，但是在乎是一个怎样的人。为什么没有考虑事后不知道类型的信息不对称呢？因为在建立关系时已经知道了对方的类型。如果不是喜欢的类型，就不会建立关系。既然建立了关系，就已经认可了类型，而且类型不能更改。从这个角度讲，事前信息不对称，也就是不知道类型，更广泛的就是外生变量是信息不对称的，其中的关键点是外生变量比如类型是不能更改的；事后信息不对称，也就是不知道行为，更广泛的就是内生变量是信息不对称的，其中的关键点是内生变量比如行为是可以改变的。

2. 产生问题

(1) 逆向选择

逆向选择(adverse selection)，指由事前不知道类型的信息不对称引起的资源错位配置现象，希望选好的实际选到的往往是差的。比如：

①保险。保险公司希望身体健康的人买保险，但是身体状况不太好的人更愿意买保险。

②二手车。给定价格，买者希望买到质量好的二手车，但质量不太好的二手车车主更愿意卖。

(2) 道德风险

道德风险(moral hazard)，指由事后不知道行为的信息不对称引起的代理冲突现象，接受委托的代理人并不会完全按照有利于委托人的方式行事。比如：

①雇主与雇员。雇主希望雇员兢兢业业，员工却可能懒散懈怠。

②债权人与债务人。债权人希望债务人严控风险，债务人却可能松懈防控。

注意，道德风险的道德与社会公德的道德无关，中心是事后不知道行为的信息不对称，强调事后信息不对称必然会产生机会主义行为。

3. 应对措施

(1) 信息甄别

信息甄别(information screening)，指逆向选择的信息劣势方采取措施甄别对方类型的过程。比如：

①保险。保险公司知道身体状况不太好的人更愿意买保险，因此要求买保险前提交体检报告，以甄别投保人的身体健康状况。

②二手车。买者知道在给定价格下质量不太好的二手车主更愿意卖，因此要求第三方检测机构对车进行全面检测出具报告，以甄别二手车的质量状况。

(2) 信号传递

信号传递(information signaling)，指逆向选择的信息优势方采取措施主动向对方表明自己类型的过程。比如：

①求职。递交简历，主动展示学历、工作经历和工作业绩等。

②三包延长条款。通过提供国家规定期限、里程等之外的三包服务，主动向市场说明产品质量很好。

(3)激励机制

激励机制(incentive mechanism),指面对道德风险问题,委托人采取的激励代理人按照有利于委托人的方式行事的制度安排。比如,对经理实行年薪制,企业年度业绩好,经理工资就高。注意,有时也指面对逆向选择问题,委托人采取的激励代理人说真话如实报告类型的制度安排。比如,公主要求小伙子们去有恶魔的城堡中住一晚,真爱才会去,假爱就不会去。

※习题1 列举道德风险事例并分析应对措施。

4. 理论关系梳理

(1)委托代理理论(principal agent theory)

狭义:指道德风险及相应的激励机制,后者是解决道德风险问题激励代理人按照有利于委托人的方式行事的制度安排。由于很多时候道德风险已包含了相应的激励机制,狭义的委托代理理论就指道德风险。

广义:包括道德风险、逆向选择、信息甄别和信号传递等。

(2)机制设计理论(mechanism design theory)

狭义:指逆向选择、信息甄别和信号传递,由于信息甄别和信号传递是建立在逆向选择基础之上的,通常就指逆向选择。

广义:包括逆向选择、信息甄别、信号传递和道德风险等。从这个角度讲,机制设计理论和委托代理理论是等价的。

(3)信息经济学(information economics)

狭义:分为两个不同的分支,一是研究信息不对称问题的经济学,二是研究信息管理、信息产业、信息商品等的经济学。前者是问题导向,涉及领域很宽广。后者是领域导向,涉及问题很多。从博弈论角度来看,信息经济学是指信息不对称下的经济学理论,包括信号传递、信息甄别和道德风险等核心问题。从这个角度讲,信息经济学与机制设计理论、委托代理理论也是等价的。

广义:尽管博弈论范畴中的信息经济学是指信号传递、信息甄别和道德风险等信息不对称问题,广义的信息经济学却同时包含以上两个不同的分支。中国信息经济学会,作为国家一级学会,很长时间所称的信息经济学主要是指研究信息管理、信息产业、信息商品等的第二个分支,后来逐渐扩展纳入研究信息不对称问题的第一个分支,形成了现在的两大模块。市面上信息经济学著作的内容也存在很大差异,有的侧重于第一个分支,有的侧重于第二个分支,有的杂糅了两个分支。

(4)激励理论(incentive theory)

经济学含义:就是信息不对称下的经济学理论。针对事前信息不对称,研究如何激励说真话如实报告类型,以解决逆向选择问题。针对事后信息不对称,研究如何激励代理人按照有利于委托人的方式行事,以解决道德风险问题。从这个角度讲,激励理论、信息经济学、机制设计理论、委托代理理论都是等价的。

管理学含义:管理问题的重要板块,研究如何满足人的各种需要、调动人的积极性的原则和方法。在研究问题上,其实与如何激励说真话和如何激励努力是一致的,只是实施手段不同。经济学遵循"经济人"假设强调经济因素,管理学遵循"复杂人"假设注重心理行为因素。

以上这些理论名词频繁出现在教科书、学术专著和学术论文中，在此专门梳理各个理论名词的内涵和相互之间的关系，以厘清可能的混淆。当然，这只是作者个人看法。但是，具有一般性的，每个名词的具体含义取决于相应背景，研究背景不同，含义就不同。

5. 相关信息概念

（1）不完全信息

不完全信息（incomplete information），也称为信息不完全，指局中人在决策如何做时不知道其他人的类型。

（2）不完美信息

不完美信息（imperfect information），也称为信息不完美，指局中人在决策如何做时不知道或者忘记了其他人的行为。

（3）不对称信息

不对称信息（asymmetric information），也称为信息不对称，局中人在决策如何做时不知道其他人的类型或行为。

可见，信息不对称的含义最广泛，包括类型信息和行为信息的不对称。

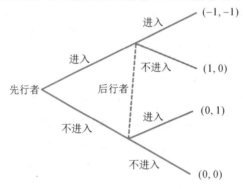

图 25-1　不完美信息的市场进入博弈

而不完美信息其实可以统一为不完全信息。比如，在图 25-1 所示不完美信息的市场进入博弈中，后行者忘记了或者说不知道先行者的行为选择是进入还是不进入，称为信息不完美，表示为图中的虚线。如果假设先行者有两种类型，一种比如可以叫作"进入型"只会选择进入，另一种比如可以叫作"不进入型"只会选择不进入，那么后行者不知道先行者的行为就转化为后行者不知道先行者的类型。由此，不完美信息就统一为不完全信息了。

在不完美信息统一不完全信息后，不对称信息就只包含不完全信息了。因此，很多时候，不对称信息和不完全信息在混用，含义其实是相同的。

（4）道德风险中的信息不对称

是指建立委托代理关系后委托人不知道代理人的行动。但是，与不完美信息博弈中的信息不完美是有差异的。在不完美信息中，局中人在决策如何做时，其他人已经实施了行动，只是局中人不知道或者忘记了。在道德风险中，委托人在设计激励制度或契约（contract）时虽然也不知道代理人的行动，但是此时代理人其实根本就还没有实施行动。下面就分析在道德风险的委托代理关系中委托人如何设计激励契约来激励代理人。

三、HM 模型

1. 缘起

这里的 HM 模型是霍姆斯特姆(Holmstrom)和米尔格罗姆(Milgrom)于 1987 年提出的道德风险模型的简化,其中霍姆斯特姆获 2016 年经济学诺贝尔奖,米尔格罗姆获 2020 年经济学诺贝尔奖。

2. 基本假设

委托人比如企业等组织,雇佣代理人比如员工等个人。其中,组织是风险中性的,而个人是风险规避的。委托人看不到从而不知道代理人的努力程度,只能根据其产出向代理人提供线性激励契约 $s(x)=\alpha+\beta x$,规定了工资 $s(x)$ 随产出业绩 x 的变化关系,前者 α 相当于是固定工资,后者 β 相当于是绩效工资。代理人投入努力 a 创造的产出业绩为 $x=a+\theta$,其中 a 表示代理人的努力水平,$\theta \sim N(0,\sigma^2)$ 表示会影响产出的随机因素。这决定了产出也是随机的,满足分布 $x \sim N(a,\sigma^2)$。努力成本表示为货币化的 $c(a)=\frac{1}{2}ba^2$,其中 b 是边际努力成本系数。把努力成本货币化是常用假设,而系数 $\frac{1}{2}$ 是为了简化数学模型的设置,因为将要求导数,对平方项求导数,得到的 2 与 $\frac{1}{2}$ 相乘就简化为 1。于是,代理人的实际收益就是得到的工资减去付出的成本,表示为

$$w=\alpha+\beta x-\frac{1}{2}ba^2=\alpha+\beta(a+\theta)-\frac{1}{2}ba^2$$

由于产出业绩 x 是随机的,代理人的实际收益 w 也是随机的,分析可知,满足分布 $w \sim N(\alpha+\beta a-\frac{1}{2}ba^2, \beta^2\sigma^2)$。

代理人的效用函数是 $u(w)=-e^{-\rho w}$,称为不变风险规避度效用函数,是理论推导中常用的效用函数。其中,ρ 表示不变绝对风险规避度。其值越大,代理人规避风险的程度就越大;其值为 0,就不在乎风险,称为风险中性。代理人的确定性等价收益,定义为期望收益减去风险贴水,在不变风险规避度效用函数和随机因素正态分布的条件下表示为

$$CE=E(w)-\frac{1}{2}\rho\beta^2\sigma^2=\alpha+\beta a-\frac{1}{2}ba^2-\frac{1}{2}\rho\beta^2\sigma^2$$

第一项 $\alpha+\beta a-\frac{1}{2}ba^2$ 是期望收益,第二项 $\frac{1}{2}\rho\beta^2\sigma^2$ 是风险贴水。其中,风险贴水表示因为承担了风险要求得到的补偿,也就是有风险的期望收益比数值上相等的没风险的确定性收益要低的那一部分,$\frac{1}{2}$ 是系数,ρ 是不变风险规避度,$\beta^2\sigma^2$ 是随机收益的方差。具体的推导过程在后文有说明。

代理人的保留工资为 $\bar{w}$,就是在其他地方可以挣到的收入。

3. 约束条件

(1) 参与约束 (*participation constraint*)

要求代理人所得不能低于保留工资，否则就去其他地方了，表示为

$$\alpha + \beta a - \frac{1}{2}ba^2 - \frac{1}{2}\rho\beta^2\sigma^2 \geq \bar{w}$$

(2) 激励相容约束 (*incentive constraint*)

要求代理人会选择使自己收益最大的努力水平，表示为

$$a^* \in \arg\max_a CE = \alpha + \beta a - \frac{1}{2}ba^2 - \frac{1}{2}\rho\beta^2\sigma^2$$

arg 表示取使 CE 最大的 a，相当于取反函数。根据一阶条件，令 $\dfrac{\partial CE}{\partial a}=0$，得

$$a = \frac{\beta}{b}$$

注意，道德风险的参与约束条件与逆向选择的相同，都是确保代理人所得不低于保留水平。而道德风险的激励相容约束条件与逆向选择的不同，道德风险的是确保代理人实现个人收益最大，但逆向选择的是确保代理人说真话如实报告自己的类型。

4. 目标函数

委托人通过设计契约 $s(x)=\alpha+\beta x$ 寻求期望利润 $ER_p = E[x-s(x)] = -\alpha + (1-\beta)a$ 最大。其中，p 指委托人，x 表示代理人创造的产出，$s(x)$ 是依据产出支付给代理人的工资。这里假设委托人从一单位产出获得一单位的收入，一般应结合实际确定委托人从产出获得的收入。于是，$x-s(x)$ 就是委托人获得的收入减去支付给代理人的工资成本，也就是利润。

5. 优化模型

委托人在满足代理人的参与约束和激励相容约束条件下追求最大期望利润。根据以上约束条件和目标函数，建立优化模型如下：

$$\max_{\alpha,\beta} ER_p = -\alpha + (1-\beta)a$$

$$\text{s.t.} \begin{cases} \text{PC}: \alpha + \beta a - \dfrac{1}{2}ba^2 - \dfrac{1}{2}\rho\beta^2\sigma^2 \geq \bar{w} \\ \text{IC}: a = \dfrac{\beta}{b} \end{cases}$$

6. 模型求解

参与约束 PC 一定是紧的就是取等式，否则可以通过适当减小 α 在不破坏约束条件的前提下进一步增大目标函数值。只要 PC 是松的就是取不等式，就可以适当减小 α。尽管 PC 的左边减小了，但是由于 PC 是松的，α 减小不多，PC 仍然成立。激励相容约束 IC 又与 α 无关。那么，适当减小 α，就不会破坏约束条件，而目标函数随着 α 的减小会增大。于是，等价于

$$\max_{\alpha,\beta} ER_p = -\alpha + (1-\beta)a$$

$$\text{s.t.} \begin{cases} \text{PC}: \alpha + \beta a - \dfrac{1}{2}ba^2 - \dfrac{1}{2}\rho\beta^2\sigma^2 = \bar{w} \\ \text{IC}: a = \dfrac{\beta}{b} \end{cases}$$

把两个取等式的约束条件代入目标函数得

$$\max_{\beta} ER_p = \frac{\beta}{b} - \frac{1}{2}\rho\beta^2\sigma^2 - \frac{b}{2}\left(\frac{\beta}{b}\right)^2 - \bar{w}$$

此为二次函数求最大值，解得最优线性激励为

$$\beta^* = \frac{1}{1+b\rho\sigma^2}$$

代入激励相容约束，得代理人的最优努力水平为

$$a^* = \frac{1}{b(1+b\rho\sigma^2)}$$

四、代理成本

1. 与对称信息时的对比

在信息对称时，委托人可以观察到代理人的努力，不需要提供努力激励，只需要满足参与约束，即

$$\max_{\alpha,\beta} ER_p = -\alpha + (1-\beta)a$$
$$\text{s.t. PC}: \alpha + \beta a - \frac{1}{2}ba^2 - \frac{1}{2}\rho\beta^2\sigma^2 \geq \bar{w}$$

参与约束一定是紧的，否则可以通过适当减小 α 在不破坏约束条件的前提下进一步增大目标函数值。于是，把取等式的约束条件带入目标函数，解得

$$\beta_0 = 0, a_0 = \frac{1}{b}$$

对称信息时的结果称为一级最优（first best，FB），信息不对称时的结果称为二级最优（second best，SB），二者的差异体现了信息不对称的影响，包括风险成本和激励成本两部分，统称为代理成本。

2. 风险成本

信息不对称使代理人承担了风险，就是 $\beta > 0$，代理人的收益就是不确定的，随产出多少而变化。委托人必须补偿这种不确定性产生的风险贴水，由此增加的成本称为风险成本。简言之，风险成本就是委托人补偿信息不对称使代理人承担风险产生的风险贴水所新增的成本。

一方面，在信息对称时，$\beta_0 = 0$，意味着代理人没有承担风险，表现为收益是固定的，与产出高低无关。

另一方面，在信息不对称时，$\beta^* = \frac{1}{1+b\rho\sigma^2} > 0$，意味着代理人承担了风险，表现为收益是变化不确定的，与产出高低相关，不仅取决于自己的努力程度，也取决于外在随机因素。代理人承担了风险，就会产生风险贴水 $\frac{1}{2}\rho\beta^2\sigma^2$，注意 $\beta^2\sigma^2$ 是代理人收益的方差，把 $\beta^* = \frac{1}{1+b\rho\sigma^2}$ 代入，就是 $\frac{\rho\sigma^2}{2(1+b\rho\sigma^2)^2}$。为了满足代理人的参与约束条件，委托人必须补偿代理人的风险贴水，由此新增的成本就是风险成本，表示为

$$c_R = \frac{\rho\sigma^2}{2(1+b\rho\sigma^2)^2}$$

特别地,如果代理人是风险中性的,也就是风险规避度 ρ 为 0,风险成本 $\frac{\rho\sigma^2}{2(1+b\rho\sigma^2)^2}$ 就等于 0,就没有风险成本。

3. 激励成本

信息不对称使代理人努力水平降低,引起的期望产出减少额和努力成本节约额之差,就是激励成本。

(1) 信息不对称对代理人努力水平的影响

在信息对称时,代理人的努力水平为 $a_0 = \frac{1}{b}$。而在信息不对称时,代理人的努力水平为 $a^* = \frac{1}{b(1+b\rho\sigma^2)}$。信息不对称降低了代理人的努力水平,因为 $a_0 = \frac{1}{b} > a^* = \frac{1}{b(1+b\rho\sigma^2)}$。

(2) 信息不对称对期望产出的影响

代理人努力水平降低,会减少期望产出。根据 $x = a + \theta$,期望产出的减少额表示为

$$\Delta E(x) = \frac{1}{b} - \frac{1}{b(1+b\rho\sigma^2)} = \frac{\rho\sigma^2}{1+b\rho\sigma^2}$$

这对委托人来说,是一种损失,因为委托人利润就是代理人创造的期望产出与支付给代理人的工资成本之差。

(3) 信息不对称对努力成本的影响

代理人努力水平降低,也会节约努力成本。根据 $c(a) = \frac{1}{2}ba^2$,努力成本节约额表示为

$$\Delta c = \frac{1}{2}b\left[\frac{1}{b^2} - \frac{1}{b^2(1+b\rho\sigma^2)^2}\right] = \frac{2\rho\sigma^2 + b\rho^2\sigma^4}{2(1+b\rho\sigma^2)^2}$$

这对委托人来说是一种节约,因为委托人提供的激励契约必须满足代理人的参与约束,也只需使代理人的参与约束取等式。

激励成本就是期望产出减少额和努力成本节约额之差,表示为

$$c_I = \Delta E(x) - \Delta c = \frac{b\rho^2\sigma^4}{2(1+b\rho\sigma^2)^2}$$

4. 代理成本

信息不对称增加的委托人成本,称为代理成本,就是风险成本和激励成本之和,即

$$c_A = c_R + c_I = \frac{\rho\sigma^2}{2(1+b\rho\sigma^2)}$$

5. 风险中性

根据 $\beta^* = \frac{1}{1+b\rho\sigma^2}$,即使信息是不对称的,只要代理人是风险中性即 $\rho = 0$,也有 $\beta = 1$,$a = \frac{1}{b}$。

$\beta=1$,说明代理人承担了全部的风险,也受到了最大的激励,干多干少全是自己的,就是实际生活中的承包制。

$a=\dfrac{1}{b}$,此时的努力水平与信息对称情形的相同,说明风险中性条件下就可以实现一级最优。

※**习题 2** 在知网上下载并研读用 H-M 模型研究实际问题的论文。

五、充分信息

1. 充分统计量原则

充分统计量原则(the principle of sufficient statistics)要求所有局中人可以影响的因素都应该纳入契约作为激励手段,所有与局中人努力程度无关的因素都不应该纳入激励契约。

2. 模型解释

另有一随机变量 $z \sim N(0, \sigma_z^2)$,考虑线性契约 $s(x)=\alpha+\beta(x+\gamma z)$,其他条件包括相同的产出函数 $x=a+\theta$、原随机因素 $\theta \sim N(0,\sigma^2)$、货币化努力成本 $c(a)=\dfrac{1}{2}ba^2$ 和代理人的效用函数 $u(w)=-e^{-\rho w}$。

代理人的实际收益为 $w=\alpha+\beta(a+\theta+\gamma z)-\dfrac{1}{2}ba^2$。由此,代理人的确定性等价收益为

$$CE=E(w)-\dfrac{1}{2}\rho\beta^2\sigma_M^2=\alpha+\beta a-\dfrac{1}{2}ba^2-\dfrac{1}{2}\rho\beta^2[\sigma^2+\gamma^2\sigma_z^2+2\gamma\mathrm{cov}(x,z)]。$$

其中,σ_M^2 表示 $x+\gamma z$ 的方差。

参与约束为 $\alpha+\beta a-\dfrac{1}{2}ba^2-\dfrac{1}{2}\rho\beta^2[\sigma^2+\gamma^2\sigma_z^2+2\gamma\mathrm{cov}(x,z)]\geqslant \bar{w}$。

激励相容约束为 $a^*=\arg\max\limits_{a} CE=\alpha+\beta a-\dfrac{1}{2}ba^2-\dfrac{1}{2}\rho\beta^2[\sigma^2+\gamma^2\sigma_z^2+2\gamma\mathrm{cov}(x,z)]$,根据一阶条件,转化为 $a=\dfrac{\beta}{b}$。这里把 $a^* \in$ 写成 $a^*=$ 也是可以的,因为使 CE 最大的 a 只有一个。

委托人追求最大期望利润 $ER_p=-\alpha+(1-\beta)a$,其优化模型为

$$\max\limits_{\alpha,\beta,\gamma} ER_p=-\alpha+(1-\beta)a$$

$$\text{s.t.} \begin{cases} \text{PC:} \alpha+\beta a-\dfrac{1}{2}ba^2-\dfrac{1}{2}\rho\beta^2[\sigma^2+\gamma^2\sigma_z^2+2\gamma\mathrm{cov}(x,z)]\geqslant \bar{w} \\ \text{IC:} a=\dfrac{\beta}{b} \end{cases}$$

参与约束一定是紧的,否则可以通过适当减小 α 在不破坏约束条件的前提下进一步增大目标函数。于是,等价为

$$\max\limits_{\alpha,\beta,\gamma} ER_p=-\alpha+(1-\beta)a$$

$$\text{s.t.} \begin{cases} \text{PC:} \alpha+\beta a-\dfrac{1}{2}ba^2-\dfrac{1}{2}\rho\beta^2[\sigma^2+\gamma^2\sigma_z^2+2\gamma\mathrm{cov}(x,z)]= \bar{w} \\ \text{IC:} a=\dfrac{\beta}{b} \end{cases}$$

把两个取等式的约束条件代入目标函数,简化为

$$\max_{\beta,\gamma} ER_p = \frac{\beta(1-\beta)}{b} + \frac{\beta^2}{b} - \frac{b}{2}\left(\frac{\beta}{b}\right)^2 - \frac{1}{2}\rho\beta^2[\sigma^2 + \gamma^2\sigma_z^2 + 2\gamma\,\text{cov}(x,z)] - \bar{w}$$

解得

$$\gamma^* = -\frac{\text{cov}(x,z)}{\sigma_z^2},$$

$$\beta^* = \frac{1}{1+b\rho\left\{\sigma^2 - \frac{[\text{cov}(x,z)]^2}{\sigma_z^2}\right\}}$$

3. 启示

① 只要 $\text{cov}(x,z) \neq 0$ 就有 $\gamma \neq 0$,即

一切体现产出的信息都应该作为激励因素写入契约;反之,一切与产出无关的都不应该作为激励因素。

② 只要 $\text{cov}(x,z) \neq 0$ 就有 $\beta = \dfrac{1}{1+b\rho\left\{\sigma^2 - \frac{[\text{cov}(x,z)]^2}{\sigma_z^2}\right\}} > \dfrac{1}{1+b\rho\sigma^2}$,即

一切体现工作努力程度的因素都应该写入契约,让代理人得到充分激励,充分地分担风险,也是承担风险。

因此,不受员工控制的因素不应该作为奖惩依据。

4. 运气薪酬问题

今年不景气,年终奖减半。

公司遇到困难,请大家共渡难关。

今年行情很好,公司业绩不错,给大家加薪。

从以上博弈理论来看,这些做法都是不合理的。但是,为什么现实中广泛存在?那是因为理论不止一种,动因不止一种。

六、模型假设

1. 确定性等价

在 HM 模型中,有一步关键简化,就是引入确定性等价。

确定性等价收入,就是产生的效用与随机收入的期望效用相等的确定性收入。比如,收入 s 其实是随机的,因为契约 $s(x) = \alpha + \beta x$ 中的产出 $x = a + \theta$ 包含外在随机因素 θ。那么,投入努力 a 将获得随机收入 s,设 s 在 $[\xi, \zeta]$ 上的密度函数为 $f(s)$。于是,s 会产生期望效用 $E[u(s)] = \int_{\xi}^{\zeta} u(s) f(s) \mathrm{d}s$。其中,$u(s)$ 是效用函数,即获得收入 s 形成的主观满足感。如果确定性收入 $\bar{s}$ 形成的效用满足 $u(\bar{s}) = E[u(s)]$,就称 $\bar{s}$ 是 s 的确定性等价。其中的 s 是随机变量,而 $\bar{s}$ 是确定值,所谓确定性等价也称作肯定当量就是在期望效用相等的条件下把随机变量转化为确定值,这里就是把随机性收入转化为确定性收入。

2. 效用函数

在 HM 模型中,假设代理人的不变风险规避度效用函数为 $u(w) = -\mathrm{e}^{-\rho w}$。

不变风险规避度效用函数在经济理论推导中常用,最大特点是风险规避度 ρ 保持不变,即不随收入 w 的变化而改变。其中,风险规避度定义为效用函数的二阶导数与一阶导数之比的相反数,即 $\rho=-\dfrac{u''(w)}{u'(w)}$。不变风险规避度效用函数满足:收入越多效用越大,即一阶导数大于 0;但是,随着收入增加效用增加的速度越来越慢,即二阶导数小于 0。

不变风险规避度效用函数 $u(w)=-\mathrm{e}^{-\rho w}$ 总是小于 0。效用小于 0 不好理解,加上一个足够大的正数就保证 $u(w)=A-\mathrm{e}^{-\rho w}$ 大于 0 了。但是,这不会影响结果,因为推导过程中必然要对其求导,在求导过程中常数项就自然被消掉了。

当效用函数为不变风险规避度效用函数 $u(w)=-\mathrm{e}^{-\rho w}$ 时,根据以上讨论给出的确定性等价的定义 $u(\bar{s})=E[u(s)]$,有 $-\mathrm{e}^{-\rho\bar{s}}=-\int_{\xi}^{\zeta}\mathrm{e}^{-\rho s}f(s)\mathrm{d}s$。那么,随机收入 s 的确定性等价就是

$$\bar{s}=-\frac{1}{\rho}\ln\left[\int_{\xi}^{\zeta}\mathrm{e}^{-\rho s}f(s)\mathrm{d}s\right].$$

3. 正态分布

在 HM 模型中,从随机收入 $w=\alpha+\beta(a+\theta)-\dfrac{1}{2}ba^2$ 和效用函数 $u(w)=-\mathrm{e}^{-\rho w}$ 直接得到了确定性等价 $CE=E(w)-\dfrac{1}{2}\rho\beta^2\sigma^2=\alpha+\beta a-\dfrac{1}{2}ba^2-\dfrac{1}{2}\rho\beta^2\sigma^2$。这个结论离不开关键的正态分布假设。其数学推导过程如下:

根据确定性等价的定义,有

$$\begin{aligned}
CE &= -\frac{1}{\rho}\ln\left[\int_{-\infty}^{\infty}\mathrm{e}^{-\rho\alpha-\rho\beta(a+\theta)+\frac{1}{2}\rho ba^2}\frac{1}{\sigma\sqrt{2\pi}}\mathrm{e}^{-\frac{\theta^2}{2\sigma^2}}\mathrm{d}\theta\right]\\
&= -\frac{1}{\rho}\ln\left[\int_{-\infty}^{\infty}\frac{1}{\sigma\sqrt{2\pi}}\mathrm{e}^{-\frac{2\sigma^2\rho\alpha+2\sigma^2\rho\beta(a+\theta)-\sigma^2\rho ba^2+\theta^2}{2\sigma^2}}\mathrm{d}\theta\right]\\
&= -\frac{1}{\rho}\ln\left[\int_{-\infty}^{\infty}\frac{1}{\sigma\sqrt{2\pi}}\mathrm{e}^{-\frac{2\sigma^2\rho\alpha+2\sigma^2\rho\beta a-\sigma^2\rho ba^2+\theta^2+2\sigma^2\rho\beta\theta}{2\sigma^2}}\mathrm{d}\theta\right]\\
&= -\frac{1}{\rho}\ln\left[\int_{-\infty}^{\infty}\frac{1}{\sigma\sqrt{2\pi}}\mathrm{e}^{-\frac{2\sigma^2\rho\alpha+2\sigma^2\rho\beta a-\sigma^2\rho ba^2-\sigma^4\rho^2\beta^2+(\theta+\sigma^2\rho\beta)^2}{2\sigma^2}}\mathrm{d}\theta\right]\\
&= -\frac{1}{\rho}\ln\left[\mathrm{e}^{-\frac{2\sigma^2\rho\alpha+2\sigma^2\rho\beta a-\sigma^2\rho ba^2-\sigma^4\rho^2\beta^2}{2\sigma^2}}\int_{-\infty}^{\infty}\frac{1}{\sigma\sqrt{2\pi}}\mathrm{e}^{-\frac{(\theta+\sigma^2\rho\beta)^2}{2\sigma^2}}\mathrm{d}\theta\right]\\
&= -\frac{1}{\rho}\ln\left[\mathrm{e}^{-(\rho\alpha+\rho\beta a-\frac{1}{2}\rho ba^2-\frac{1}{2}\sigma^2\rho^2\beta^2)}\right]\\
&= -\frac{1}{\rho}\left[-\left(\rho\alpha+\rho\beta a-\frac{1}{2}\rho ba^2-\frac{1}{2}\sigma^2\rho^2\beta^2\right)\right]\\
&= \alpha+\beta a-\frac{1}{2}ba^2-\frac{1}{2}\rho\sigma^2\beta^2
\end{aligned}$$

其中,可以证明 $\int_{-\infty}^{\infty}\dfrac{1}{\sigma\sqrt{2\pi}}\mathrm{e}^{-\frac{(\theta+\sigma^2\rho\beta)^2}{2\sigma^2}}\mathrm{d}\theta=1$。

具体证明过程可参见书后参考文献[28]。必须注意,只有在随机因素满足正态分布时才有这个结论。

有的著作把确定性等价定义为期望值减去风险贴水,这没有错。然后又把风险贴水定义为 $\frac{1}{2}\rho\sigma^2$,其中 ρ 是风险规避度, σ^2 是随机因素的方差。这是不准确的,因为只有随机因素满足正态分布 $N(a,\sigma^2)$ 时才有风险贴水为 $\frac{1}{2}\rho\sigma^2$。当然,大样本下随机因素都会趋于正态分布,又为直接定义风险贴水为 $\frac{1}{2}\rho\sigma^2$ 提供了合理性。

※**习题 3** 张三回乡创业开办了一片大型养鱼湖,以固定工资 α 元/月聘请李四捕鱼,按 β 元/斤的标准支付绩效工资。李四在野外捕鱼,张三不能看到李四的行为,其实也不关心李四的捕鱼过程。李四每个月将投入捕鱼时间 e 小时,承担成本 $80e^2$ 元,这里把李四的各种准备工作及其成本都转化到投入时间中。投入时间 e,李四可以捕到 $x=320e+\xi$ 斤鱼,就是在正常情况下 1 小时可以捕鱼 320 斤,但是受随机因素 $\xi \sim N(0,240)$ 的影响,实际捕到多少鱼是不确定的。对实际捕到的鱼,张三都以 5 元/斤的价格卖给 YH 超市。李四是风险规避的,假设其不变风险规避度为 1,保留工资为 5000 元/月。为了实现最大利润,张三应该设计怎样的 α 和 β?

4. 一般化模型

(1)目标函数

委托人追求最大期望利润,决策变量就是契约参数。

(2)约束条件

其一,参与约束 PC。

代理人的期望效用不低于保留效用,就是不能比干其他事情还差。

其二,激励相容约束 IC。

代理人总是追求自身期望效用最大。

这里,两个条件强调的都是代理人的期望效用,而没有提及确定性等价。

那么,HM 模型的参与约束应该为 $\int_{-\infty}^{\infty} -e^{-\rho\alpha-\rho\beta(a+\theta)+\frac{1}{2}\rho b a^2} \frac{1}{\sigma\sqrt{2\pi}} e^{-\frac{\theta^2}{2\sigma^2}} d\theta \geqslant \bar{u}$,其中 $\bar{u}$ 为保留效用。由于 $\int_{-\infty}^{\infty} e^{-\rho\alpha-\rho\beta(a+\theta)+\frac{1}{2}\rho b a^2} \frac{1}{\sigma\sqrt{2\pi}} e^{-\frac{\theta^2}{2\sigma^2}} d\theta = e^{-\rho(\alpha+\beta a-\frac{1}{2}ba^2-\frac{1}{2}\rho\beta^2\sigma^2)}$,可以转化为

$$\alpha+\beta a-\frac{1}{2}ba^2-\frac{1}{2}\rho\beta^2\sigma^2 \geqslant \bar{w}$$

其中, $\bar{w}$ 为保留工资,其产生的效用就是保留效用,即 $\bar{u}=u(\bar{w})$,在 HM 模型的不变风险规避度效用函数假设下就有 $\bar{u}=-e^{-\rho\bar{w}}$。

注意,参与约束本来是用效用函数描述的,只是在随机因素正态分布条件下可以转化为用确定性等价来描述。

HM 模型的激励相容约束应该为 $a^* \in \underset{a}{\arg\max} \int_{-\infty}^{\infty} -e^{-\rho\alpha-\rho\beta(a+\theta)+\frac{1}{2}\rho b a^2} \frac{1}{\sigma\sqrt{2\pi}} e^{-\frac{\theta^2}{2\sigma^2}} d\theta$,由于

$$\int_{-\infty}^{\infty} \mathrm{e}^{-\rho a - \rho\beta(a+\theta) + \frac{1}{2}\rho b a^2} \frac{1}{\sigma\sqrt{2\pi}} \mathrm{e}^{-\frac{\theta^2}{2\sigma^2}} \mathrm{d}\theta = \mathrm{e}^{-\rho(a+\beta a - \frac{1}{2}ba^2 - \frac{1}{2}\rho\sigma^2\beta^2)}$$，可以转化为 $a^* \in \underset{a}{\mathrm{argmax}}\left(\alpha + \beta a - \frac{1}{2}ba^2 - \frac{1}{2}\rho\sigma^2\beta^2\right)$，根据一阶条件，转化为 $a = \dfrac{\beta}{b}$。

注意，激励相容约束本来是用效用函数描述的，只是在随机因素正态分布条件下可以转化为用确定性等价来描述。

可见，HM 模型只是一种在不变风险规避度效用函数和随机因素正态分布假设下的特例。一般而言，代理人的参与约束和激励相容约束是定义在期望效用上的，与确定性等价无直接关系。

七、多代理人

以上讲的是一个委托人和一个代理人之间的委托代理关系。现实中，还普遍存在多个代理人的情形。比如，一个企业雇佣的很多员工，委托人是企业，只有一个，员工都是代理人，就有很多个。常见的多代理人问题有锦标竞赛和团队激励，下面略作介绍。

1. 锦标竞赛

锦标竞赛是指按产出业绩的排序而不是产出业绩的绝对大小实施激励的制度安排。比如，体育比赛、高考和考研等都是典型的锦标竞赛制度。

下面介绍改变自《基于异质能力的分类与混同锦标竞赛比较研究》的简化模型。

(1) 问题

星光公司实施锦标竞赛激励，根据员工产出的排序支付工资。两个保留效用为 0 的员工展开竞争，获胜者也就是产出较高的员工将得到 w_H，失利者也就是产出较低的员工只能得到 w_L，满足 $w_H > w_L$。员工投入努力，能够实现的产出为 $x(a) = a\theta$，a 表示努力程度，θ 为外在随机因素，在 $[0, +\infty)$ 上的密度函数为 $f(\theta) = \mathrm{e}^{-\theta}$，对应的分布函数为 $F(\theta) = 1 - \mathrm{e}^{-\theta}$。努力成本可以货币化，为 $c(a) = \dfrac{1}{2}ba^2$。为了实现最大期望利润，星光公司应该确定怎样的 w_H 和 w_L？

(2) 概率

设员工 i 投入努力 a_i，而员工 j 投入努力 a_j，员工 i 的产出和对手 j 的产出分别为 $x_i = a_i\theta_i$ 和 $x_j = a_j\theta_j$。那么，在员工 j 投入努力 a_j 而员工 i 投入努力 a_i 的前提下，员工 i 赢得竞赛，也就是其产出高于对手 j 的产出的概率为 $P(a_i|a_j) = \mathrm{prob}(x_i > x_j) = \mathrm{prob}(a_i\theta_i > a_j\theta_j)$，等价于 $\mathrm{prob}\left(\theta_j < \theta_i \dfrac{a_i}{a_j}\right)$。这表示满足分布函数 $F(\theta)$ 的随机变量 θ_j 小于 $\theta_i \dfrac{a_i}{a_j}$ 的概率，因此就有 $\mathrm{prob}\left(\theta_j < \theta_i \dfrac{a_i}{a_j}\right) = F\left(\theta_i \dfrac{a_i}{a_j}\right) = 1 - \mathrm{e}^{-\theta_i \frac{a_i}{a_j}}$。其中，$\theta_i$ 也满足分布 $f(\theta)$ 和 $F(\theta)$。所以，其关于 θ_i 的期望值为 $E\left[\mathrm{prob}\left(\theta_j < \theta_i \dfrac{a_i}{a_j}\right)\right] = \int_0^\infty (1 - \mathrm{e}^{-\theta_i \frac{a_i}{a_j}}) \mathrm{e}^{-\theta_i} \mathrm{d}\theta_i = \dfrac{a_i}{a_i + a_j}$。这就是员工 i 投入努力 a_i 而员工 j 投入努力 a_j 时员工 i 赢得竞赛的概率。

相应的，员工 i 竞赛失利的概率就是 $\dfrac{a_j}{a_i + a_j}$。

(3) 约束

员工 i 的期望收益为 $ER_i = \dfrac{a_i}{a_i+a_j}w_H + \dfrac{a_j}{a_i+a_j}w_L - \dfrac{1}{2}ba_i^2$。

其中,第一项表示以概率 $\dfrac{a_i}{a_i+a_j}$ 赢得竞赛获得 w_H,第二项表示以概率 $\dfrac{a_j}{a_i+a_j}$ 竞赛失利只能得到 w_L,第三项为货币化的努力成本。

员工是代理人,应该满足其参与约束和激励相容约束。

参与约束要求期望收益大于保留水平,假设为 0,表示为

$$ER_i = \frac{a_i}{a_i+a_j}w_H + \frac{a_j}{a_i+a_j}w_L - \frac{1}{2}ba_i^2 \geqslant 0$$

激励相容约束要求员工选择的努力程度能够实现自己的期望收益最大,表示为

$$a_i^* = \mathop{\mathrm{argmax}}_{a_i} ER_i = \frac{a_i}{a_i+a_j}w_H + \frac{a_j}{a_i+a_j}w_L - \frac{1}{2}ba_i^2$$

根据一阶条件,转化为

$$ba_i = (w_H - w_L)\frac{a_j}{(a_i+a_j)^2}$$

(4) 对称性

由于员工 i 和 j 是对称的,均衡时必有 $a_i = a_j = a$,代入得

参与约束为

$$w_H + w_L - ba^2 \geqslant 0$$

激励相容约束为

$$a = \sqrt{\frac{w_H - w_L}{4b}}$$

(5) 目标

星光公司作为委托人追求期望利润 $ER_p = E[x_i(a_i) + x_j(a_j)] - w_H - w_L = 2a - w_H - w_L$ 最大,就是员工创造的产出 $E[x_i(a_i) + x_j(a_j)]$,减去支付给员工的工资 $w_H + w_L$。

(6) 模型

于是,优化模型为

$$\max_{w_H, w_L} ER_p = 2a - w_H - w_L$$

$$\mathrm{s.t.} \begin{cases} w_H + w_L - ba^2 \geqslant 0 \\ a = \sqrt{\dfrac{w_H - w_L}{4b}} \end{cases}$$

把 $a = \sqrt{\dfrac{w_H - w_L}{4b}}$ 代入约束条件和目标函数得

$$\max_{w_H, w_L} ER_p = 2\sqrt{\frac{w_H - w_L}{4b}} - w_H - w_L$$

$$\mathrm{s.t.} \ 3w_H + 5w_L \geqslant 0$$

这里的约束条件 $3w_H + 5w_L \geq 0$ 必然取等式，否则通过可以减小 w_L 来增大目标函数。那么，有 $w_L = -\dfrac{3}{5}w_H$。代入目标函数得

$$\max_{w_H} ER_p = 2\sqrt{\dfrac{2w_H}{5b}} - \dfrac{2}{5}w_H$$

（7）结果

这是一个无约束优化问题，解得

$$w_H^* = \dfrac{5}{2}b$$

代入 $w_L = -\dfrac{3}{5}w_H$，得

$$w_L^* = -\dfrac{3}{2}b$$

负数的含义是先交押金才能获得竞赛资格，即使竞赛失利，也不会退押金。这就是现实中很多考试要交报名费的一个原因。

2. 团队激励

（1）缘起

下面介绍霍姆斯特姆（Holmstrom，1982）提出的团队激励（team incentive）模型的简化。

（2）假设

设工作团队中包含 $n \geq 2$ 位风险中性的代理人，团队产出为 $x = s(a_1, a_2, \cdots, a_n)$，由各个成员的努力水平 a_i 共同决定，但是不能单独衡量每个人对团队产生的贡献。

代理人 i 的所得为 $t_i(x) = k_i x$，满足 $\sum k_i = 1$，表示各成员按照一定规则分配团队产出。代理人 i 的努力成本为 $c_i(a_i)$。

（3）问题

能不能通过选择满足 $\sum k_i = 1$ 的 k_i 使每位代理人都选择使团队收益最大的努力水平从而充分实现团队合作？

（4）模型

一方面，代理人 i 的收益为 $u_i(x, a_i) = k_i s(a_1, a_2, \cdots, a_n) - c_i(a_i)$，通过选择最优努力 a_i 来追求个人最大收益，满足

$$a_{in}^* = \underset{a_i}{\arg\max}[k_i s(a_1, a_2, \cdots, a_n) - c_i(a_i)]$$

即，$a_{in}^* = \arg\left(k_i \dfrac{\partial s}{\partial a_i} - \dfrac{dc_i}{da_i} = 0\right)$。

另一方面，团队的收益为 $s(a_1, a_2, \cdots, a_n) - \sum c_i(a_i)$，使团队收益最大的 a_i 满足

$$a_{te}^* = \underset{a_i}{\arg\max}[s(a_1, a_2, \cdots, a_n) - \sum c_i(a_i)]$$

即，$a_{te}^* = \arg\left(\dfrac{\partial s}{\partial a_i} - \dfrac{dc_i}{da_i} = 0\right)$。

(5) 发现

由于 $0 \leqslant k_i \leqslant 1$，必有 $a_{in}^* \neq a_{te}^*$，也就是说使个人收益最大的努力水平必然不能使团队收益最大。

这称为团队道德风险。注意，通常说的道德风险源于代理人行为的信息不对称，而团队道德风险源于个人产出的不可单独衡量。虽然都是道德风险，但是二者含义差别很大。

※**习题 4** 设 n 人团队的产出为 $R = e_1 + e_2 + \cdots + e_n$。其中，$e_i$ 为成员 i 的努力，其成本为 $c(e_i) = \dfrac{e_i^2}{2}$。

(1) 定义"总剩余"为团队产出减去所有人的努力成本之差，使"总剩余"最大的努力程度 e_i^* 是多少？

(2) 团队产出在所有人之间平均分配，所有成员的效用都是其收益与努力成本之差，使个人收益最大的努力水平 e_i^{Nash} 是多少？

收讲　博弈谱系

一、合作与否

1. 合作博弈

以群体为对象,研究联盟如何追求总体利益最大以及利益分配,包括纳什谈判、联盟博弈和夏普利值等。

2. 非合作博弈

以个体为对象,研究局中人如何追求个人利益最大以及达成均衡,除纳什谈判、联盟博弈和夏普利值之外的其他讲都是非合作博弈。

二、理性与否

1. 有限理性

不太聪明,逐步渐进地知道如何寻优,缓慢达成均衡,包括同群演化和异群演化,其中前者常称为对称演化,后者常称为非对称演化,统称演化博弈。

2. 完全理性

非常聪明,一开始就知道如何寻优,即刻达成均衡,除同群演化和异群演化之外的其他讲都遵循完全理性。

三、完美与否

1. 完美信息博弈

在决定自己如何做时知道之前其他人的行为,包括序贯博弈、威胁承诺、主从博弈、有限重复、无限重复、讨价还价、声誉机制等。

2. 不完美信息博弈

（1）狭义

在决定自己如何做时不知道之前其他人的行为,就是指失忆博弈。而且,失忆博弈可能是不完美信息博弈与完美信息博弈的融合。

（2）广义

在决定自己如何做时还不知道其他人的行为,包括囚徒困境、智猪博弈、纳什均衡、混合均衡、混合视野、市场竞争、单边无知、双边无知和失忆博弈等。可参考在"失忆博弈"中对不完美信息博弈与完全信息静态博弈的转化和等价关系的讨论。

与狭义相比,广义少了"之前"两个字,就意味着可能没有先后之分。狭义的有"之前",就是说别人已经做过了,只是没看到,或者不知道,或者看到了也知道了但是忘记了,在时间上有先后之分。广义的没有"之前",就是说连别人是否做了都不知道,更别说做过什么了,范围要广一些,在时间上可能有也可能没有先后之分。

3. 静态博弈

局中人同时决定自己的行动。注意,并不是强调时间上的同步,而是强调在决定自己如何做时还不知道其他人的行为。其实就是不完美信息博弈,这在"失忆博弈"中有论述。

4. 动态博弈

局中人先后决定自己的行动。并不是强调时间上的先后,而是强调在决定自己如何做时已经知道了其他人的行为。其实就是完美信息博弈,这在"失忆博弈"中有论述。

四、完全与否

1. 完全信息博弈

在决定自己如何做时知道其他人的类型,包括囚徒困境、智猪博弈、纳什均衡、混合均衡、混合视野、市场竞争、序贯博弈、威胁承诺、主从博弈、有限重复、无限重复、讨价还价和失忆博弈等。

2. 不完全信息博弈

在决定自己如何做时不知道其他人的类型,包括单边无知、双边无知、声誉机制等。

由于不知道行为的不完美信息可以转化为不知道类型的不完全信息,这在"失忆博弈"和"道德风险"中有论述,不完全信息博弈也可以包括强调行为信息不对称的道德风险。

3. 完全信息静态博弈

在决定自己如何做时,知道其他人的类型,但是不知道其他人的行为,包括囚徒困境、智猪博弈、纳什均衡、混合均衡、混合视野、市场竞争和失忆博弈等。

注意,失忆博弈中的不完美信息博弈其实属于完全信息静态博弈。

4. 完全信息动态博弈

在决定自己如何做时,知道其他人的类型,也知道其他人的行为,包括序贯博弈、威胁承诺、主从博弈、有限重复、无限重复和讨价还价等。当然,很多时候根本没有提及类型的概念。

5. 不完全信息静态博弈

在决定自己如何做时,不知道其他人的类型,也不知道其他人的行为,包括单边无知和双边无知等。

6. 不完全信息动态博弈

在决定自己如何做时,不知道其他人的类型,但是知道其他人的行为,包括声誉机制、逆向选择、信息甄别等。

7. 信息经济学

逆向选择、信息甄别、信号传递和道德风险也可以归入以上四大板块之一,但是一般不归入,而是单独称为信息经济学。关于信息经济学的含义及其与相关概念的联系,在"道德风险"中有论述。

五、总体架构

1. 分类族谱

博弈按以上四种标准交叉综合分类,形成表 26-1 所示的分类体系

表 26-1 博弈分类体系

大类划分	小类划分			
非合作博弈	理性层次	时序先后	完全信息	不完全信息
	完全理性	静态博弈	完全信息静态博弈	不完全信息静态博弈
		动态博弈	完全信息动态博弈	不完全信息动态博弈
	有限理性	演化博弈	同群演化和异群演化	
合作博弈	完全理性		纳什谈判,联盟博弈,夏普利值	

2. 均衡概念

每一种博弈有自己的均衡概念,汇总得到表 26-2 所示的均衡概念体系:

表 26-2

大类划分	小类划分			
非合作博弈	理性层次	时序先后	完全信息	不完全信息
	完全理性	静态博弈	纳什均衡	贝叶斯纳什均衡
		动态博弈	子博弈精炼纳什均衡	精炼贝叶斯纳什均衡
	有限理性	演化博弈	演化稳定均衡	
合作博弈	完全理性	纳什谈判	纳什谈判解	
		联盟博弈	核心分配,核仁分配,夏普利分配	

可见,合作博弈都采用了完全理性假设。可能的原因是,合作博弈以多人形成的联盟为研究对象,既然是多个人,三个臭皮匠顶个诸葛亮,那就会很聪明,采用完全理性假设才合适。当然,也可以认为合作博弈没有考虑有限理性正是目前研究的不足。

六、走向路径

各讲的逻辑承接和走向路径如图 26-1 所示。

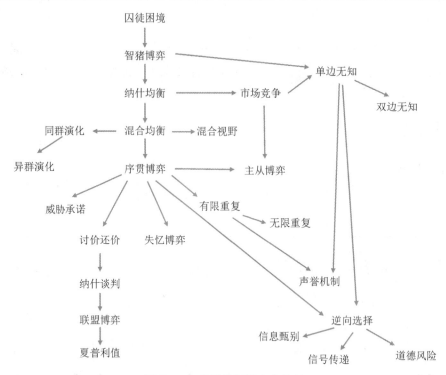

图 26-1 各讲的逻辑走向关系

其中,逆向选择、信息甄别、信号传递和道德风险属于信息经济学,纳什谈判、联盟博弈和夏普利值属于合作博弈,同群演化和异群演化属于演化博弈,三者相对独立。

七、未来已来

继续学习博弈论,可参阅以下书目。

1. 初级读物

(1)博弈与社会讲义(第二版)

张维迎,格致出版社,2023。

特色:最基础、最实用的教科书。

缺点:数学表达较弱。

(2)演化博弈论(第二版)

金迪斯,中国人民大学出版社,2016。

特色:演化博弈论部分内容较多;有习题,有答案。

缺点:老外的书,逻辑性有点不同,有的地方不好读。

2. 中级读物

（1）博弈论与信息经济学

张维迎，上海人民出版社，三联出版社，1996。

特色：国内第一本系统介绍博弈论的教科书，影响巨大。

缺点：一直没有再版。

（2）博弈论与机制设计

内拉哈里，中国人民大学出版社，2017。

特色：包括非合作博弈、合作博弈和机制设计，工程背景。

缺点：没有演化博弈，数学分析的语言。

3. 高级读物

博弈论

弗登博格、梯若尔，中国人民大学出版社，2015。

特色：诺奖巨著，多次再版。

缺点：不太好懂。

参考文献

[1] BASU K. The traveler's dilemma: paradoxes of rationality in game theory[J]. American Economic Review, 1994, 84(2): 391-395.

[2] HOLMSTROM B. Moral hazard in teams[J]. Bell Journal of Economics, 1982, 13(2): 324-340.

[3] HOLMSTROM B, MILGROM P. Aggregation and linearity in the provision intertemporal incentives[J]. Econometrica, 1987, 55(2): 303-328.

[4] BECKER G S. Crime and punishment: an economic approach[J]. Journal of Political Economy, 1968 (76): 169-217.

[5] AKERLOF G A. The market for Lemons: quality uncertainty and the market mechanism[J]. Quarterly Journal of Economics, 1970, 84(3): 488-500.

[6] LUO Z, CHEN X, WANG X J. The role of coopetition in low carbon manufacturing[J]. European Journal of Operational Research, 2016, 253(2): 392-403.

[7] ROSENTHAL R W. Games of perfect information, predatory pricing and the chain-store paradox[J]. Journal of Economic Theory, 1981, 25(1): 92-100.

[8] ROTHSCHILD M., STIGLITZ J. Equilibrium in competitive insurance market: and essay on the economics of imperfect information[J]. Quarterly Journal of Economics, 1976, 90(1): 629-650.

[9] RUBINSTEIN A. Perfect equilibrium in a bargaining model[J]. Econometrica, 1982, 50(1): 97-109.

[10] SELTEN R. The chain store paradox[J]. Theory and Decision, 1978, 9(2): 127-159.

[11] STAHL I. Bargaining theory[R]. The Economics Research Institute at the Stockholm School of Economics, 1972.

[12] STIGLITZ J, WEISS A. Credit rationing in markets with imperfect information[J]. American Economic Review, 1981, 71(3): 393-410.

[13] 迪克西特,斯克丝,赖利. 策略博弈. 4版[M]. 北京:中国人民大学出版社,2020.

[14] 陈金龙,占永志. 第三方供应链金融的双边讨价还价博弈模型[J]. 管理科学学报,2018,21(2):91-103.

[15] 陈志武. 为什么中国人勤劳而不富有[M]. 北京:中信出版社,2008.

[16] 段海燕,王培博,蔡飞飞,等. 省域污染物总量控制指标差异性公平分配与优化算法研究:基于不对称Nash谈判模型[J]. 中国人口·资源与环境,2018,28(8):56-67.

[17] 葛秋萍,汪明月. 基于不对称Nash谈判修正的产学研协同创新战略联盟收益分配研究

[J].管理工程学报,2018,32(1):79-84.
[18] 金迪斯.演化博弈论.2版[M].北京:中国人民大学出版社,2016.
[19] 洪结银.互补性专利联盟是否必要:一个基于讨价还价许可模式的新见解[J].科学学研究,2018,36(1):60-68.
[20] 泰勒.赢者的诅咒:经济生活中的悖论与反常现象[M].北京:中国人民大学出版社,2013.
[21] 迈尔森.博弈论:矛盾冲突分析[M].北京:中国人民大学出版社,2015.
[22] 潘天群.博弈论与社会科学方法论[M].南京:南京大学出版社,2015.
[23] 汪瑞,李登峰.二手房交易讨价还价博弈模型[J].系统工程学报,2017,32(5):588-595.
[24] 魏光兴.基于异质能力的分类与混同锦标竞赛比较研究[J].系统工程理论与实践,2016,36(9):2293-2309.
[25] 肖海燕.基于演化博弈的公共交通、共享汽车与私家车的博弈分析[J].运筹与管理,2019,28(8):35-40.
[26] 谢识予.经济博弈论.4版[M].上海:复旦大学出版社,2017.
[27] 张维迎.博弈与社会讲义.2版[M].北京:格致出版社,2023.
[28] 魏光兴,余乐安,汪寿阳,等.基于协同效应的团队合作激励因素研究[J].系统工程理论与实践,2007,27(1):1-9.